AF717385

Wolfgang Nutsch

Handbuch technisches Zeichnen und Entwerfen

Möbel und Innenausbau

Wolfgang Nutsch

Handbuch technisches Zeichnen und Entwerfen Möbel und Innenausbau

Deutsche Verlags-Anstalt

Haftungsausschluss
Der Inhalt dieses Werks liegt der derzeitige Kenntnisstand in Wissenschaft und Technik zugrunde. Gerade in diesen Bereichen sind Kenntnisse und Erfahrungen einer raschen Änderung unterworfen. Wenn in Zeichnungen oder Text inhaltliche Fehler und Mängel enthalten sein sollten, können Autor und Verlag nicht haftbar gemacht werden.

3. Auflage 2025 (überarbeitete Fassung der vollständig neuen Ausgabe von 2004, 2013)
Copyright © 2017 Deutsche Verlags-Anstalt, München
in der Penguin Random House Verlagsgruppe GmbH, Neumarkter Straße 28
81673 München
produktsicherheit@penguinrandomhouse.de
(Vorstehende Angaben sind zugleich
Pflichtinformationen nach GPSR)

Der Verlag behält sich die Verwertung des urheberrechtlich
geschützten Inhalts dieses Werkes für Zwecke des Text- und
Data-Minings nach § 44 b UrhG ausdrücklich vor.
Jegliche unbefugte Nutzung ist hiermit ausgeschlossen.

Umschlaggestaltung: Monika Pitterle, DVA/Büro Klaus Meyer, München
Satz, Lithographie und Umbruch: Boer Verlagsservice, Grafrath
Druck und Bindung: Friedrich Pustet, Regensburg

MIX
Papier | Fördert
gute Waldnutzung
FSC® C014889
FSC
www.fsc.org

Penguin Random House Verlagsgruppe FSC® N001967

Printed in Germany
ISBN 978-3-421-04050-3

www.penguin.de

Inhalt

Einleitung

Technisches Zeichnen ist die lineare Ausdrucksform konstruktiver Gedanken und gestalterischer Ideen. Mittels einer technischen Zeichnung lassen sich Gedanken bildlich darstellen, sei es zur Unterstützung eigener Vorstellungen oder um sie anderen Personen verständlich zu machen. Je nach Adressaten kann eine technische Zeichnung eher allgemein verständlich oder in einer vorwiegend vom Techniker lesbaren Zeichensprache angelegt sein.

Eine Fertigungszeichnung ist Bestandteil der Arbeitsanweisung. Sie muss eindeutig, vollständig in Darstellung und Bemaßung und fehlerfrei sein. Sie wird hauptsächlich von Praktikern gelesen. Eine genormte Zeichensprache sorgt dafür, dass Planende und Ausführende sich verstehen.

Eine Entwurfszeichnung dagegen muss plastisch und anschaulich sein, damit sie vom Kunden, der ja in der Regel ein Laie ist, verstanden wird.

Das Ziel dieses Buches ist es, für eine genormte Zeichensprache das »Alphabet« und die »Vokabeln« aufzuführen, damit man sich in der Holzverarbeitung in einer einheitlichen Zeichensprache unterhalten kann. Grundlage hierfür sind die vielen DIN-Vorschriften, wie zum Beispiel die DIN 919-1 – Technische Zeichnungen – Holzverarbeitung – Grundlagen, DIN 406 – Maßeintragungen in Zeichnungen, DIN ISO 128 – Technische Zeichnungen, allgemeine Grundlagen der Zeichnungen, und DIN 1356 – Bauzeichnungen. Zum anderen werden zahlreiche Kniffe für die Anfertigung von Entwurfszeichnungen aufgezeigt, mit denen sich die geplanten Erzeugnisse plastischer, effektvoller und somit dem Kunden verständlicher darstellen lassen. Ebenso sind einige Entwurfsgrundsätze wie Proportionen, Flächengliederungen oder ergonomische Maße als Hilfe für das Entwerfen aufgeführt. Räumliche Darstellungen wie Axonometrien und die Anfertigung von Perspektiven werden erklärt. Auch die CAD-Technik und ihre Einsatzmöglichkeiten im 2- und 3D-Bereich werden angesprochen. Zum Nachschlagen finden sich die wichtigsten geometrischen Grundkonstruktionen und die für die Zeichnungen in der Holzverarbeitung gebräuchlichsten Abkürzungen im Anhang des Buches.

Wer dieses Buch liest, kann sicherlich noch nicht perfekt zeichnen, entwerfen oder einen Computer bedienen. Technisches Zeichnen und Entwurfszeichnen ist neben geistig-schöpferischer Tätigkeit auch eine manuell-schematische Arbeit. Hierfür können die Fähigkeiten eben nur durch dauernde Übungen erworben werden. Das Buch bietet Lernenden ein umfangreiches, anspruchsvolles Rüstzeug und ist aufgrund seiner klaren Gliederung und Darstellung leicht verständlich. Dem Fortgeschrittenen ist es durch die zahlreichen Informationen ein willkommenes Nachschlagewerk für die Beantwortung strittiger Darstellungs-, Bemaßungs- oder Tolerierungsfragen.

1 Zeichnungsarten

Zeichnungen sind bildliche Darstellungen, die in der Regel aus Linien bestehen. Technische Zeichnungen werden vorwiegend im gewerblich-technischen Bereich angewendet und je nach Art der Darstellung und der Anfertigung sowie nach ihrem Inhalt und Zweck unterschiedlich benannt.

- **Unterscheidung nach Art der Darstellung**
  Beispiele: Skizze, Zeichnung, Maßzeichnung, Plan, Diagramm, räumliche Darstellung
- **Unterscheidung nach Art der Anfertigung**
  Beispiele: Originalzeichnung als Blei-, Tusche- oder CAD-Zeichnung, Vervielfältigung, Vordruckzeichnung, Stammzeichnung, Brettaufriss
- **Unterscheidung nach dem Inhalt**
  Beispiele: Gesamtzeichnung, Teilschnittzeichnung, Gruppenzeichnung, Einzelteilzeichnung, Teilzeichnung, Hauptzeichnung, Gruppenteilzeichnung, Modellzeichnung, Ausschnittzeichnung
- **Unterscheidung nach dem Zweck**
  Beispiele: Entwurfszeichnung, Formgebungszeichnung, Konstruktionszeichnung, Sammelzeichnung, Ergänzungszeichnung, Statikzeichnung, Angebotszeichnung, Bestellzeichnung, Abrechnungszeichnung, Genehmigungszeichnung, Bestandszeichnung, Versandzeichnung, Fertigungsmittelzeichnung, Anordnungszeichnung, Aufstellungszeichnung, Montage- oder Zusammenbauzeichnung, Patent- oder Gebrauchsmusterzeichnung.

Die Begriffe für die technischen Zeichnungen sind in der DIN 199-1, zum Teil auch in der DIN 919-1 und der DIN 1356 festgelegt.

1.1 Skizze

Skizzen sind vorwiegend freihändige, an Formen und Regeln nicht unbedingt gebundene zeichnerische Darstellungen. Sie dienen zur gezielten Ideenfindung und der technischen Kommunikation. Sie sind meistens der erste Schritt zur Entwurfs- oder zur Konstruktionszeichnung. Grundsätzlich sollte jede technische Führungskraft das Skizzieren beherrschen, damit sie ihre Ideen gut verständlich weitergeben kann. Die Darstellungsart kann je nach Geschick und Anforderung eine zweidimensionale Ansichtsskizze, ein Schnitt durch die Konstruktion oder eine räumliche Darstellung wie Isometrie oder Perspektive sein (Bild 1.1–1 bis Bild 1.1–3).

Als Skizzenpapier sind dünne Transparentpapiere (Klarpapiere) mit einem Gewicht von 40/45 g/m² oder 50/55 g/m² besonders geeignet. Sie haben den Vorteil, dass man immer wieder Transparentpapierbahnen zum Durchzeichnen übereinander legen kann, um so die gestalterischen oder konstruktiven Einzelheiten immer mehr zu verfeinern. Natürlich sind auch alle anderen Papiere zum Skizzieren geeignet.

Gezeichnet wird mit weichem Bleistift mit den Härtegraden 3B bis 6B. Neben linearen Strukturen lassen sich durch Verwischen der Bleistiftlinien auch sehr weich getönte Flächen erzielen. Beim Skizzieren auf opakem Papier sind eher Faserstifte mit den Linienbreiten F oder EF geeignet. Hierbei muss allerdings jeder Strich sitzen, weil Radieren unmöglich ist.

Die Skizzen können mit Faserstiften, den sogenannten Markern, farbig angelegt werden (siehe Seite 252).

Bild 1.1–1 Perspektivskizze mit Faserzeichner

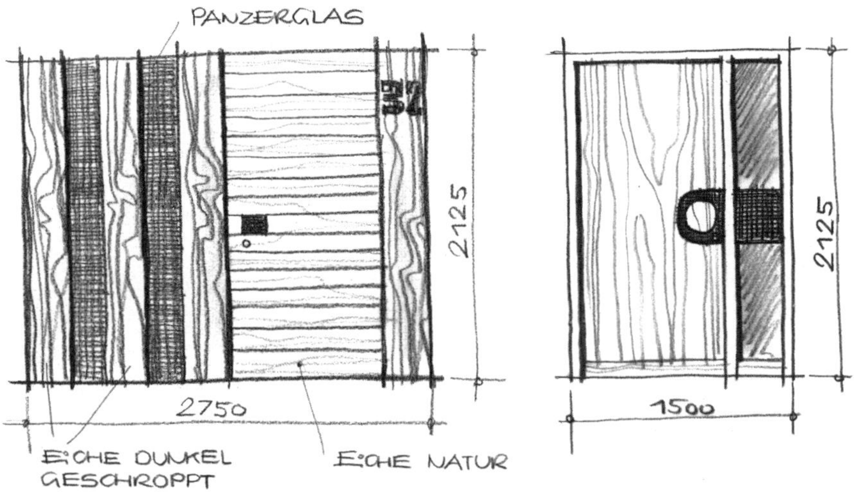

Bild 1.1–2 Haustürentwürfe in der Außenansicht, Entwurfsskizzen mit weichem Bleistift

Bild 1.1–3 Möbelentwürfe, Skizzen mit Faserschreiber

1.2 Zeichnung

Zeichnung ist der Überbegriff für lineare, meist maßstäbliche Darstellungen von Ansichten und Schnitten mit den klärenden Maßen und Materialangaben.

Originalzeichnungen sind erstmals entstandene und meist dauerhaft archivierte oder gespeicherte Zeichnungen, deren Inhalt als gültig und verbindlich erklärt wurde. Je nach verwendetem Zeichengerät können dies Tuschezeichnungen, Bleizeichnungen oder ausgedruckte CAD-Zeichnungen sein.

Tuschezeichnungen ergeben einen guten Kontrast, der besonders hilfreich für die Vervielfältigung der Zeichnungen ist. Eine Mischung von Bleistiftzeichnung und Tuschezeichnung ist wegen der unterschiedlichen Kontraste besonders dann zu vermeiden, wenn die Originale zum Zwecke der Archivierung mikroverfilmt werden sollen. Alle Zeichnungen, die besonders stark beansprucht werden, wie etwa Originalzeichnungen für die Fertigung, und Zeichnungen, die längere Zeit archiviert werden müssen, beispielsweise Baubestandszeichnungen, sollte man in Tusche zeichnen.

Für Tuschezeichnungen werden Röhrchentuschezeichner (DIN ISO 9175-1) verwendet. Die Zeichenröhrchen sind auf die Linienbreite abgedreht. Zeichengeräte sowie Schriftschablonen sind für die entsprechende Linienbreite farbig gekennzeichnet.

Linienbreite	0,25	0,35	0,5	0,7	1,0	1,4	2,0
Kennfarbe	Weiß	Gelb	Braun	Blau	Orange	Grün	Grau

Die Röhrchentuschezeichner enthalten Tuschetanks mit besonderer Zeichentusche, die ausgewechselt oder nachgefüllt werden können. (Bild 1.2–1).

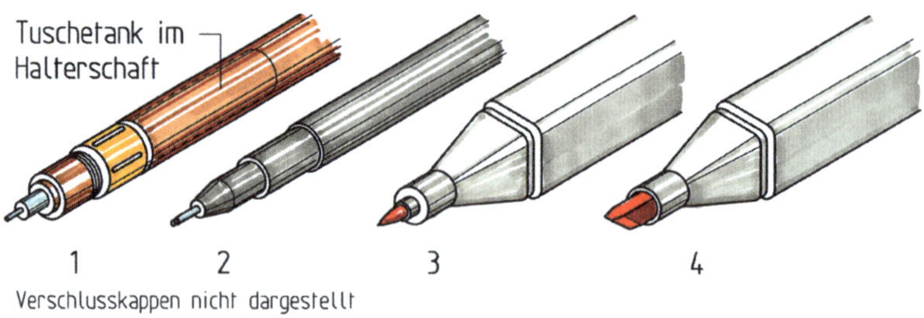

Bild 1.2–1 Röhrchentuschezeichner (1), Faserzeichenstift für bestimmte Linienbreiten (2), Markerstift, Seite mit Pinselspitze (3) und mit abgeschrägter halbbreiter Spitze (4)

Statt der Röhrchentuschezeichner können auch Faserzeichenstifte verwendet werden. Diese gibt es in den Linienbreiten 0,1; 0,3; 0,5 und 0,7 mm. Wichtig ist, dass die Pigmenttusche gut deckende und scharfkantige Linien ergibt und die Zeichnungen lichtbeständig sind.

Die Markerstifte sind an einem Ende mit einer Pinselspitze und auf dem anderen Ende mit einer halbbreiten, abgeschrägten Faserspitze ausgestattet. Sie eignen sich gut zum Skizzieren und Kolorieren von Zeichnungen und Laserausdrucken. Sie sind in mehreren hundert Farbtönen erhältlich. Die Faserspitzen sind auswechselbar, die Markerstifte mit der passenden Farbflüssigkeit wieder nachfüllbar (Bild 1.2-1).

Als Zeichnungsträger eignen sich fester und glatter Zeichenkarton (200 g/m^2 bis 300 g/qm^2), glattes Kopierpapier (ca. 160 g/m^2) und besonders transparentes Zeichenpapier (80 g/m^2 bis 105 g/m^2) mit glatter Oberfläche, auch Klarpapier genannt. Klarpapiere müssen eine hohe Transparenz aufweisen, damit die Linien auch in Lichtpausen scharf herauskommen, sowie eine gute Linienstabilität und Radierfestigkeit gewährleisten. Außerdem müssen sie eine hohe Alterungsbeständigkeit aufweisen, das heißt, sie dürfen nicht schnell verspröden und vergilben. Je wertvoller die Originalzeichnung und je länger die Archivierungszeit, desto höher muss die Qualität des Zeichnungsträgers sein. Für Baubestandszeichnungen verwendet man zum Beispiel auch mit Kunststofffolie verstärkte Transparentpapiere oder gleich Polyesterfilme.

Bei **Bleizeichnungen** muss ebenfalls ein guter Kontrast zwischen Papier und Linie erreicht werden. Die Zeichnungen dürfen nicht verschmieren. Die Linienbreiten bei Bleizeichnungen müssen den für Tuschezeichengeräte angegebenen Stufensprüngen entsprechen. Bleizeichnungen sind wegen der weichen Linienabstufungen besonders für Entwurfszeichnungen und Fertigungsskizzen von Einzelheiten sowie für Brettaufrisse in der Werkstatt geeignet.

In der Regel verwendet man für Bleizeichnungen Fallminen- oder Feinminenstifte. Fallminenstifte sind Minenhalter mit gesondert einsetzbaren Zeichenminen. Sie müssen angespitzt werden. Hierfür eignen sich am besten so genannte Spitzdosen, in denen der abgeschliffene Minenstaub gesammelt wird. Feinminenstifte funktionieren wie Druckbleistifte, deren Minenstärken auf die Linienbreiten 0,3; 0,5; 0,7 und 0,9 mm abgestimmt sind. Man benötigt für jede Linienbreite den passenden Feinminenstift (Bild 1.2–2).

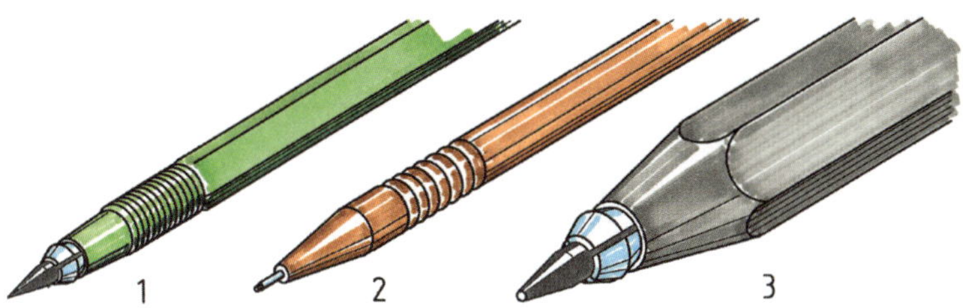

Bild 1.2–2 Minenzeichengeräte. Fallminenstift mit auswechselbarer Zeichenmine (1), Feinminenstift für Zeichenminen mit bestimmter Dicke zum Zeichnen der erforderlichen Linienbreite (2), Skizzierstift mit weicher und dickerer Zeichenmine (3)

Die Zeichenminen weisen verschiedene Härtegrade auf, die jeweils richtig für die Zeichenaufgabe und den Zeichnungsträger auszuwählen sind (siehe Bild 1.2–3).
Zeichnungsträger für Bleizeichnungen können die bei den Tuschezeichnungen genannten Transparentpapiere oder nicht transparente Zeichenkartons mit Qualitäten von 150 bis 300 g/m^2 sein. Wichtig ist, dass die Zeichnungsträger für Bleizeichnungen eine matte Oberfläche besitzen, auf der sich die Bleiminen gut abreiben können.

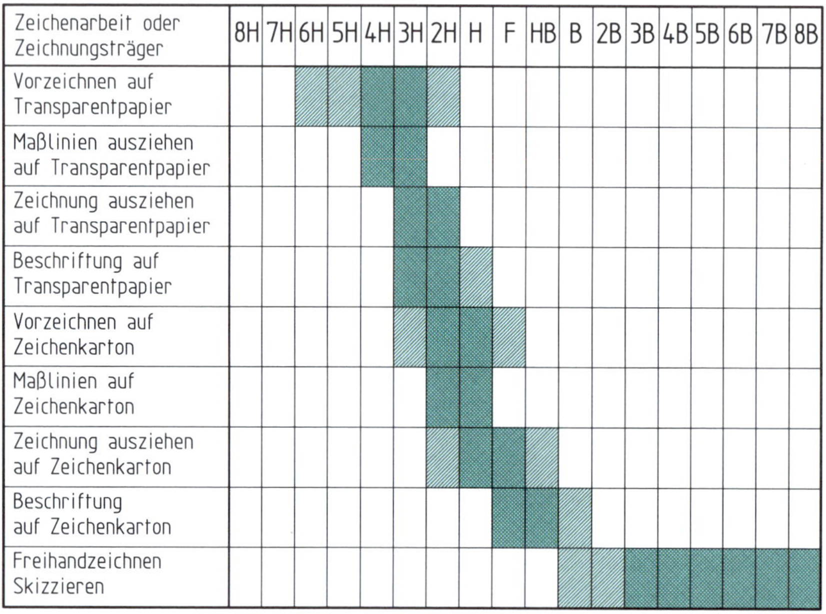

Bild 1.2–3 Empfohlene Härtegrade bei Zeichenminen in Bezug auf die Zeichenaufgabe und den Zeichnungsträger

CAD-Zeichnungen werden mittels geeigneter Programme auf dem Computer erstellt und müssen über Peripheriegeräte auf Papier ausgedruckt oder ausgeplottet werden. Für kleinere Zeichnungen bis zum Format DIN A3 verwendet man Laser- oder Tintenstrahldrucker. Großformatige Zeichnungen bis DIN A0 werden auf Plottern oder großen Tintenstrahldruckern, den so genannten »designjets«, ausgegeben. Mit ihnen lassen sich auch mehrfarbige Ausdrucke erstellen. Die Papiere sind auf den Drucker- oder Plottertyp sowie auf die Darstellungs- und Zeichnungsart abzustimmen. CAD-Zeichnungen können auch auf elektronischen Medien wie Platten, CD's, USB-Sticks usw. gespeichert und so auch über Datenleitung wie E-mail versendet werden.
Der **Aufriss** ist eine Schnittzeichnung im Maßstab 1:1, die in der Regel auf Furnierplatten bzw. Holzfaserplatten »aufgerissen« wird. Der Aufriss wird bei Einzelfertigungen angewendet. Die Abmessungen der Werkstücke können vom Aufriss direkt auf das Werkstück über-

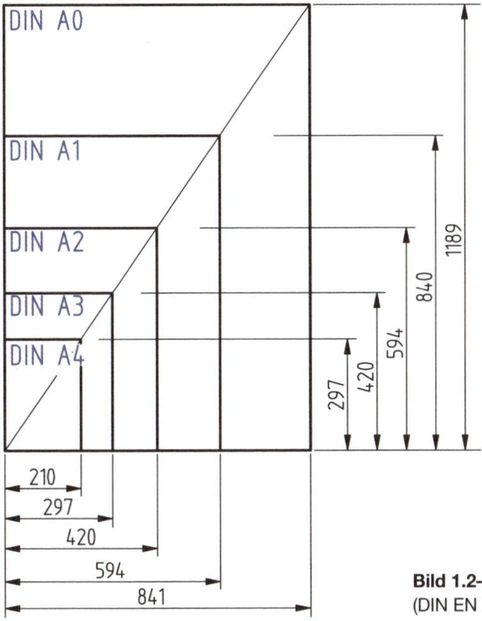

Format Reihe A DIN	beschnittenes Blatt, Fertigmaß mm
A0	841 x 1189
A1	594 x 840
A2	420 x 594
A3	297 x 420
A4	210 x 297
Blattrand, vom Fertigmaß jeweils 10 mm	

Bild 1.2–4 Genormte Papierformate (DIN EN ISO 5457:1999)

tragen werden. Auf eine komplette Bemaßung kann man deshalb verzichten (Bild 1.2–5). Mit der Einführung von CNC-Bearbeitungsmaschinen hat der Aufriss allerdings auch in der Einzelfertigung an Bedeutung verloren.

In der Fensterfertigung können solche Brettrisse als Aufrisslehren angelegt sein. Da die Fensterquerschnitte trotz verschiedener Rahmenaußenmaße gleich bleiben, zeichnet man nur die Rahmenquerschnitte und ordnet diese verschiebbar auf einer Lehre an. So kann man deren Abstand auf das jeweilige Rahmenaußenmaß einstellen (Bild 1.2–6).

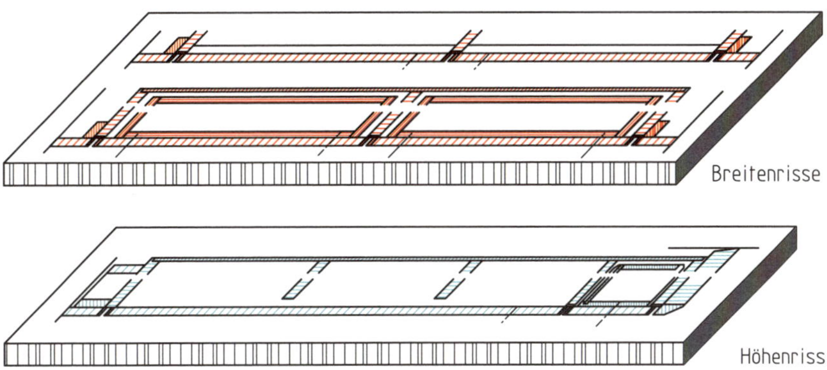

Bild 1.2–5 Aufriss (Fertigungsriss) mit Breitenriss und Höhenriss

Bild 1.2–6 Aufrisslehre mit verstellbaren Aufrissplatten

Die **Zusammenbau-Zeichnung** erläutert dem Monteur oder dem Kunden in anschaulicher Weise, zum Beispiel als **Explosionszeichnung**, mit allen zum Zusammenbau der Teile oder Teilgruppen erforderlichen Angaben den zweckmäßigsten Zusammenbau des Erzeugnisses (Bild 1.2–7).

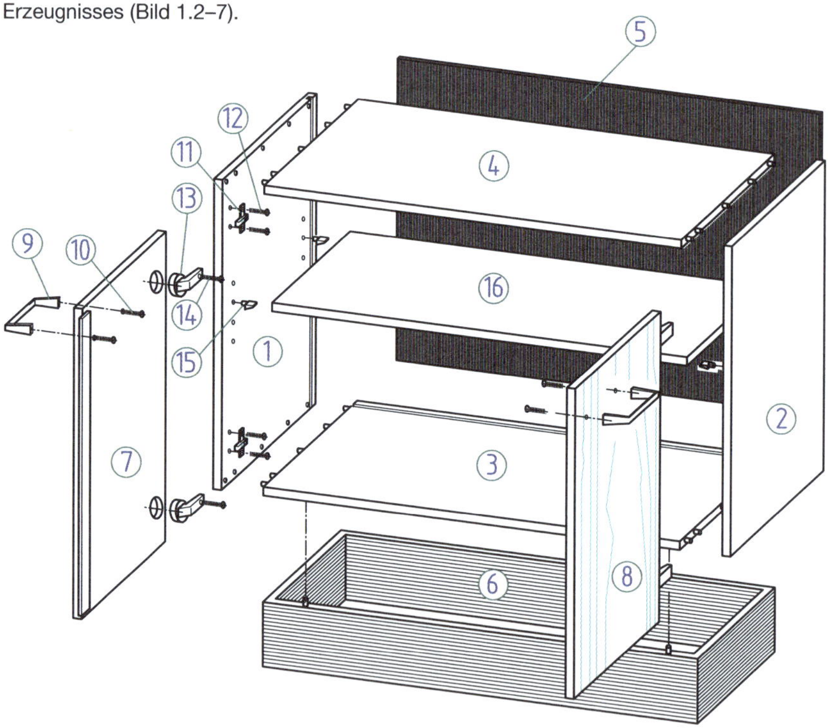

Bild 1.2–7 Zusammenbau-Zeichnung als Explosionszeichnung

Anordnungszeichnungen sind nach DIN 199-1 technische Zeichnungen, die die räumliche Lage von Gegenständen wie die verschiedenen Korpusse, Fachböden und Tragseiten zueinander klären. Sie können als Ansichtszeichnungen oder auch wie hier als räumliche, isometrische Zeichnungen dargestellt werden (Bild 1.2-8 bis 11).

Weitere wichtige in der Holzverarbeitung vorkommende Zeichnungsarten werden im Kapitel 7 – Technische Zeichnungen – genauer beschrieben.

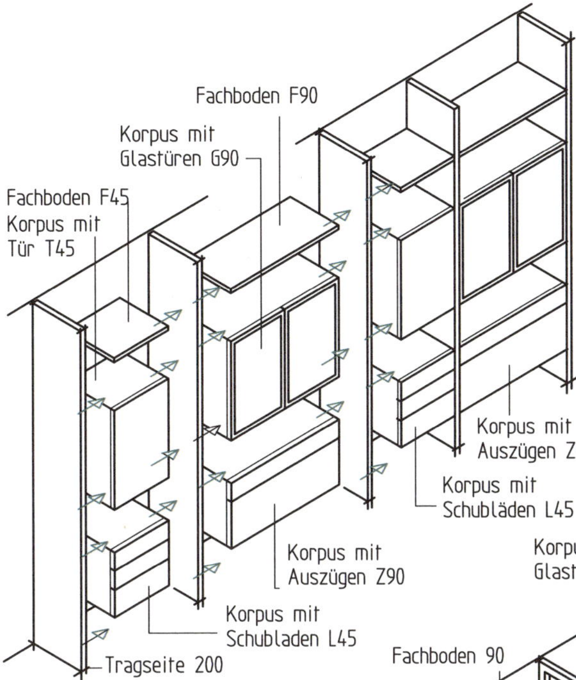

Bild 1.2–8

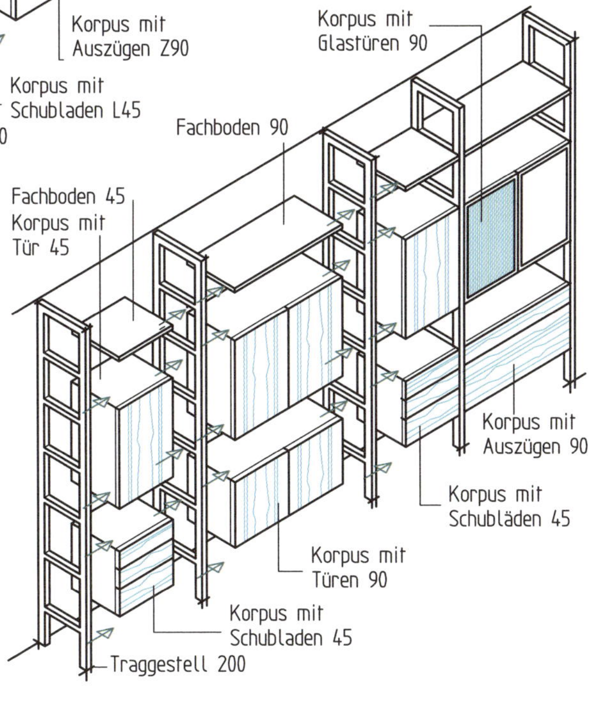

Bild 1.2–9

Bild 1.2–10

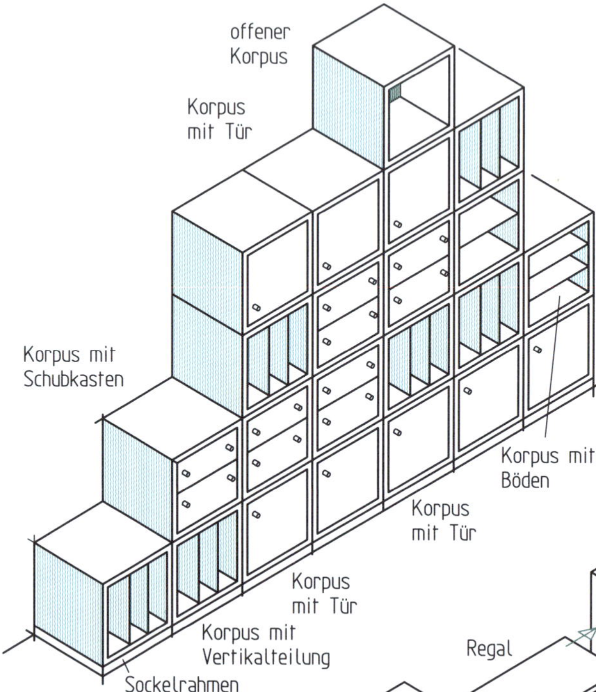

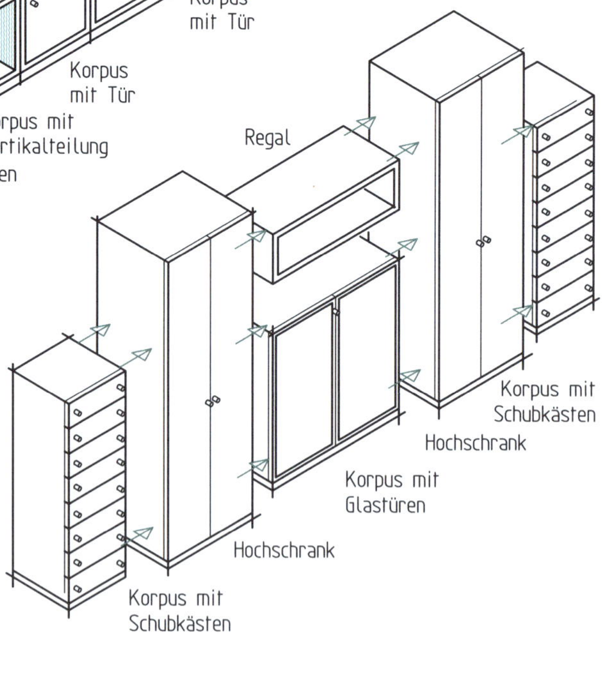

Bild 1.2–11

Bild 1.2–8 bis 11 Anordnungs-Zeichnungen, die die räumliche Lage der einzelnen Korpusse klären

1.3 Maßzeichnung

Maßzeichnungen oder Maßbilder sind vereinfachte, meistens verkleinerte Darstellungen von Werkstücken, bei denen als zentraler Bestandteil die Maße herausgestellt werden. Beispiele dafür sind Maßbilder für Dübelungen, Bohrungen von Korpusteilen oder für den Zuschnitt auf Plattenaufteilsägen. Gemäß DIN 199-1 und DIN 919-1, gehören auch Aufmaßskizzen, Zeichnungen für Angebote, Normen und Kataloge zu den Maßbildern, also Zeichnungen, die im Wesentlichen Maße und allgemeine Informationen angeben (Bild 1.3–1 und Bild 4.3-14, Seite 97).

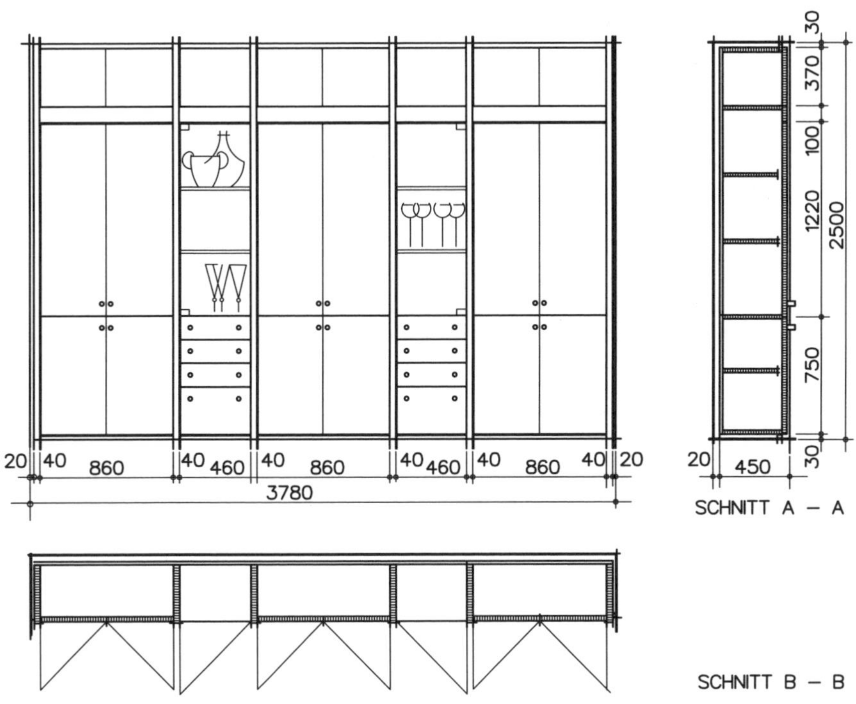

Bild 1.3–1 Maßzeichnung, z. B.: Zeichnung zum Angebot

1.4 Plan

Pläne sind zeichnerische Darstellungen, die Zuordnungen oder Funktionen klären sollen. Einige Beispiele: Ein Lageplan gibt die Zuordnung der Baukörper untereinander und ihre Lage auf dem Grundstück an. Ein Maschinenaufstellungsplan klärt die Aufstellung der Maschinen unter Berücksichtigung der Installationsanschlüsse, des Materialflusses und der Zuordnung zu anderen Betriebsmitteln. Ein Druckluftschaltplan zeigt die Funktion und Verbindung der Druckluftelemente und Schaltglieder auf. Ein Kücheneinrichtungsplan gibt die Art und Platzierung der Küchenmöbelteile, die Aufstellung der Installationsobjekte sowie die Strom- und Wasseranschlüsse an (Bild 1.4–1 und Bild 1.4–2).

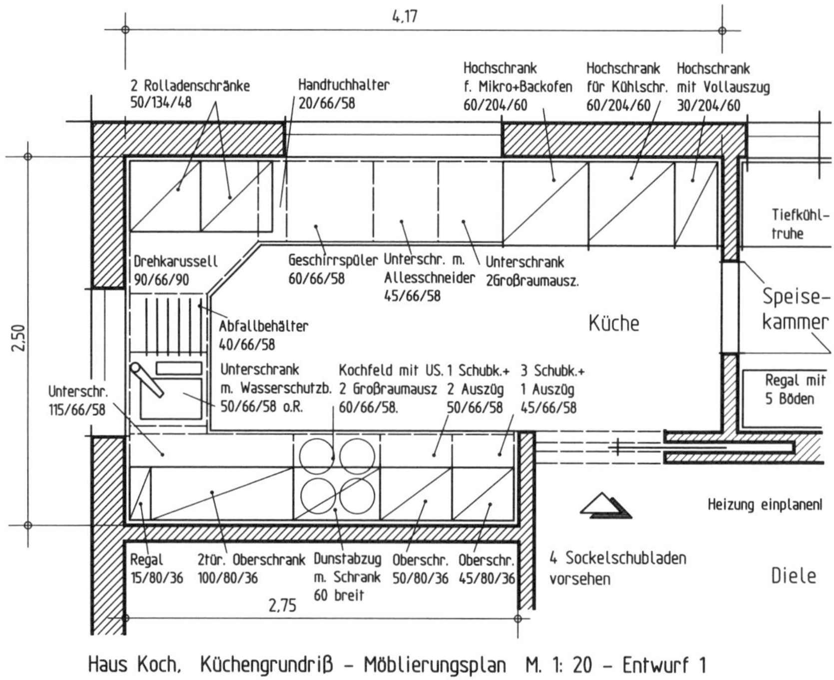

Bild 1.4–1 Möblierungsplan einer Einbauküche

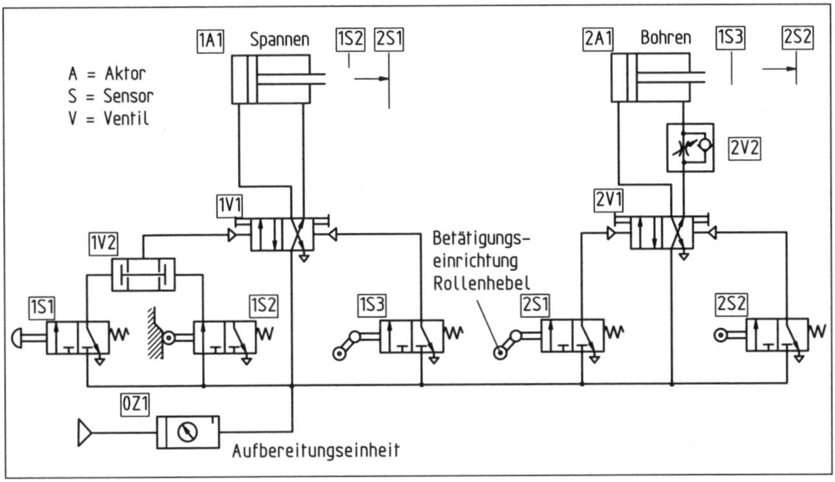

Bild 1.4–2 Schaltplan einer Bohreinrichtung

1.5 Diagramm

Diagramme sind Zeichnungen, die das Verhältnis zweier oder mehrerer variablen Größen darstellen. Dies geschieht im Regelfall in einem Koordinatensystem. Dabei ist zwischen quantitativen und qualitativen Darstellungen zu unterscheiden.

Bei **qualitativen** Darstellungen kommt es im Wesentlichen auf den charakteristischen Kurvenverlauf an, der sich aufgrund der voneinander abhängigen Größen ergibt. Skalenteilungen sind nicht erforderlich, weil hier keine Werte abgelesen werden müssen. Auf beiden Koordinaten wird eine lineare Teilung vorausgesetzt (Bild 1.5–1).

Bei **quantitativen** Darstellungen sind die Koordinaten durch Skalen eingeteilt, so dass die Werte der Größen an bestimmten Stellen der Kurve oder Geraden abgelesen werden können (Bild 1.5–2).

Koordinaten sind die rechtwinklig zueinander stehenden Achsen, auf denen die Werte abgetragen werden können. Die zunehmenden Werte werden meistens nach rechts und nach oben, die abnehmenden Werte nach links und nach unten eingetragen. Die Koordinaten erhalten an dem Ende, in dessen Richtung die Werte anwachsen, eine Pfeilspitze. Formelzeichen der Größen sind kursiv zu schreiben und unter die waagerechte Pfeilspitze bzw. links neben die Pfeilspitze zu stellen. Wenn Platz vorhanden ist, können die Pfeile auch neben den Achsen angeordnet werden. Die Formelzeichen sind an das Pfeilende zu setzen. Formeln sowie Formelzeichen der Größen sind so einzuschreiben, dass sie von unten lesbar sind. Bei langen Formeln oder Begriffen kann die Schrift an der senkrechten Koordinate so angeschrieben werden, dass sie von rechts lesbar ist.

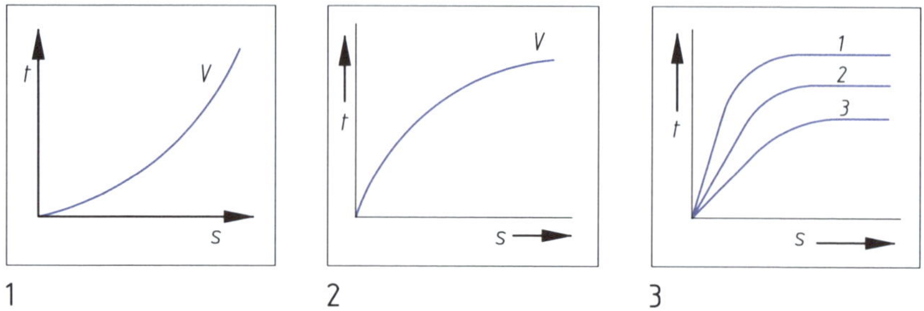

Bild 1.5–1 Qualitative graphische Darstellungen: (1) Koordinaten mit Pfeilspitzen und kursiv angeschriebenen Formelzeichen, (2) Pfeile neben oder unter den Koordinaten angeordnet mit kursiv geschriebenen Formelzeichen an den Pfeilenden, (3) Kurvenschar mit kursiv angeschriebenen Hinweisziffern.

Bei quantitativer Darstellung ist es zweckmäßig, die Koordinatenteilung durch ein ganzes Netz im Darstellungsquadranten zu ergänzen. Die Werte werden dann vorzugsweise außerhalb des Netzes an den linken und den unteren Rand gesetzt. Bei großen Diagrammen können zur besseren Lesbarkeit die Werte am rechten und oberen Rand wiederholt werden (Bild 1.5–2).

Für bestimmte Darstellungen können statt des zweidimensionalen Koordinatensystems auch dreidimensionale Koordinatensysteme gezeichnet werden. Die räumlichen Koordinaten werden in axonometrischer Projektion nach DIN ISO 5456-3 gezeichnet (Bild 1.5–2).

Kurven oder Geraden ergeben sich durch die Verbindung der als Punkte eingetragenen Einzelwerte. Die Verbindungslinie kann eine steigende, eine fallende oder eine waagerechte bzw. senkrechte Gerade oder auch eine progressiv oder degressiv verlaufende Kurve ergeben. Sind in einem Diagramm mehrere Kurven – eine Kurvenschar – eingezeichnet, so ist jede Kurve der Kurvenschar durch ihren Funktionswert bzw. ihr Formelzeichen, bei langen Beschriftungen auch durch Hinweisziffern oder durch kleine Hinweisbuchstaben zu kennzeichnen. Die Hinweisziffern sind kursiv, die Hinweisbuchstaben gerade zu schreiben. Die Bedeutung der Kennzeichnung muss in der Bildunterschrift erläutert werden.

Soll die Übersichtlichkeit eines Diagramms mit mehreren Kurven verbessert werden, können unterschiedliche Linienarten, wie Strich-Punkt-Linie, Strich-Linie oder auch verschiedenfarbige Linien eingezeichnet werden. Die Bedeutung der Farben oder Linienarten ist ebenfalls in der Bildunterschrift zu erläutern (Bild 1.5–2).

Werte und Größenangaben werden an die Skalen der Koordinaten angetragen. Die Einheitenzeichen für die Zahlenwerte sind zwischen die letzte und vorletzte Zahl der Skala einzufügen. Bei Platzmangel kann die vorletzte und auch die drittletzte Zahl an der Skala ausgelassen werden (Bild 1.5–3).

Sehr kleine und sehr große Zahlenwerte wird man zur besseren Übersichtlichkeit in Zehnerpotenzen angeben und dies am Ende der Skala anfügen. Das Gleiche gilt für Prozent und Promille.

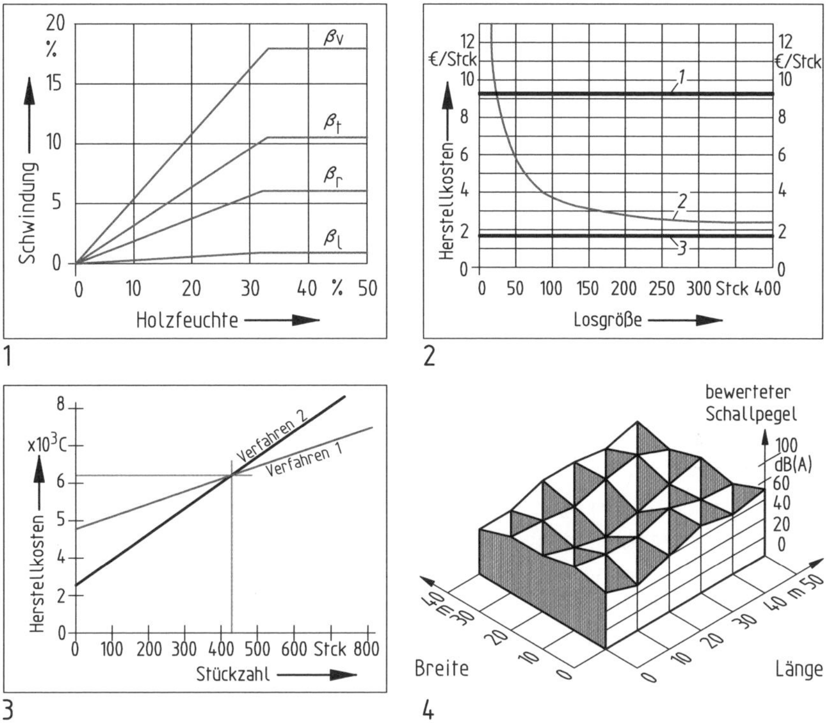

Bild 1.5–2 Quantitative graphische Darstellungen.
1 Im Koordinatennetz: Schwindung in Abhängigkeit von der Holzfeuchte. Von oben nach unten: Volumenschwindung, tangentiale Schwindung, radiale Schwindung und Längenschwindung.
2 Herstellkosten pro Stück in Abhängigkeit von der aufgelegten Losgröße. (1) Kosten in €/Stck. bei Handarbeit, (2) bei Maschinenarbeit, (3) innerbetrieblicher Lohnkostensatz €/Stck.
3 Ermittlung der wirtschaftlichen Grenzstückzahl durch den Schnittpunkt zweier Fertigungsverfahren (Geraden) bei unterschiedlichen Rüst- und Vorrichtungskosten.
4 Räumliche Koordinaten in isometrischer Anordnung.

Die Angaben für Winkel in Grad (°) sowie für Zeitangaben in Stunden (h), Minuten (min) oder Sekunden (s) werden bei Zeitpunkten hinter jede Zahl der Skala gesetzt. Für Zeitangaben bei Zeitspannen wird die Einheit zwischen die letzte und vorletzte Zahl der Skala eingefügt (Bild 1.5–3).

Zum **Zeichnen der Diagramme** stehen für die Linienbreiten gemäß DIN ISO 128-24 die Stufungen 0,18; 0,25; 0,35; 0,5 sowie 0,7 mm zur Verfügung. Die Linienbreiten von Netz zu Achsen und zu Kurven sollten im Verhältnis von 1:2:4 stehen.

Zum Beispiel:

Netz : Achsen : Kurven = 0,18 : 0,35 : 0,7 oder 0,25; 0,5; 07.

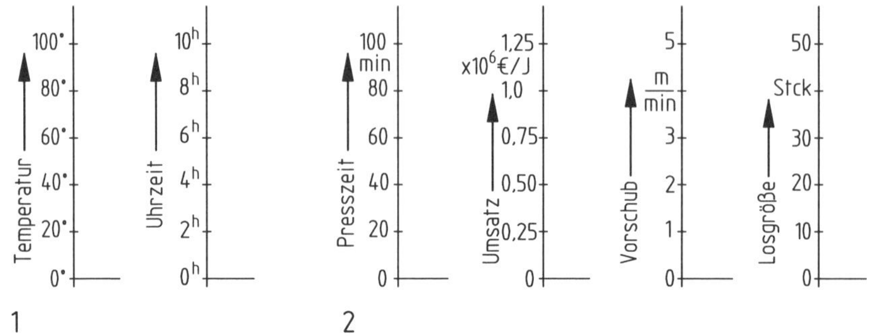

Bild 1.5–3 Werte- und Größenangaben in Diagrammen. 1: Winkelangaben in Grad (°) oder Sekunden sowie Zeitangaben für Zeitpunkte in Stunden, Minuten oder Sekunden (h, min, s) werden hochgestellt hinter jede Zahl gesetzt. 2: Zeitangaben für Zeitspannen wie Stunden, Minuten oder Sekunden (h, min, s) werden zwischen die letzte und vorletzte Zahl der Skala eingefügt und m/min für Vorschub und Stck für Losgröße an den zweitletzten Punkt der Skala angeschrieben.

Um die Ablesgenauigkeit in Arbeitsdiagrammen nicht zu beeinträchtigen, sind die Kurvenlinien nicht breiter als 0,7 mm zu zeichnen. Außerdem sollte zum sicheren Ablesen der Abstand der Teilstriche nicht kleiner als ein Millimeter sein. Werden Liniennetze verwendet, sollte der Abstand der Linien mindestens 5 mm betragen.

1.6 Räumliche Darstellung

Zu den räumlichen Darstellungen gehören die **Perspektive** und die **axonometrischen Darstellungen**, wie die dimetrische und die isometrische Projektion. Eine besondere Darstellungsart sind die Explosionszeichnungen. Hier werden Gegenstände oder Erzeugnisse in ihre einzelnen Teile zergliedert räumlich dargestellt. (Bild 1.6–1, Bild 1.2–7 und Kapitel 9, Seite 175).

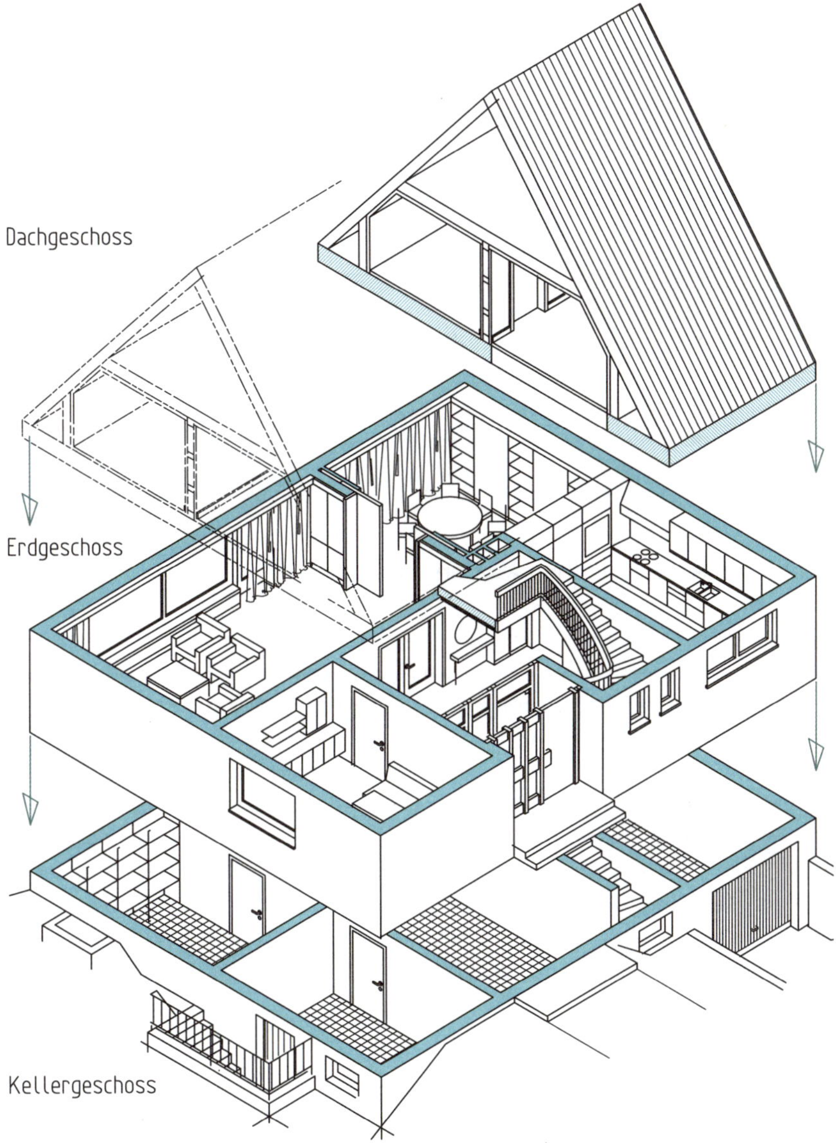

Bild 1.6-1 Beispiel einer räumlichen Darstellung. Die einzelnen Geschosse wurden auseinander gezogen gezeichnet.

2 Grundlagen technischen Zeichnens

Für eine unmissverständliche Kommunikation in der »Zeichensprache« müssen die verschiedenen Elemente des technischen Zeichnens eindeutig geklärt und festgelegt sein. Hierzu gehören zum Beispiel die Linienart und Linienbreite sowie ihre Verwendung, die Gesetze der Bemaßung, die Lage der Ansichten und Schnitte auf der Zeichnung, die Schraffuren der geschnittenen Werkstoffflächen, die Beschriftung und die Darstellungsmöglichkeit der Werkstücke und Erzeugnisse in den Zeichnungen. Nahezu alle Einzelheiten sind in einem ausführlichen Normenwerk geregelt.

2.1 Linien in technischen Zeichnungen

Die Linie ist das Hauptelement der Zeichnung. Zwischen verschiedenen Linienbreiten und Linienarten ist zu unterscheiden. Durch die unterschiedlichen Linienbreiten und -arten entstehen Kontraste, die die Aussagekraft einer Zeichnung wesentlich beeinflussen. Einige Linien treten aufgrund ihrer Breite und Art als Hauptlinien hervor, andere wiederum treten als Nebenlinien in den Hintergrund. Außerdem erhalten die Linien durch ihre unterschiedlichen Darstellungsarten wie etwa Volllinie, Strich – Lücke – Strich oder Strich – Lücke – Punkt – Lücke – Strich einen bestimmten Symbolwert.
Die Linien für technische Zeichnungen sind in der DIN ISO 128, Teil 20, 21, 22, 23 und 24 genormt. Sie können unterschiedlich breit sein. Man unterscheidet schmale, breite und für Zeichnungen im Bauwesen auch sehr breite Linien. Die Linienbreiten sind in Gruppen eingeteilt. Die breite Linie gibt die Liniengruppe an, der sich die schmale und die sehr breite Linie im Verhältnis 1 : 2 unterordnet.
Diese Abstufung hat bei technischen Zeichnungen den Vorteil, dass eine Verkleinerung, wie zum Beispiel bei einer Mikroverfilmung, und eine Rückvergrößerung gut möglich ist.

Beispiel: In der Liniengruppe 0,7 ist die breite Linie 0,7 mm, die schmale
Linie 0,7 : 2 = 0,35 mm und die sehr breite Linie 0,7 × 2 = 1,4 mm breit.

Die Norm unterscheidet bei den Liniengruppen und Linienbreiten zwischen Zeichnungen der mechanischen Technik (DIN ISO 128-24) und Zeichnungen für das Bauwesen (DIN ISO 128-23). In Zeichnungen der mechanischen Technik kommt man mit zwei Linienbreiten aus, mit der schmalen und der breiten Linie. In Zeichnungen für das Bauwesen werden drei Linienbreiten verwendet (siehe Tabelle 2.1–1).

Tabelle 2.1–1: Linienbreiten in mm in Zeichnungen für das Bauwesen

Liniengruppe	schmale Linie	breite Linie	sehr breite Linie	Linienbreite für graphische Symbole
0,25	0,13	0,25	0,5	0,18
0,35	0,18	0,35	0,7	0,25
0,5	0,25	0,5	1,0	0,35
0,7	0,35	0,7	1,4	0,5
1,0	0,5	1,0	2,0	0,7

Die entsprechende Liniengruppe ist nach dem Maßstab der Zeichnung zu wählen. Zum Zeichnen der Baupläne im Maßstab 1:100 oder im Maßstab 1:50 wird man sich zum Beispiel für die Liniengruppe 0,35, für Detailzeichnungen im Maßstab 1:10 oder gar 1:1 für die Liniengruppe 0,7 oder 1,0 entscheiden.

Für Detailzeichnungen in der Holzverarbeitung im Maßstab 1:1 könnte demnach die Liniengruppe 0,5 oder 0,7 verwendet werden. Hierüber werden aber in der DIN 919-1, Technische Zeichnungen – Holzverarbeitung – Grundlagen, noch besondere Angaben gemacht (siehe Tabelle 2.1–2).

Die Linienbreiten lassen sich mit den Tuschezeichengeräten und Faserzeichenstiften ziemlich genau erreichen. Auch für CAD-Zeichnungen können die Linienbreiten am Computer eingestellt werden. Bei der Verwendung von Bleistiften, mit Ausnahme der Feinminenstifte, sind die Linienbreiten nur annähernd einzuhalten. Wichtig ist, dass auch hier in Bleistiftzeichnungen die Haupt- und Nebenlinien den gewünschten Kontrast erhalten.

Für das Beschriften der Zeichnungen kommen in der Regel Normschriften mit einer Höhe von 2,5 mm, 3,5 mm, 5 mm und 7 mm infrage. In der ISO-Norm ist die Schrifthöhe auf die Linienbreite abgestimmt. Die Linienbreite beträgt 1/10 der Schrifthöhe, das heißt eine 3,5 mm hohe Schrift ist mit einer Linienbreite von 0,35 mm zu schreiben (siehe Seite 100).

Neben den Linienbreiten werden in der DIN 128-23 und 24 auch verschiedene Linienarten unterschieden. Im Wesentlichen sind es die Volllinie, die Strichlinie, die Strich-Punkt-Linie, die Strich-Doppelpunkt-Linie und die Freihandlinie. Beim Zeichnen mit Computern kommt außerdem noch eine so genannte Zick-Zack-Linie zur Anwendung.

Die Anwendungsgebiete der Linienarten und Linienbreiten sind im Abschnitt 3 mit Beispielen aufgeführt.

Im Wesentlichen ist die DIN 128 auch die Grundlage für die Linienarten und Linienbreiten in technischen Zeichnungen für Holzverarbeitung. Sie sind in der DIN 919-1 nochmals aufgeführt. Für Detailzeichnungen im Maßstab 1:1 ist zwischen der Liniengruppe 0,5 und 0,7 zu wählen. Für besonders kontrastreiche Detailzeichnungen wird die Liniengruppe 0,7 vorgeschlagen, mit der Ausnahme, dass die schmalen Linien bis auf die Strichlinie um den Faktor $\sqrt{2}$ niedriger gewählt werden, also statt 0,35 mm nur 0,25 mm breit. Dadurch werden die Schraffuren und die Maßlinien zum Beispiel nicht mehr so dick, und die Zeichnungen kommen dadurch wesentlich kontrastreicher heraus. Außerdem geht die Strichlinie in einer schraffierten Fläche dann nicht völlig unter. Dies ist wohlgemerkt als eine Empfehlung zu betrachten, die sich auch in CAD-Zeichnungen problemlos realisieren lässt (siehe Tabelle 2.1–2).

Tabelle 2.1-2: Linienarten und Linienbreiten

Nummer	Linienarten	Linien-Gruppe 0,7	Linien-Gruppe 0,5	Empfehlung für kontrastreiche Zeichnungen
1	Volllinie, breit	0,7 mm	0,5 mm	0,7 mm
2	Volllinie, schmal	0,35 mm	0,25 mm	0,25 mm
3	Strichlinie	0,35 mm	0,25 mm	0,35 mm
4	Strichpunktlinie, breit	0,7 mm	0,5 mm	0,7 mm
5	Strichpunktlinie, schmal	0,35 mm	0,25 mm	0,25 mm
6	Strich-Zweipunkt-Linie	0,35 mm	0,25 mm	0,25 mm
7	Freihandlinie	0,35 mm	0,25 mm	0,25 mm
8	Graphische Symbole	0,35 mm	0,25 mm	0,35 mm
9	Volllinie, sehr breit	1,4 mm	1,0 mm	1,4 mm

Die Anwendung der Linienarten und -breiten ist in den nachfolgenden Beispielen auf den Seiten 31 bis 40 dargestellt.

2.1.1 Anwendung der Linien in Zeichnungen für die Holzverarbeitung

Anwendung der breiten Volllinie 1

1.1 Sichtbare Körperkanten in Zeichnungen im Maßstab 1 : 1 und 2 : 1

1.2 Sichtbare Umrisse in Zeichnungen im Maßstab 1 : 1 und 2 : 1

1.3 Fugen in Detailschnitten in Zeichnungen im Maßstab 1 : 1 und 2 : 1

Anmerkung:
Die Volllinie muss in ihrem Verlauf stets die gleiche Breite aufweisen.

Volllinie, breit

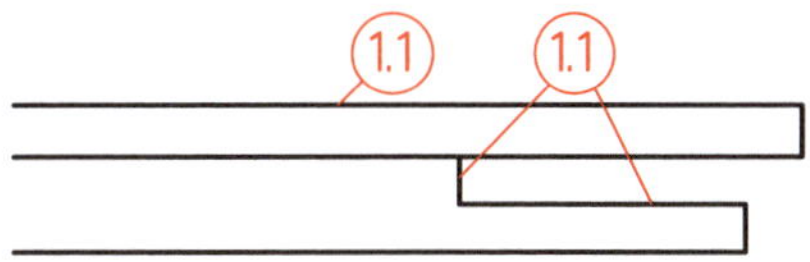

Ansicht

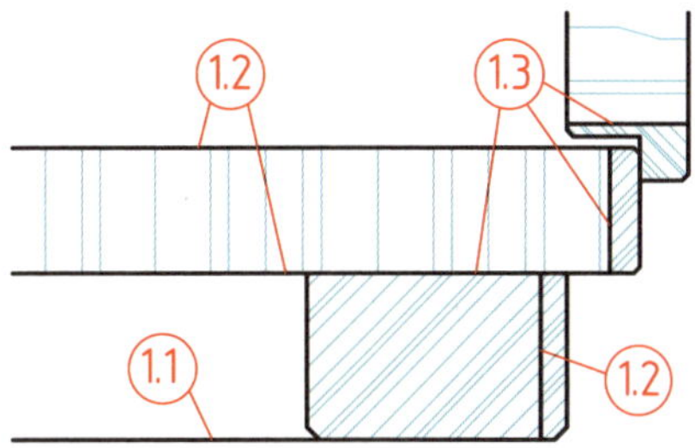

Schnitt

Anwendung der schmalen Volllinie 2

2.1 Maßlinien

2.2 Maßhilfslinien

2.3 Schrägstriche (Maßbegrenzung)

2.4 Konstruktionsbedingte bündige Fugen in Ansichten in Zeichnungen im Maßstab 1 : 1 und 2 : 1

2.5 Diagonalkreuze zur Kennzeichnung ebener Flächen in Ansichten

2.6 Schraffurlinien in Schnittflächen von Werkstücken aus Metall, Stein, Beton usw.

2.7 Schraffurlinien in Schnittflächen von Werkstücken aus Holz oder Holzwerkstoffen in Computerzeichnungen, Furnierlinien, Furniersymbole

Volllinie, schmal

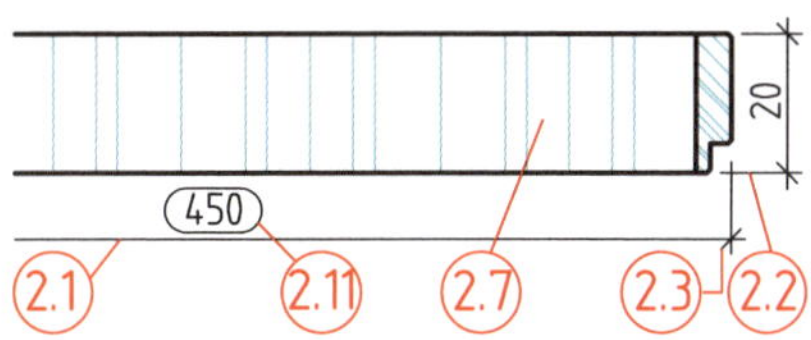

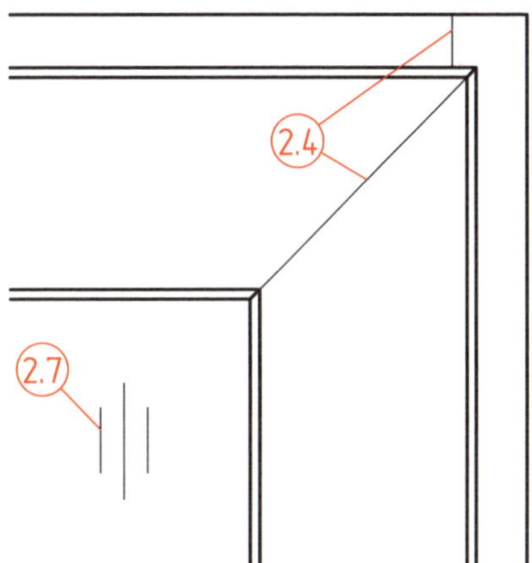

Ansicht

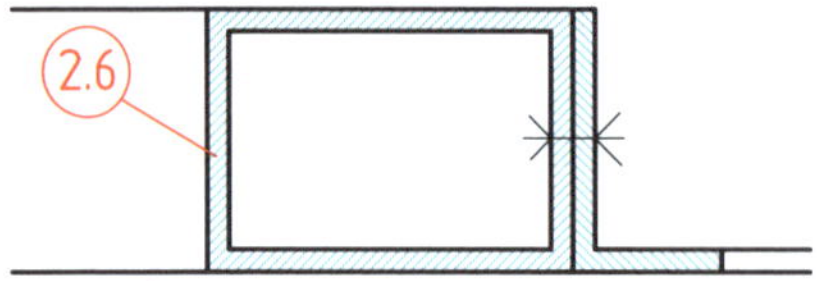

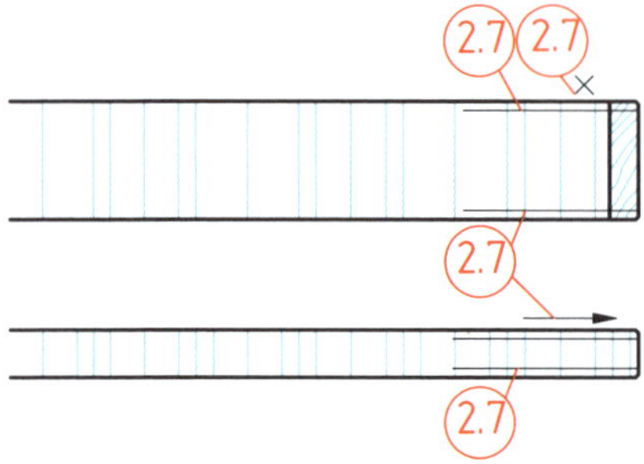

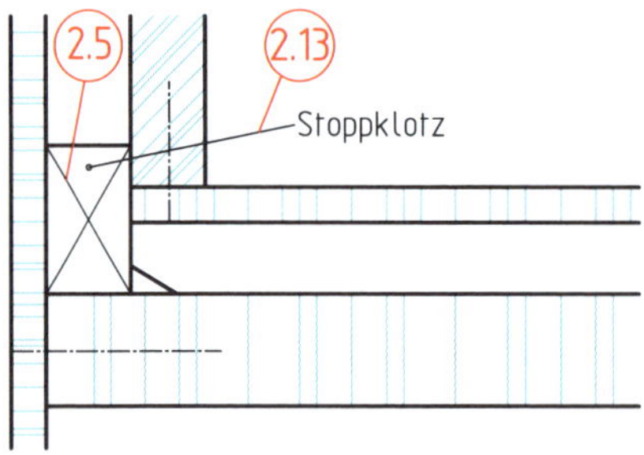

2.8 Lichtkanten bei Rundkörpern

2.9 Kurze Mittellinien

2.10 Gewindegründe

2.11 Umrahmung von Einzelheiten

2.12 Projektionslinien (nicht dargestellt)

2.13 Hinweis- und Bezugslinien

2.14 Pfeillinien und Lauflinien in Treppen

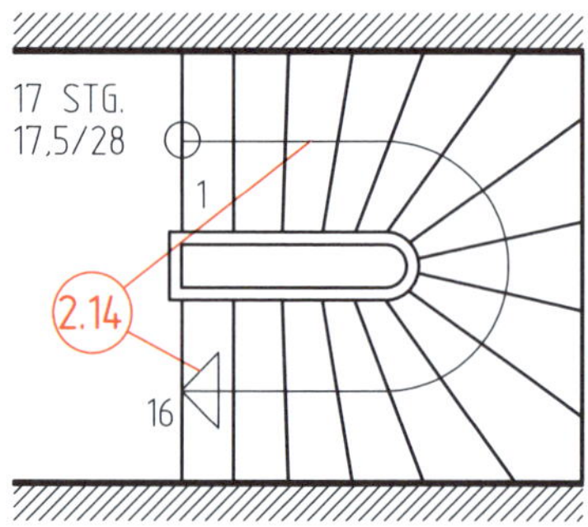

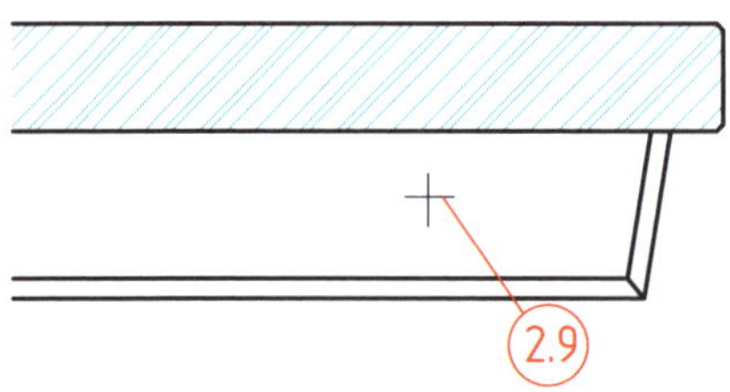

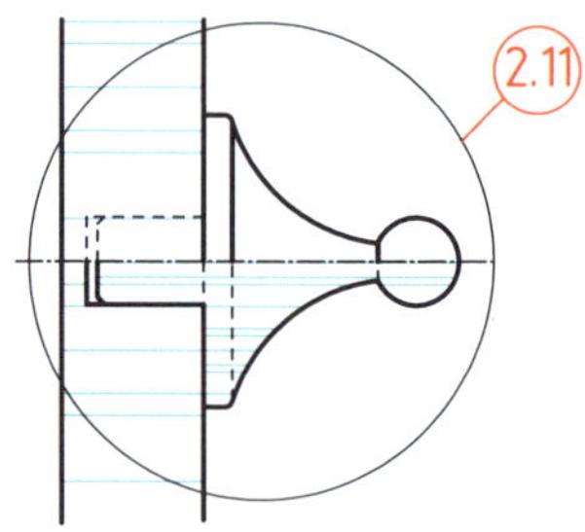

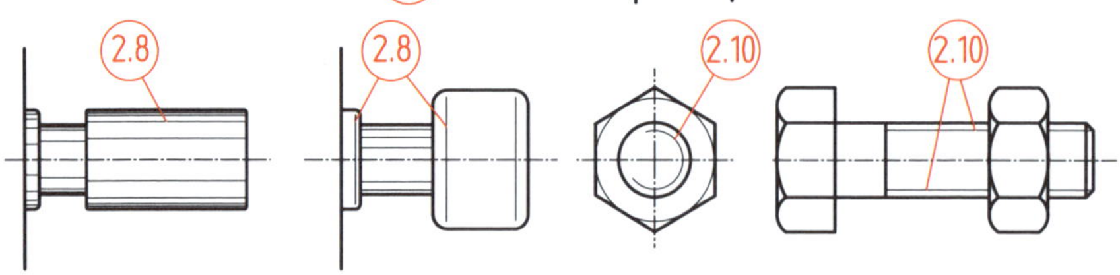

Anwendung der Strichlinie 3

3.1 Verdeckte Kanten

3.2 Verdeckte Umrisse

Anmerkung:
Durchsichtige Werkstoffe wie Glas werden dabei wie nicht durchsichtige behandelt.
Strichlinien beginnen an den Kanten oder Umrissen mit den Strichen. Beim verlängernden Übergang von einer Volllinie in eine Strichlinie beginnt die Strichlinie mit einer Lücke.
Ecken aus Strichlinien sind stets geschlossen zu zeichnen.
Nach Norm betragen die Strichlängen die 12fache Linienbreite, die Lücken die 3fache. Bei einer Linienbreite von 0,35 mm wären dies beispielsweise 4,2 mm Strichlänge und ca. 1 mm Abstand. Für Handzeichnungen kann dies nur als Anhaltspunkt gelten.
Damit die Zeichnungen kontrastreich und gut lesbar sind, sollten nur die verdeckten Kanten gezeichnet werden, die den Aussagewert der Zeichnung erhöhen. Aus dem gleichen Grund wird empfohlen, die Strichlinien etwas dicker als die Schraffurlinien zu zeichnen, zum Beispiel Schraffurlinien 0,25 mm, Strichlinien 0,35 mm dick.

Strichlinie

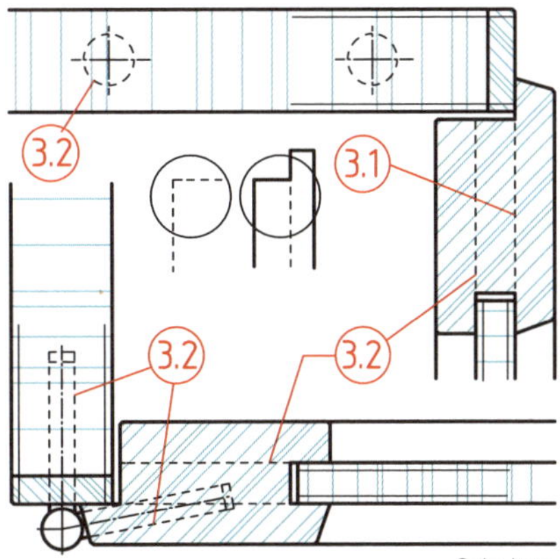

Schnitte

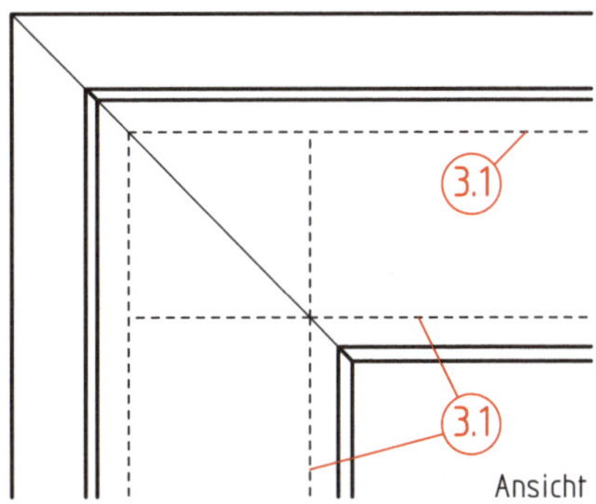

Ansicht

Anwendung der breiten Strich-Punktlinie 4

4.1 Angabe des Schnittverlaufs

4.2 Meterrissmarkierungen (nicht dargestellt)

Strich-Punktlinie, breit

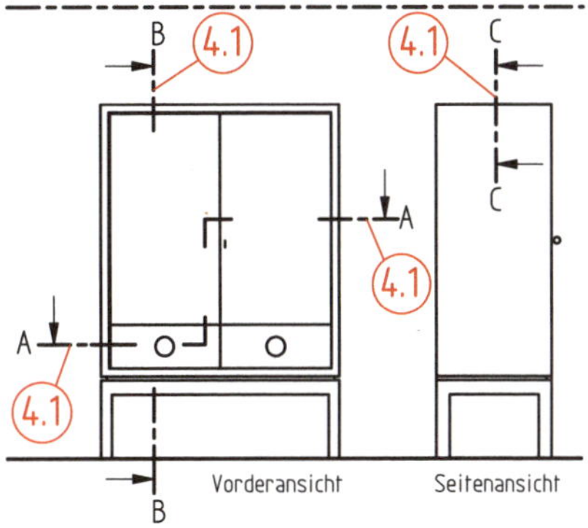

Strich-Punktlinie, schmal

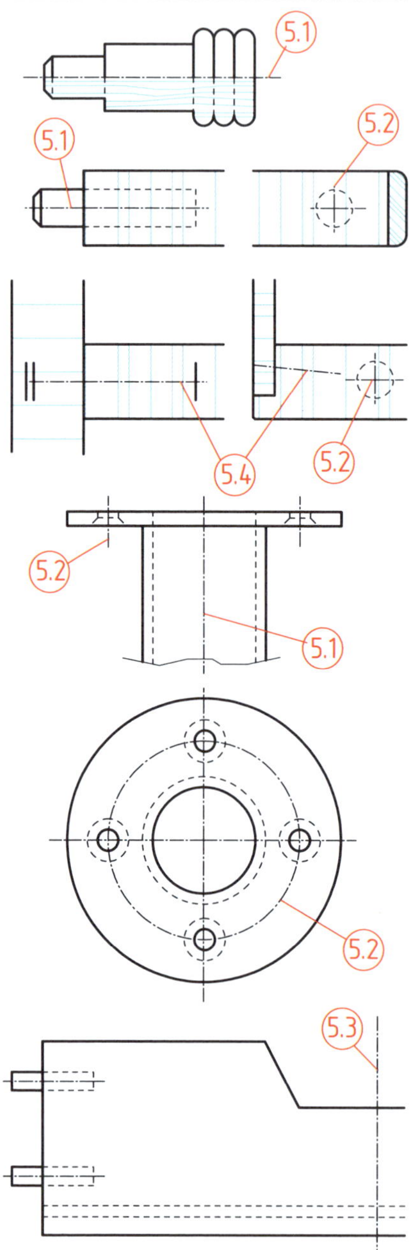

Anwendung der schmalen Strich-Punktlinie 5

5.1 Mittellinie bei Drehteilen

5.2 Mittelachsen bei Bohrungen und für Lochkreise

5.3 Symmetrieachsen

5.4 Mittelachsen für Verbindungsmittel wie Schrauben, Dübel und Drahtstifte

Anmerkung:
Kreuzen sich zwei Mittelachsen, dann sollen sich die Striche der Mittelachsen kreuzen.
In Zeichnungen der Holzverarbeitung werden Verbindungsmittel und Beschläge manchmal nur durch eine Mittelachse angegeben. Damit die Mittelachse in der Schraffur nicht untergeht, sollte man sie in Handzeichnungen etwas dicker zeichnen (0,35 mm statt 0,25 mm).
Nach Norm sollen die Striche 2 × das 12fache, die Lücken das 3fache und die Punkte mehr als das 0,5fache der Linienbreite betragen. Beispiel für eine 0,25 mm breite Linie: Strichlänge 24 × 0,25 mm = 6 mm; Lücke 3 × 0,25 = 0,75 mm.

Anwendung der schmalen Strich-Zweipunktlinie 6

6.1 Grenzstellungen beweglicher Teile

6.2 Umrisse benachbarter Teile

6.3 Bearbeitungszugaben

6.4 Umrisse oder Kanten, die vor oder über dem dargestellten Schnitt liegen

6.5 Umrisse von Fertigteilen in Rohteilen

6.6 Umrahmung zur Kennzeichnung von besonderen Feldern oder Bereichen

6.7 Umrisse alternativer Ausführungen

6.8 Schwerelinien

6.9 Bandbezugslinien (siehe DIN 18268)

Anmerkung:
Die Linien, Lücken und Punkte sind für Strich-Zweipunktlinien in der DIN 128-21 genormt. Die Strichlänge ist insgesamt 2 × das 12fache der Linienbreite, die Lücke das 3fache, der Punkt mehr als das 0,5fache. Bei einer 0,25 mm breiten Linie beträgt der Strich zum Beispiel 6 mm, die Lücke 0,75 mm.
Die Anwendungen 6.7, 6.8 und 6.9 sind nicht dargestellt.

Strich-Zweipunktlinie, schmal

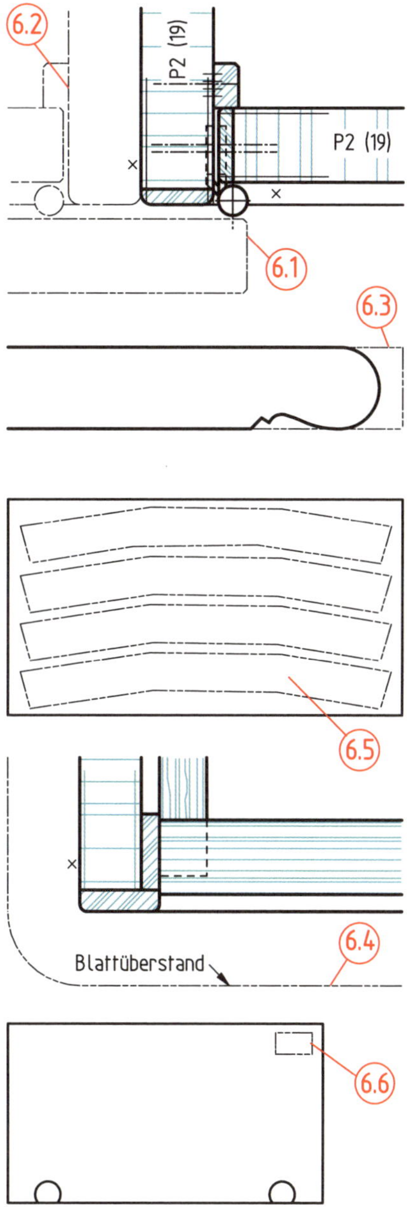

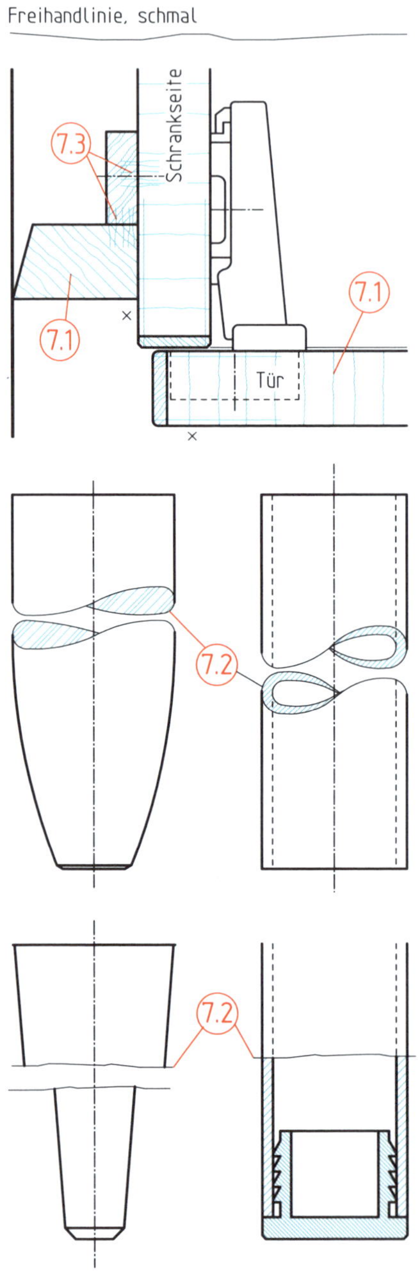

Anwendung der schmalen Freihandlinie 7

7.1 Schraffuren in Schnittflächen von Vollholz und Holzwerkstoffen (hier ausnahmsweise farbig)

7.2 Bruchlinien in Drehkörpern, Metallrohren usw.

7.3 Kennzeichnung von Leimfugen

Anmerkung:
Die Freihandlinie wird vorwiegend in manuell erstellten Zeichnungen verwendet. Holz kann bei CAD-Zeichnungen mit wechselnden Abständen mit schmaler Volllinie schraffiert werden.
In unterbrochenen Zeichnungen für die Holzverarbeitung, wie zum Beispiel bei Teilschnittzeichnungen, werden keine Bruchlinien an den unterbrochenen Stellen gezeichnet.

Anwendung der Volllinie für graphische Symbole 8

8.1 Kreuz und Pfeil bei Stabsperrholz
8.2 Symbole von Armaturen, Steckdosen, Lampen usw.
8.3 Oberflächenzeichen

Volllinie für graphische Symbole

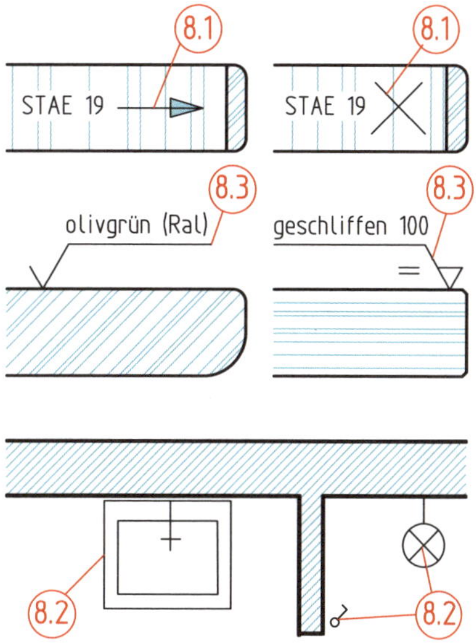

Anwendung der sehr breiten Volllinie 9

9.1 Sichtbare Umrisse von Schnitten, die keine Schraffur erhalten
9.2 Standlinien von Erzeugnissen in Teilschnitt- oder Gesamtzeichnungen
9.3 Umrisse von Gebäudeteilen in Schnitten

Volllinie, sehr breit

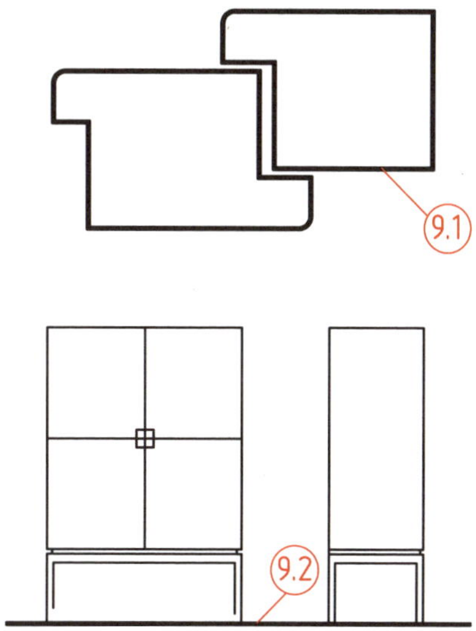

2.1.2 Anwendung der Linien in Bauzeichnungen

Beim Ausbau und Innenausbau kommen die Holzverarbeiter mit Bauzeichnungen in Berührung. Die Linienarten sind in der DIN ISO 128-23 genormt und werden in der DIN 1356 detailliert erläutert. Die Linien sind je nach Verkleinerungsmaßstab der Bauzeichnungen verschieden breit zu zeichnen. Die in Tabelle 2.1–1 angegebenen Linienbreiten der einzelnen Liniengruppen beziehen sich jeweils auf die Maßstäbe 1:100; 1:50; 1:10; 1:5 und 1:1. Da es üblich ist, Zeichnungen im Maßstab 1:50 auf den Maßstab 1:100 zu verkleinern, zum Beispiel um die Ausführungszeichnungen gleich als Baugenehmigungszeichnungen zu verwenden, müssen die Linienbreiten eine Verkleinerung der Zeichnungen um 50 % zulassen. Es werden nur noch einige Anwendungsbeispiele angeführt (Bild 2.1–1). Die meisten Linienarten entsprechen denen, die auch in der Holzverarbeitung verwendet werden.

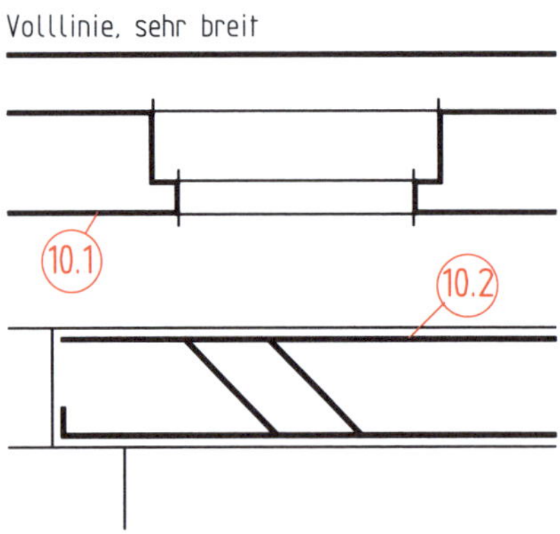

Anwendung der sehr breiten Volllinie 10

10.1 Begrenzung von Flächen der geschnittenen Bauteile, die nicht schraffiert sind
10.2 Bewehrungsstähle

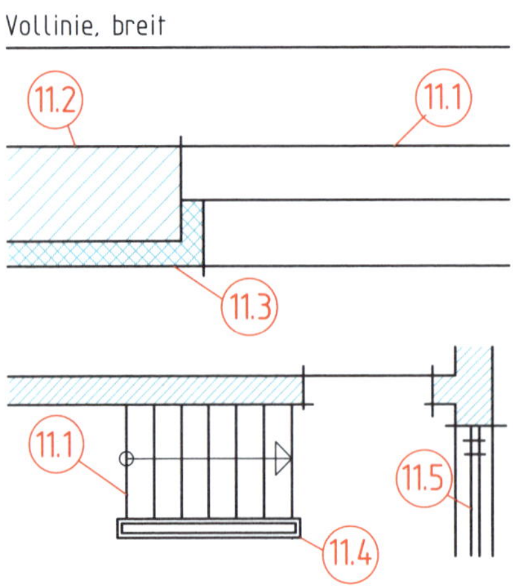

Anwendung der breiten Volllinie 11

11.1 Sichtbare Kanten von Bauteilen in Schnitten
11.2 Sichtbare Umrisse von Teilen in Schnitten mit Schraffur
11.3 Begrenzung schmaler oder kleiner Flächen geschnittener Bauteile
11.4 Sichtbare Umrisse von Teilen in Ansichten
11.5 Vereinfachte Darstellung von Türen, Fenstern, Treppen und Sanitärobjekten (wenn nicht Linie 12)

Anwendung der schmalen Volllinie 12

12.1 Maßlinien, Maßhilfslinien und Maßbegrenzungen
12.2 Hinweislinien
12.3 Schraffuren
12.4 Lauflinien und Pfeile
12.5 Rasterlinien
12.6 Diagonallinien für die Angabe von Öffnungen, Durchbrüchen oder Mauerschlitzen

Volllinie, schmal

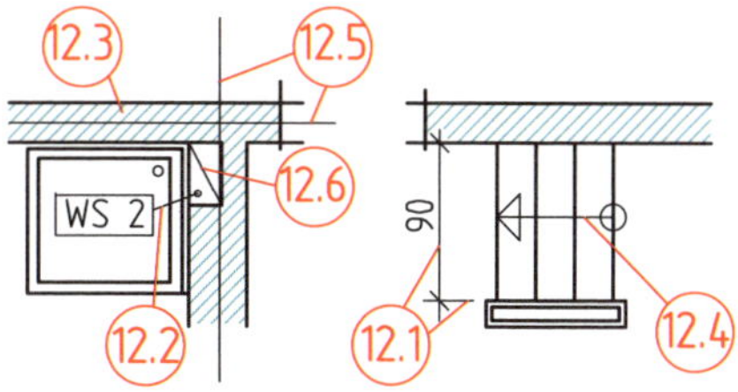

Anwendung der schmalen Strichlinie 13

13.1 Verdeckte Kanten und Umrisse

Strichlinie, schmal

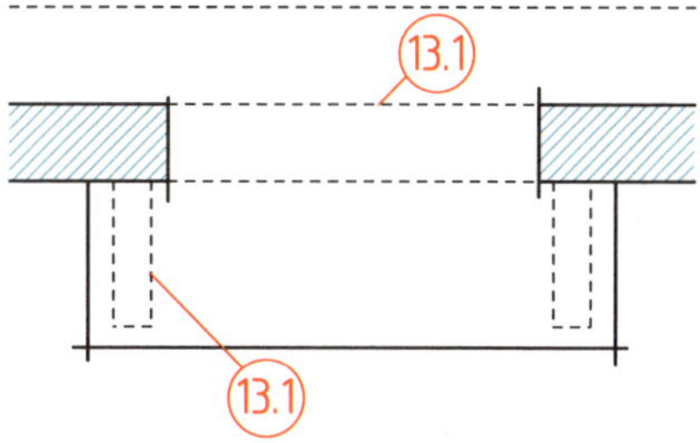

Anwendung der breiten Strichpunktlinie 14

14.1 Angabe der Schnittebene

Anwendung der schmalen Strichpunktlinie 15

15.1 Mittellinien
15.2 Richtungswechsel bei Schnittlinien
15.3 Symmetrieachsen
15.4 Rahmen für vergrößert dargestellte Einzelheiten
15.5 Begrenzung unterbrochener Ansichten

Strichpunktlinie, breit

Strichpunktlinie, schmal

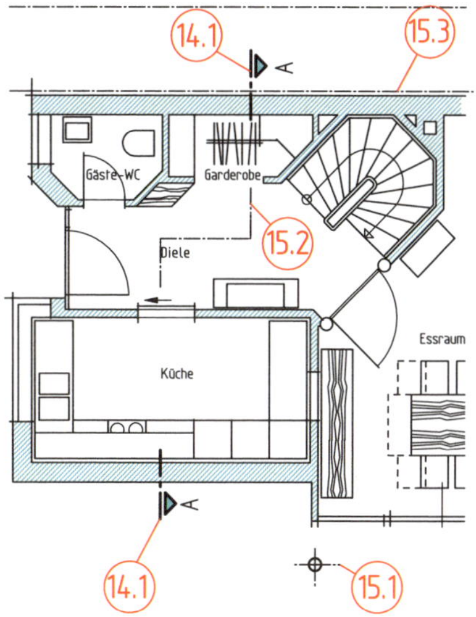

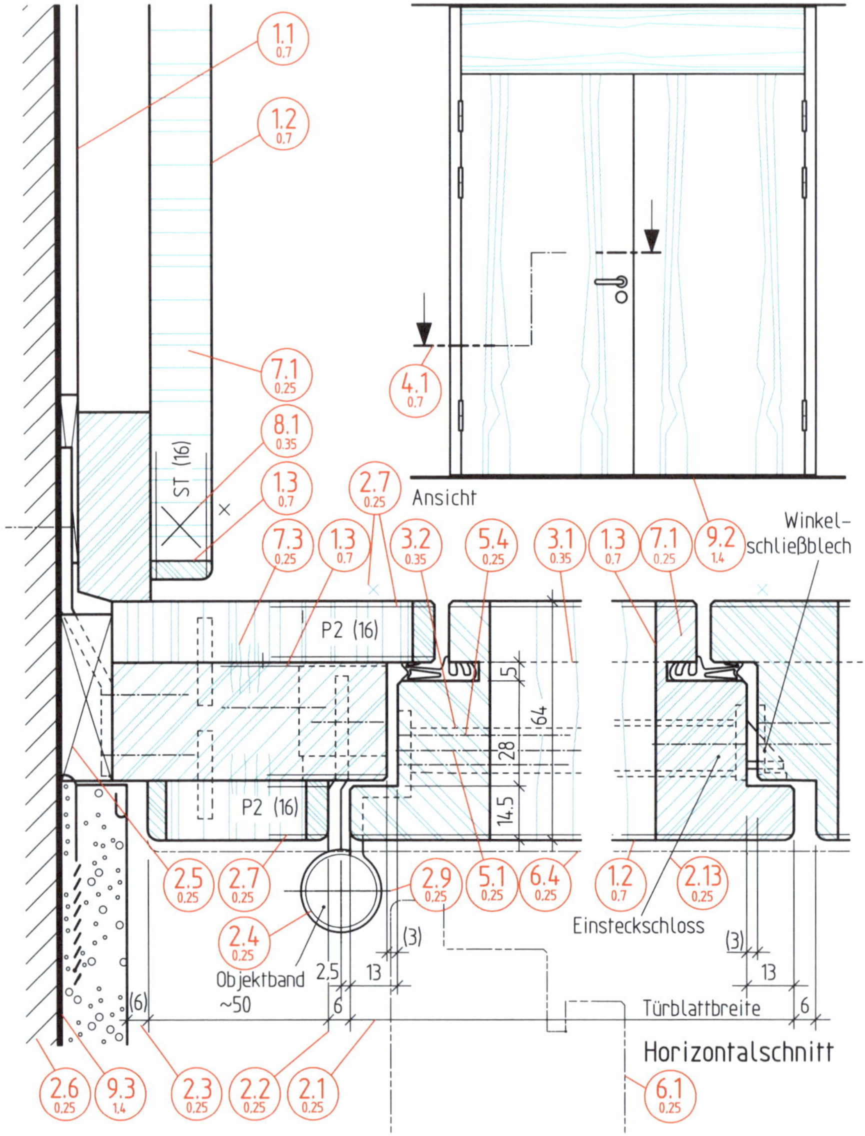

Bild 2.1–1 Die Anwendung verschiedener Linienarten und Linienbreiten in einer Detailzeichnung

2.2 Ansichten und Schnitte

In technischen Zeichnungen werden die Gegenstände wie Erzeugnisse und Erzeugnisteile in verschiedenen Ansichten und Schnitten dargestellt, um genaue Angaben über Form, Abmessungen und Konstruktion machen zu können. Damit die Darstellungen in technischen Zeichnungen auch allseits verstanden werden, sind die Lage der verschiedenen Ansichten und Schnitte und die Werkstoffdarstellungen in geschnittenen Teilen genormt.

2.2.1 Lage der Ansichten

Von einem Körper lassen sich die Vorderansicht, die Seitenansichten von links und rechts, die Draufsicht, die Rückansicht und die Untersicht zeichnen. Sie liegen nach DIN ISO 128-30 wie in Bild 2.2–1 angegeben. Die Vorderansicht des Möbels ist die Hauptansicht. Rechts von ihr liegt die Seitenansicht von links und links die Seitenansicht von rechts gesehen. Die Draufsicht liegt so unter der Vorderansicht, dass die Front des Möbels nach unten zeigt, die Untersicht liegt so über der Vorderansicht, dass die Möbelfront nach oben zeigt. Die Rückansicht wird als weitere Abwicklung des Möbelkörpers rechts neben die Seitenansicht von links gestellt (Bild 2.2–2).

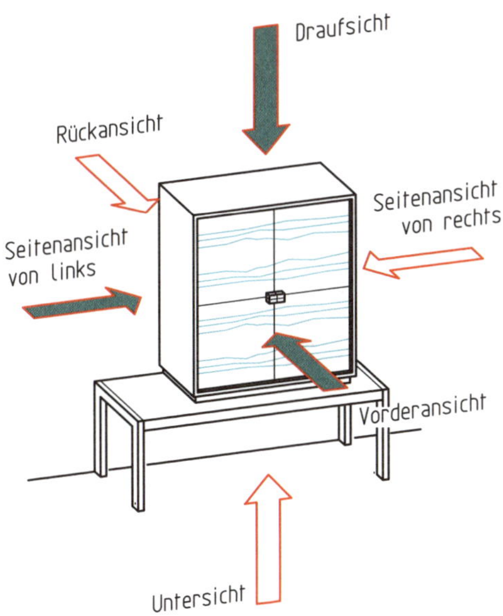

Bild 2.2–1
Die möglichen Ansichten eines Möbels

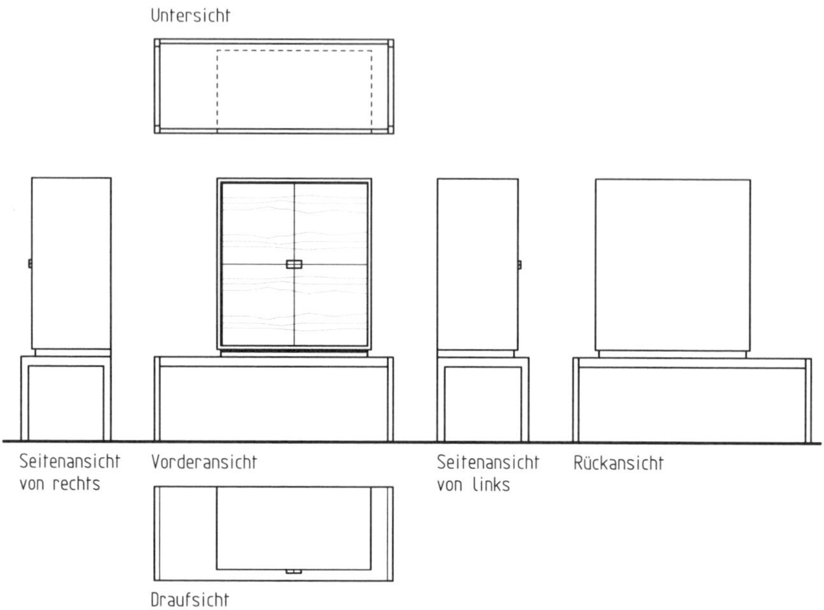

Bild 2.2–2 Die Lage der Ansichten nach DIN 6

Muss von dieser Regel aus zeichentechnischen Gründen abgewichen werden, kann man die Blickrichtung mit einem Großbuchstaben und einem Pfeil angeben. Als Buchstaben sind die letzten im Alphabet zu wählen. Der Pfeil muss größer als die Maßpfeile sein. Die Ansicht selbst erhält dann zum Beispiel die Bezeichnung »Ansicht Z«. Der Buchstabe Z ist einen Schriftsprung größer als die Maßzahlen bzw. die gewählte Beschriftung zu schreiben (Bild 2.2–3).

Bild 2.2–3 Kennzeichnung der Ansichten bei Abweichung vom Normalfall

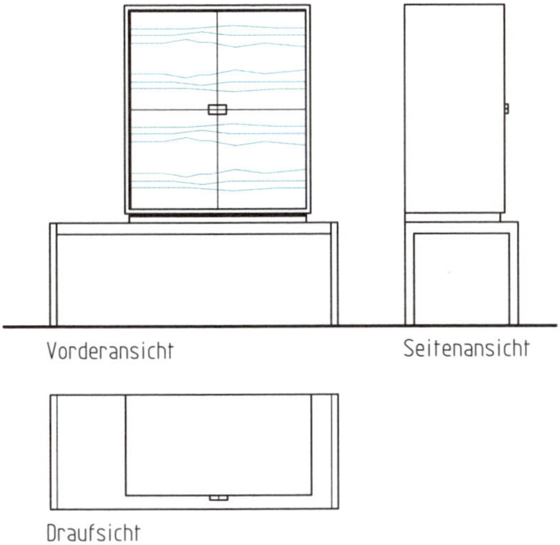

Bild 2.2–4 Die erforderlichen Ansichten bei einem Einzelmöbel. Auf die Draufsicht kann verzichtet werden, wenn Vorderansicht und Seitenansicht ausreichende Klarheit bringen.

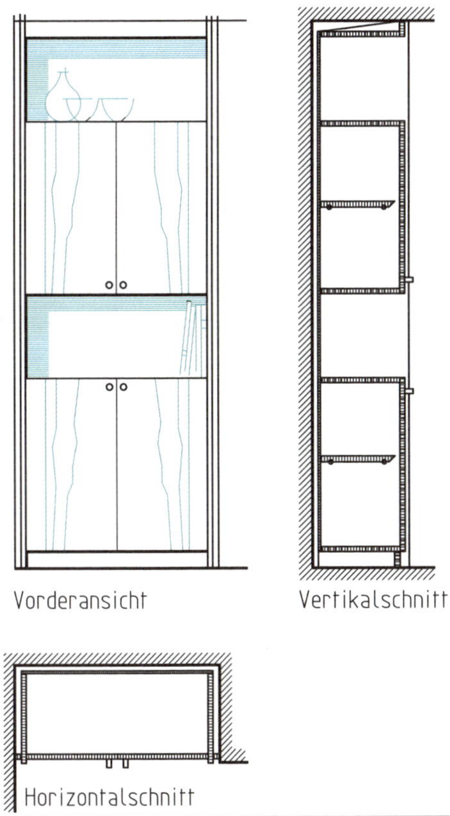

Bild 2.2–5 Statt der Seitenansicht und der Draufsicht werden bei Einbauschränken Vertikalschnitt und Horizontalschnitt gezeichnet.

Für die unmissverständliche Darstellung und Bemaßung eines Gegenstandes, wie zum Beispiel eines Möbelstückes, müssen nicht immer alle Ansichten gezeichnet werden. In der Regel genügen hierfür die Vorderansicht, die Seitenansicht und die Draufsicht (Bild 2.2–4). Nur bei freistehenden Möbeln, wie zum Beispiel bei Schreibtischen und Raumteilern, ist von Fall zu Fall noch die Rückansicht zur Klärung erforderlich. In vielen Fällen bringt auch die Draufsicht nicht mehr viel, so dass man diese auch weglassen kann und mit zwei Ansichten – Vorderansicht und Seitenansicht von links – auskommt.
Bei der Darstellung von Einbauschränken, Fenstern und Türen sind die Draufsicht und die Seitenansicht in der Regel uninteressant. Deshalb werden hier anstelle der Draufsicht ein Horizontalschnitt und für die Seitenansicht ein oder auch mehrere Vertikalschnitte gezeichnet (Bild 2.2–5, 6 und 7).
Die **Hauptansicht** bei Möbeln und bei Einbauschränken ist die Vorderansicht. Sie ist stets in der Gebrauchslage zu zeichnen. Das heißt, die Möbel stehen auf dem Boden, und die Vorderansicht muss in dieser Lage auf dem Blatt stehen. Bei Raumteilern wird die interessanteste Seite zur Vorderansicht erklärt, die Gegenseite ist dann die Rückansicht. Bei

Bild 2.2–6 Bei Innentüren ist die Bandseite die Hauptansicht.

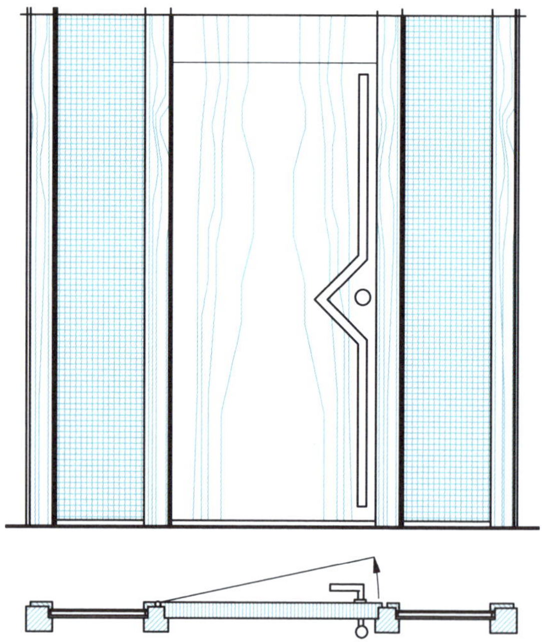

Bild 2.2–7 Bei Haustüren ist die Außenansicht die Hauptansicht.

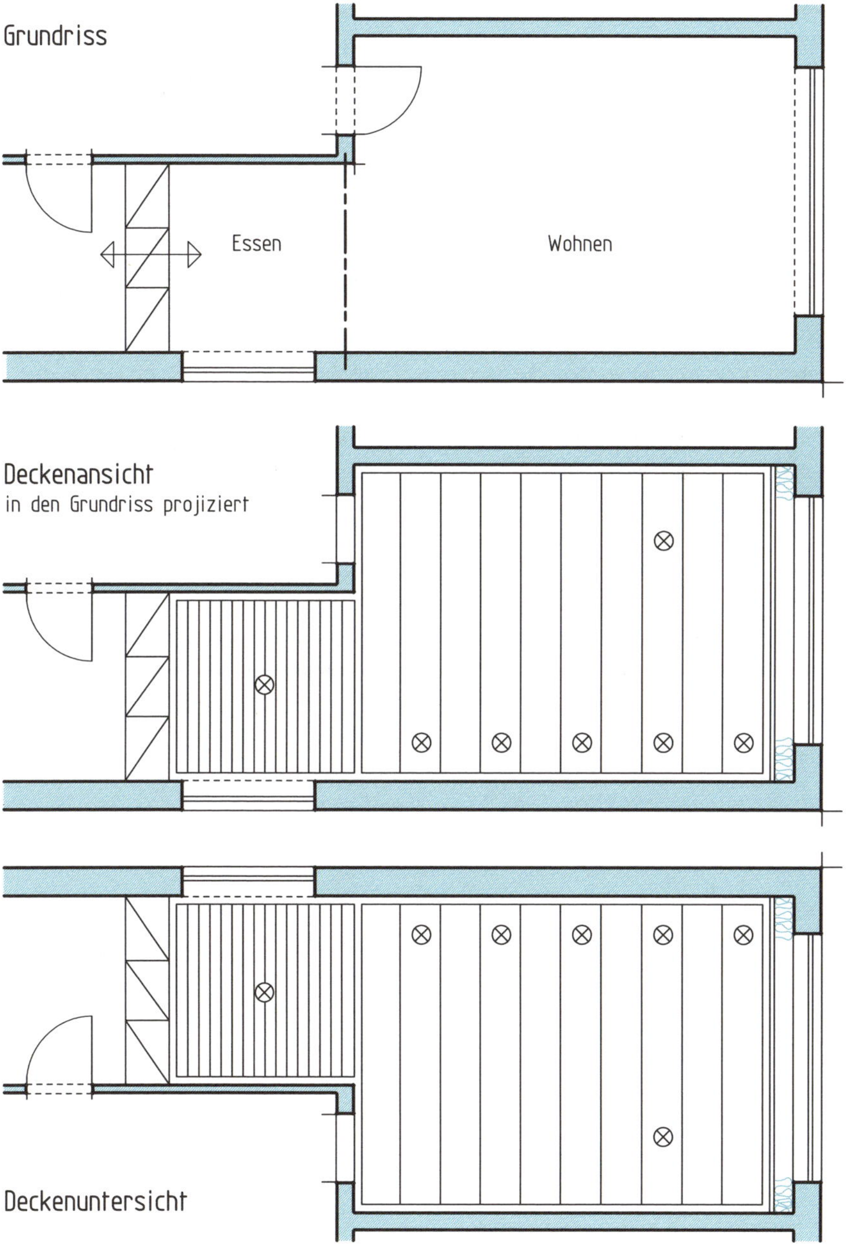

Bild 2.2–8 Darstellungsmöglichkeiten der Decken

Schreibtischen, die frei aufgestellt werden, wird die Seite, an der der Schreibtischbenutzer sitzt, zur Vorderansicht. Unklarer ist die Situation bei Fenstern und Türen. Die Architekten sehen Fenster und Haustüren von außen und werden deshalb die Außenansicht als Vorderansicht betrachten. Den Tischler und Fensterbauer aber interessiert bei Fenstern die Anschlagseite und das ist in der Regel die Innenseite. Deshalb ist bei Fenstern die Innenseite die Hauptansicht, also die Vorderansicht. Auch bei Zimmertüren ist die Öffnungsseite des Türblattes (Bandseite) die Vorderansicht (Bild 2.2–6). Bei Haustüren dagegen ist das äußere Bild wesentlich und wird deshalb auch vom Konstrukteur und Hersteller als die wichtigste Ansicht angesehen. Bei Haustüren ist die Außenansicht die Vorderansicht (Bild 2.2–7).

Nicht klar geregelt ist die Darstellung der Deckenansichten. Hier kann einmal die Deckenuntersicht gezeichnet werden, die dann spiegelbildlich zum Grundriss liegt. Zum anderen ist eine Projektion der Deckenuntersicht in den Grundriss möglich. Bei der Deckenuntersicht muss der Zeichner die Decke in einen spiegelbildlichen Grundriss eintragen. Der Ausführende muss sich alle Konstruktionen auf dem Rücken liegend vorstellen. Bei der Projektion der Deckenuntersicht in den Grundriss ist die Zeichenarbeit leichter, weil ja meistens der Grundriss in dieser Lage vorliegt. Der Ausführende muss aber dann bei der Herstellung die Konstruktionen aus dem Grundriss an die Decke zurückprojizieren. Beide Zeichenverfahren werden angewandt. Für die Auszuführenden ist es in der Regel einfacher, aus dem Grundriss heraus die Decke zu fertigen und zu montieren als nach einer Deckenuntersicht. Wahrscheinlich wird hier die Gewohnheit eine besondere Rolle spielen. Auf jeden Fall ist für Deckenansichten anzugeben, ob es sich um eine Deckenuntersicht oder um eine in den Grundriss projizierte Deckenansicht handelt (Bild 2.2–8).

2.2.2 Schnitte

Ein Schnitt ist das gedachte Zerschneiden eines Gegenstandes in einer oder in mehreren Ebenen. Die Schnitte sollen über die Konstruktion sowie über die Herstellung eines Gegenstandes Aufschluss geben. Sie sind deshalb an den Stellen durchzuführen, an denen am meisten von der Konstruktion zu sehen ist. Die Schnittführung ist in den Ansichten anzugeben. Schnitte von Schnitten sind zu vermeiden. Nach der Schnittführung unterscheidet man im Wesentlichen Horizontalschnitte, Vertikalschnitte und Frontalschnitte.

Der **Horizontalschnitt** wird waagerecht (horizontal) durch den Gegenstand und rechtwinklig zur Vorderansicht geführt. In der Regel werden Horizontalschnitte von oben gesehen gezeichnet. Sie geben Aufschluss über die verschiedenen Breitenmaße und eventuell über die Tiefenmaße des Gegenstandes und zeigen die Materialquerschnitte, die Konstruktion und die Lage der horizontal geschnittenen Teile. Beim Möbel sind dies zum Beispiel die Türanschläge, die Mittelanschlüsse von Türen, die Eckverbindungen der Schubkästen und der Einbau der Rückwand (Bild 2.2-9).

Horizontalschnitte werden mit A–A, weitere Horizontalschnitte mit A_1–A_2 usw. benannt.

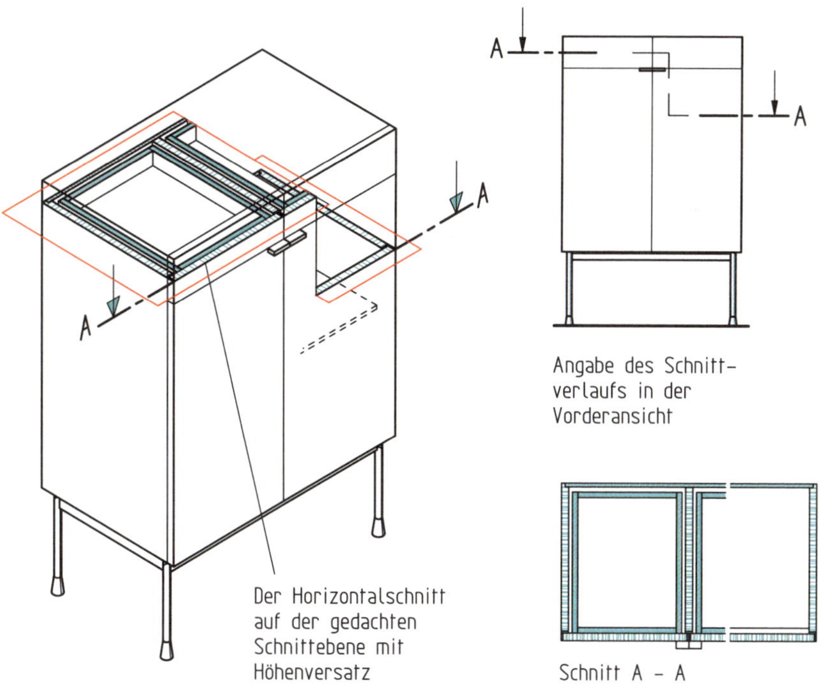

Bild 2.2-9 Horizontalschnitt, mit Höhenversatz von der Schubkastenebene zur Türebene

Der **Vertikalschnitt** B–B wird senkrecht durch den Gegenstand und rechtwinklig zur Vorderansicht geführt. In der Regel werden Vertikalschnitte von links gesehen gezeichnet. Sie geben Aufschluss über die Höhenmaße und eventuell über die Tiefenmaße des Gegenstandes. Sie zeigen die Materialquerschnitte, die Konstruktion und die Lage der vertikal geschnittenen Teile, beim Möbel zum Beispiel die Querschnitte durch Schubkastenvorder- und -hinterstücke, der vorderen und hinteren Zarge bzw. Sockelstücke, der oberen und unteren Türanschlüsse und Klappenanschläge (Bild 2.2–10).

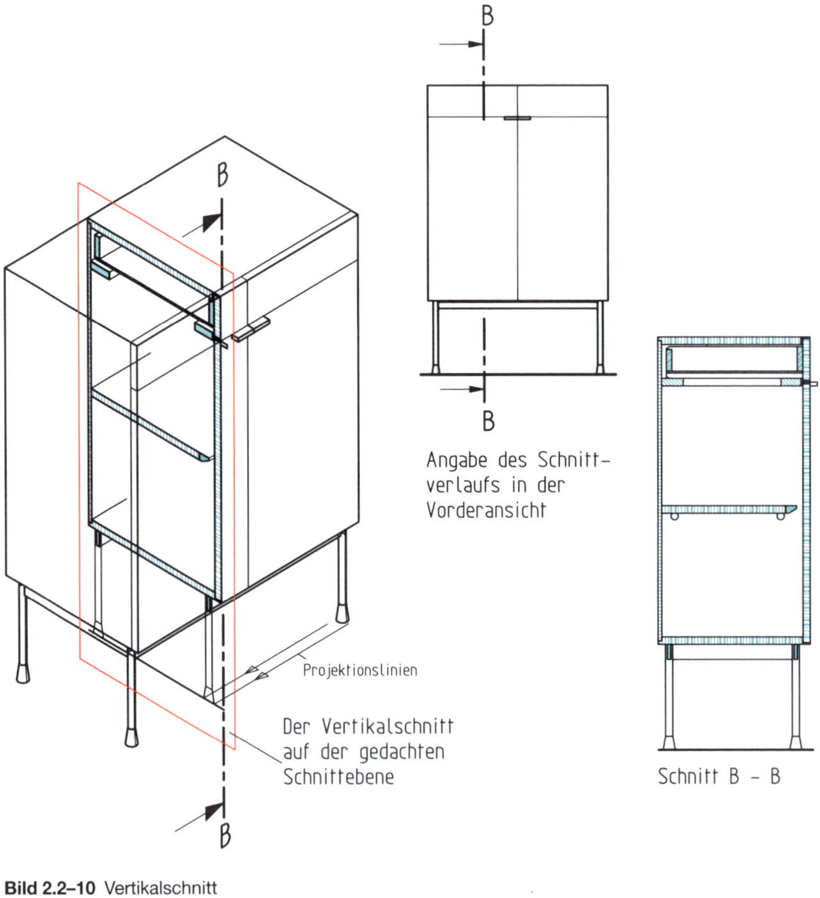

Bild 2.2–10 Vertikalschnitt

Der **Frontalschnitt**, mit C–C benannt, wird vertikal durch den Gegenstand und parallel zur Vorderansicht bzw. rechtwinklig zur Seitenansicht geführt. Er wird meistens von vorne gesehen gezeichnet und selten als Vollschnitt angelegt. Frontalschnitte geben beim Möbel zum Beispiel Aufschluss über die verschiedenen Höhenmaße, die Eckverbindungen des

Korpus, die Form der Schubkastenseiten, die Führung der Schubkästen, die Ausbildung der Seitenzargen bei Fußgestellen, die Auflagerung der Einlegeböden usw. (Bild 2.2–11).

Für die **Anordnung** der Schnitte auf dem Zeichenblatt gelten die gleichen Regeln wie für die Anordnung der Ansichten, das heißt, die Vertikalschnitte werden nach rechts geklappt, so dass die Vorderfront im Vertikalschnitt rechts liegt, und die Horizontalschnitte klappt man nach unten, so dass die Vorderfront im Schnitt nach unten kommt.

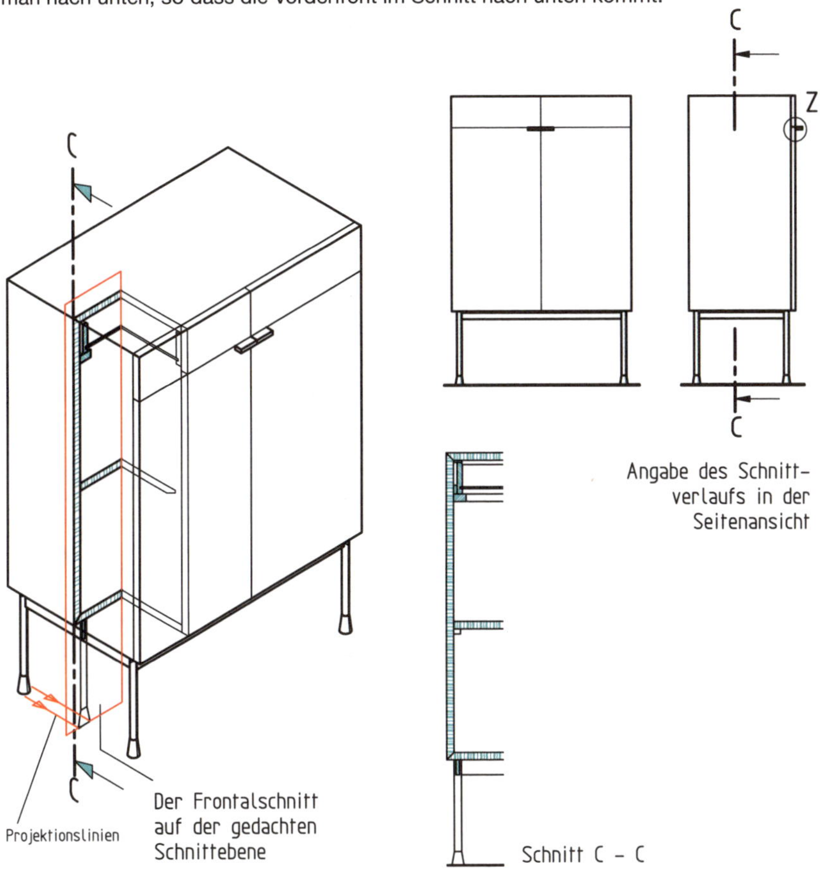

Bild 2.2–11 Frontalschnitt, wird meistens nur als Teilschnitt an einer Seite durchgeführt.

Nach Umfang des Schnittes sind Vollschnitte, Halbschnitte, Teilschnitte und Profilschnitte bzw. Detailschnitte zu unterscheiden.

Vollschnitte stellen den Schnitt durch den ganzen Gegenstand dar. Bei Zeichnungen im verkleinernden Maßstab, zum Beispiel 1:10; 1:20 etc., werden die Schnitte in der Regel als Vollschnitte gezeichnet (Bild 2.2–5).

Halbschnitte stellen den Schnitt durch den halben Gegenstand dar. Meistens handelt es sich um symmetrische Gegenstände, sodass die Darstellung einer Hälfte genügt. Der halbe Schnitt wird dann etwas über die Symmetrieachse hinaus gezeichnet (Bild 2.2–12, Schnitt A – A).

Teilschnitte sind Schnitte durch die wichtigsten Konstruktionspunkte des Gegenstandes. Fertigungszeichnungen für die Einzelfertigung werden häufig als so genannte Teilschnittzeichnungen erzeugt. Hier werden aus dem Vertikal- oder Horizontalschnitt eines Möbels zum Beispiel die uninteressanten Stellen »herausgeschnitten« und die wichtigen

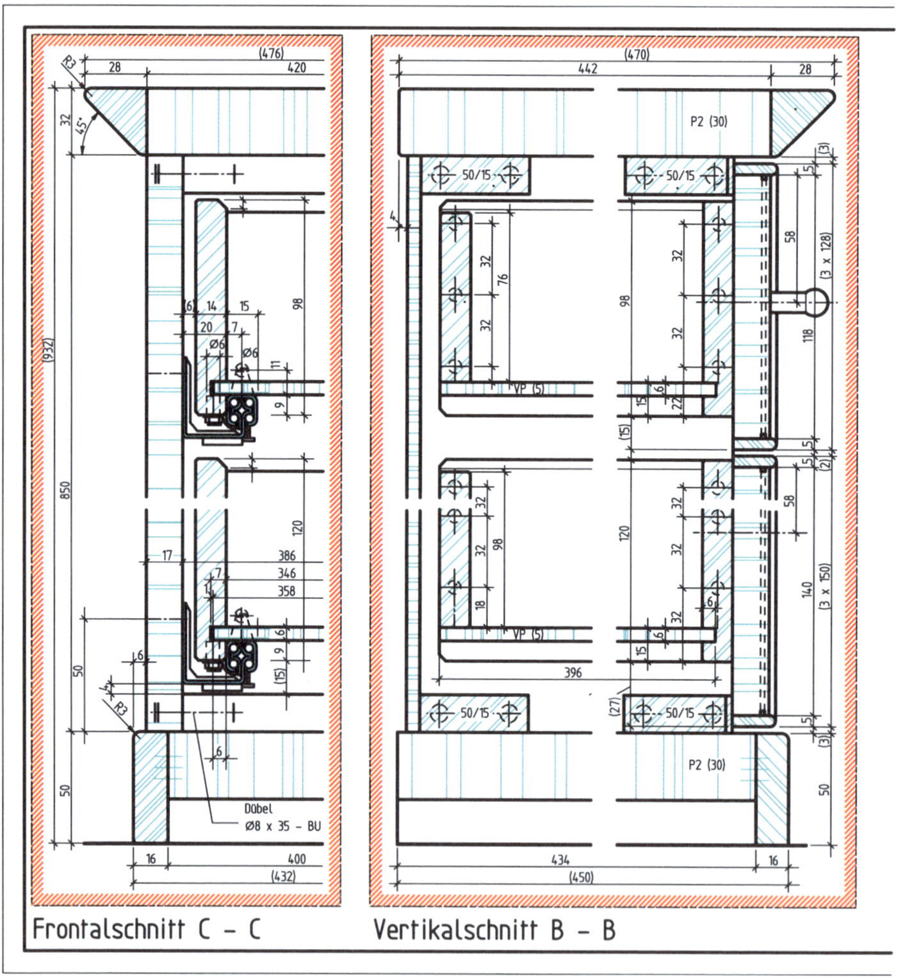

Konstruktionspunkte dicht zusammengeschoben. So kann man auf kleinem Papierformat einen großen Gegenstand ausreichend informativ darstellen. Auch Frontalschnitte werden häufig als Teilschnitte angelegt (Bild 2.2–12, Schnitt C – C).

Der **Schnittverlauf** ist bei nicht eindeutiger Schnittführung in den Ansichten besonders anzugeben. Das geschieht durch eine breite Strich-Punktlinie (siehe Bild 2.2-13). Sie wird nur am Rand des Gegenstandes gezeichnet und nicht über die gesamte Ansicht geführt.

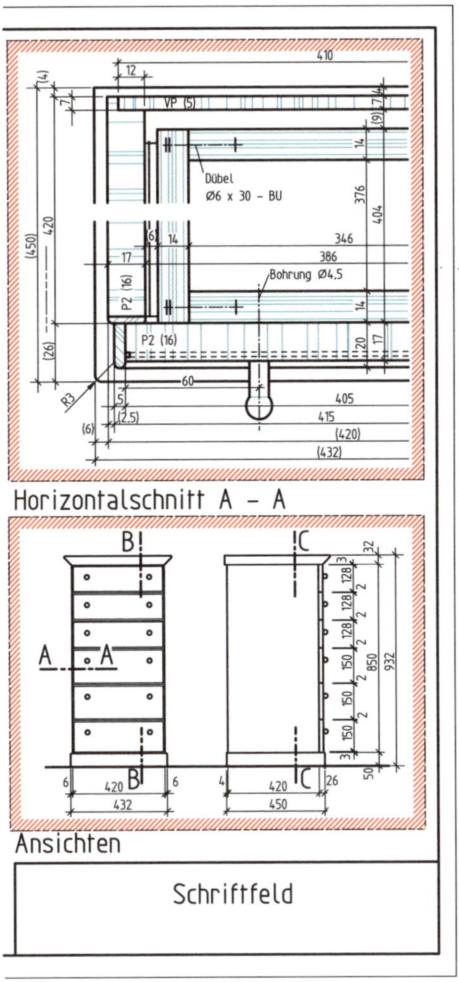

Bild 2.2–12 Lage der Teilschnitte und Ansichten auf einer Zeichnung

Springt der Schnittverlauf in eine andere Ebene, so ist diese Stelle des Versatzes in der Ansicht mittels einer schmalen Volllinie anzugeben.
Die verschiedenen Schnitte werden mit Großbuchstaben gekennzeichnet, die an den Anfang und an das Ende der Schnittlinien zu setzen sind. Zum Beispiel: Schnitt A – A, Schnitt B – B (Bild 2.2–13). Die Blickrichtung auf die Schnittfläche wird durch Pfeile angegeben.

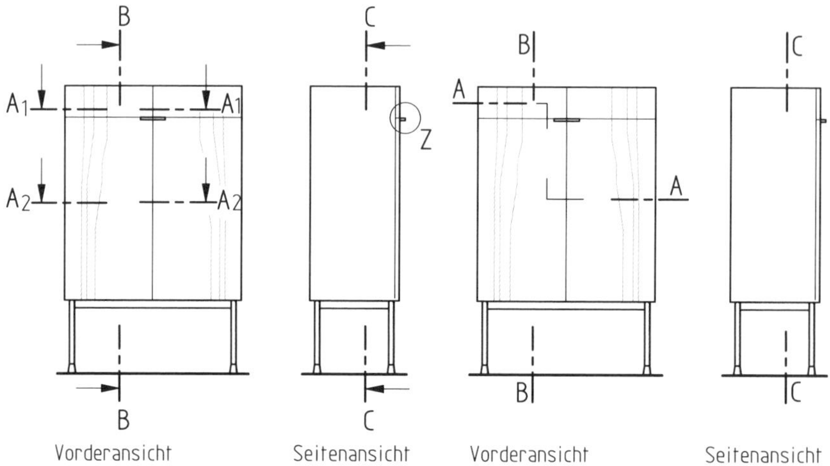

Bild 2.2–13 Angabe des Schnittverlaufs in den Ansichten

Die Pfeile schließen einen Winkel von 15° ein und sind 1,5 mal so lang wie die üblichen Maßpfeile. Auf die Pfeile kann auch verzichtet werden, dann ist aber der Großbuchstabe der Schnittbezeichnung anstelle der Pfeile an die Schnittlinie zu setzen (Bild 2.2–13). Die Höhe der Buchstaben für die Schnittangabe beträgt das 1,5fache der Maßzahlen. Bei 3,5 mm großer Schrift werden die Buchstaben für die Schnittangabe 5 mm hoch.
Profilschnitte zeigen den Querschnitt durch ein Profil, wie etwa durch eine Profilleiste, Fensterrahmen, Schubkastenseite. Bei kleinen Querschnitten werden die Profilschnitte im vergrößernden Maßstab, zum Beispiel 2:1, angelegt (Bild 2.2–15).
Einzelheiten, die wichtig sind, können in Zeichnungen besonders, manchmal auch vergrößernd dargestellt werden. Der Vergrößerungsmaßstab ist dann anzugeben. Um die herauszuzeichnende Stelle wird mit dünner Volllinie ein Kreis geschlagen und mit einem Großbuchstaben gekennzeichnet. Um Verwechslungen mit Schnittverlaufsangaben zu vermeiden, sind hier die letzten Buchstaben des Alphabets zu wählen, beispielsweise Einzelheit Z, Einzelheit X (Bild 2.2–13 und 14).

Damit sich Schnittflächen von Ansichtsflächen deutlich unterscheiden, werden die Schnittflächen mit einer breiten Linie umrandet (siehe Seite 37) oder besser schraffiert. Die Art der Schraffur hängt von dem geschnittenen Werkstoff ab (siehe Abschnitt 3, Darstellung von Werkstoffen, Beschlägen und Baustoffen).

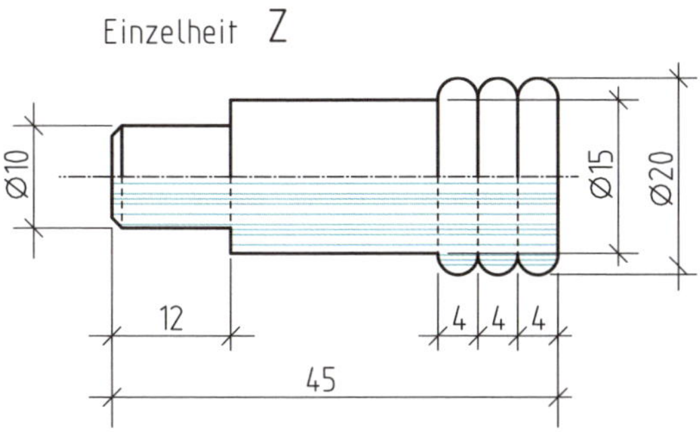

Bild 2.2–14 Darstellung der Einzelheit Z

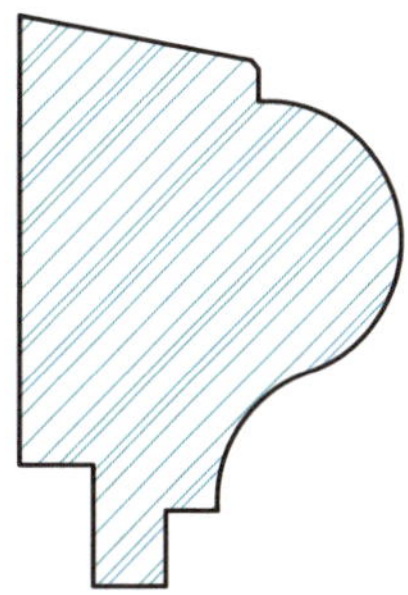

Bild 2.2–15 Profilschnitt

Bei Rundkörpern wird in der Regel eine Hälfte bis zur Mittelachse als Ansicht, die andere Hälfte als Schnitt gezeichnet (Bild 2.2–14).

Aus Gründen der klaren und kontrastreichen Darstellung dürfen Ansichtsflächen in Schnitten nicht schraffiert oder mit Holzmaserung angelegt werden.

3 Darstellung von Werkstoffen, Beschlägen und Baustoffen

Werkstücke, Beschläge, Verbindungsmittel, Bauteile und dergleichen werden in den Zeichnungen vielfach geschnitten dargestellt. Die Schnittflächen der Werkstücke und Bauteile werden schraffiert. Durch die unterschiedlichen charakteristischen Schraffurarten lassen sich die verschiedenen Werkstoffe symbolisch kennzeichnen. Zusätzlich können Werkstoff-Kurzzeichen, Normbezeichnungen, Abmessungen usw. in das Material eingeschrieben werden. Die Schraffur ist für die Maßzahlen und die Beschriftung auszusparen (Bild 3.0–1). Bei Platzmangel können Werkstücke durch Werkstoff-Kurzzeichen und Maßzahlen von außen mit Hinweis- und Bezugslinien gekennzeichnet werden.
Die Schraffe ist das sich wiederholende Element einer Schraffur. Dies können die Volllinie, die Strichlinie, die Zweipunktlinie oder die Punktlinie sowie besondere Symbole sein. Die Schraffur wird normalerweise mit schmalen, schwarzen Linien gezeichnet. Durch die Schraffur werden die geschnittenen Flächen in Zeichnungen besonders hervorgehoben. Deshalb dürfen in technischen Zeichnungen nur Flächen geschnittener Werkstücke schraffiert werden und keine Ansichtsflächen.
Die **Grundschraffur** für alle geschnittenen Werkstoffe ist die schmale Volllinie unter 45° schräg zu den Hauptumrissen des Werkstücks oder zur Symmetrieachse. Der Abstand der Schraffen ist von der Größe der geschnittenen Fläche abhängig. Große Flächen werden weiter, kleine Flächen enger schraffiert (Bild 3.0–1).

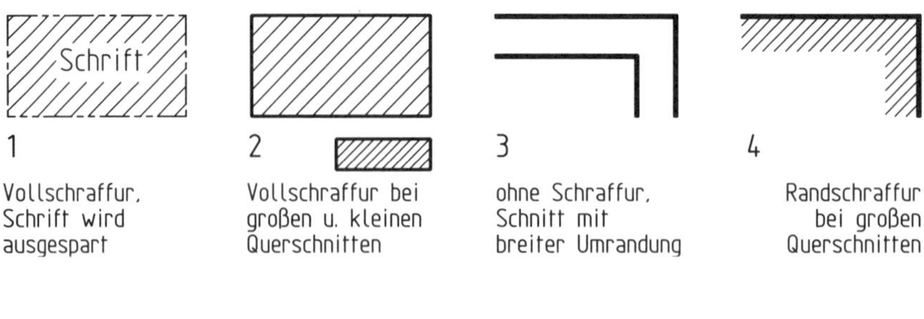

Bild 3.0–1 Betonung der Schnittflächen durch Schraffur oder breite Umrandung

Man unterscheidet die Vollschraffur und die Randschraffur. Bei einer Vollschraffur wird die geschnittene Fläche vollständig schraffiert, bei einer Randschraffur nur die Randzonen. Die Randschraffur wird besonders bei sehr großen Querschnitten angewendet. Bei kleineren Querschnitten können auch dick geschwärzte Umrisslinien ausreichen (Bild 3.0–1). Zu den allgemeinen Regeln gehört auch, dass die Schraffen nicht mit den Umrisslinien zusammenfallen dürfen. Bei gekippten Querschnitten ist die Schraffur mit zu kippen (Bild 3.0–2). Bei dicht aneinander liegenden Flächen wird die Richtung der Schraffuren gewechselt. Kleine Flächen, zum Beispiel Flächen in stark verkleinernden Maßstäben, können statt linear schraffiert auch voll geschwärzt werden. Dann sind mehrere dicht aneinander liegende Flächen durch Lichtkanten, ca. 0,5 mm breit, zu trennen (Bild 3.0–3).

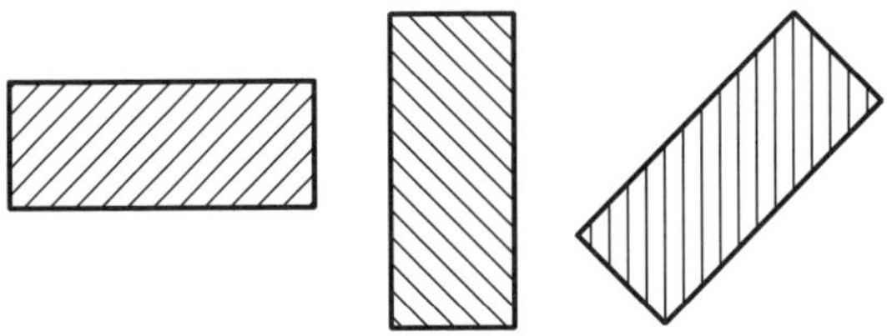

Bild 3.0–2 Beim Drehen der Flächen wird die Schraffur mitgedreht.

Bild 3.0–3 Dünne Schnittflächen werden voll geschwärzt. Aneinander liegende Flächen erhalten dann dünne Lichtkanten.

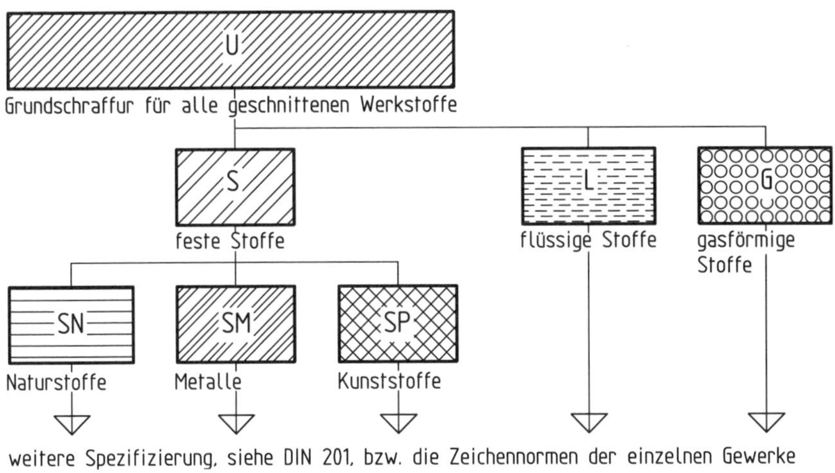

Bild 3.0–4 Grundschraffur und allgemeine Schraffuren für feste, flüssige und gasförmige Stoffe nach DIN 201

In größeren Gesamtzeichnungen können die Schnitte manchmal ineinander gelegt werden. In solchen Zeichnungen für die Holzverarbeitung ist für Schnitte ausnahmsweise eine farbige Schraffur zulässig. Vertikalschnitte werden dann blau schraffiert, die Ansichtskanten zum Vertikalschnitt mit blauen Begleitlinien versehen; Horizontalschnitte werden rot schraffiert. Die zu diesem Schnitt gehörenden Ansichtskanten werden mit roten Begleitlinien gezeichnet und die Frontalschnitte werden hellbraun schraffiert. Die farbige Schraffur ist nicht mehr genormt und als alte handwerkliche Überlieferung zu betrachten. Sie hat aber bei Aufrissen und Brettrissen, bei denen mehrere Schnitte ineinander liegen, noch ihre Berechtigung.

Die **Schraffuren in technischen Zeichnungen** sind in der DIN 201 genormt. Hier unterscheidet man neben der universalen Schraffur (U) die Schraffuren für feste Stoffe (S), flüssige Stoffe (L), gasförmige Stoffe (G), Naturstoffe (N), Metalle (M) und Plastik (P). In der Darstellung sind nur die wichtigsten in der Holzverarbeitung vorkommenden Stoffe enthalten (Bild 3.0–4).

Für **Schraffuren in technischen Zeichnungen für die Holzverarbeitung** gelten DIN 919-1 und für Bauzeichnungen DIN 1356 sowie DIN ISO 128-50.

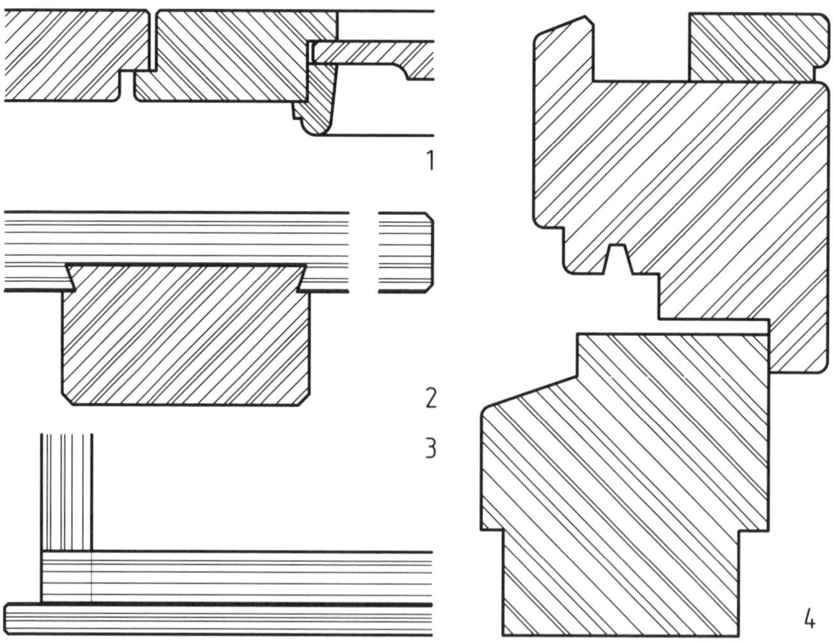

Bild 3.1–1 Schnitte durch Werkstücke aus Vollholz: 1 Mittelanschluss einer Rahmentür mit Vollholzfüllung, 2 Gratleiste im Vollholzbrett, 3 Horizontalschnitt durch ein Schubkastenvorderstück mit Doppel, 4 Vertikalschnitt durch das Unterstück eines Fensters (Schraffur bei CAD-Zeichnungen).

3.1 Vollholz

Das Vollholz kann in Schnitten als Hirnholz oder als Längsholz erscheinen.
Hirnholz wird unter 45° schräg und freihändig schraffiert. Bei CAD-Zeichnungen empfiehlt sich eine 45°-Schraffur in verschiedenen Abständen. Liegen zwei Schnittflächen verschiedener Teile aneinander, wird die Schraffurrichtung gewechselt. Kommen drei aneinander grenzende Schnittflächen vor, wird eine Hirnholzfläche in gleicher Richtung, aber enger schraffiert. Teile, die miteinander verleimt sind, können unter 45° in gleicher Richtung schraffiert werden. Der Abstand der Schraffurlinien ist der Größe der Schnittfläche anzupassen. Kleinere Querschnitte erhalten engere Schraffurlinien – große Querschnitte weitere Schraffurlinien (Bild 3.1–1).
Längsholz wird dem Faserverlauf des Holzes entsprechend parallel zur Werkstücklänge freihändig schraffiert. Bei CAD-Zeichnungen erhalten die parallelen Linien unterschiedliche Abstände. Werden zwei Werkstücke aus Vollholz miteinander verleimt, wird die dünne Querschnittsfläche enger schraffiert. Der Abstand der Schraffurlinien hängt auch hier von der Größe des Querschnitts ab (Bild 3.1–1).
Anmerkung: Statt der Furnier-Kurzzeichen der deutschen Holz-Handelsnamen können auch die Kurzzeichen der botanischen Baumartennamen, siehe Seite 292, verwendet werden.

3.2 Holzwerkstoffe

Holzwerkstoffe im engeren Sinne sind Furniersperrholz, Stab- oder Stäbchensperrholz, Verbundplatten sowie Spanplatten und Holzfaserplatten.
Die Schraffur symbolisiert Stabsperrholz, die so genannten Tischlerplatten, und zeigt die Abstände der einzelnen Leisten der Mittellagen. Alle Holzwerkstoffe erhalten nun diese weite Schraffur. Sie wird freihändig gezeichnet und verläuft rechtwinklig zur Plattenebene. Die Abstände der Schraffurlinien betragen etwa die Hälfte der Plattendicke. Dadurch werden die dicken Platten weiter schraffiert als die dünnen. Bei CAD-Zeichnungen empfiehlt es sich, diese Schraffurlinien in unterschiedlichen Abständen zu zeichnen.
Da alle Holzwerkstoffe die gleiche Schraffur erhalten, ist die Plattenart besonders zu kennzeichnen (Abkürzungen siehe Seite 293). Die Abkürzungen werden bei dicken Platten in die Plattenmitte, bei dünnen Platten auf die Platte gesetzt und hier mit Hinweislinien angebunden. Die Kennzeichnung sollte möglichst am Plattenanfang stehen (Bild 3.2–1). Da bei Stab- und Stäbchensperrholz der Verlauf der Mittellage für die Konstruktion entscheidend ist, muss der Verlauf der Mittellage durch Symbole wie Pfeil oder Diagonalkreuz zusätzlich gekennzeichnet werden.
Stab- und Stäbchensperrholz, bei dem die Mittellage in der Schnittfläche als Längsholz erscheint, erhält einen Pfeil. Diese Pfeile werden so eingezeichnet, dass die Spitze des Pfeils zur vorderen Plattenkante zeigt und der Pfeil in der Mitte der Schnittfläche der Platte

liegt. Die Pfeile schließen einen Winkel von 15° ein und sind etwa 6 mm lang, das gesamte Symbol etwa 15 bis 20 mm (Bild 3.2–1). Sie werden in der Linienbreite für Symbole oder auch der Beschriftung, bei einer 3,5 mm hohen Schrift also 0,35 mm breit, gezeichnet. Stab- und Stäbchensperrholz, bei dem die Mittellage in der Schnittfläche Hirnholz zeigt, wird mit einem liegenden Kreuz gekennzeichnet. Das Kreuz wird wie die Kennzeichnung immer am Anfang der Platte eingezeichnet. Es ist etwa 1/2 bis 2/3 so groß, wie die Platte dick ist. Die Linienbreite beträgt wie beim Pfeilsymbol 0,35 mm (Bild 3.2–1).

Schnitte durch Verbundplatten mit Wabenmittellage oder PUR-Schaummittellage erhalten eine besondere Schraffur (siehe Bild 3.4–2, Seite 61).

Die Symbole und Kennzeichnungen der Platten müssen in jedes Werkstück nur einmal eingetragen werden, selbst wenn dieses Werkstück in der Zeichnung mehrmals vorkommt.

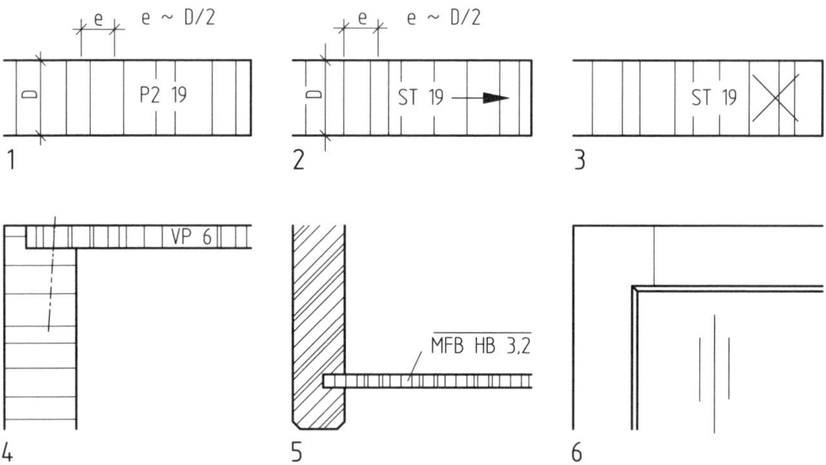

Bild 3.2–1 Schnitte durch Werkstücke aus Holzwerkstoffen: 1 Flachpressplatte (Spanplatte), 19 mm dick, 2 Stabsperrholzplatte, Mittellage Längsholz, 3 Stabsperrholzplatte, Mittellage Hirnholz, 4 Furniersperrholz als Rückwand, 6 mm dick, 5 einseitig kunststoffbeschichtete Holzfaserplatte als Schubkastenboden, 3,2 mm dick, 6 Angabe des Furnierverlaufs in der Ansicht.

3.3 Deckfurniere und Beschichtungen

Holzwerkstoffe können furniert, mit Folien kaschiert oder mit Kunststoffplatten beschichtet sein. Diese dünnen Veredelungsschichten werden, wenn erforderlich, durch kurze Begleitlinien innerhalb des Umrisses gekennzeichnet. Die Begleitlinien werden immer an den Plattenkanten beginnend gezeichnet. Sie sind ca. 3 cm lang und werden mit schmaler Volllinie (0,25 mm Linienbreite) gezeichnet. Damit die Begleitlinien nicht mit den Umrisslinien zusammenfließen, sollte der Abstand zwischen diesen Linien ca. 1 mm betragen.

Bei furnierten Flächen muss der Faserverlauf des Furniers angegeben werden. Zeigt das

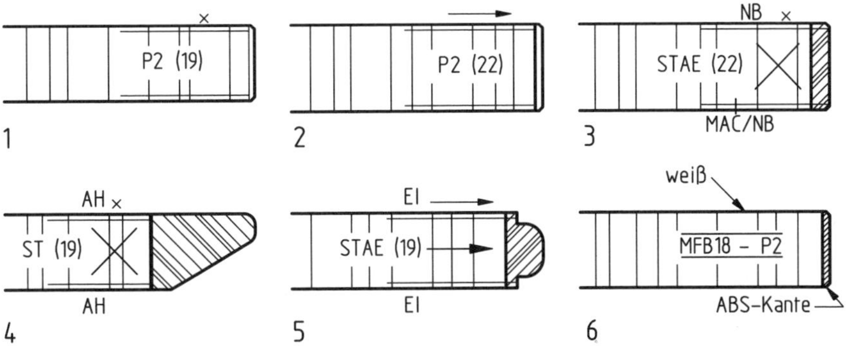

Bild 3.3–1 Schnitte durch furnierte oder beschichtete Holzwerkstoffe: 1 furnierte Flachpressplatte mit Furnierkante, Furnier zeigt Hirnholz, 2 furnierte Flachpressplatte, Furnier zeigt Längsholz, 3 Stäbchensperrholzplatte, Rohdicke 22 mm, mit überfurniertem Anleimer, Mittellage und Furnier zeigen Hirnholz, 4 Stabsperrholzplatte mit nachträglich angeleimten Anleimer, Rohdicke 19 mm, mit Ahorn furniert, 5 Stäbchensperrholzplatte mit überfurniertem Anleimer, Furnier und Mittellage zeigen Längsholz, 6 beidseitig kunststoffbeschichtete, dekorative Flachpressplatte mit Kunststoffkante.

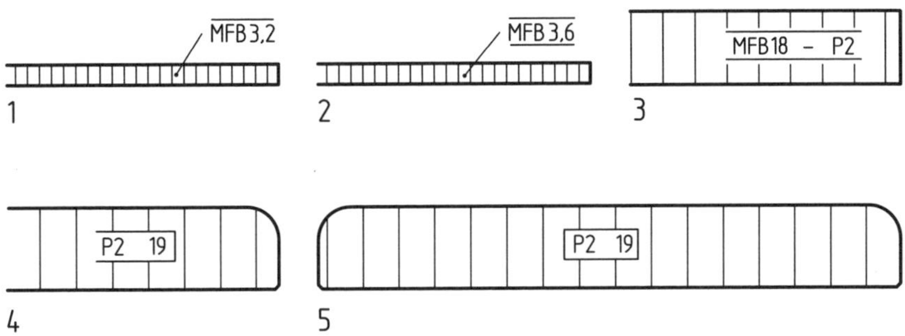

Bild 3.3–2 Begleitlinien an der Beschriftung bei Fertigplatten: 1 Hartfaserplatte, einseitig beschichtet, 2 Hartfaserplatte, beidseitig beschichtet, 3 Spanplatte, beidseitig beschichtet, 4 P2-Platte, dreiseitig beschichtet, 5 P2-Profil, allseitig ummantelt.

Furnier in der Schnittfläche Hirnholz, wird dies durch ein kleines liegendes Kreuz auf der Fläche gekennzeichnet. Zeigt das Furnier Längsholz, wird zur Kennzeichnung ein Pfeil verwendet (Bild 3.3–1). Pfeil und Kreuz werden wie die Schraffur 0,25 mm breit gezeichnet. Die Pfeilspitze entspricht in Form und Größe den Maßpfeilen. Das kleine Kreuz ist 3 mm bis 4 mm groß. Die Angabe der Furnierrichtung genügt auf einer Seite der Platte, da es logisch ist, dass die Furnierrichtung auf beiden Plattenseiten gleichlaufend ist. Müssen diese Symbole aus besonderen Gründen auf beiden Seiten der Platte angegeben werden, sollten sie übereinander liegen. Die Holzart des Furniers oder die Art des Beschichtungsmaterials kann unter Verwendung der genormten Abkürzungen besonders angegeben werden. Im Beispiel wurden für Furniere die Abkürzungen der deutschen Handelsnamen gewählt (siehe Seite 292). Bei nachträglich furnierten oder beschichteten Platten wird die eingeschriebene Plattendicke der Rohplatte in Klammern gesetzt (Bild 3.3–1).

Handelt es sich um fertig beschichtete Platten, dann kann die Beschichtung auch durch kurze Begleitlinien unmittelbar am Kurzzeichen symbolisiert werden. Die Lage der Begleitlinien am Kurzzeichen gibt an, welche Flächen bereits vom Plattenhersteller beschichtet wurden (Bild 3.3–1 und 3.3–2).

Der Faserverlauf des Deckfurniers kann auch in Ansichten durch ein Symbol gekennzeichnet werden. Das Symbol besteht aus drei parallelen schmalen Volllinien (0,25 mm), wobei die mittlere etwas länger als die beiden äußeren Linien zu zeichnen ist. Die Richtung der Linien gibt den Faserverlauf in der Ansicht an. Die Größe des Symbols richtet sich nach dem Darstellungsmaßstab (Bild 3.2–1).

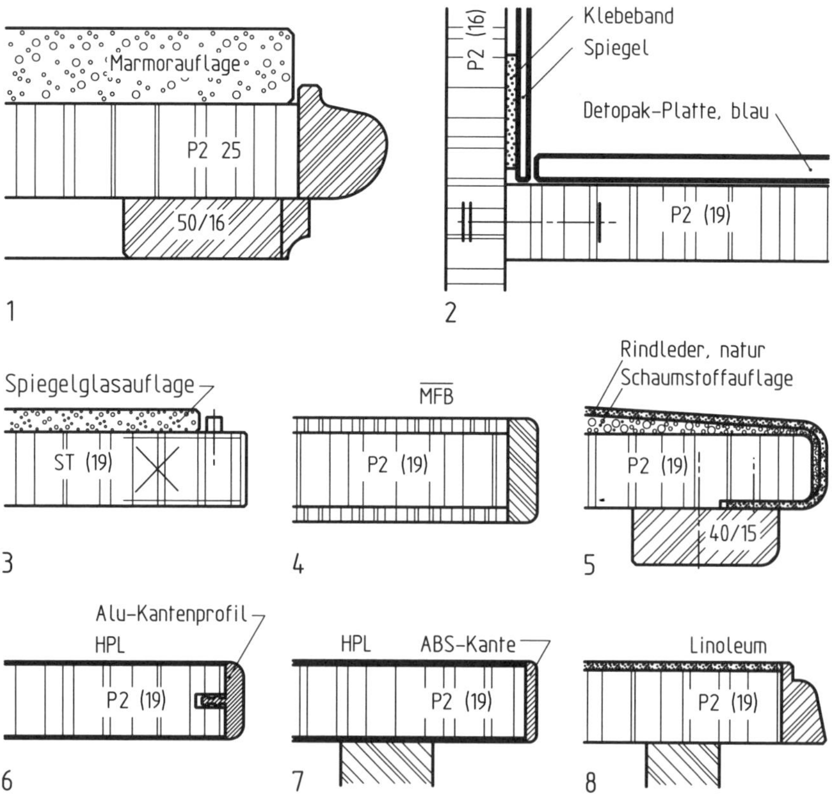

Bild 3.4–1 Schnitte durch Beschichtungs- oder Belagstoffe: 1 Marmorauflage, 2 Glas- und Spiegelauflagen, 3 Spiegelglasauflage, 4 kunststoffbeschichtete dekorative Holzfaserplatte, 5 Rindleder über Schaumstoff gespannt, 6 Flächen mit Schichtpressstoff belegt, Schmalfläche mit Alu-Kantenprofil, 7 Schmalfläche mit ABS-Kanten beklebt, 8 Oberfläche mit Linoleum beleimt.

3.4 Belagstoffe

Belagstoffe können Kunststoffplatten, Linoleum, Leder, Glas, Marmor, Metallplatten und anderes mehr sein. Im Allgemeinen werden dünne Belagstoffe, bei denen die Umrisslinien nur einen sehr geringen Abstand voneinander aufweisen, in Schnitten voll schwarz gezeichnet. Grenzen mehrere geschwärzte Schnittflächen aneinander, so werden sie durch helle Fugen (ca. 0,5 mm) voneinander getrennt. Dicke Belagstoffe werden, wenn nicht die Schraffurart aus DIN ISO 128-50 verwendet wird, im Schnitt gepunktet oder nur mit einer sehr breiten Volllinie umrandet (Bild 3.4–1).

3.5 Kunststoffe, Metalle, Glas

In technischen Zeichnungen für die Holzverarbeitung müssen außer Holz oder Holzwerkstoffen auch andere Materialien wie Kunststoffe, Metalle und Glas dargestellt werden (für die Darstellung von Baustoffen und Bauteilen siehe Kapitel 3.12).

Kunststoffe werden, wenn es sich um dünnwandiges Material handelt, voll schwarz gezeichnet. Grenzen mehrere geschwärzte Schnittflächen aneinander, so sind diese durch ca. 0,5 mm breite Fugen voneinander zu trennen (Bild 3.5–1).

Metalle werden in den technischen Zeichnungen für die Holzverarbeitung unter 45° am Lineal eng schraffiert. Sind die Schnittflächen für eine Schraffur zu klein, können sie auch voll geschwärzt werden. Die aneinander grenzenden geschwärzten Schnittflächen sind durch Lichtkanten voneinander zu trennen. Die Verbindungsmittel in den Metallen werden nicht geschnitten dargestellt, selbst dann nicht, wenn der Schnitt durch die Bohrung verläuft. Das Verbindungsmittel wird dann als Ansicht gezeichnet (Bild 3.6–1).

Glas und **dicke Glasmassen** werden im geschnittenen Zustand gemäß DIN mit Schraffurbündeln wie drei kurze, gleich lange und unter 45° gruppenweise zusammengefasste Schraffurlinien gekennzeichnet.

Dünne Glasscheiben können nach DIN 919-1 auch gepunktet werden. Die Schraffur, die für Glasmassen gilt, wäre viel zu aufwendig zu zeichnen und in dünnen Materialien auch nicht unterzubringen (Bild 3.5–1).

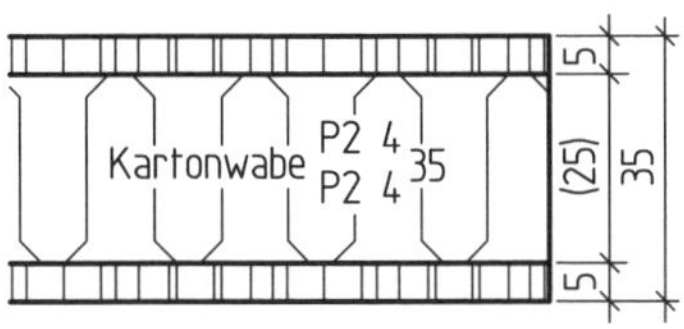

1 Verbundplatte mit Wabenmittellage und Spanplattendecks

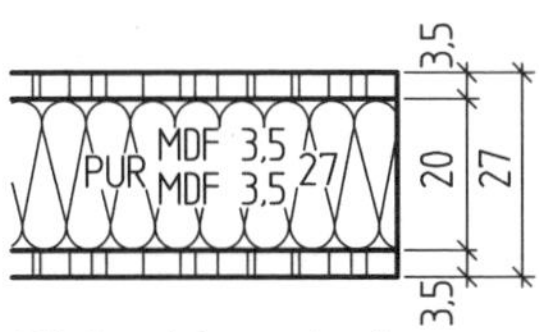

2 Verbundplatte mit schaumförmiger Mittellage und mit MDF-Decks

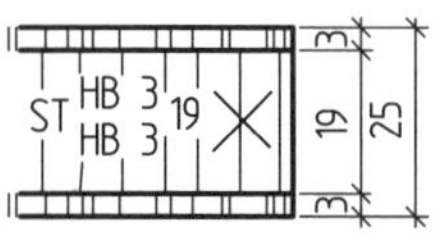

3 Verbundplatte mit Stabmittellage und mit Hartfaserplattendecks

Bild 3.4–2 Schnitte durch Verbundplatten

Kitt wird dichter als Glas gepunktet oder voll geschwärzt. **Dichtungsmassen** wie Silikon werden kreuzweise unter 45° eng schraffiert. **Vorlegebänder** erhalten eine enge Schraffur aus sich rechtwinklig kreuzenden vertikalen und horizontalen Linien (Bild 3.5–1).

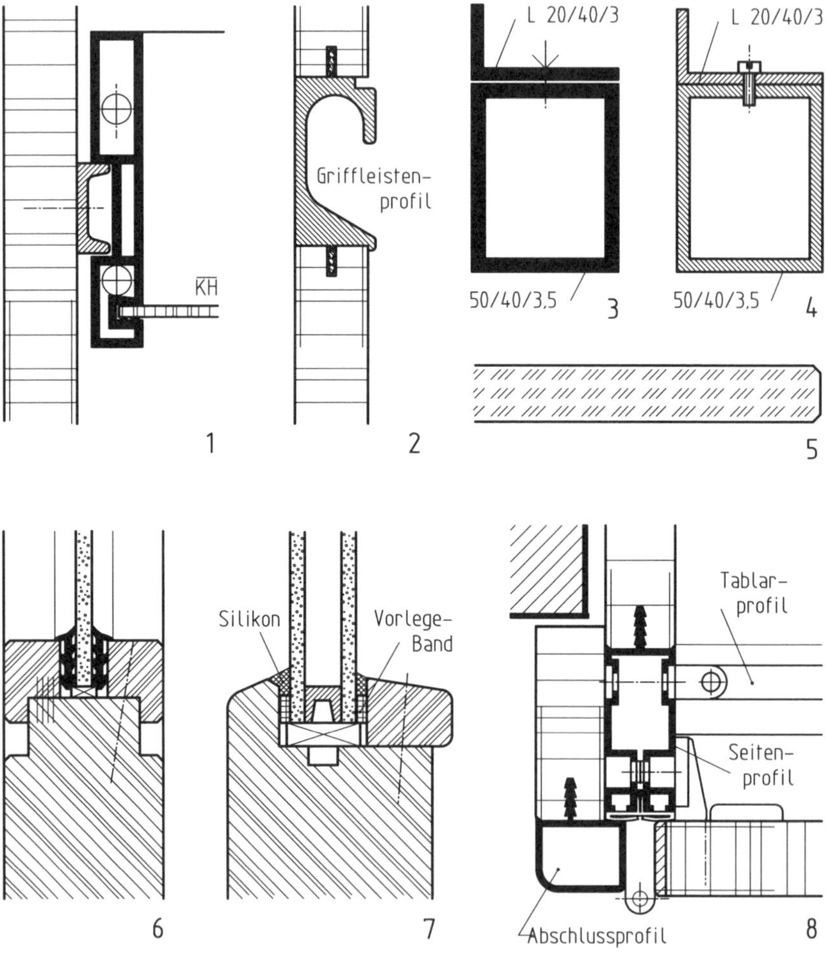

Bild 3.5–1 Schnitte durch Kunststoff, Metall oder Glas: 1 Schnitt durch eine Kunststoffschublade mit Kunststoffführung, 2 Griffleiste aus Aluminium, 3 und 4 miteinander verschraubte Metallprofile, 5 dickes Gussglasteil, 6 Schnitt durch eine Trockenverglasung, 7 Isolierverglasung mit Vorlegeband und Versiegelung, 8 Schnitt durch ein Schrankbauprofil aus Aluminium.

Bild 3.6–1 Darstellung von Verbindungsmitteln: 1 Drahtstift mit Flachkopf, blank, 2 Heftklammer, 3 Linsen-Senkholzschraube, 4 Senkkopfschraube, 5 Linsen-Senkkopfschraube im Schnitt, 6 Schraube in der Ansicht, 7 Halbrundkopfschraube im Schnitt und in der Ansicht, 8 wie vor, jedoch Halbrundkopf mit Kreuzschlitz, 9 Gewindeschraube mit Sechskantkopf und –mutter, 10 Flachrundkopfschraube mit Vierkantansatz und Mutter, M-Gewinde 8 mm.

3.6 Verbindungsmittel

Verbindungsmittel sind zum Beispiel Schrauben, Stifte, Nägel, Heftklammern, Dübel und Federn.

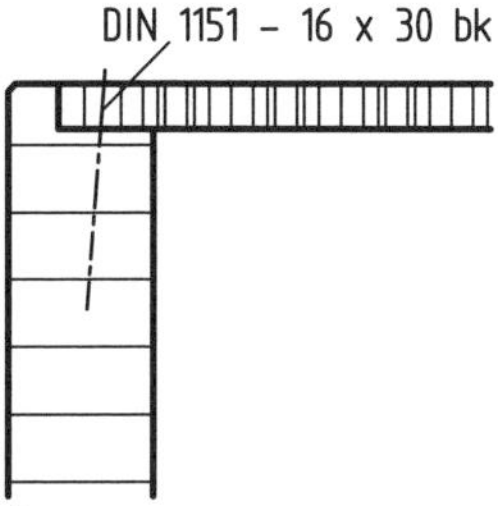

1

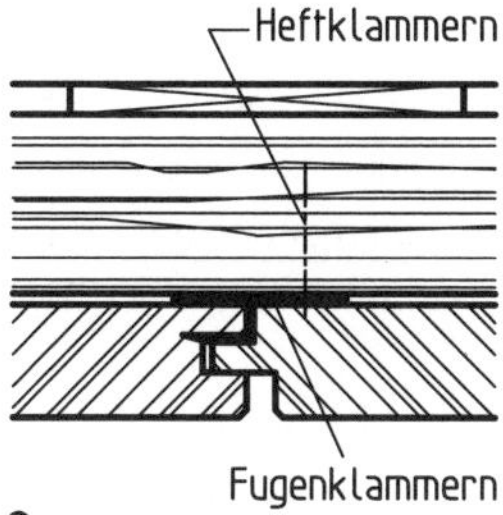

2

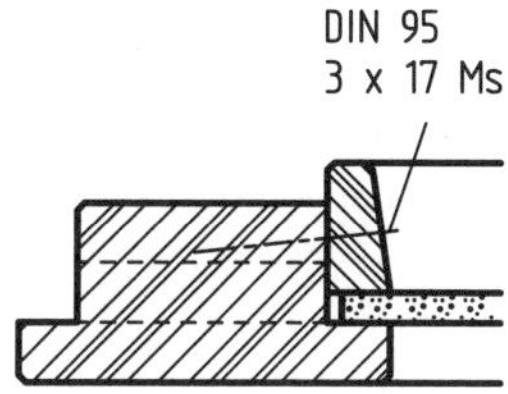

3

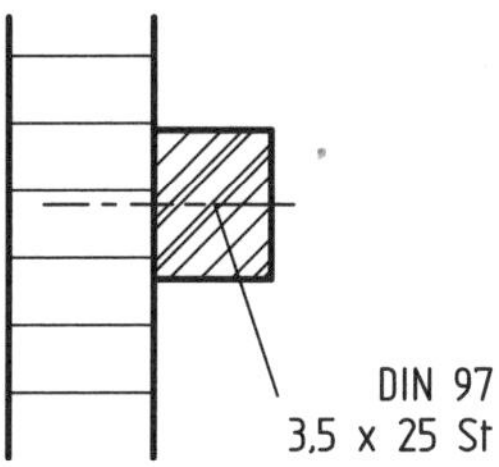

4

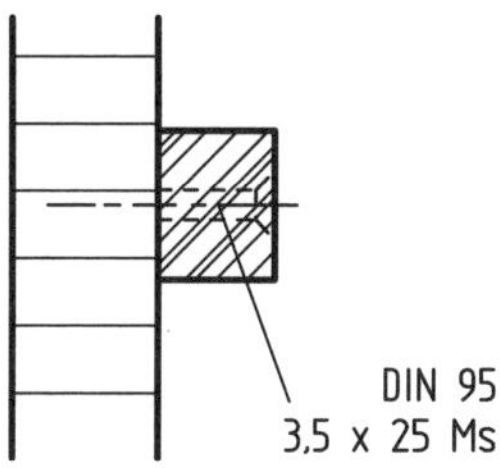

5

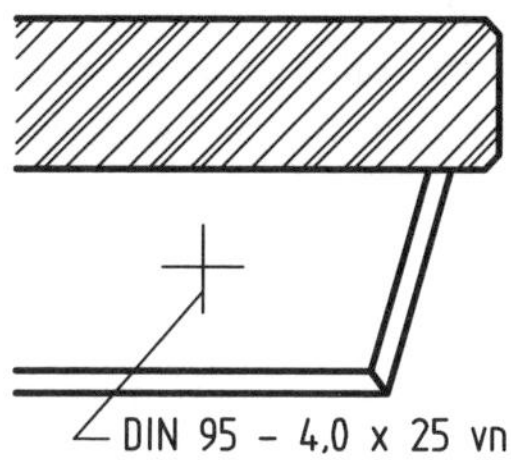

6

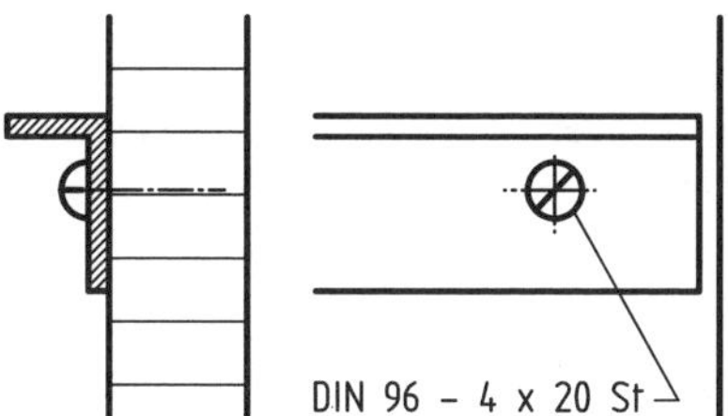

7

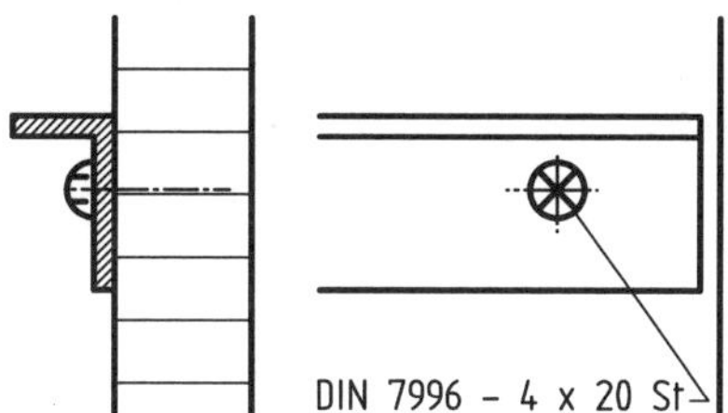

8

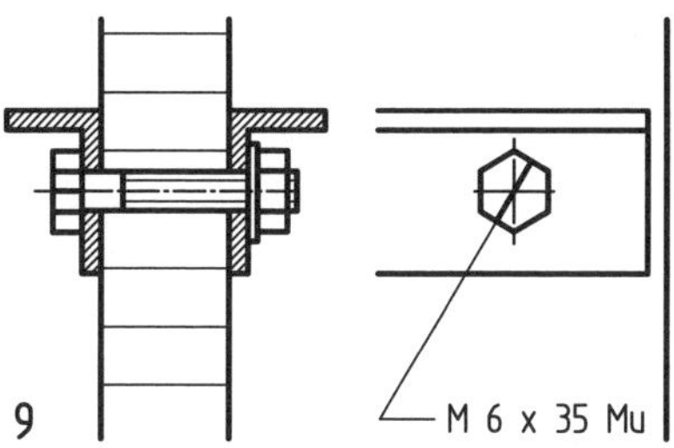

9

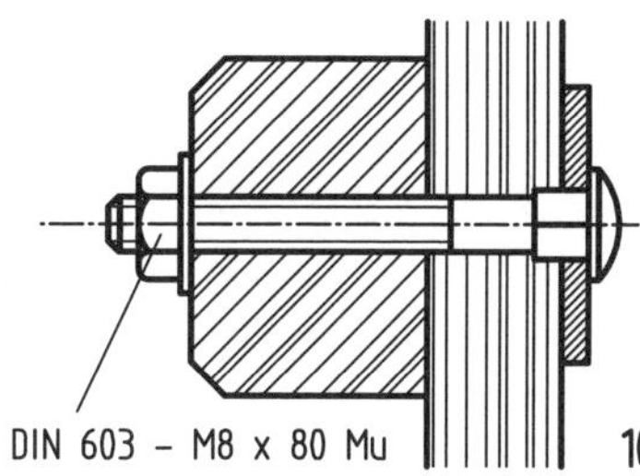

10

Holzschrauben können nach DIN ISO 6410 gezeichnet werden (siehe Bild 3.6–2). In der Regel werden sie aber in den Zeichnungen für Holzverarbeitung vereinfacht nur durch eine Mittelachse dargestellt. Die Strichpunktlinie gibt die Lage der Schraube an. Sie wird ein wenig über die Umrisslinie des Materials hinausgezeichnet. In der Ansicht kann der Schraubenkopf gezeichnet werden. Es ist aber üblich, den Sitz der Schraube vereinfacht nur durch ein Achsenkreuz zu kennzeichnen (Bild 3.6–1).

An die Mittelachse bzw. das Achsenkreuz wird mittels Bezugslinie die DIN-Kurzbezeichnung der jeweils verwendeten Schraube geschrieben (Bild 3.6–1). Statt der DIN-Kurzbezeichnung kann auch die Positionsnummer aus der Stückliste verwendet werden.

Beispiel: DIN 7997 – 3 × 20 St; Kennzeichnung einer Senkholzschraube mit Kreuzschlitz, 3 × 20 mm, Stahl.

Formfedern, als Lamellofedern bekannt, werden nur stellenweise in die Werkstücke eingenutet. Deshalb werden Formfedern wie die Dübel gestrichelt eingezeichnet (Bild 3.6–4).

Federn, die durchgehend eingenutet sind, werden bei der Schnittführung quer durch die Verbindung mit geschnitten und müssen deshalb als Schnittfläche schraffiert werden. Die Werkstoffart der Feder wird durch die entsprechende Schraffur gekennzeichnet (Bild 3.6–4).

Stifte, **Nägel** und **Klammern** werden ebenfalls wie Holzschrauben nur durch eine Mittelachse angegeben und durch das jeweilige DIN-Kurzzeichen gekennzeichnet (Bild 3.6–1).

Beispiel: DIN EN 10230-1 – 14 × 35 Flachkopf; Kennzeichnung eines Drahtstiftes mit Flachkopf. (Die Dicke wird in 1/10 mm angegeben).

Gewindeschrauben werden nach DIN 27 in Zeichnungen auch dann nicht geschnitten dargestellt, wenn der Schnittverlauf durch das Verbindungsmittel führt. Wird der Schnitt lang durch die Gewindeschraube geführt, werden Gewindeschrauben vereinfacht in der Ansicht dargestellt. Dabei ist der Nenndurchmesser des Bolzens zu zeichnen und der Kerndurchmesser des Gewindegangs durch eine schmale Volllinie zu kennzeichnen. Durch die Mutter wird der Kerndurchmesser nicht gezeichnet, auch nicht gestrichelt als verdeckte Linie (Bild 3.6–1 und 3.6–3). Bei der Ansicht auf Gewindebolzen ist der Kerndurchmesser des Bolzens innen durch einen Dreiviertelkreis mittels schmaler Volllinie anzugeben.

Wird nicht durch die Verbindung geschnitten, sind die verdeckten Kanten der Gewindeschrauben einzustricheln. Nach DIN 919-1 genügt es für die Angabe der Gewindeschrauben, wenn man hierfür die Mittelachse einzeichnet und die Schraubenart durch Beschriftung mit Hinweislinie angibt.

Dübel werden nicht geschnitten dargestellt. Sie sind im Frontalschnitt zum Beispiel mit Strichlinien einzuzeichnen und als Rundkörper durch die Mittelachse zu kennzeichnen. Dübel sind kürzer als die Tiefe der beiden Bohrungen zusammen. Nach DIN 919-1 kann das Spiel des Dübels in der Dübellochlänge eingezeichnet werden. Dies ist vor allem dann erforderlich, wenn die Dübellänge und die Dübellochtiefen gesondert und fertigungsbezogen ausgemaßt werden sollen. Im Schnitt wird die Schraffur über die eingestrichelten Dübel hinweggezogen. Die Mittelachse ist etwas länger als die Tiefe der Dübelbohrungen zu zeichnen (Bild 3.6–4).

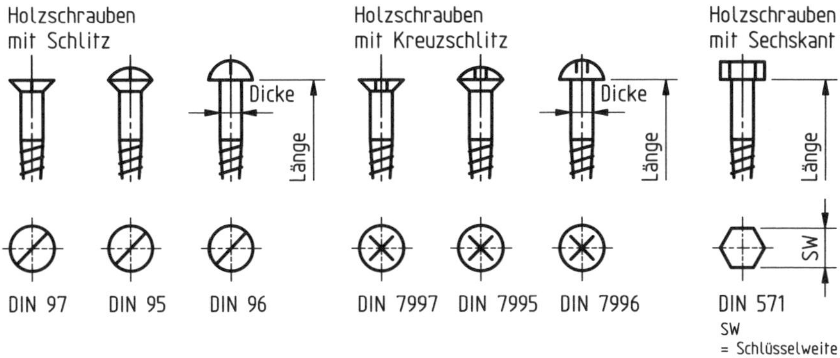

Bild 3.6–2 Darstellung von Schrauben mit Holzgewinde nach DIN ISO 6410

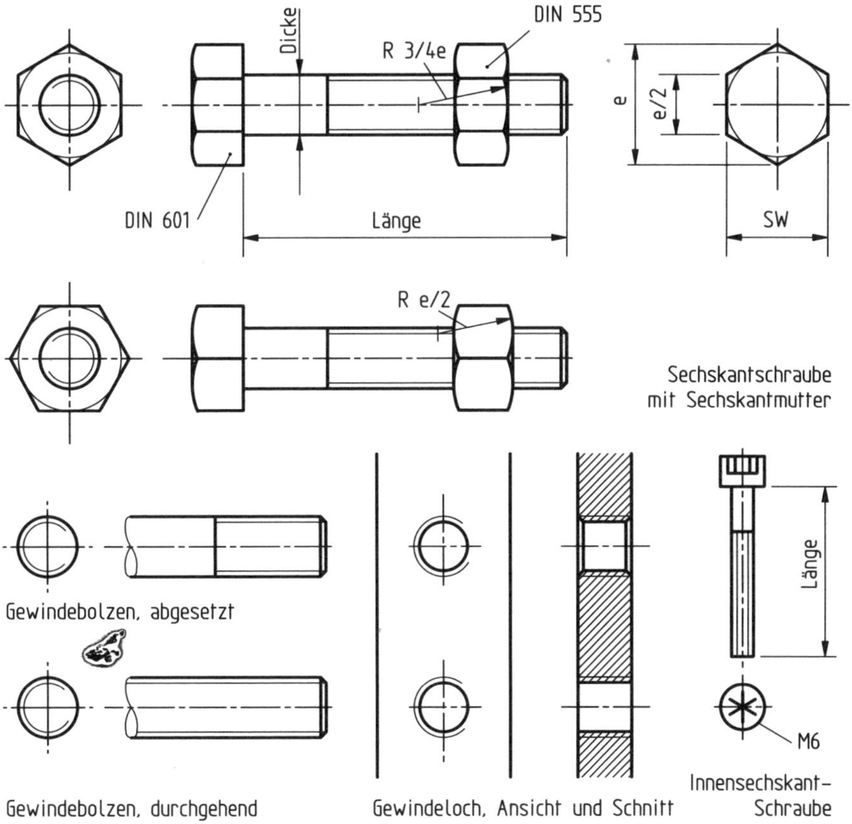

Bild 3.6–3 Darstellung von Gewindeschrauben nach DIN ISO 6410

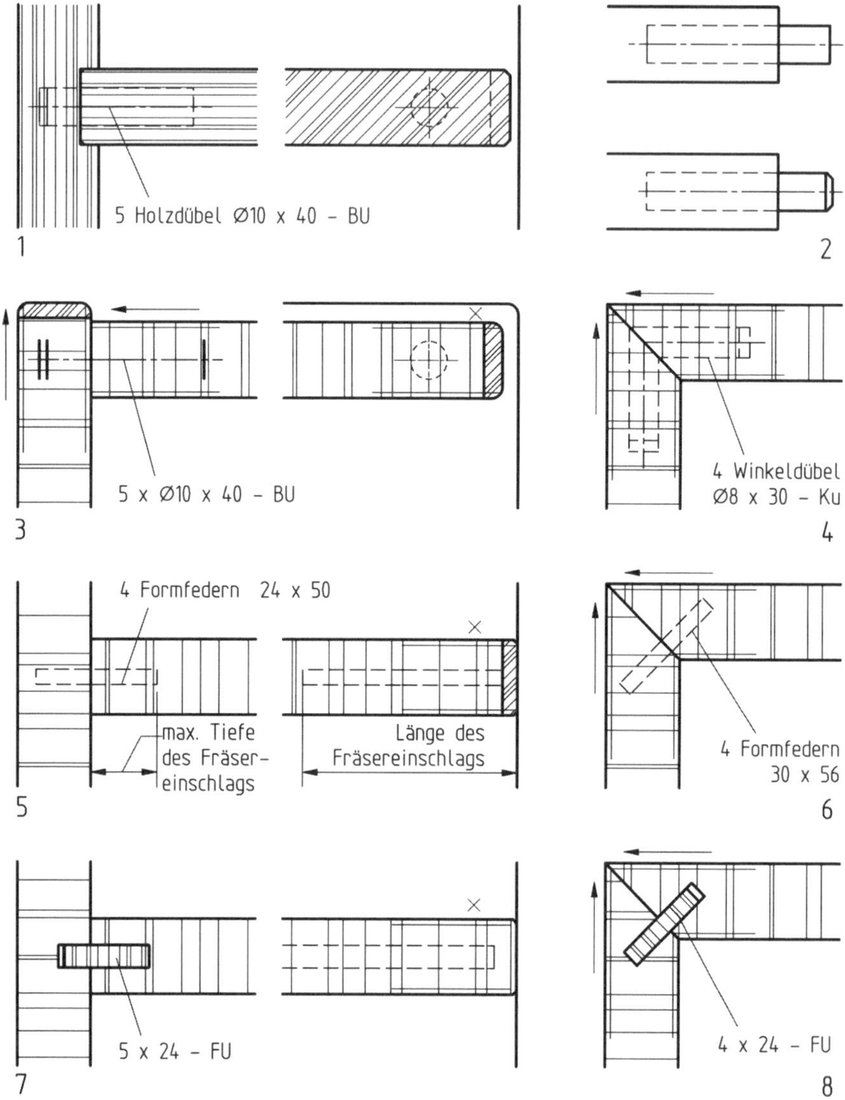

Bild 3.6–4 Darstellung von Dübeln und Federn: 1 Dübel in Vollholz, 2 Dübel in der Werkstückansicht, ohne oder mit Fase, 3 Dübel in Holzwerkstoffen, im Frontalschnitt hier vereinfacht als Symbol dargestellt, 4 Winkeldübel aus Kunststoff (Polyamid), 5 und 6 Formfedern, 7 und 8 durchgehende Federn aus Furniersperrholz.

Nach DIN 919-1 kann für die Darstellung der Dübel auch ein Symbol verwendet werden. Es besteht aus der Mittelachse und den Endstrichen für die Dübellänge und Bohrlochtiefe. Die Länge der Endstriche soll dabei der Dübeldicke entsprechen. Erscheinen die Dübel im Querschnitt, wie zum Beispiel im Vertikalschnitt, dann wird der Dübeldurchmesser mit Strichlinie als Kreis dargestellt und die Position der Dübel durch ein Achsenkreuz angegeben (Bild 3.6–4).
Zur Vereinfachung der Zeichnung genügt es, wenn man nur das Achsenkreuz einzeichnet. Die Dübelart, Größe und wenn möglich auch die Stückzahl kann besonders angegeben werden. Die Hinweislinie wird dabei vom Text bis an die Mittelachse des Dübels geführt (Bild 3.6–4).
Winkelfedern werden wie die geraden Federn schraffiert und dementsprechend gekennzeichnet (Bild 3.6–5).

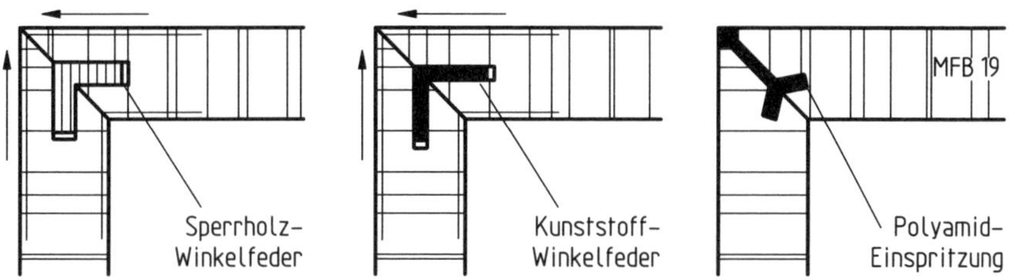

Bild 3.6–5 Eckverbindungen auf Gehrung mit Winkelfedern oder mit Polyamid-Einspritzung.

3.7 Leimfugen

Leimfugen werden nur dann gekennzeichnet, wenn dies aus konstruktiven Gründen erforderlich ist. Die Leimfuge kann durch vier kurze Freihandlinien, rechtwinklig zur Leimfuge, gekennzeichnet werden. Die Linien weisen untereinander einen Abstand von etwa 2 mm bis 3 mm auf und sind etwa 6 mm bis 8 mm lang. Das gilt für Zeichnungen im Maßstab 1:1. Bei CAD-Zeichnungen werden diese Symbollinien gerade gezeichnet. Falls erforderlich, kann durch entsprechende Wortangabe mit Bezugs- und Hinweislinie auf die verwendete Klebstoffart oder die angewandte Verleimung hingewiesen werden. Wird nur ein Teil der Fuge verleimt, kann die Größe der Leimfuge mit mehr Symbollinien gekennzeichnet und die Breite der Leimfuge auch ausgemaßt werden (Bild 3.7–1).

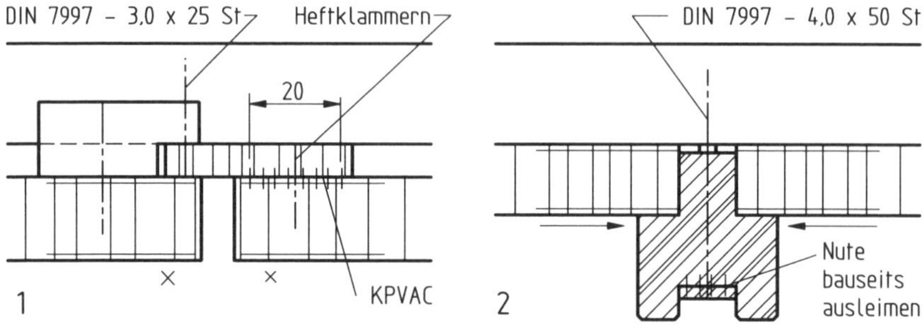

Bild 3.7–1 Angabe der Leimfuge

3.8 Beschläge

Beschläge wie Bänder, Scharniere, Schlösser oder Verbindungsbeschläge sind in Zeichnungen vereinfacht darzustellen.

Bänder und Scharniere werden mit Ausnahme der Stangenscharniere nicht geschnitten. Die im Holz eingelassenen Teile der Beschläge werden in der Regel gestrichelt dargestellt, die sichtbaren Umrisslinien voll ausgezogen. Der Drehpunkt wird durch ein Achsenkreuz gekennzeichnet (mit Ausnahme der Bänder oder Scharniere mit mehreren Drehpunkten). Die Lage der Befestigungsschrauben kann durch Einzeichnen der Mittelachsen angegeben werden. Die Art und Ausführung des Bandes oder Scharniers ist durch Beschriftung mittels Hinweislinie anzugeben. Bänder oder Scharniere, die geschnitten gezeichnet werden, sind wie Metall voll schwarz anzulegen oder unter 45° eng am Lineal zu schraffieren. Die Kennzeichnung des Bandes bzw. Scharniers und die Angabe des Drehpunktes erfolgt wie bei den nicht geschnitten gezeichneten Beschlägen (Bild 3.8–1).

Bei Detailpunkten mit Drehbeschlägen, wie zum Beispiel bei Drehtüren und Klappen, ist es manchmal zweckmäßig, wenn man die Grenz- oder Öffnungsstellungen der Drehteile einzeichnet. Dafür verwendet man die schmale Strich-Zweipunktlinie (Bild 3.8–1).

Schlösser, die eingelassen sind, werden im Schnitt nicht geschnitten dargestellt. Die Schnittebene erfolgt über dem Schloss, so dass dies gestrichelt eingezeichnet wird. Aufschraubschlösser werden als Ansicht in ihren Umrissen vereinfacht dargestellt. Bei Stangenschlössern ist der Schnitt durch die Hub- oder Drehstange erforderlich. Der Schlosskasten der Stangenschlösser wird entweder als Ansicht oder bei eingelassenen Schlosskästen gestrichelt gezeichnet. Bei allen Schlössern ist das Dornmaß unbedingt anzugeben und die Mitte des Schlüssels oder Zylinders (Dorn) durch eine Mittelachse zu kennzeichnen (Bild 3.8–1).

Verbindungsbeschläge wie Trapezverbinder werden als Ansicht gezeichnet, die in die Platten eingebohrten Bolzen oder Dübel eingestrichelt und die Schrauben nur mit ihrer Mittelachse gekennzeichnet (Bild 3.8–1).

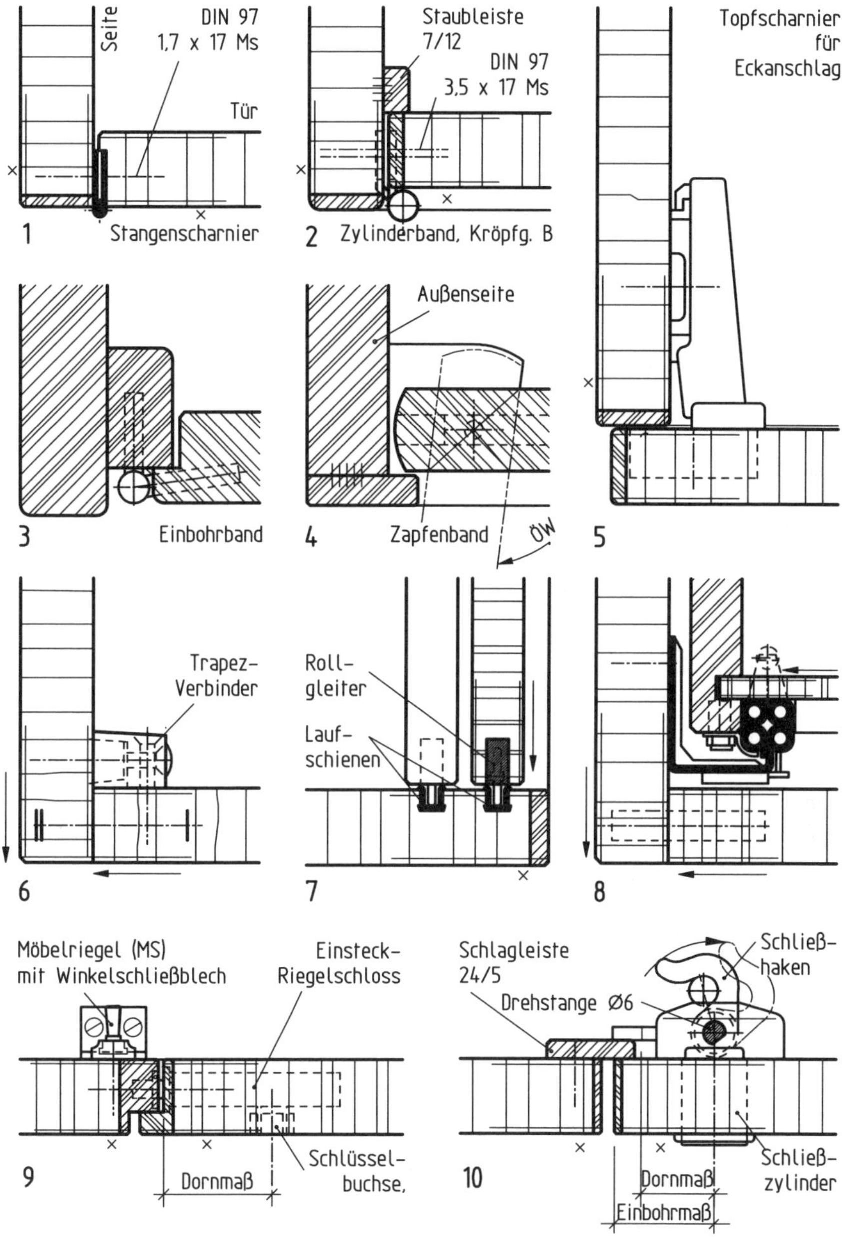

Bild 3.8–1 Darstellung von Beschlägen

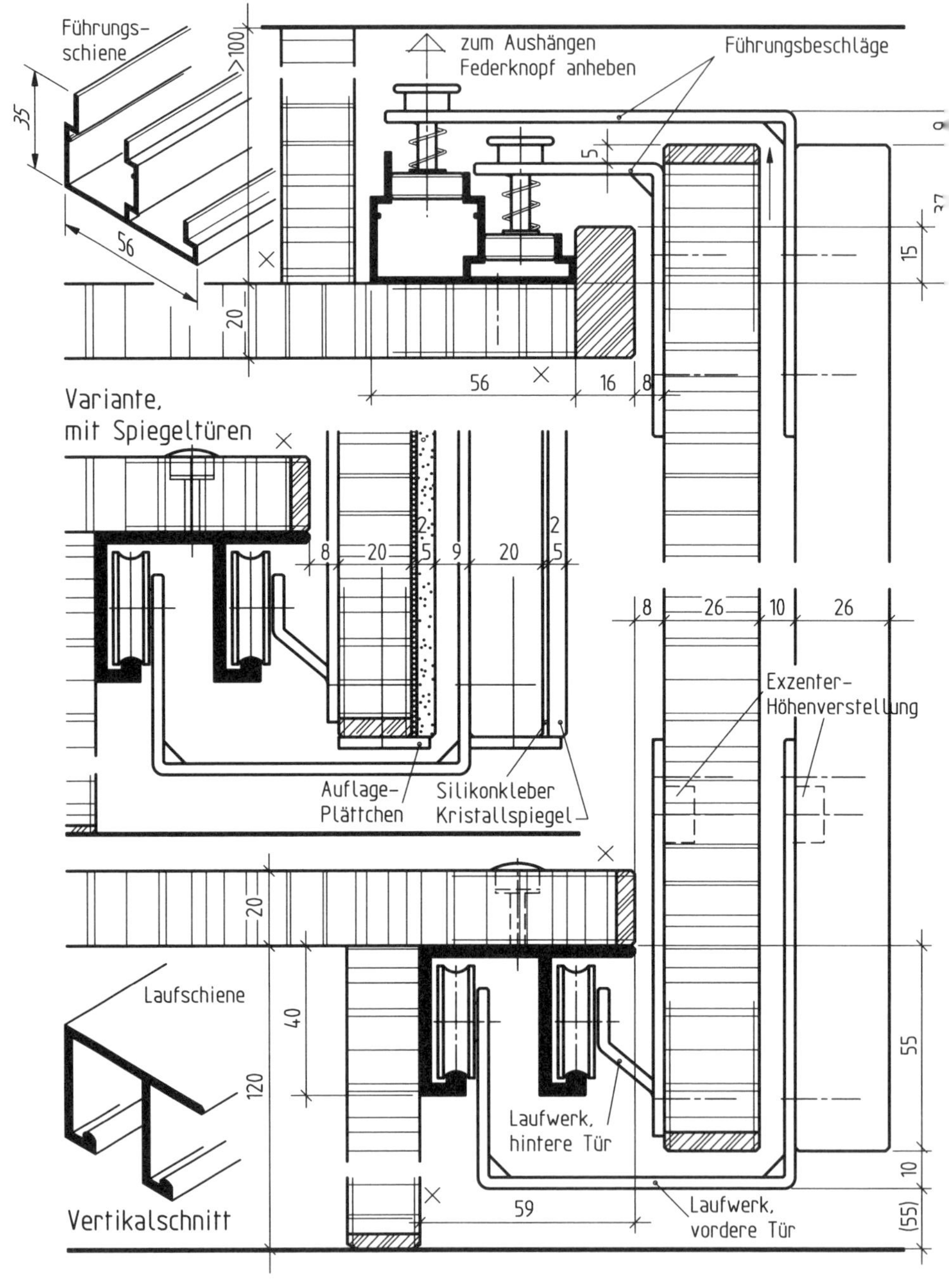

Bild 3.8–2 Beispiel für die Darstellung von Schiebetürbeschlägen

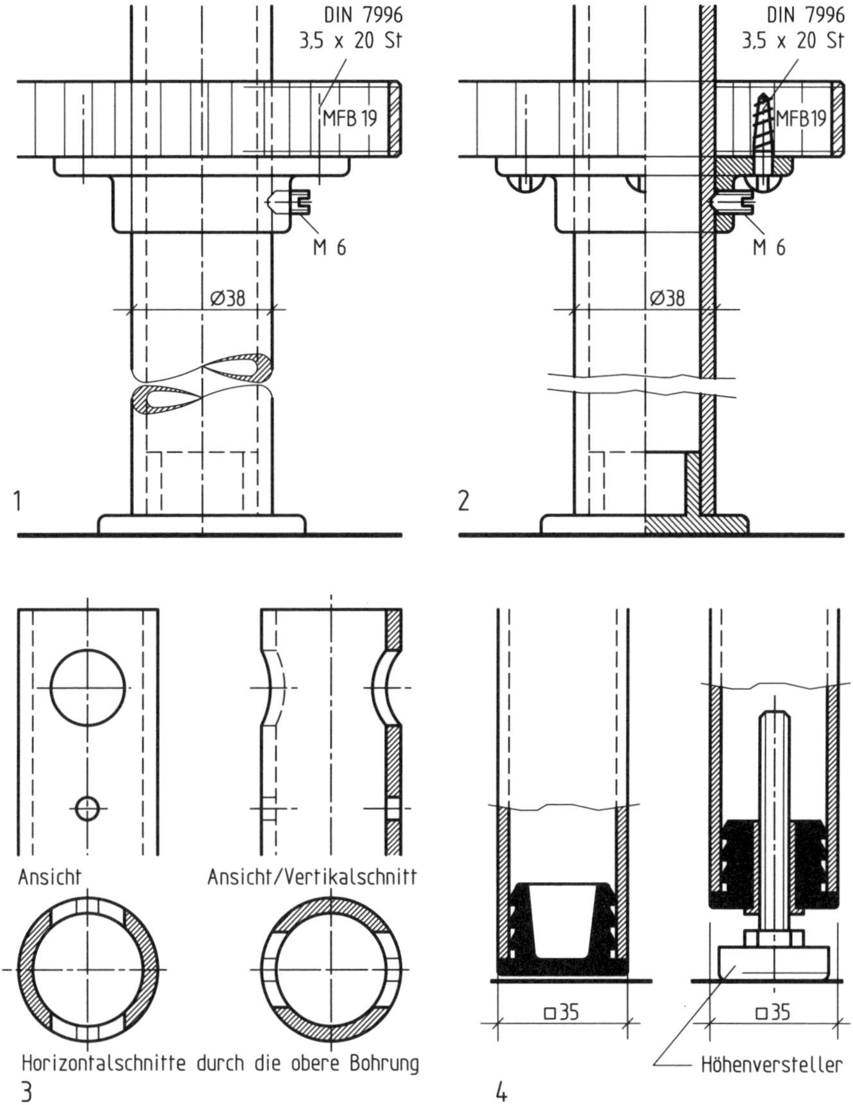

Bild 3.9–1 Darstellung runder und quadratischer Stahlrohre

Bei **Schiebetürbeschlägen** sind es die durchlaufenden Lauf- und Führungsschienen, die im Vertikalschnitt zum Beispiel geschnitten und daher schraffiert oder geschwärzt dargestellt werden müssen. Die Laufwerke und Führungsbeschläge dagegen werden in der Ansicht gezeichnet, die eingelassenen Elemente gestrichelt (Bild 3.8–1 und Bild 3.8–2).

3.9 Rundkörper und Rohre

Volle Rundkörper wie Stangen, gedrehte Füße und Säulen werden in der Ansicht und im Schnitt dargestellt. Die Mittelachsen sind einzuzeichnen. Werkstücke, die in der Länge unterbrochen gezeichnet werden müssen, können an der unterbrochenen Stelle so genannte Bruchlinien erhalten (siehe Bild 3.9–1 und 3.9–2). In Zeichnungen für Holzverarbeitung wird in der Regel auf das Einzeichnen der Bruchlinien verzichtet.
Quadratische oder **runde Stahlrohre** können entweder in der Ansicht, teilweise von der Bruchlinie aus oder halb bis zur Symmetrieachse als Schnitt gezeichnet werden (Bild 3.9–1).

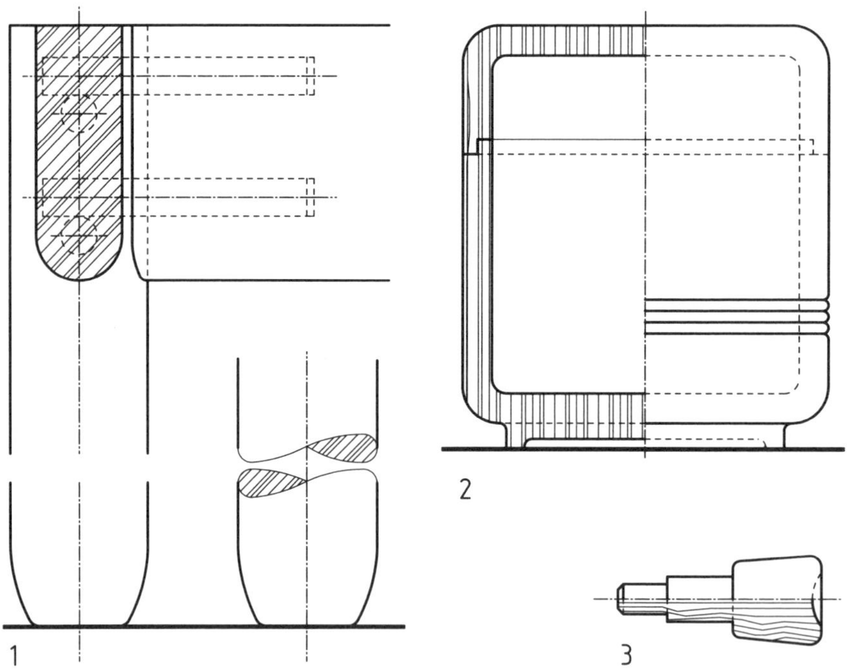

Bild 3.9–2 Rundkörper aus Holz

Gedrehte Werkstücke aus Holz, bei denen das äußere und innere Profil besonders herauszuarbeiten ist, wie etwa Knöpfe oder gedrehte Gefäße, können auf der einen Seite der Mittelachse geschnitten und auf der anderen Seite der Mittelachse als Ansicht dargestellt werden (Bild 3.9–2).
Durchdringen sich zwei Rundkörper, ergeben sich an den Mantelflächen bestimmte Durchdringungskurven. Durchdringt ein Körper mit kleinem Durchmesser einen Körper mit großem Durchmesser, kann auf die Darstellung der flach verlaufenden Durchdringungskurven verzichtet werden, die Kanten werden gerade durchgezogen. Durchdringen dagegen Werkstücke mit großem Durchmesser einen runden Körper, ergeben sich deutliche Durchdringungskurven, die zu zeichnen sind (Bild 3.9–1).

3.10 Spiegelbildliche Teile

Bei spiegelbildlichen Werkstücken, wie zum Beispiel eine linke und rechte Schubkastenseite, die sich lediglich durch die Lage der Flächen voneinander unterscheiden, genügt es in vielen Fällen, nur ein Stück zu zeichnen. Auf der Zeichnung ist in der Nähe des Schriftkastens wie folgt auf das zweite Stück hinzuweisen: »Teil zwei wie Teil eins, jedoch spiegelbildlich wie gezeichnet«. Eine zusätzliche Hilfe kann es sein, wenn das nicht dargestellte Werkstück im verkleinerten Maßstab ohne Maße neben den schriftlichen Hinweis gesetzt wird (Bild 3.10–1).

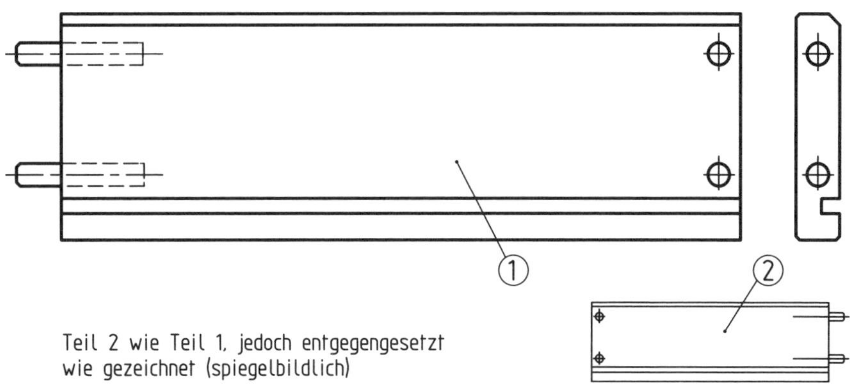

Bild 3.10–1 Darstellung spiegelgleicher Teile

3.11 Kleine ebene Flächen in der Ansicht

Sollen kleine ebene Flächen in Schnittzeichnungen besonders hervorgehoben werden, dann müssen sie durch ein Diagonalkreuz aus schmaler Volllinie gekennzeichnet werden. Vom Diagonalkreuz wird in Zeichnungen für die Holzverarbeitung jedoch nur wenig Gebrauch gemacht. Die Abbildung zeigt einige Beispiele (Bild 3.11–1).

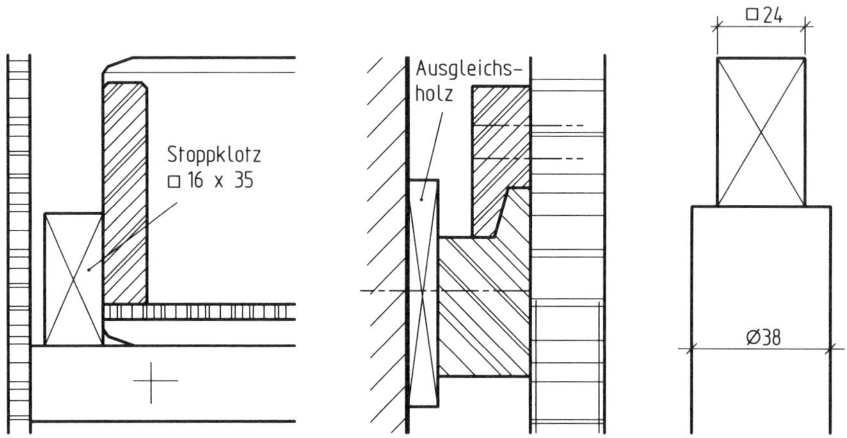

Bild 3.11–1 Anwendung des Diagonalkreuzes

3.12 Baustoffe und Bauteile

Die Darstellungsmittel für die Baustoffe und Bauteile sind in DIN 1356-1, DIN ISO 128-50 und DIN 919-1 genormt. Der Abstand der Schraffurlinien ist jeweils auf die Darstellungsgröße abzustimmen.

Bewehrter Beton in Schnitten wird mit schmalen Strichlinien und schmaler Volllinie, die sich abwechseln, unter 45° am Lineal schraffiert. Die Umrisse vom Beton sind dick auszuziehen. Die Bewehrung wird in der Regel nicht dargestellt (Bild 3.12–1).

Unbewehrter Beton wird gemäß DIN mit schmalen Strichlinien unter 45° am Lineal schraffiert. Die Umrisse sind dick auszuziehen (Bild 3.12–1).

Wasserundurchlässiger Beton wird mit zwei Volllinien und einer gestrichelten Linie, die sich jeweils abwechseln, unter 45° schraffiert (Bild 3.12–1).

Dämmstoffe gegen Schall und Wärme werden durch Doppellinien dargestellt, zwischen die eine Wellenlinienschraffur einzutragen ist (Bild 3.12–1 und 2).

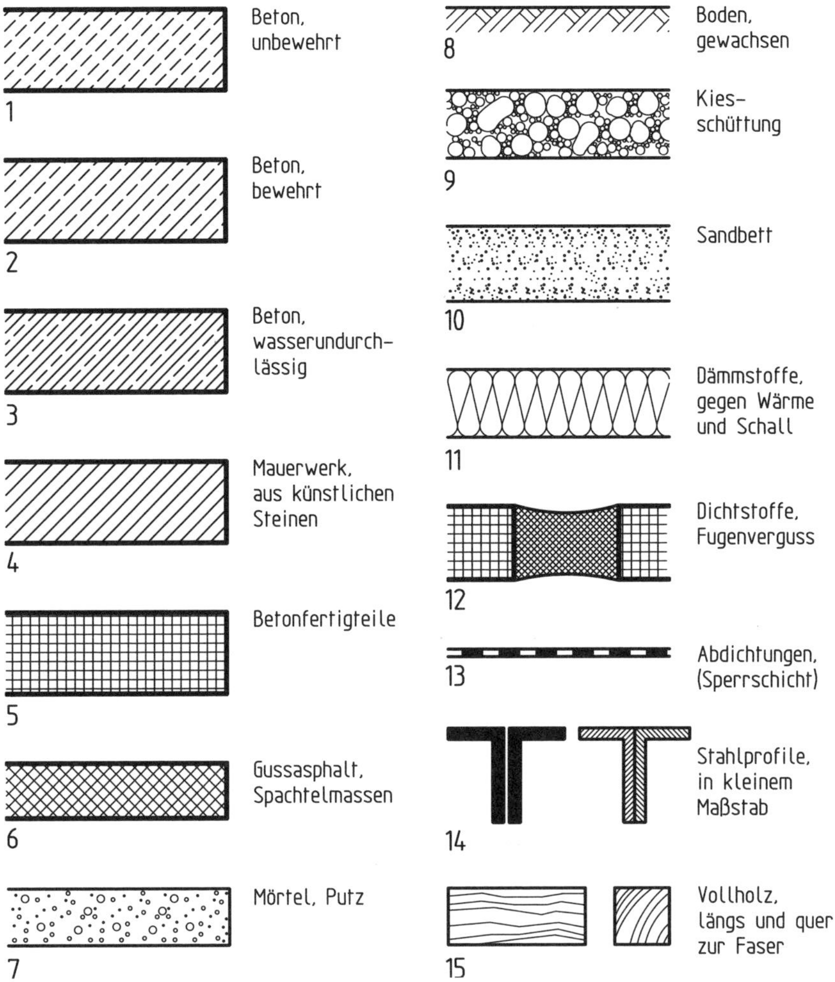

Bild 3.12–1 Schraffuren für Baustoffe und Bauteile

Mauerwerk aus künstlichen Steinen wie Mauerziegel und Kalksandstein wird unter 45° am Lineal mit schmalen Volllinien schraffiert. Die Umrisse des Mauerwerks sind dick auszuziehen (Bild 3.12–1 und 2).

Betonfertigteile wie Verkleidungen oder Treppenstufen werden senkrecht und waagerecht kreuzweise mit schmalen Volllinien schraffiert. Große Querschnitte erhalten dicke Umrisslinien (Bild 3.12–1).

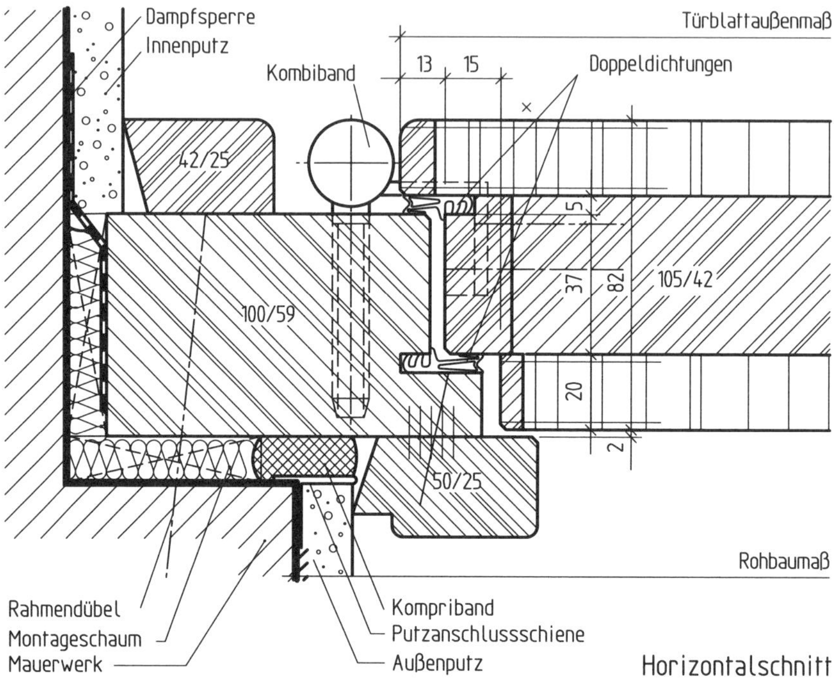

Bild 3.12–2 Schraffurbeispiel: Horizontalschnitt durch eine Haustür, die in eine Maueröffnung mit Anschlag eingebaut ist.

Sperrschichten bzw. Abdichtungen gegen Feuchtigkeit werden durch Doppellinien dargestellt, die in regelmäßigen Abständen und jeweils in gleichmäßiger Länge schwarz ausgefüllt werden (Bild 3.12–1 und 2).

Putz und **Mörtel** werden in Schnitten gepunktet (Bild 3.12–1 und 2).

Stahlprofile werden im Schnitt voll schwarz ausgezogen. Angrenzende Profile werden durch Lichtfugen voneinander getrennt. Größere Stahlquerschnitte in Detailzeichnungen werden unter 45° am Lineal eng schraffiert (Bild 3.12–1 und 2).

Holz und **Holzwerkstoffe** werden auch in Bauzeichnungen – so wie schon auf Seite 56 und 58 angegeben – freihändig oder mit CAD gerade wie am Lineal aber mit unregelmäßigen Abständen schraffiert (Bild 3.12–1 und 2).

Dichtstoffe, Gussasphalt und Spachtelmassen werden in Konstruktionszeichnungen im größeren Maßstab unter 45° kreuzweise schraffiert (Bild 3.12–1 und 2)..

4 Bemaßung von Zeichnungen

Die Bemaßung ist eine wichtige Teilinformation der Zeichnungen. Wegen ihrer großen Bedeutung ist ihr höchste Sorgfalt beizumessen.

4.1 Bemaßungsgrundsätze

Technische Zeichnungen müssen ausreichend, klar und eindeutig sowie logisch bemaßt werden. Die Bemaßung kann funktions-, fertigungs- und prüfbezogen sein.
Ausreichende Bemaßung: Je nach dem Zweck der Zeichnung (siehe Abschnitt 1, Zeichnungsarten), kann die Bemaßung mehr oder weniger vollständig durchgeführt werden.
In Formgebungs- oder Gestaltungszeichnungen sind nur die wichtigsten Ausdehnungen des Erzeugnisses und bei Möbeln und Einbauschränken noch die besonderen **Funktionsmaße** einzutragen, wie zum Beispiel Höhe, Breite und Tiefe des Gegenstandes, Höhe der Schreibklappe, der Schubkastenteile oder Einlegeböden.
Fertigungszeichnungen wie Teilschnittzeichnungen sollten dagegen alle Maße enthalten, die für die Erstellung einer Stückliste und die Fertigung der Teile erforderlich sind. Das Herausmessen der Maße aus der Zeichnung oder nachträgliches Errechnen der Maße sollte hier vermieden werden.
Eine Ausnahme bilden die im Maßstab 1:1 erstellten Aufrisse oder Brettrisse. Hier kann auf eine ausführliche Bemaßung verzichtet werden, weil die Maße für die Fertigung der Teile vom Brettriss abgegriffen werden. Dies ist aber nur bei Einzelfertigungen noch üblich.
Anders ist es bei der Bemaßung von Einzelteil-Zeichnungen, auch Teil-Zeichnungen genannt. Diese gehen für in Serie zu fertigende Teile als Arbeitsunterlage in den Betrieb. Um unnötige Rückfragen zu vermeiden, darf hier kein Maß fehlen. Jedes Maß muss richtig und auf die zu paarenden Teile abgestimmt sein.
Klare und eindeutige Bemaßung: Die Maße sind nach den Bemaßungsregeln einzutragen. Dadurch wird ein einheitliches Schreiben und Lesen der Maße erreicht. Die Maßeintragungen müssen richtig sein. Die Maße dürfen nicht falsch begrenzt werden. In einer Zeichnung oder einem Zeichnungssatz dürfen die Elemente eines Produkts nur einmal bemaßt werden, und zwar an der Stelle in der Zeichnung, die über die Form des Gegenstandes oder des Werkstücks die klarste Aussage macht. Das heißt, die in einer Zeichnung

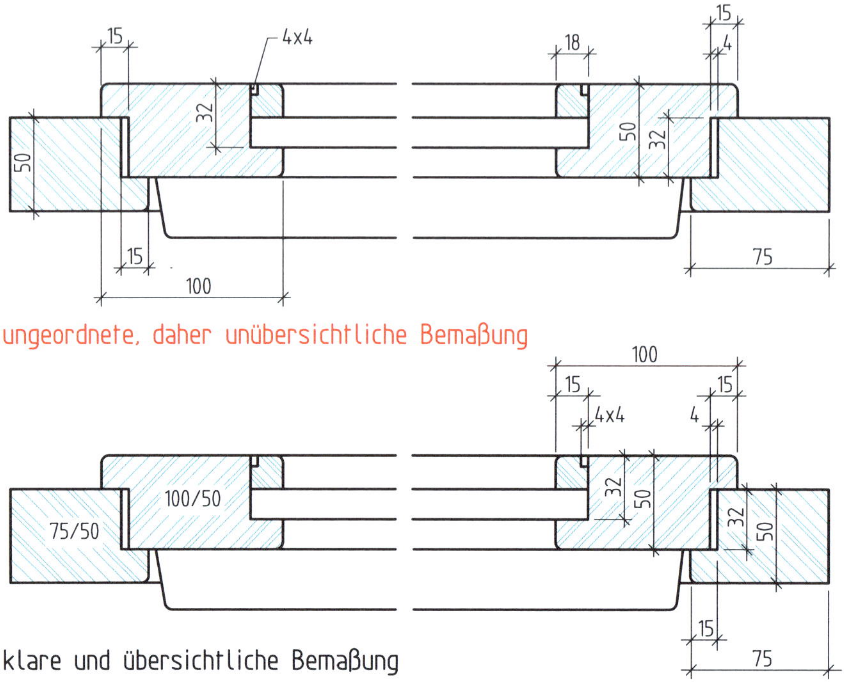

Bild 4.1–1 Durch Konzentration der Maße an einem Querschnitt wird die Bemaßung klar und übersichtlich.

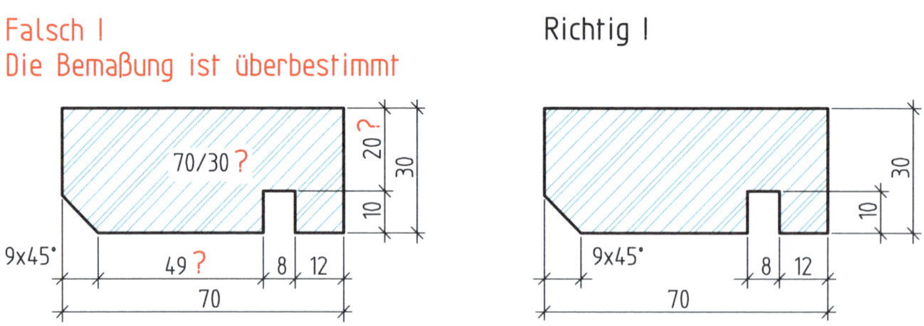

Bild 4.1–2 Überbestimmte Maße sind unnötig und bergen zusätzliche Fehlerquellen.

wiederkehrenden Teile sind nur einmal zu bemaßen, aber an der übersichtlichsten Stelle und hier vollständig (Bild 4.1–1). Bei Wiederholungen gleicher Maßangaben kann es sein, dass man falsche Maßangaben nur an einer Stelle ändert und die gleichen sich wiederholenden Maße an einer anderen Stelle übersieht. Das kann zu Fehlern oder Unstimmigkeiten führen. Deshalb sind Doppelbemaßungen und übrigens auch das Überbestimmen von Maßen zu vermeiden (Bild 4.1–2).

Logische Bemaßung: Es sollen nur die Maße in Zeichnungen eingetragen werden, die für die Fertigung oder für die Klärung der Funktion des Gegenstandes erforderlich sind. Die Maße, die sich durch die Fertigung oder bei der Montage von Einbauteilen von selbst ergeben, werden nicht eingetragen (Bild 4.1–3 und 4.1–4). Bei wiederkehrenden gleichen Teilen in einer Zeichnung sollte an einem Teil die Bemaßung vollständig durchgeführt werden, nämlich an der übersichtlichsten Stelle in der Zeichnung (siehe auch Abschnitt: Klare und eindeutige Bemaßung).

Die Maße sind in Fertigungszeichnungen so einzutragen, wie man sie am fertigen Werkstück nachmisst, oder so, wie man die Maße zum Einstellen der Maschine benötigt.

Hilfsmaße sind in der Regel überbestimmte Maße und für die Bestimmung des Gegenstandes nicht erforderlich. Sie dienen lediglich zur Kontrolle oder Information und werden deshalb in Klammern gesetzt (Bild 4.1–6).

Kettenmaße werden im Bauwesen verwendet, damit man alle Maße ohne nachrechnen zu müssen zur Verfügung hat. Sie sind aber für Zeichnungen der Holzverarbeitung, besonders bei einer Werkstücksbemaßung mit Toleranzen, zu vermeiden. Werden hier trotzdem Kettenmaße verwendet, ist häufig ein Maß überbestimmt. Dieses Maß ist ein Informationsmaß und wie ein Hilfsmaß in Klammern zu setzen (Bild 4.1–5).

Funktionsbezogene Bemaßung: Eine funktionsbezogene Bemaßung liegt vor, wenn die Gegenstände auf die spätere Verwendung hin, das heißt auf die Maße des Einbaus und der Nutzung hin, bemaßt werden. Zum Beispiel: Maße der Türteilung, der Schubkastenhöhen, der Fächergrößen, der Abstände der Einlegeböden. Bei Werkstückzeichnungen muss die Maßeintragung unter Beachtung der auftretenden Toleranzen geschehen, damit das funktionelle Zusammenpassen der einzelnen Teile gewährleistet ist.

Fertigungsbezogene Bemaßung: Die Bemaßung in Fertigungszeichnungen muss vorwiegend fertigungsbezogen sein. Dabei ist auf die Fertigungsart und die Fertigungsmittel Rücksicht zu nehmen: Liegt Einzelfertigung, Serienfertigung oder Massenfertigung vor? Welche Betriebsmittel stehen zur Verfügung, und mit welchen Werkzeugen sind sie bestückt? Wie sehen die innerbetrieblich verwendeten Beschläge und Verbindungsmittel aus? Die Maße sind so in die Zeichnungen einzutragen, dass man beim Fertigen und Einstellen bzw. Programmieren der Maschinen die Maße nicht erst ermitteln oder umrechnen muss. Voraussetzung hierfür ist aber, dass der Konstrukteur über die Fertigungsbedingungen im Betrieb gut Bescheid weiß (Bild 4.1–7).

Prüfbezogene Bemaßung ist eine besondere Bemaßung, die das Ansetzen von Messmitteln und Prüflehren für die Maßkontrolle erleichtert. Die Prüfmaße werden direkt aus-

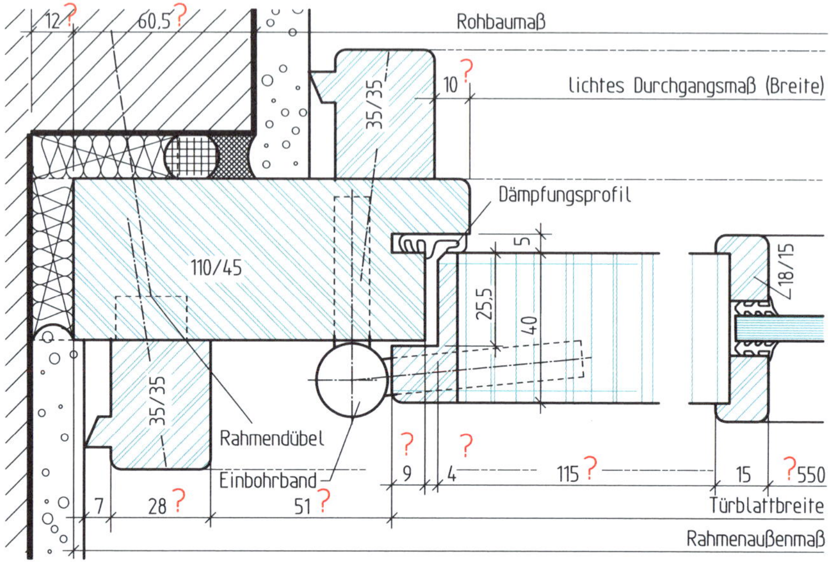

Bild 4.1–3 Die mit Fragezeichen versehenen Maße können nicht garantiert werden oder sind überbestimmt.

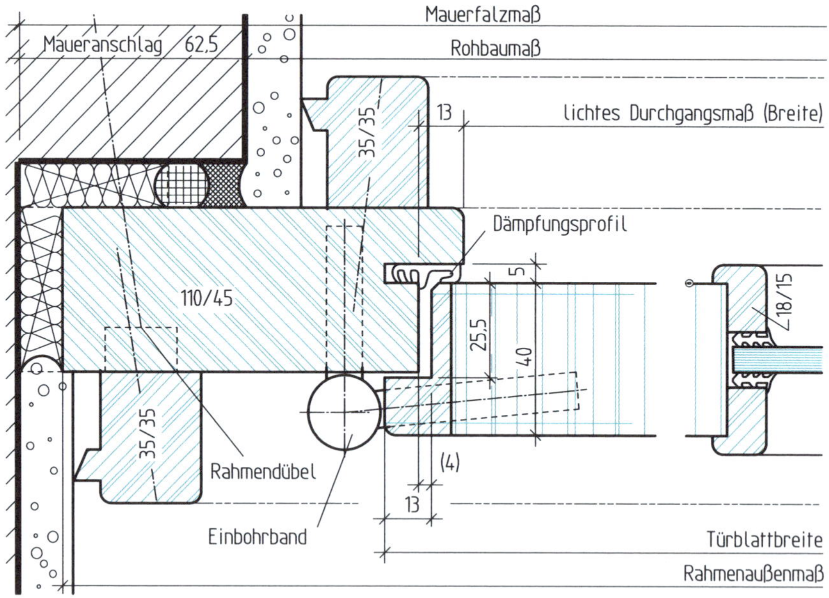

Bild 4.1–4 Logische Bemaßung: Nur die für die Herstellung des Einbauteiles erforderlichen Maße sind eingetragen.

gewiesen (Bild 4.1–8). In einigen Fällen können funktions- und fertigungsbezogene sowie fertigungs- und prüfbezogene Maßeintragungen übereinstimmen. Beim Tolerieren der Maße sind besonders die Unterschiede der funktions-, fertigungs- und prüfbezogenen Bemaßung zu berücksichtigen (siehe Abschnitt 6).

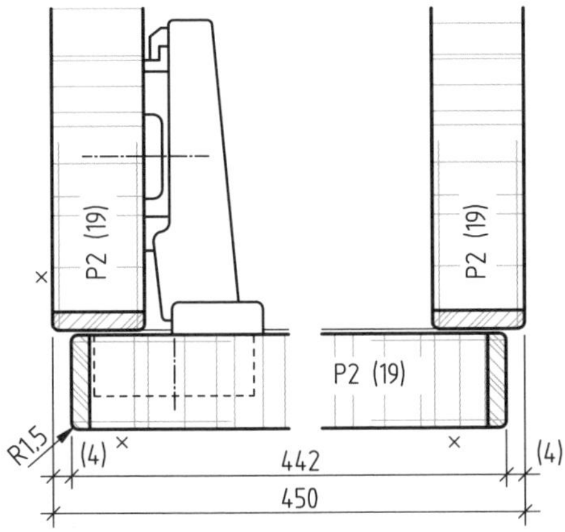

Bild 4.1–5 Maßkette. Ein informatives, aber unwesentliches Maß wird in Klammern gesetzt.

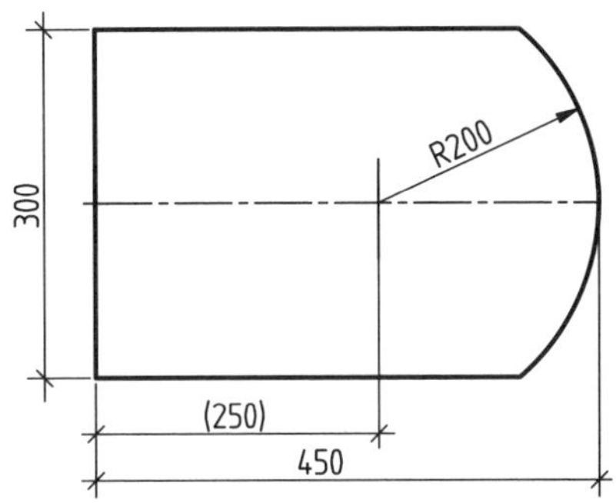

Bild 4.1–6 Hilfsmaße, die durch die Maße überbestimmt sind, sind in Klammern zu setzen.

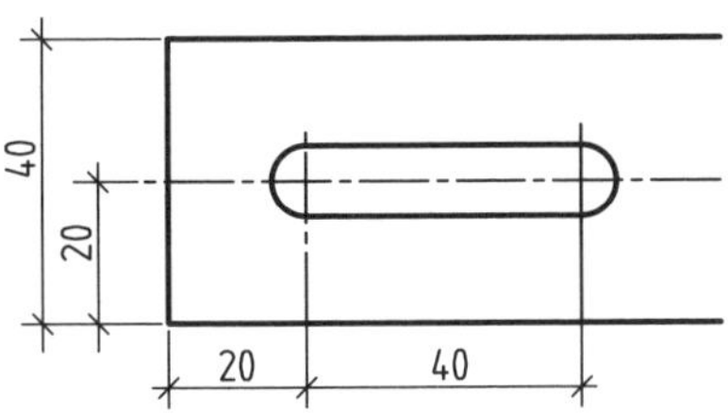

Bild 4.1–7 Beispiel einer fertigungsbezogenen Bemaßung

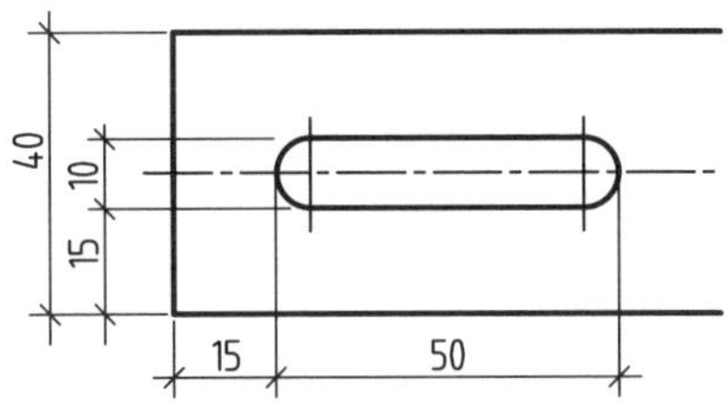

Bild 4.1–8 Beispiel einer prüfbezogenen Bemaßung

4.2 Maßangaben

Zur eindeutigen Festlegung von Maßen benötigt man Maßlinien, Maßhilfslinien, Maßlinienbegrenzungen und Maßzahlen (Bild 4.2–1).

4.2.1 Maßlinien

Maßlinien sind in der Regel gerade schmale Volllinien, die bei Maßeintragungen im Körper rechtwinklig, bei herausgezogenen Maßen parallel zu den dargestellten Körperkanten verlaufen. Die Körperkanten selbst oder die Mittellinien dürfen nicht als Maßlinien benutzt werden. Auf die Maßlinien wird etwa in deren Mitte die Maßzahl geschrieben (siehe auch Abschnitt Maßzahlen). Die Maßlinien dürfen aber für das Einschreiben der Maßzahlen auch unterbrochen werden, wenn die Übersichtlichkeit es erfordert.

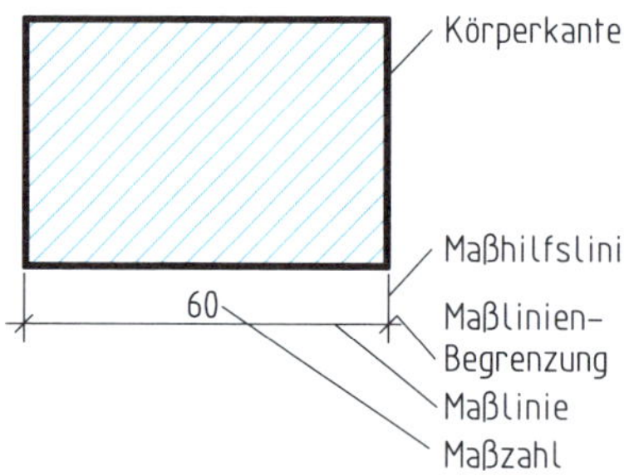

Bild 4.2–1 Elemente für eine Maßangabe

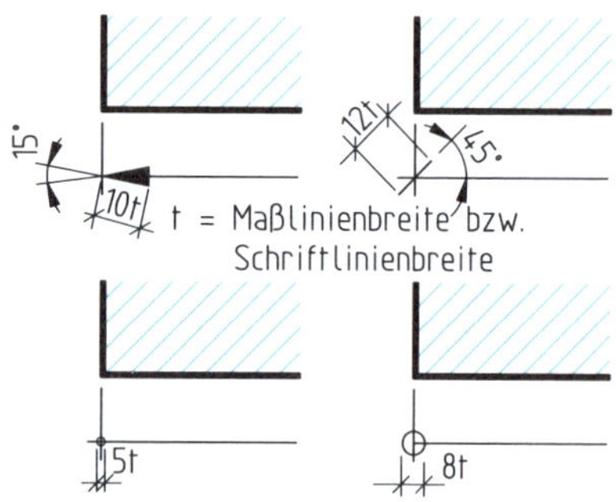

Bild 4.2–2 Möglichkeiten der Maßbegrenzung

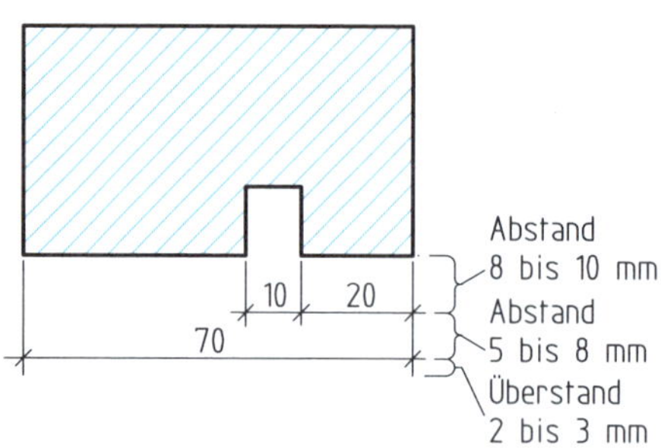

Bild 4.2–3 Abstände der Maßlinien untereinander und von den Körperkanten

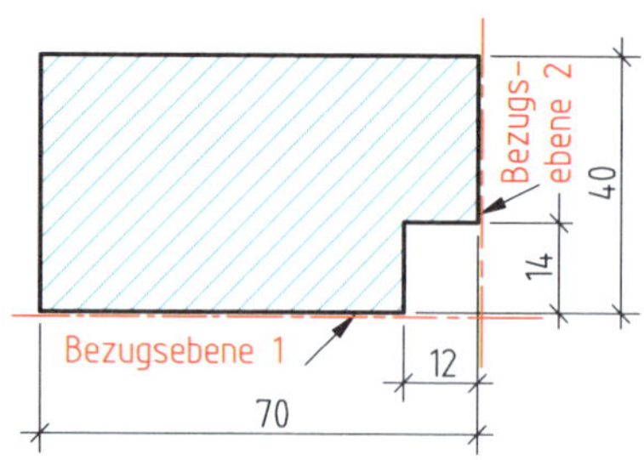

Bild 4.2–4 Bezugsebenen für die Maßeintragung

Damit genügend Platz für das Einschreiben der Maßzahlen vorhanden ist, sollte die erste Maßlinie etwa 8 mm bis 10 mm Abstand von der Körperkante, die Maßlinien untereinander 7,5 mm bis 8 mm Abstand aufweisen (Bild 4.2–3). Die Maßlinien sind so einzuzeichnen, dass die Übersichtlichkeit der Zeichnung nicht gestört wird. Im Allgemeinen werden die Werkstücke von einer Bezugsebene aus bemaßt. Die Bezugsebenen können Mittelachsen oder Körperkanten sein (Bild 4.2–4). Maßlinien sollten sich untereinander oder mit anderen Linien möglichst nicht schneiden. Bei Maßen, die im Gegenstand liegen, ist dies allerdings nicht zu vermeiden.

Bei großen symmetrischen Werkstücken, die nur etwas über die Hälfte gezeichnet werden, sind auch die Maßlinien nur geringfügig über die Symmetrieachse hinauszuziehen und dann auch nur einseitig zu begrenzen (Bild 4.3–1). Maßlinien können ebenfalls abgebrochen werden, wenn sich die Bezugspunkte nicht in der gezeichneten Fläche befinden (Bild 4.1–4). Sind die zu bemaßenden Werkstücke unterbrochen, läuft die Maßlinie trotzdem nicht unterbrochen durch (Bild 4.1–5).

Bei der Bemaßung von Bögen und Winkeln ist die Maßlinie eine schmale Kreislinie. Sie verläuft bei der Bogenbemaßung konzentrisch zur Bogenlinie und hat bei der Winkelbemaßung ihren Mittelpunkt im Scheitelpunkt des Winkels. In besonderen Fällen kann bei Bogenlängen auch das Sehnenmaß angegeben werden (Bild 4.2–5).

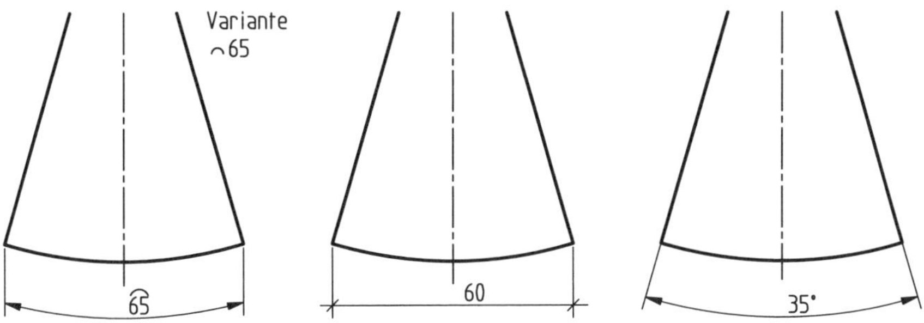

Bild 4.2–5 Bemaßen von Bögen und Winkeln

4.2.2 Maßhilfslinien

Maßhilfslinien sind für die aus der zu bemaßenden Fläche herausgezogenen Maße erforderlich. Die Maßhilfslinien beginnen unmittelbar an den Körperkanten des einzuschließenden Maßes und gehen etwa 2 mm über die äußere Maßlinie hinaus. In der Regel stehen die Maßhilfslinien rechtwinklig zu den Maßlinien. Sie dürfen aber ausnahmsweise unter einem Winkel von 60° zur Maßlinie gezeichnet werden, wenn dadurch die Maßangabe klarer wird.

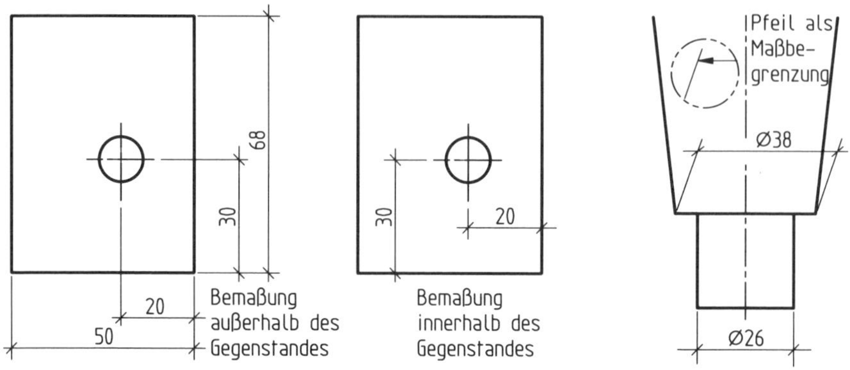

Bild 4.2–6 Anordnung der Maßhilfslinien

(Bild 4.2–6). Auch Mittellinien (Strich-Punktlinien) dürfen als Maßhilfslinien benutzt werden. Die Maßlinie soll dann an dem Strich und nicht am Punkt der Mittellinie begrenzt werden. Außerhalb des dargestellten Körpers ist die Mittellinie, wenn sie als Maßhilfslinie genutzt wird, als schmale Volllinie herauszuziehen (Bild 4.2–6).

4.2.3 Maßbegrenzungen

Die Enden der Maßlinien müssen deutlich gekennzeichnet werden. Die DIN 406, Teil 10, lässt für die Maßbegrenzung Pfeile, Schrägstriche, Punkte und Kreise zu (Bild 4.2–2).
In einer Zeichnung ist immer nur eine Maßbegrenzungsart zu wählen. Nach DIN 919-1 sollten als Maßbegrenzung bevorzugt Schrägstriche angewendet werden. Da an Kreislinien endende Maßlinien sowie die auf einen Nullpunkt bezogenen Maße immer einen Maßpfeil erhalten, sind Mischformen bei der Maßbegrenzung nicht auszuschließen.
Schrägstriche verlaufen unter Beachtung der Leserichtung der Maßzahlen unter 45° von rechts oben nach links unten durch den Schnittpunkt von Maßlinie und Maßhilfslinie. Die Länge des Schrägstriches wird in der DIN 406, Teil 10, mit dem 12-fachen der Maßlinienbreite, also 3 mm bis 4,2 mm, angegeben. Schrägstriche haben den Vorteil, dass sie schneller zu zeichnen sind und auch bei sehr kurzen Maßlinien angewendet werden können (Bild 4.2–6). Die Maßlinienbegrenzung mit Schrägstrichen ist aber nicht sehr deutlich, besonders dann nicht, wenn die Schrägstriche durch Körperkanten schraffierter Flächen gehen. Die Maßlinien, die an Kreisbögen stoßen, Maßlinien für die Winkel- oder Bogenbemaßung sowie Maßlinien vom Nullpunkt aufsteigender Maße erhalten als Maßbegrenzung trotzdem Pfeile (Bild 4.2–5 und Bild 4.3–14).
Maßpfeile treten als Maßbegrenzung am deutlichsten hervor. Sie werden bei langen Maßlinien von innen, bei kurzen Maßlinien von außen gegen die Maßhilfslinien oder Körper-

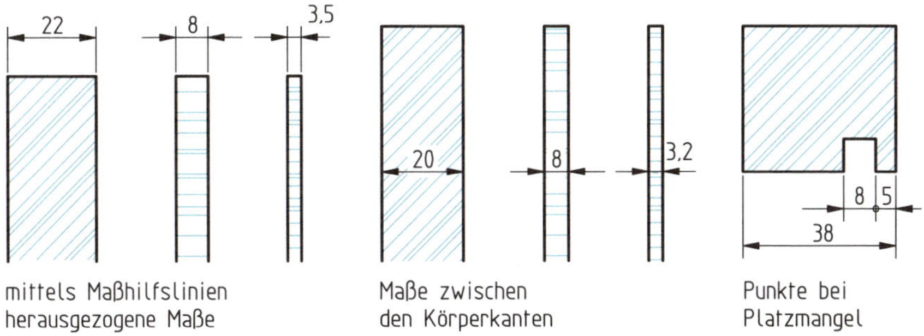

Bild 4.2–7 Maßbegrenzung mit Pfeilen

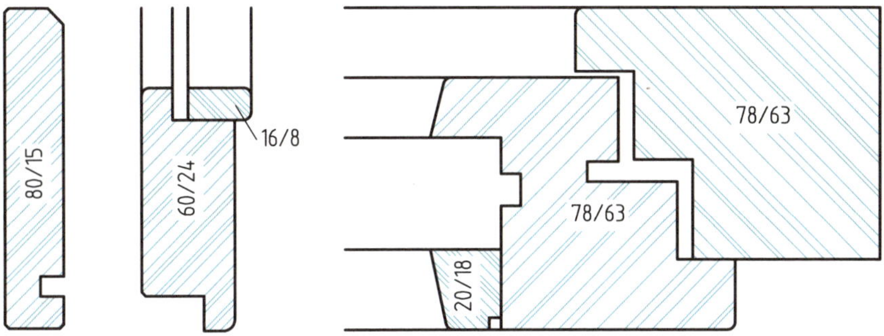

Bild 4.2–8 Maßangabe in Bruchform bei Holzquerschnitten

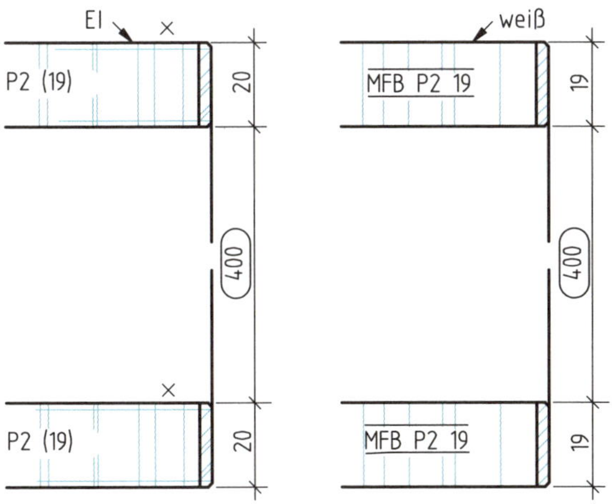

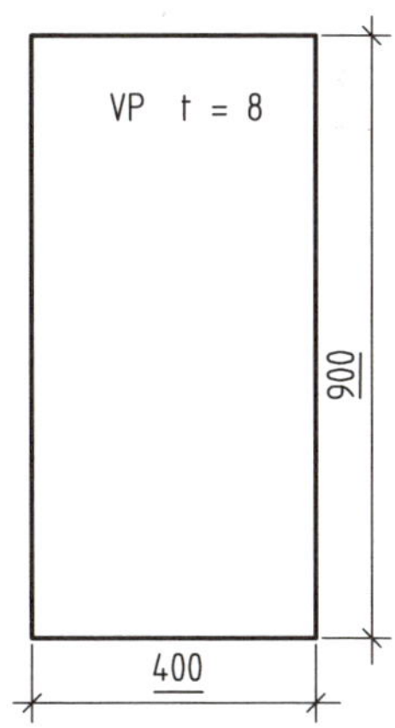

Bild 4.2–9 Bemaßung eines zusammengebauten Erzeugnisses aus furnierten Holzwerkstoffen oder aus kunststoffbeschichteten Spanplatten. Das Maß 400 muss unbedingt eingehalten werden, damit die Funktion gewährleistet ist.

Bild 4.2–10 Bemaßung eines flächigen, nicht maßstabsgerecht gezeichneten Werkstücks kanten geführt (Bild 4.2–7). Die Maßlinien für Halbmesser oder Durchmesser sowie die verkürzten Maßlinien für Durchmesser erhalten an der Kreisbogenlinie immer einen Maßpfeil. Auch die Bemaßung von Winkeln und Bögen sowie die vom Nullpunkt aufsteigenden Maße sind mit Maßpfeilen zu begrenzen.

Maßpfeile haben einen Schenkelwinkel von 15° und die 10-fache Länge der Maßlinienbreite, also 2,5 mm bis 3,5 mm. Es sind auch Maßpfeile mit einem Schenkelwinkel von 90° zulässig. Deren Länge beträgt ca. 4-mal die Maßlinienbreite. Die stumpfen Maßpfeile werden in Zeichnungen für das Bauwesen angewendet.

Maßpfeile können offen oder auch geschwärzt gezeichnet werden.

Punkte sind als Maßlinienbegrenzung besonders bei Entwurfszeichnungen beliebt. Die Mitte des Punktes liegt auf dem Schnittpunkt von Maßhilfslinie und Maßlinie. Der Durchmesser des Punktes wird in der DIN 406, Teil 10, mit dem 5-fachen der breiteren Linienbreite, also ca. 2 mm bis 2,5 mm angegeben. Wenn der Platz für Maßpfeile in der Maßbegrenzung fehlt, dann können hier ebenfalls statt der Pfeile Punkte eingesetzt werden (Bild 4.2–7). Der Punkt darf auch als offener Kreis gezeichnet werden.

Kreise sind als Maßlinienbegrenzung an Stelle des Punktes zulässig. Der Durchmesser kann 2,5 mm bis 3,5 mm betragen. Diese Maßlinienbegrenzung wird in der Regel nur für Entwurfszeichnungen angewendet (Bild 4.2–2).

Für aufsteigende Maße in technischen Zeichnungen beginnt die Maßlinie mit einem Ursprungspunkt. Dieser wird mit einem Kreis markiert. Gemäß DIN 406, Teil 10, beträgt der Durchmesser des Kreises 8-mal die Breite der breiteren Linie, also ca. 3 mm bis 4 mm (Bild 4.3–14).

4.2.4 Maßzahlen

Maßzahlen geben die Größe des Maßes wie Längenmaß und Winkelmaß an. Sie sind über die durchgezogenen Maßlinien zu schreiben. Dabei dürfen sie nicht auf die Körperkante oder die Mittelachse gesetzt werden. Maßzahlen müssen frei stehen, das heißt, sie dürfen durch keine Linie getrennt oder durchkreuzt werden.

Die Maße sind möglichst nach unten und nach rechts aus der Zeichnung herauszuziehen, also nicht ringsherum anzuordnen (Bild 4.2–11 und Bild 4.2–12). Bei Platzmangel, wenn sich die Maßzahl nicht mehr zwischen die Hilfslinien oder Körperkanten setzen lässt, können die Maßzahlen in die Nähe der Maßlinie gestellt werden. In der Regel werden sie dann nach rechts herausgerückt (Bild 4.2–7). Bei Unklarheiten oder mehreren herauszurückenden Maßzahlen können diese mit Bezugslinien an die Maßlinien angebunden werden.

Maße von Rechteckquerschnitten können auch in Bruchform in die Querschnitte eingeschrieben oder – bei kleineren Querschnitten – in Bruchform neben die dargestellten Querschnitte gesetzt und mit Bezugslinien angebunden werden. Bei den Querschnittsmaßen in Bruchform steht die Breite des Werkstückquerschnitts vor dem Bruchstrich, die Dicke

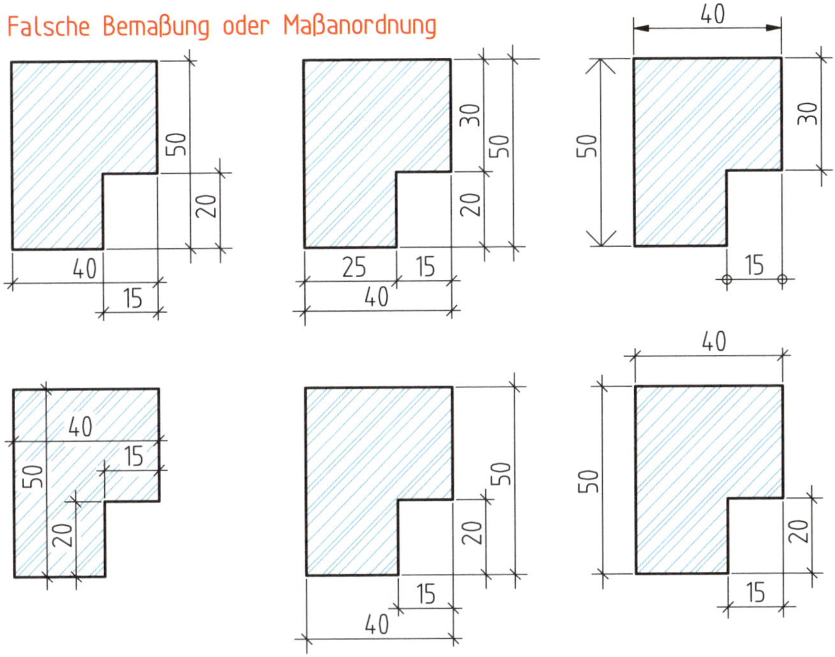

Bild 4.2–11 Falsche Bemaßung oder Maßanordnung: 1 Maßlinien und Maßhilfslinien überschneiden sich, 2 die Bemaßung ist überbestimmt, 3 unterschiedliche Maßbegrenzungen in einer Zeichnung, 4 Maße nicht nach innen anordnen, 5 Schrägstriche haben nicht die richtige Richtung, 6 Maße nicht alle auf die Bezugsebenen bezogen.

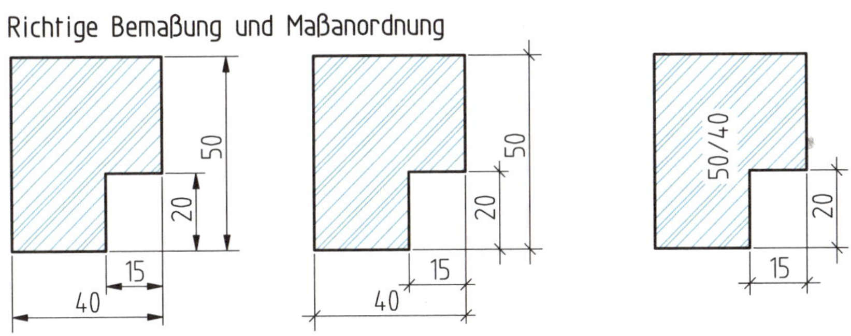

Bild 4.2–12 Richtige Bemaßung: 1 Maßbegrenzung mit Pfeilen, 2 mit Schrägstrichen, 3 Querschnittbemaßung in Bruchform und Bemaßung der Ausfälzung mit Maßlinien.

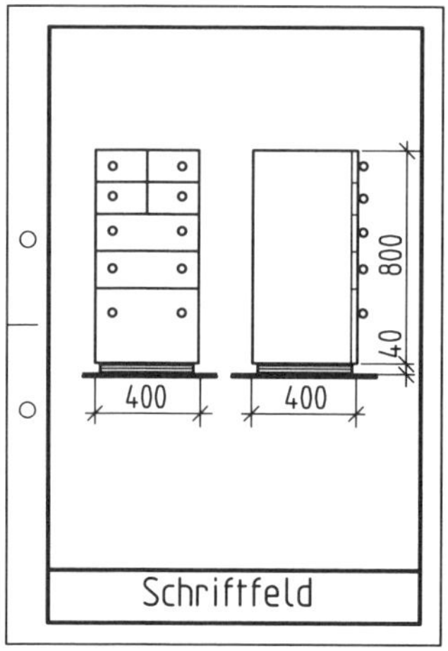

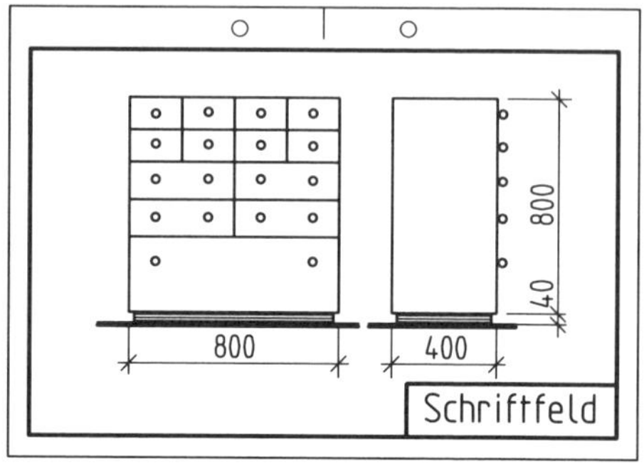

Bild 4.2–13 Gebrauchslage oder Leserichtung der Zeichnung

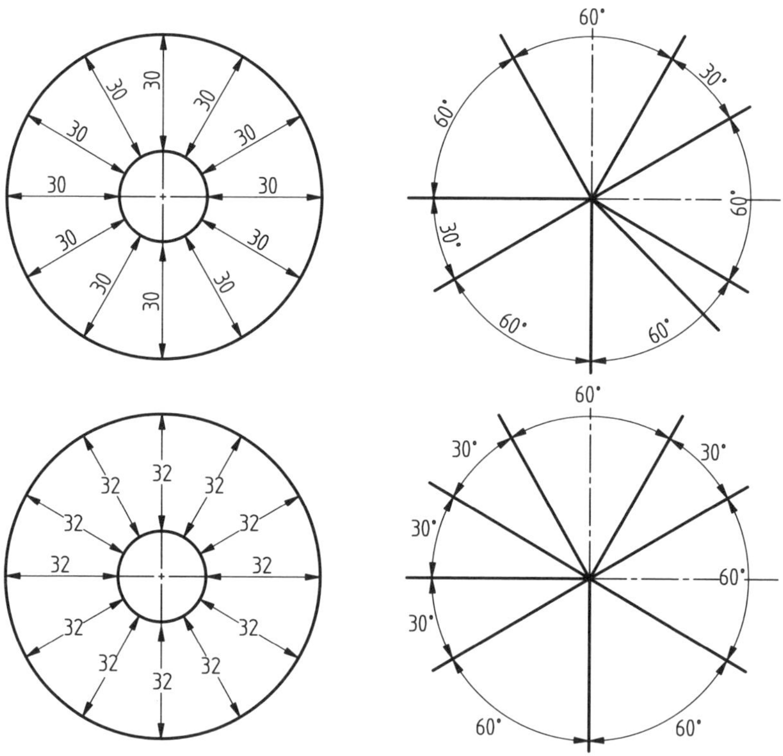

Bild 4.2–14 Schreibrichtung der Maße, bezogen auf die Leserichtung bzw. Gebrauchslage der Zeichnungen

Maßzahl mit Symbol	Bedeutung	Maßzahl mit Symbol	Bedeutung	Maßzahl mit Symbol	Bedeutung
450	Maßzahl, ohne Symbol	⌒420 oder 420 (mit Bogen)	Bogenmaß	SØ40	Kugel-Durchmesser
(128)	Hilfsmaß	SW15	Schlüsselweite	SR20	Kugel-Radius (Spherical-R)
[32]	theoretisch genaues Maß	Ø35	Durchmesser-Maß	t=8	Dicke (thickness)
945 (unterstrichen)	Maß nicht maßstäblich	□38	Quadrat-Maß	h=10	Tiefe oder Höhe
(48 ±0,2)	Maß wird geprüft	R20	Radius-Maß	◺ 7%	Neigung in %

Tabelle 4.2-1 Maßsymbole

oder Höhe des Werkstücks hinter dem Bruchstrich (Bild 4.2–8). In Zeichnungen sollten die Maße für die gleichen Querschnitte in der gleichen Bruchform geschrieben werden.
Die Maßzahlen geben in der Regel die Fertigmaße an. So sind auch furnierte Platten in der Fertigdicke auszumaßen. Die Rohdicke der Platte kann dann hinter die Plattenbezeichnung geschrieben werden. Sie ist mittig in die Platte einzuschreiben und wird dann in Klammern gesetzt (Bild 4.2–9).
In Plattenzuschnitten und anderen flächigen Werkstücken, bei denen weitere Schnittzeichnungen nicht erforderlich sind, kann die Dicke des Materials innerhalb der gezeichneten Fläche angegeben werden, zum Beispiel t=8 (t, engl. thick = 8 mm, siehe Bild 4.2–10).
Die Maßzahlen mit den dazugehörenden Kurzzeichen sollten in der Leserichtung oder Gebrauchslage der Zeichnung von unten oder von rechts lesbar sein (Bild 4.2–13 und Bild 4.2–14). Die Maßzahlen, bei denen es durch das Drehen der Zeichnung zu Verwechslungen kommen könnte, wie zum Beispiel 6, 9, 66, 68, 86, 96 und 99, erhalten hinter der Maßzahl einen Punkt (9. oder 6.). In den technischen Zeichnungen für Holzverarbeitung, einschließlich der Formgebungszeichnungen, werden die Maße in »mm« angegeben. Bei Maßeinheiten in »cm« oder »m« ist die Maßzahl mit der betreffenden Einheit anzugeben.
Stehen mehrere Maßzahlen dicht übereinander, sollten sie wegen der besseren Lesbarkeit versetzt zueinander angeordnet werden.
Die Maßzahlen sollten wie die Beschriftung in Zeichnungen im Maßstab 1:1 mindestens 3,5 mm groß geschrieben sein. Die Abmaße bei Toleranzen werden mit den Vorzeichen hinter die Maßzahl gesetzt und eine Schriftgröße kleiner, also 2,5 mm groß, geschrieben.
Eine Kennzeichnung der Maßzahlen ist zum Beispiel für besonders einzuhaltende Maße wie Prüfmaße, nicht maßstäblich gezeichnete Maße und Hilfsmaße erforderlich. Prüfmaße werden mit einem an beiden Enden abgerundeten Kasten eingerahmt (Bild 4.2–9), bei nicht maßstäblich gezeichneten Werkstücken werden die betreffende Maße unterstrichen (Bild 4.2–10) und Hilfsmaße werden in Klammern gesetzt (Bild 4.1-6). Siehe auch Maßsymbole Tabelle 4.2–1.

4.3 Besondere Bemaßungsregeln

Zu den besonderen Bemaßungsregeln gehören die Durchmesser- und Halbmesserbemaßung, die Bemaßung von Fasen und Gewinden sowie die Bemaßung mittels Koordinaten und Maßbuchstaben.

4.3.1 Durchmesserbemaßung

Bei Kreisbögen kann das Durchmessermaß angegeben werden. Die Maßzahl erhält in jedem Falle das Durchmesserzeichen. Wird bei großen, vollständig gezeichneten Kreisen das Durchmessermaß im Kreis angegeben, stoßen die Enden der Maßlinien gegen die Kreislinie und das Maß ist mit Pfeilen zu begrenzen (Bild 4.3–1). Bei kleinen Durchmessern werden die Pfeile von außen an den Kreis geführt (Bild 4.3–2). Bei herausgezogener Maßlinie liegt das Maß zwischen Maßhilfslinien. Hier sind dann auch, je nach gewählter Maßbegrenzungsart, Schrägstriche oder Punkte zulässig (Bild 4.3–3).

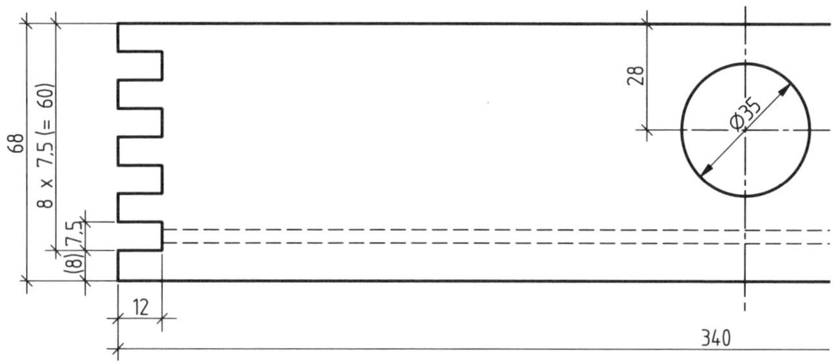

Bild 4.3–1 Durchmesserbemaßung im Kreis

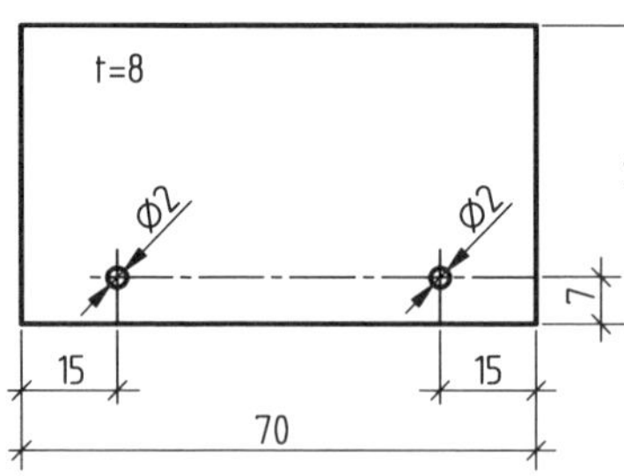

Bild 4.3–2 Durchmesserbemaßung mit Bezugspfeil

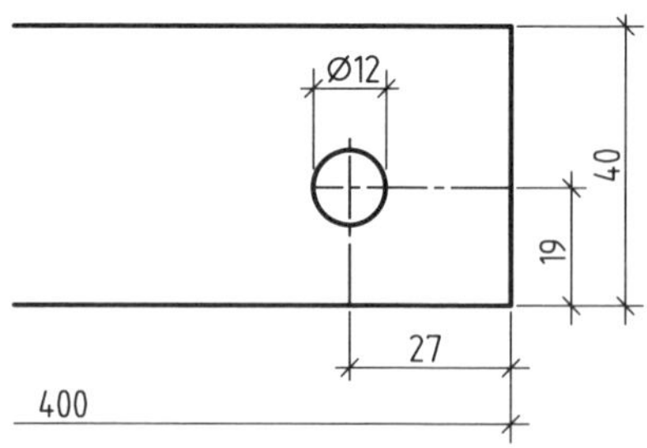

Bild 4.3–3 Durchmesserbemaßung mit Maßhilfslinien außerhalb des Kreises

Sind die Kreise nicht vollständig gezeichnet, ist die Maßlinie in der Regel verkürzt zu zeichnen. Der gegen die Kreisbogenlinie stoßende Teil der Maßlinie erhält einen Pfeil (Bild 4.3–4).

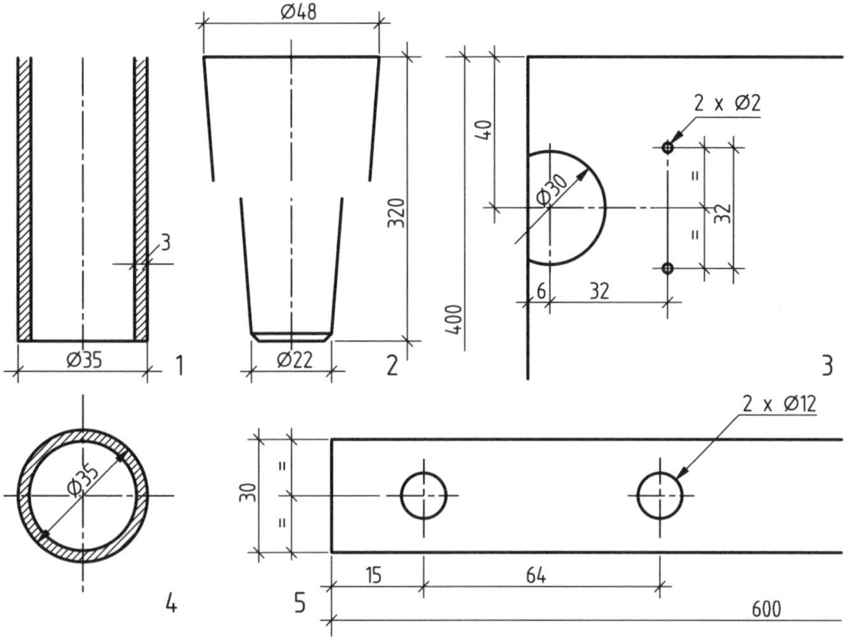

Bild 4.3–4 Durchmesserbemaßung: 1 Stahlrohr im Längsschnitt, 2 Holzfuß in der Ansicht, 3 Bohrungen für Topfscharnier und Befestigungsschrauben, 4 Stahlrohr im Querschnitt, 5 Bohrungen in der Ansicht. Bei mittigen Bohrungen im Werkstück können statt der Maßzahlen Gleichheitszeichen gesetzt werden.

4.3.2 Halbmesserbemaßung

Beim Bemaßen von Halbmessern (Radien) ist ein großes »R« vor die Maßzahl zu setzen. Der Mittelpunkt für die Kreislinie ist durch ein Mittelachsenkreuz zu kennzeichnen. Von hier aus ist die Maßlinie für den Radius an die Kreislinie zu zeichnen und mit einem Pfeil zu begrenzen. Bei Platzmangel, also bei kleinen Radien, kann der Pfeil auch von außen an die Kreislinie gezeichnet werden. In vielen Fällen ist auch die genaue Lage des Mittelpunktes der Kreislinie auszumaßen (Bild 4.3–5).

Bei großen Halbmessern, bei denen das Einzeichnen des Mittelpunktes auf dem Zeichenblatt nicht mehr möglich ist, wird die Maßlinie durch rechtwinkliges Abknicken verkürzt eingezeichnet. Der mit dem Maßpfeil versehene Teil der Maßlinie muss bei Verlängerung durch den Mittelpunkt gehen (Bild 4.3–6).

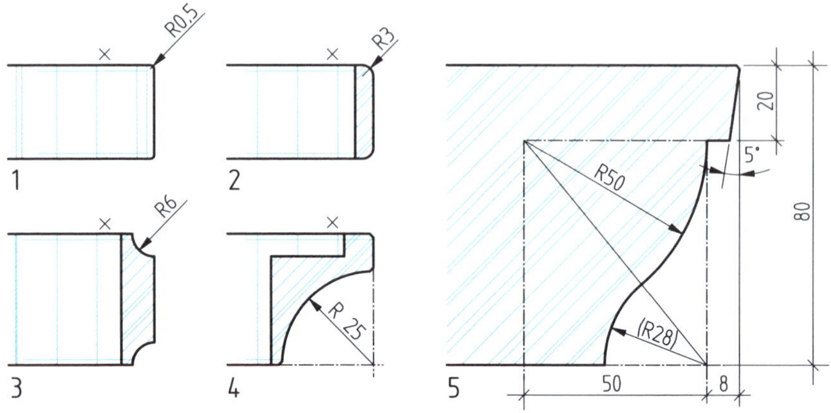

Bild 4.3–5 Halbmesserbemaßung: 1, 2 und 3 kleine Radien, von außen bemaßt, 4 Bemaßung von innen mit Mittelachsenkreuz, 5 Beispiel: Bemaßung eines Profils.

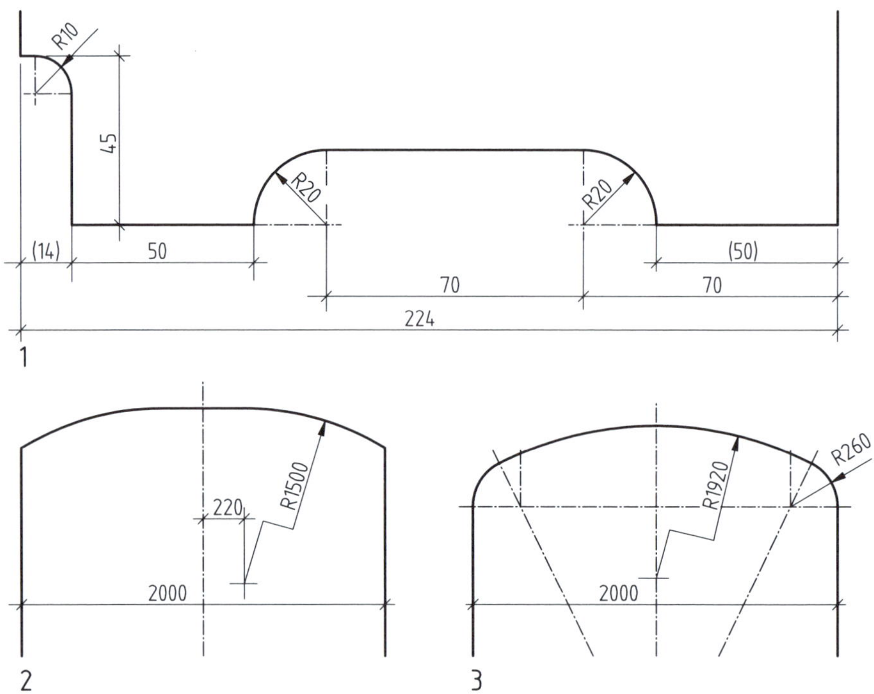

Bild 4.3–6 Halbmesserbemaßung: 1 Werkstück mit ausgerundeten Ecken, 2 und 3 Bemaßung mit großen Halbmessern.

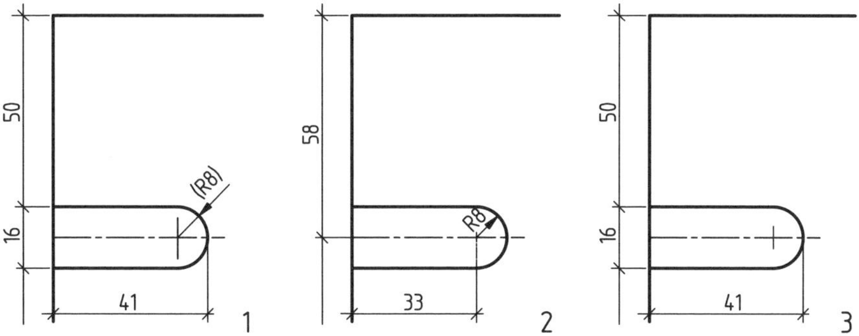

Bild 4.3–7 Bemaßungsmöglichkeiten einer Ausfräsung. 1 fertigungs- und prüfbezogene Bemaßung bei Handfräsung, 2 fertigungsbezogene Bemaßung bei CNC-Bearbeitung, 3 prüfbezogene Bemaßung.

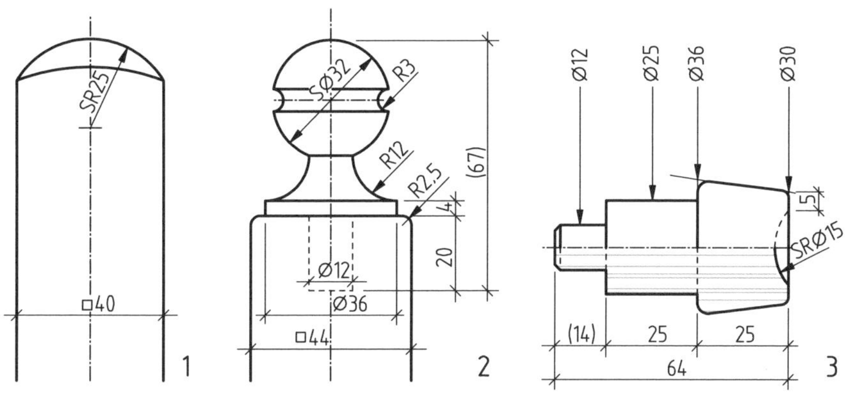

Bild 4.3–8 Bemaßung von kugelförmigen Werkstückteilen: 1 quadratischer Stollen mit kugelförmig abgedrehter Kuppe, 2 kugelförmiger Abschlussknopf auf quadratischem Stollen, 3 Ausmaßen eines gedrehten Knopfes.

4.3.3 Kugelbemaßung

Bei Drehkörpern mit Kugelform wird vor dem Durchmesserzeichen »∅« und der Halbmesserkennzeichnung »R« ein großes »S«, für sphärisch, geschrieben (Bild 4.3–8).

4.3.4 Kleine Fasen

Kleine Fasen, die einen Winkel von 45° aufweisen, können vereinfacht bemaßt werden. Die Angabe 4 × 45° gibt zum Beispiel an, dass die Fase unter 45° verläuft und ein Kathetenmaß von 4 mm aufweist (Bild 4.3–9). Bei Fasen, die unter einem anderen Winkel verlaufen, wird das Winkelmaß und die Größe der Fase, das Kathetenmaß, angegeben. Maße sehr kleiner Fasen, die nicht gezeichnet wurden, wie gebrochene Kanten, werden mittels Hinweislinie eingetragen (Bild 4.3–9).

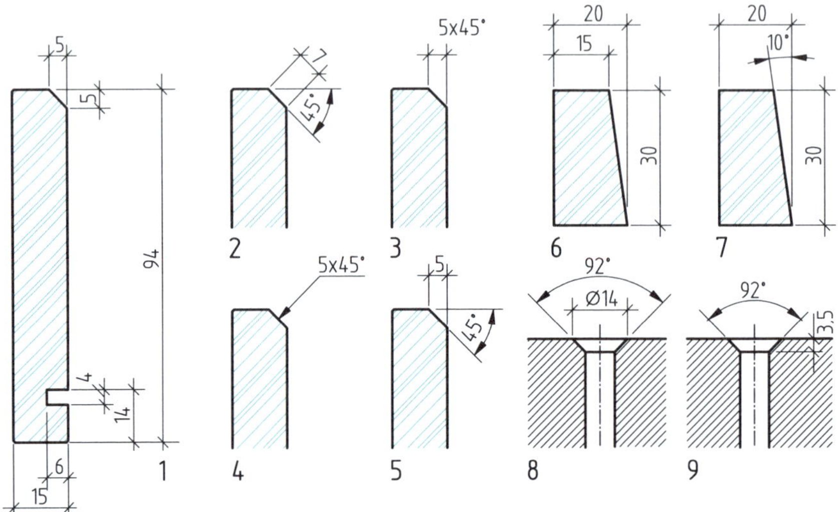

Bild 4.3–9 Bemaßen von Werkstücken mit kleinen Fasen

4.3.5 Gewindebemaßung

Kurzbezeichnungen der Gewinde sind in der DIN 202, deren zeichnerische Darstellung in der DIN ISO 6410 genormt. Hier sollen nur einige Bemaßungsregeln für Gewindeschrauben beschrieben werden.

Bei der Bemaßung der Gewindeschrauben wird stets deren Nenngröße angegeben. Das ist der Außendurchmesser des Schrauben- oder Bolzengewindes. Das gleiche Maß wird auch bei der Ausmaßung des Muttergewindes angegeben, obwohl die Kernbohrung um die Gewindetiefen kleiner ist (Bild 4.3–10). Neben den Gewindedurchmessern können noch die nutzbaren Gewindelängen am Bolzen oder bei Gewindegrundlöchern angegeben werden.

4.3.6 Bemaßung quadratischer Querschnitte

Bei der Bemaßung von Werkstücken mit quadratischem Querschnitt in der Ansicht wird vor die Maßzahl ein Quadratsymbol gesetzt. Werden Quadrate in der Ansicht oder im Schnitt bemaßt, muss nur eine Seitenlänge des Quadrats bemaßt werden (Bild 4.3–11).

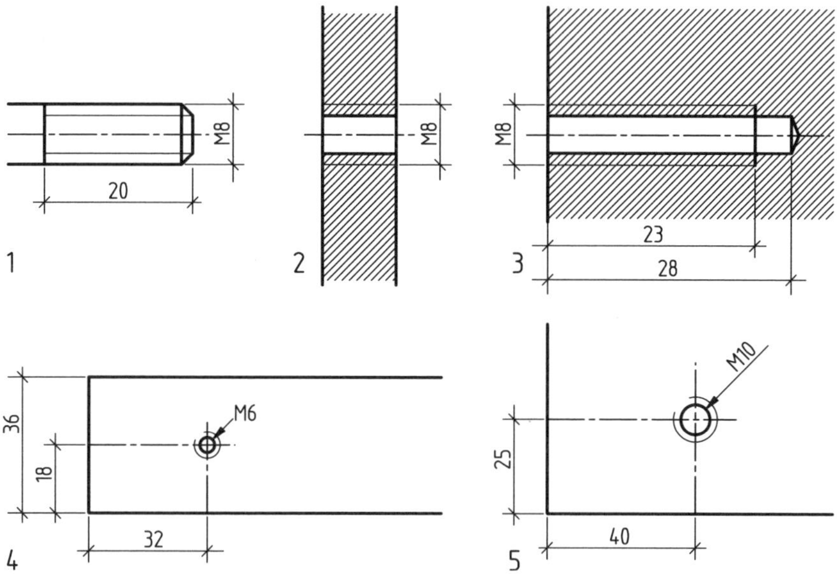

Bild 4.3–10 Gewindebemaßung: 1 Bolzen- oder Schraubengewinde, 2 Muttergewinde, 3 Muttergewinde mit Angabe der Kernlochtiefe und der nutzbaren Gewindelänge, 4 und 5 Muttergewinde in der Ansicht.

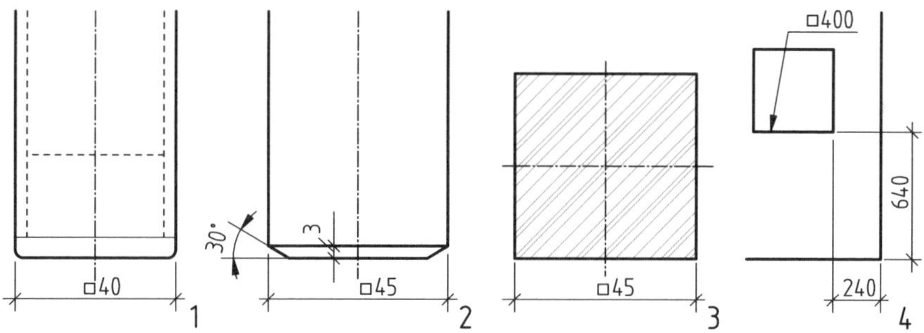

Bild 4.3–11 Bemaßung von Werkstücken mit quadratischem Querschnitt oder Ausschnitt

4.3.7 Bemaßung von Teilungen

Teilungen kommen zum Beispiel bei Rasterbohrungen wie dem System 32 oder bei in gleichen Abständen angefrästen Formelemente wie Fingerzapfen vor. Hier liegen mehrere aufeinanderfolgende gleiche Maße auf einer Geraden. Die Lage der Elemente kann von der Werkstückkante aus und durch die einzelnen Abstände bestimmt werden (Bild 4.3–12).

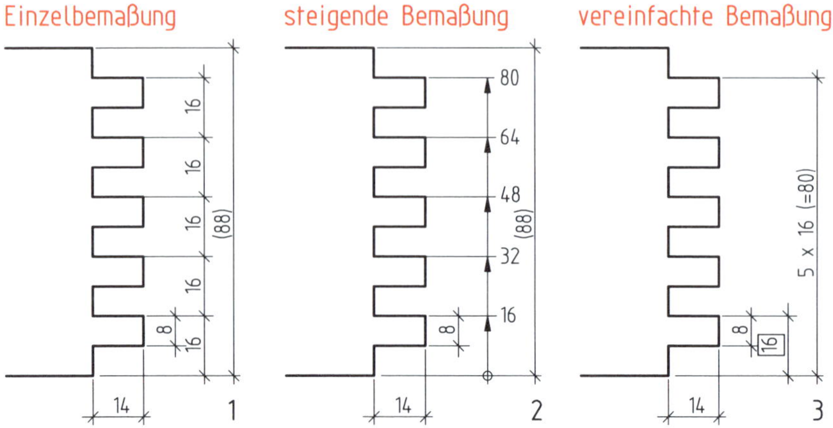

Bild 4.3–12

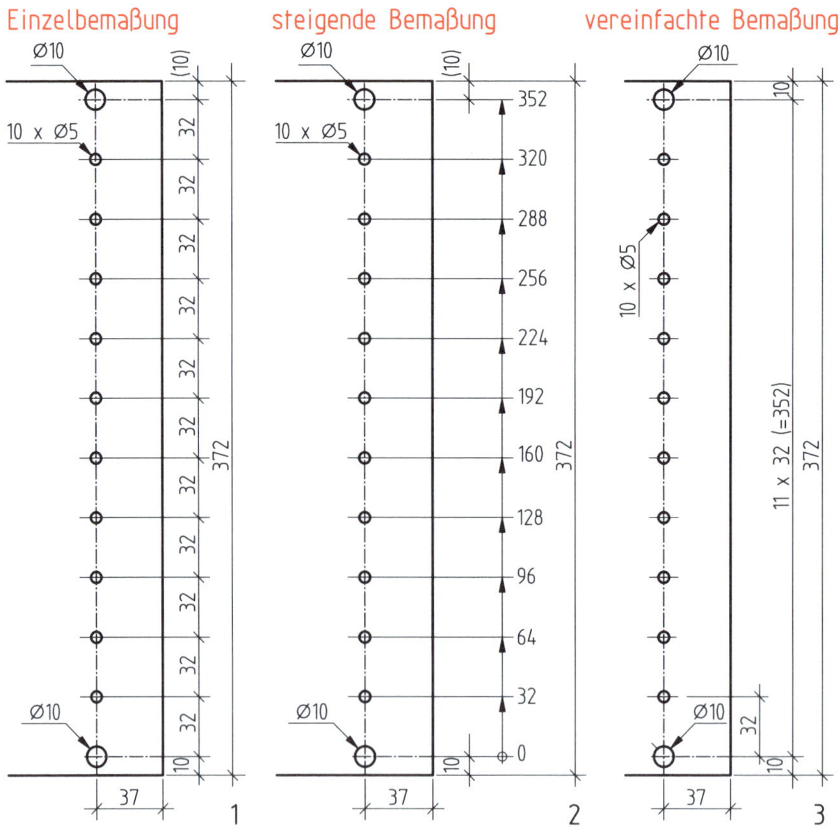

Bild 4.3–13

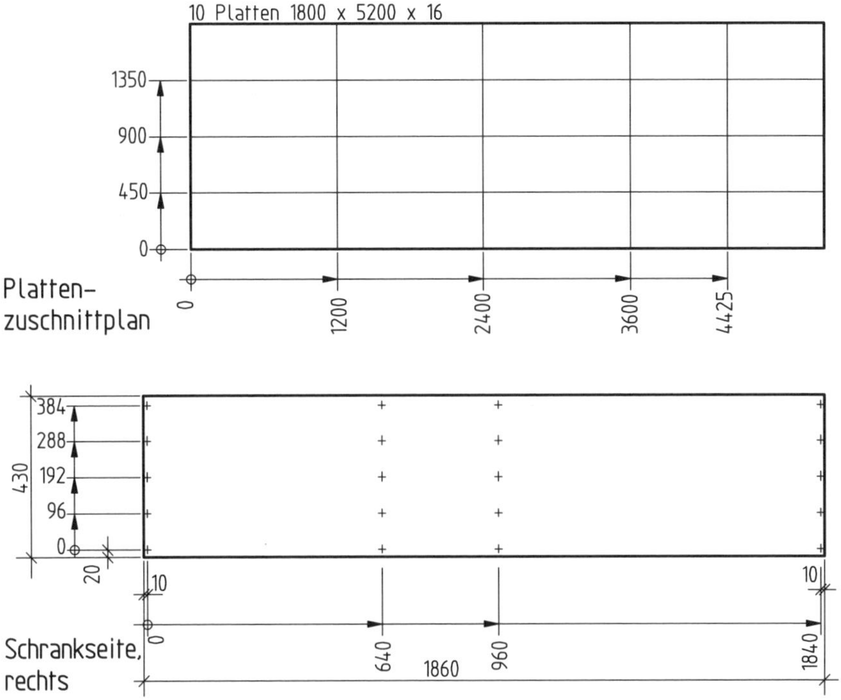

Bild 4.3–14 Beispiel steigender Bemaßung von einem Bezugspunkt aus

Hierfür bietet sich eine Bemaßungsvereinfachung an. Dabei wird der Randabstand eingemaßt und das Teilungsmaß der gleichen Elemente mit deren Anzahl angegeben. Das Gesamtmaß der Teilungen ist überbestimmt und wird als Hilfsmaß in Klammern gesetzt (Bild 4.3–12).

Das Bemaßen von Teilungen immer von einer Bezugskante aus würde viele parallele Maßlinien erfordern (Bild 4.3–13). Werden Maße benötigt, die von einer Bezugslinie ausgehen, dann empfiehlt sich die so genannte **steigende Bemaßung**. Hier ist in der Regel nur eine vertikale oder/und horizontale Maßlinie erforderlich, auf der die Maße vom Ursprung, der Bezugslinie aus, aufsteigend eingetragen werden. Der Ursprungspunkt der Maßreihe erhält als Maßbegrenzung einen Kreis, die einzelnen aufsteigenden Maße an den Maßhilfslinien nur jeweils einen Pfeil (Bild 4.3–14).

Bild 4.3–12 Beispiele zur Bemaßung von Teilungen (linke Seite, oben)

Bild 4.3–13 Ausmaßen von Lochreihen: 1 aufwendige Bemaßung mit möglicher Toleranzsummierung, 2 steigende Bemaßung von der Dübelbohrung ausgehend, 3 vorteilhafte Bemaßung von Lochreihen, wenn die Abstände der Bohrungen durch die Maschine fertigungstechnisch festgelegt sind (linke Seite).

4.3.8 Bemaßung durch Koordinaten

Durch den Einsatz von CNC-Bearbeitungszentren empfiehlt sich manchmal eine Bemaßung mit Koordinaten. Man unterscheidet kartesische Koordinaten und Polarkoordinaten. **Kartesische Koordinaten** gehen von einem Ursprung (Bezugspunkt) aus. Die Längen- und Breitenkoordinaten stehen immer in einem Winkel von 90° zueinander und werden als X-Koordinate und Y-Koordinate bezeichnet. Sie reichen für das Ausmaßen einer Fläche aus. Es ist auch möglich, Maße in der Tiefe anzugeben. Dann wird zusätzlich die Z-Koordinate verwendet, die rechtwinklig zu der X-Y-Koordinatenfläche steht (Bild 4.3–15).

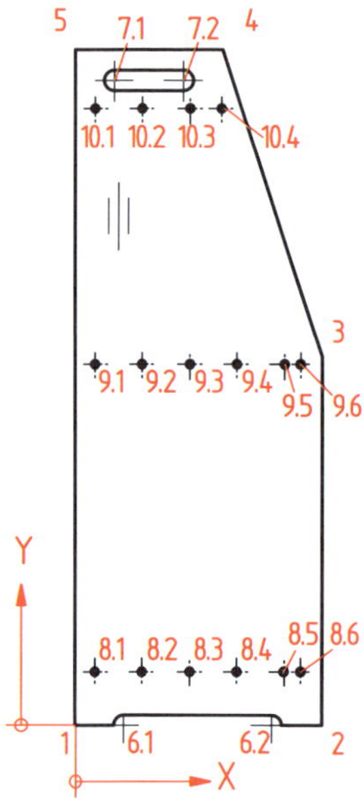

Pos.	Koordinaten (Maße in mm)					
	X	Y	Z	Ø	R	φ
1	0	0	25			
2	500	0	25			
3	500	720	25			
4	300	1320	25			
5	0	1320	25			
6.1	10	0	25	40		
6.2	400	0	25	40		
7.1	80	1260	25	40		
7.2	220	1260	25	40		
8.1	40	100	15	12		
8.2	136	100	15	12		
8.3	232	100	15	12		
8.4	328	100	15	12		
8.5	424	100	15	12		
8.6	456	100	15	12		
9.1	40	700	15	12		
9.2	136	700	15	12		
9.3	232	700	15	12		
9.4	328	700	15	12		
9.5	424	700	15	12		
9.6	456	700	15	12		
10.1	40	1200	15	12		
10.2	136	1200	15	12		
10.3	232	1200	15	12		
10.4	296	1200	15	12		

Bild 4.3–15 Koordinatenbemaßung an einer Regalseite

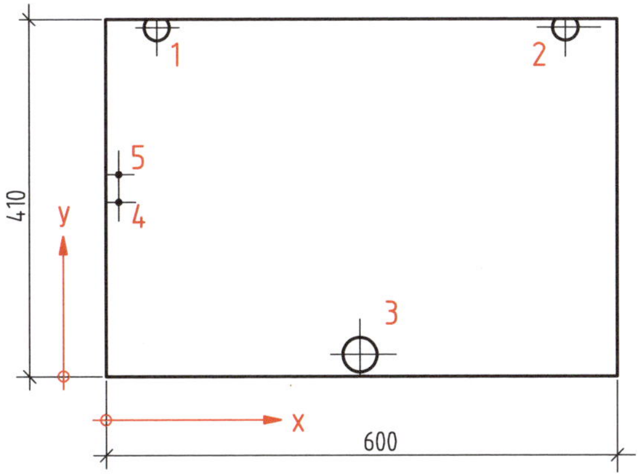

Pos.	x	y	z	Ø
1	60	400	11	30
2	540	400	11	30
3	300	25	12	40
4	15	200	10	3
5	15	232	10	3

Schreibklappe

Bild 4.3–16 Beispiel einer Koordinatenbemaßung

Bei dieser Bemaßungsart können Maßlinien in der Regel entfallen. Die Koordinatenwerte können direkt an die Koordinaten angeschrieben oder besser in einer Tabelle angegeben werden. Dann müssen die zu bemaßenden Elemente mit Positionsnummern gekennzeichnet sein (Bild 4.3–16).

Polarkoordinaten werden zur Bemaßung von Punkten angewendet, die auf einer Kreislinie liegen. Ihr Ursprung ist der Mittelpunkt und die Polarachse. Die Maße werden, vom Mittelpunkt ausgehend, durch die Länge des Radius und einen Winkel, ausgehend von der Polarachse, festgelegt. Die Werte sind immer positiv und laufen von der Polarachse gegen den Uhrzeigersinn. Die zu bemaßenden Elemente erhalten Positionsnummern und die Koordinatenwerte können so in eine Tabelle eingetragen werden.

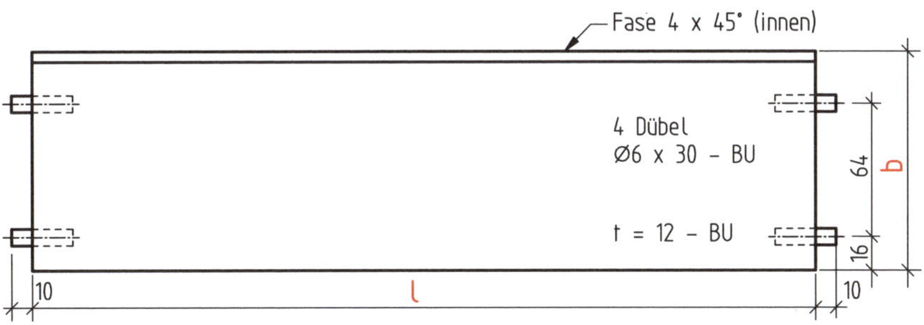

Nr.	l	b
1	420	95
2	420	105
3	480	95
4	480	105

500 Stück Schubkastenhinterstücke 2

Bild 4.3–17 Verwendung von Maßbuchstaben bei einfachen Werkstücken

4.3.9 Maßbuchstaben

Sollen gleiche Werkstücke mit denselben Konstruktionselementen, aber mit wenigen abweichenden Abmessungen hergestellt werden, kann man sich die Zeichenarbeit erheblich vereinfachen. Die Teilezeichnung des Werkstücks wird nur einmal hergestellt. Für die ein bis zwei veränderlichen Maße werden Buchstaben eingesetzt. In einer Tabelle wird dann für die Buchstaben der Zahlenwert des jeweiligen Teils angegeben. Die Anzahl der variierenden Maße sollte sich pro Werkstück auf höchstens drei beschränken, damit die Aussage der Zeichnung noch klar genug bleibt (Bild 4.3–17).

4.4 Maßstäbe

Maßstäbe geben das Größenverhältnis zwischen dem herzustellenden Werkstück und dem in der Zeichnung bzw. im Modell dargestellten Werkstück oder Gegenstand an. Maßstäbe in natürlicher Größe, Verkleinerungen und Vergrößerungen sind zu unterscheiden. Es handelt sich jeweils um eine lineare Vergrößerung oder Verkleinerung der Längen- oder Breitenausdehnung.
Mit Ausnahme der freihändigen Skizzen sollten die Darstellungen in Zeichnungen in einem bestimmten Maßstab angelegt werden. Der jeweilige Maßstab ist auf der Zeichnung anzugeben. Bei Zeichnungen im Maßstab 1:1 kann bei Eindeutigkeit auf die Maßstabsangabe verzichtet werden. Die vorzugsweise anzuwendenden Maßstäbe sind in DIN ISO 5455 genormt.

4.4.1 Natürliche Größe

In den technischen Zeichnungen für die Holzverarbeitung, die für die Fertigung bestimmt sind, werden die erforderlichen Schnitte bzw. Teilschnitte wie in Teilschnittzeichnungen fast immer im Maßstab 1:1 dargestellt. Werkstücke von geringer Größe werden ebenfalls in den Teilzeichnungen im Maßstab 1:1 gezeichnet.

4.4.2 Verkleinerungen

Für Verkleinerungen in technischen Zeichnungen der Holzverarbeitung werden die Maßstäbe 1:2, 1:5, 1:10, 1:20 und 1:50 angewendet. Sie kommen für die Gesamtzeichnungen der Erzeugnisse zum Beispiel als Übersichtszeichnung auf Teilschnitt-Zeichnungen und bei Formgebungs- oder Gestaltungszeichnungen vor.
Die Maßstäbe 1:2 und 1:5 werden für Gesamtzeichnungen kleinerer Erzeugnisse wie Stühle und kleinere Möbel verwendet, die Maßstäbe 1:10 und 1:20 für Gesamtzeich-

nungen wie Ansichten größerer Möbel, Innentüren, Haustüren, Fenster, Wandansichten, Deckenuntersichten und Grundrisse und der Maßstab 1:50 hauptsächlich für Grundrisse mit Möblierungsvorschlägen usw.
Für Bauzeichnungen sind noch weitere Verkleinerungsmaßstäbe möglich: Maßstab 1:50 für die Ausführungszeichnungen von Bauten, Maßstab 1:100 für Entwurfszeichnungen von Bauten und für die gezeichneten Bauvorlagen, Maßstab 1:200 für Vorentwurfszeichnungen von Bauten und die Maßstäbe 1:500 bis 1:1000 für Lagepläne.

4.4.3 Vergrößerungen

Vergrößerungen kommen bei der Zeichnung von Einzelteilen vor, die im Maßstab 1:1 zu klein erscheinen würden. Dies sind besonders herausgezeichnete Einzelheiten in Fertigungszeichnungen oder größer dargestellte Werkstücke auf Teilezeichnungen wie Möbelgriffe und Leistenquerschnitte. Hier können die Maßstäbe 2:1, 5:1 und seltener 10:1 angewendet werden.

Tabelle 4.4-1: Maßstäbe – Anwendungen

	Anwendungen	**Maßstäbe**
Natürlicher Maßstab	Detail- und Teilschnittzeichnungen	**1:1**
Vergrößerungen	Detailpunkte	**2:1; 5:1; 10:1**
Verkleinerungen	Ansichten von Möbeln	**1:2; 1:5; 1:10**
	Ansichten, Grundrisse und Schnitte von Innenausbauten wie Einbauschränke, Wand- und Deckenverkleidungen	**1:10; 1:20**
	Baupläne wie Grundrisse, Schnitte und Ansichten	**1:50; 1:100**

5 Beschriftung und Symbole

Technische Zeichnungen müssen gut lesbar beschriftet sein. Die DIN919-1, Technische Zeichnungen Holzverarbeitung, empfiehlt für das Beschriften der technischen Zeichnungen für die Holzverarbeitung die senkrechte Mittelschrift, Schriftform B, nach DIN ISO 3098-1. DIN1356, Bauzeichnungen, lässt diese Frage offen und verlangt lediglich eine eindeutig lesbare Schrift. Die gleiche Forderung könnte auch für Entwurfszeichnungen oder Formgebungszeichnungen von Möbeln und Innenausbauarbeiten gelten.
Technische Zeichnungen müssen mitunter mikroverfilmbar sein, das heißt, die Schriften dürfen beim Verkleinern nicht zusammenfließen und müssen Rückvergrößerungen zulassen. Der Abstand der Linien muss die doppelte Linienbreite oder aber mindestens 0,7 mm betragen. Die kleinste Schriftgröße darf bei bis zu DIN A2-großen Zeichnungen 2,5 mm betragen, ab DIN A1 3,5 mm. Die ISO-Normschrift lässt sich gut schreiben und ist gut zu lesen. Die Schriftschablonen und Tuschezeichengeräte sind auf die Schriftgrößen abgestimmt (Mikronorm m). Zeichnungen können auch mit besonderen Beschriftungsgeräten und von Hand beschriftet werden. Programme für CAD-Zeichnungen sollten diese Schriftart enthalten. Die Schriftgröße ist jeweils auf die Zeichnungsgröße einzustellen (Bild 5.1–1).

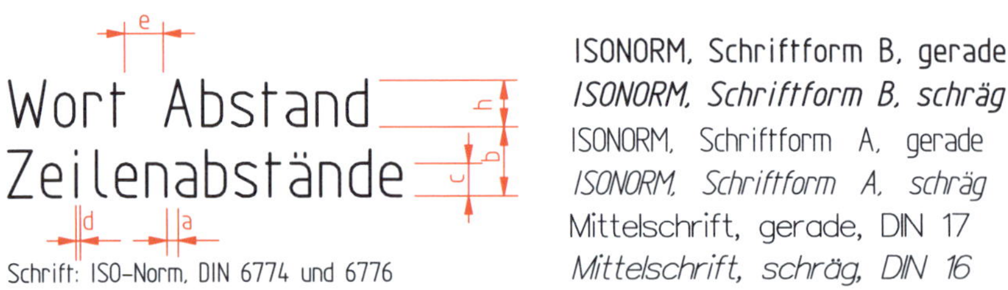

Bild 5.1–1 Schriftarten, Linienbreiten und Abstände

5.1 Schriftgrößen, Linienbreiten

Die Schriftgrößen stufen sich untereinander mit dem Wert $\sqrt{2}$ ab. Dadurch ergeben sich die Schriftgrößen von 2,5 mm, 3,5 mm, 5 mm, 7 mm, 10 mm usw. Die Linienbreite beträgt jeweils 1/10 der Schrifthöhe. Die Schriften sollten in Zeichnungen nicht kleiner als 2,5 mm sein, bei Verwendung von Klein- und Großbuchstaben nicht kleiner als 3,5 mm, damit die Kleinbuchstaben noch die Mindesthöhe von 2,5 mm aufweisen. Bei Zeichnungsformaten von DIN A1 und größer darf für eine Mikroverfilmung die kleinste Schriftgröße nur 3,5 mm betragen (Tabelle 5.1–2).

Deshalb wird als Hauptbeschriftung in technischen Zeichnungen für die Holzverarbeitung die 3,5 mm hohe Mittelschrift nach ISO-Norm, Schriftform B, verwendet. Sie wird senkrecht geschrieben. Exponenten, Toleranzangaben und Indizes sind um einen Schrifthöhensprung kleiner zu schreiben, also bei einer 3,5 mm hohen Schrift nur 2,5 mm groß. Ist die Hauptschrift nur 2,5 mm hoch, dann sind auch die Exponenten und Toleranzangaben 2,5 mm groß zu schreiben.

Damit Schnittangaben in Zeichnungen besser auffallen, sind diese einen Schrifthöhensprung größer zu schreiben als die Hauptbeschriftung. Bei einer verwendeten Schrifthöhe von 3,5 mm wären das also 5 mm. Positionsnummern sollten doppelt so groß wie die allgemeine Beschriftung sein. Bei einer Beschriftung von 3,5 mm werden die Positionsnummern 7 mm groß geschrieben.

Merkmal	Verhältnis zu h	Maße in Millimeter							
Schrifthöhe h		**1,8**	**2,5**	**3,5**	**5**	**7**	**10**	**14**	**20**
Höhe der Kleinbuchstaben c	7/10 h	1,26	1,75	2,5	3,5	5	7	10	14
Abstand zwischen den Buchstaben a	2/10 h	0,36	0,5	0,7	1	1,4	2	2,8	4
Abstand zwischen den Grundlinien b	15/10 h	2,7	3,75	5,25	7,5	10,5	15	21	30
Abstand zwischen den Wörtern e	6/10 h	1,08	1,5	2,1	3	4,2	6	8,4	12
Linienbreite d	**1/10 h**	**0,18**	**0,25**	**0,35**	**0,5**	**0,7**	**1,0**	**1,4**	**2,0**

Tabelle 5.1–2 Maße der ISO-Schrift, Schriftform B

5.2 Schriftfelder

Technische Zeichnungen sollten ein Schriftfeld erhalten. Schriftfelder sind in der DIN EN ISO 7200 : 2004 genormt. Es ist 180 mm breit, damit es auch auf einem DIN A4 großen Zeichenblatt bei Hochformat unterzubringen ist. Die Höhe ergibt sich je nach Bedarf. Die EN ISO 7200 schlägt zwei Beispiele vor, ein Schriftfeld in Kompaktform und ein ausführlicheres Schriftfeld (Bild 5.2-1 und 2). Die Lage der Schriftfelder auf technischen Zeichnungen ist in ISO 5457 festgelegt. Entscheidend ist hierbei die Leserichtung der Zeichnung.

Die Schriftfelder sollen folgende Eintragungen enthalten:

Feld 1: Name der Firma bzw. des Unternehmens.

Feld 2: Die innerbetrieblich genormte Sachnummer.

Feld 3: Änderungsindex wenn erforderlich mit Buchstabenkombination (AA, AB, AC).

Feld 4: Ausgabedatum, Datum der ersten Freigabe der Zeichnung.

Feld 5: Blattnummer mit Anzahl der Gesamt-Zeichenblätter für das Produkt.

Feld 6: Sprachenzeichen, wenn erforderlich.

Feld 7: Das Produkt beschreibendes Datenfeld.

Feld 8: Zeichnungsart, Dokumentenart.

Feld 9: Name oder Kennnummer der für das Dokument verantwortlichen Abteilung.

Feld 10: Name der verantwortlichen Person, einer kompetenten Kontaktperson.

Feld 11: Name der Person, die die Zeichnung angefertigt hat.

Feld 12: Name der Person, die die Zeichnung genehmigt hat.

Feld 13: Kennzeichnung des Dokumentenstatus wie freigegeben, zurückgezogen.

Feld 14: Freies Feld für besondere betriebsinterne Eintragungen.

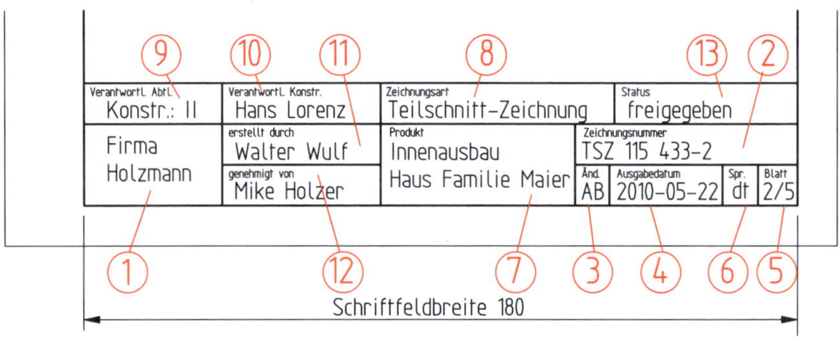

Bild 5.2–1 Schriftfeld in kompakter Form nach DIN EN ISO 7200

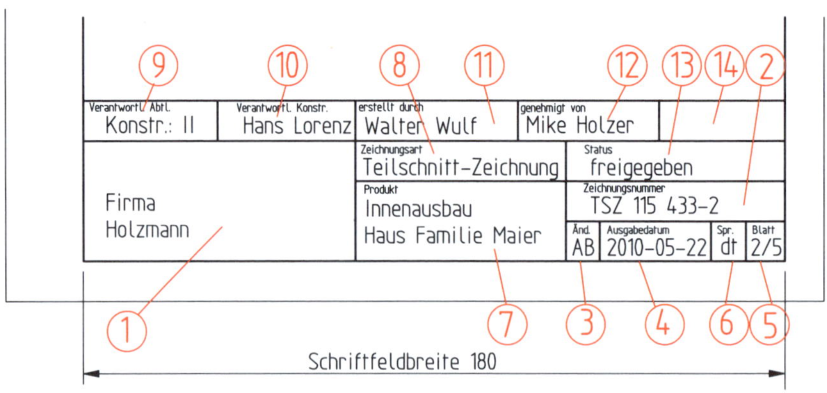

Bild 5.2–2 Schriftfeld mit ausführlicher Personenzeile und größerem Raum für Firmenlogo

5.3 Hinweislinien – Bezugslinien

Hinweis- und Bezugslinien werden bei Platzmangel für Maßangaben oder besondere Hinweise sowie für Materialangaben angewendet. Die Hinweislinien stellen die Verbindung vom Text zur klärenden Zeichnung dar. Bezugslinien können Hinweislinien angefügt werden. Sie nehmen den Text in Leserichtung auf. Hinweislinien und Bezugslinien werden gemäß DIN ISO 128-22 und 20 als schmale Volllinien gezeichnet. Hinweislinien sind stets schräg aus der Darstellung herauszuziehen und dürfen nicht parallel zu benachbarten Linien wie Schraffurlinien laufen. Der Winkel der Hinweislinien zu benachbarten Linien sollte größer als 15° sein. Hinweislinien dürfen Maßzahlen oder Symbole nicht schneiden (Bild 5.3–1).
Die Hinweislinien enden:

- **mit einem Pfeil**, wenn sie an eine gezeichnete Körperkante stoßen,
- **mit einem Punkt**, wenn sie in eine Fläche führen,
- **ohne Pfeil und Punkt**, wenn sie an einer Maßlinie, Mittelachse oder einer anderen Linienart anbinden (Bild 5.3–1).

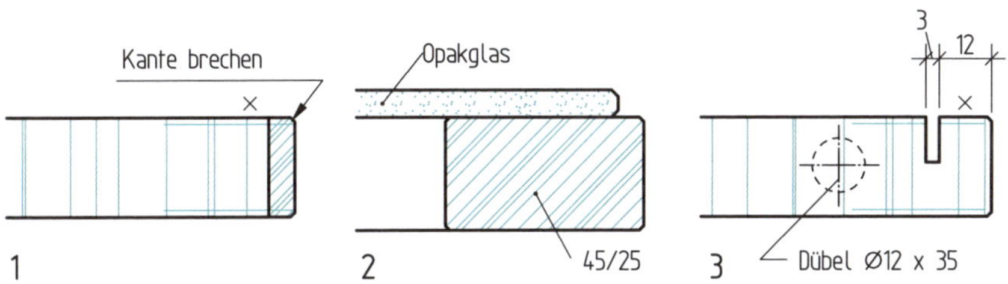

Bild 5.3–1 Hinweis- und Bezugslinien

5.4 Oberflächenzeichen

In technischen Zeichnungen für die Serienfertigung werden besondere Oberflächenzeichen für die Kennzeichnung des Endzustandes der bearbeiteten Oberfläche verwendet. In DIN ISO 1302 sind verschiedene Oberflächenzeichen genormt, die bei Bedarf noch durch Symbole oder Wortangaben ergänzt werden müssen. Unterschieden wird zwischen dem Grundsymbol, dem Symbol für materialabtragende Bearbeitung und dem Symbol für nicht materialabtragende Bearbeitung (Bild 5.4–1). Die genormten Oberflächenzeichen werden vorwiegend für Teilezeichnungen in der Metallbearbeitung eingesetzt. In technischen Zeichnungen für die Holzverarbeitung können die Oberflächenzeichen in gleicher Weise verwendet werden, wenn man sie mit den erforderlichen Wortangaben versieht. Das Symbol mit dem einliegenden Kreis könnte man für die Art der Oberflächenbehandlung benutzen.

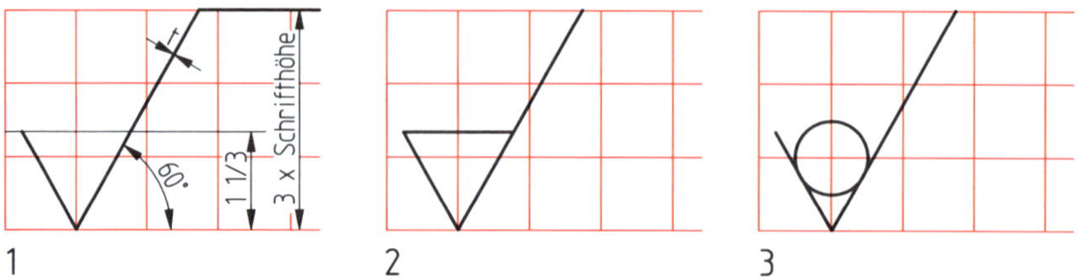

Bild 5.4–1 Oberflächenzeichen, nach DIN ISO 1302: 1 Grundsymbol, 2 Symbol für materialabtragende Bearbeitung, 3 Symbol für materialauftragende Bearbeitung.

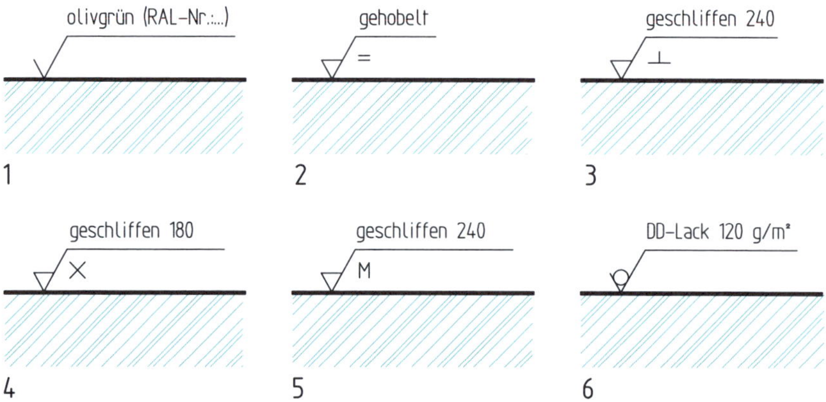

Bild 5.4–2 Anwendungsbeispiele der Oberflächenzeichen: 1 Grundsymbol mit einer Farbangabe, 2 Materialabtrag durch Hobeln parallel zur Faser, 3 Materialabtrag durch Schleifen quer zur Faser, 4 Materialabtrag durch Schleifen, Körnung 180, Kreuzschliff, 5 Schleifen in vielen Richtungen, Körnung 240, 6 Lackauftrag, DD-Lack 120 g/m^2.

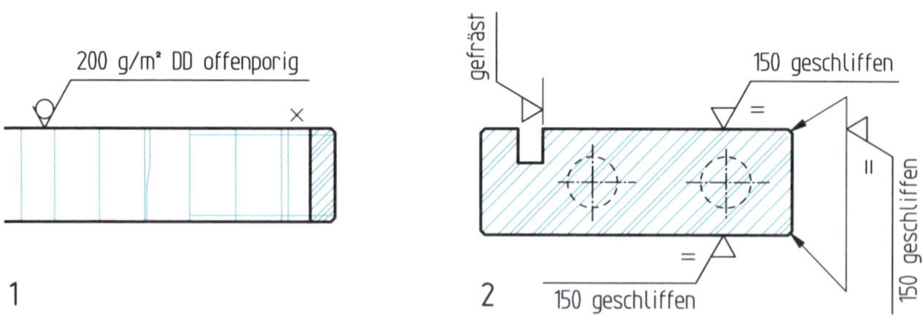

Bild 5.4–3 Anwendungsmöglichkeiten der Oberflächenzeichen bei Werkstückzeichnungen

Die Wortangaben werden auf den abgewinkelten Schenkel des Oberflächenzeichens geschrieben, wie zum Beispiel geschliffen 150. Für die Rillenrichtung, die beim Schleifen entsteht, können weitere Symbole eingesetzt werden: beim Verlauf der Rillen parallel zur Holzfaser zum Beispiel (=), beim Verlauf quer zur Holzfaser (⊥), bei kreuzweise und diagonalem Verlauf der Rillen (×) und beim Schleifen in vielen Richtungen (M). Dieses zusätzliche Symbol ist rechts neben das Oberflächenzeichen zu setzen (Bild 5.4–2).
Für die Symbole, Symbolelemente und Beschriftung ist die gleiche Linienbreite, zum Beispiel 0,35 mm, anzuwenden. Oberflächenzeichen können bei Platzmangel auch mittels Bezugslinien an die Werkstücksflächen herangeführt werden. Sollen alle Flächen gleichartig behandelt werden, wird ein Oberflächensymbol mit den zusätzlichen Angaben in die Nähe des Schriftfeldes oder in die Nähe des gezeichneten Teiles gesetzt (Bild 5.4–3).

5.5 Symbole in Bauzeichnungen

Beim Innenausbau müssen Holzverarbeiter Bauzeichnungen wie Entwurfszeichnungen und Ausführungszeichnungen lesen können. Entwurfszeichnungen werden in der Regel im Maßstab 1 : 100 angefertigt und lassen die Gestaltung und Konstruktion des Bauvorhabens erkennen. Ausführungszeichnungen sind Werkpläne im Maßstab 1 : 50, seltener im Maßstab 1 : 20, mit allen für die Bauausführung erforderlichen Einzelangaben.
Der **Schnittverlauf** wird in Bauzeichnungen anders dargestellt als in technischen Zeichnungen für Holzverarbeitung. Die Schnittverlaufslinie erhält an den Enden in Blickrichtung voll geschwärzte Dreiecke mit einem Richtungswinkel von 90° (Bild 5.5–1).
Höhenkoten sind Dreiecke mit einem Richtungswinkel von 60°, voll geschwärzt für Rohkonstruktionen, offen für Fertigkonstruktionen (Bild 5.5–2).
Weiter sind in der DIN 1356-1 **Symbole** für Rampen, Treppen (Bild 5.5–3), Türen und Fenster (Bild 5.5–5) sowie für Sanitärobjekte (Bild 5.5–4) und für Durchbrüche, Schlitze und Schächte genormt (Bild 5.5–6). Möbelsymbole werden so eingezeichnet, dass sie einen Abstand von ca. 1 mm von der Rohbauwand haben (Bild 5.5–7). Für Elektroinstallationen gibt es zahlreiche Symbole (Bild 5.5–8).

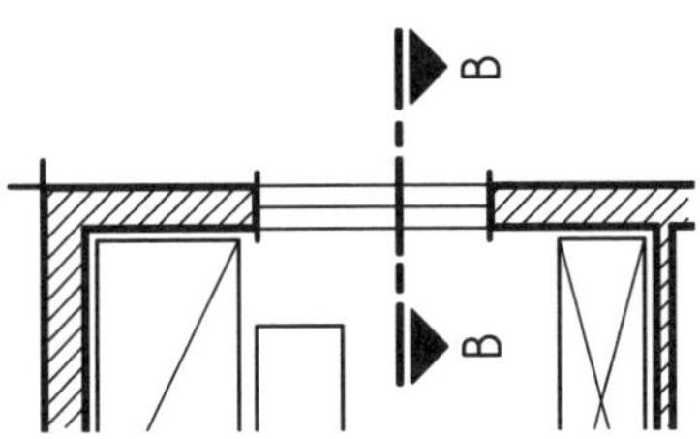

Bild 5.5–1 Angabe des Schnittverlaufs in Bauzeichnungen

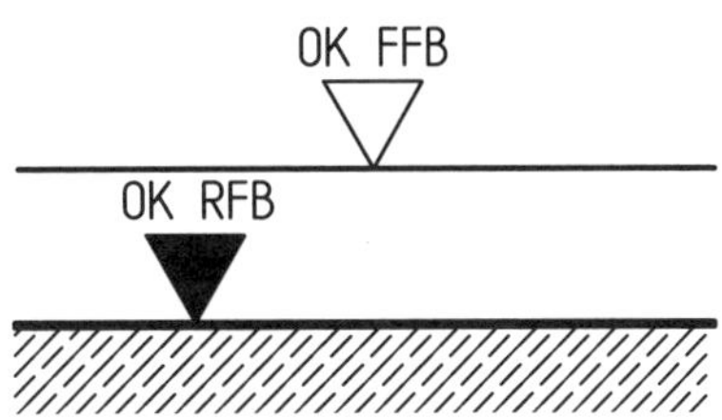

Bild 5.5–2 Höhenkoten auf Oberkante Rohfußboden und Oberkante Fertigfußboden

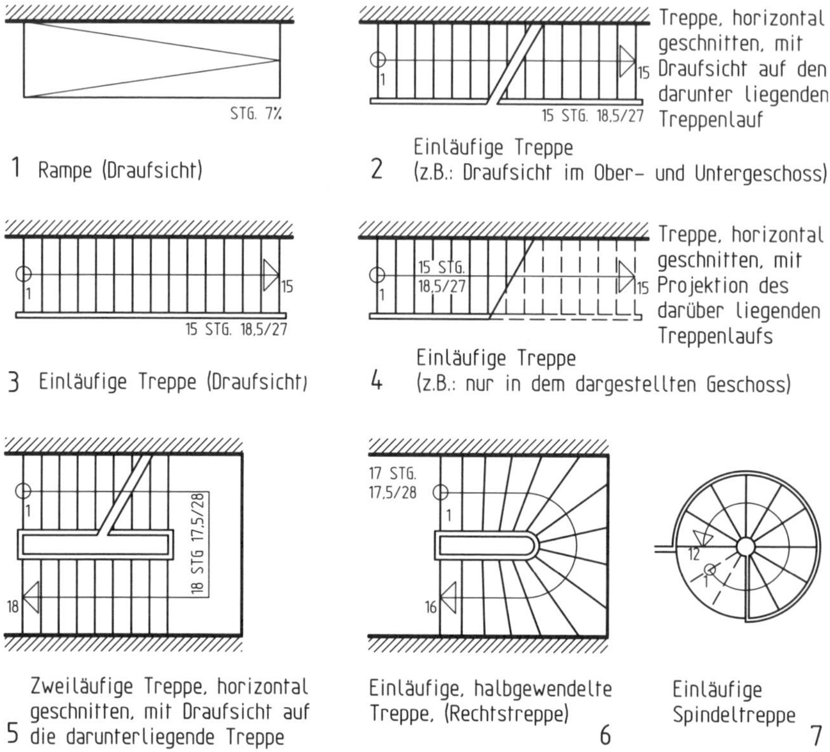

Bild 5.5–3 Symbole für Rampen und Treppen

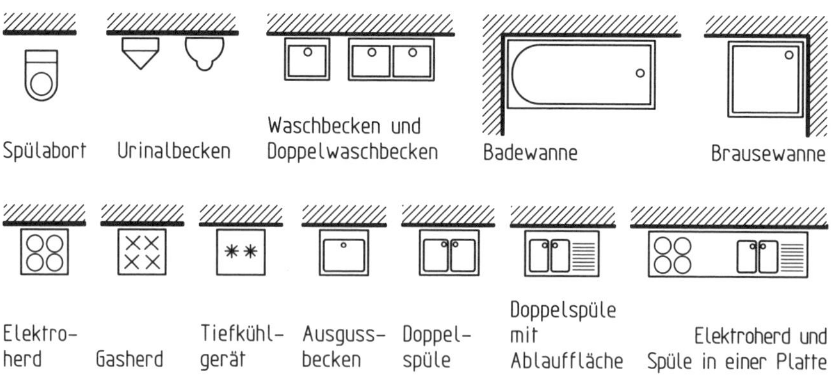

Bild 5.5–4 Symbole für Sanitärobjekte

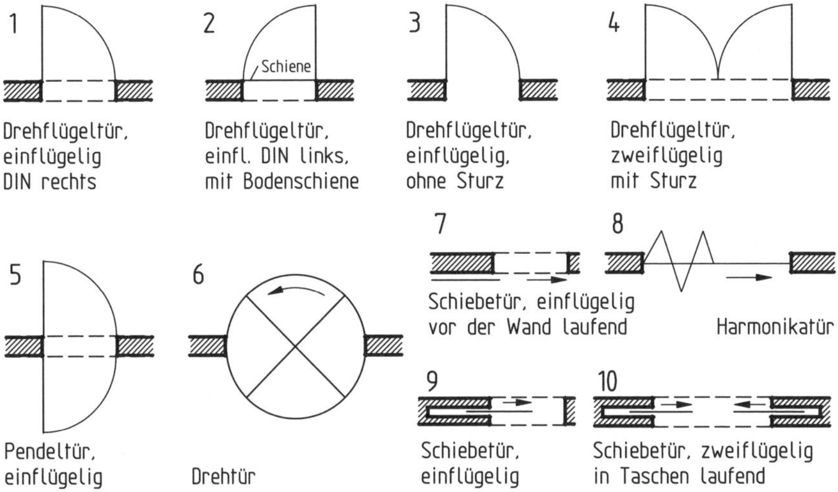

Bild 5.5–5 Symbole für Türen

Bild 5.5–6 Symbole für Durchbrüche, Schlitze, Schächte und Schornsteine

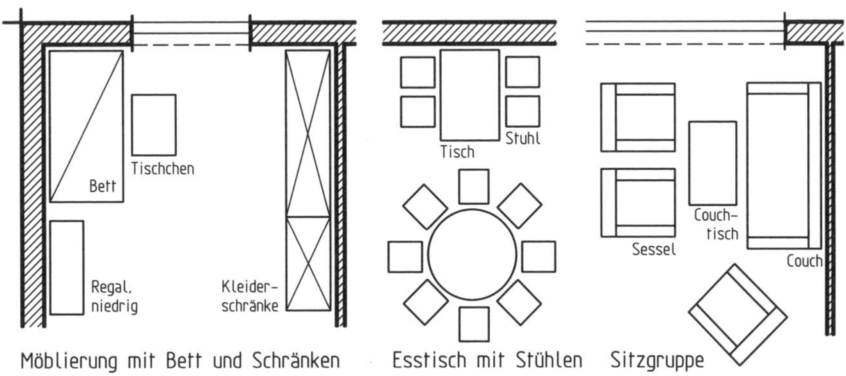

Bild 5.5–7 Stellflächen von Möbeln

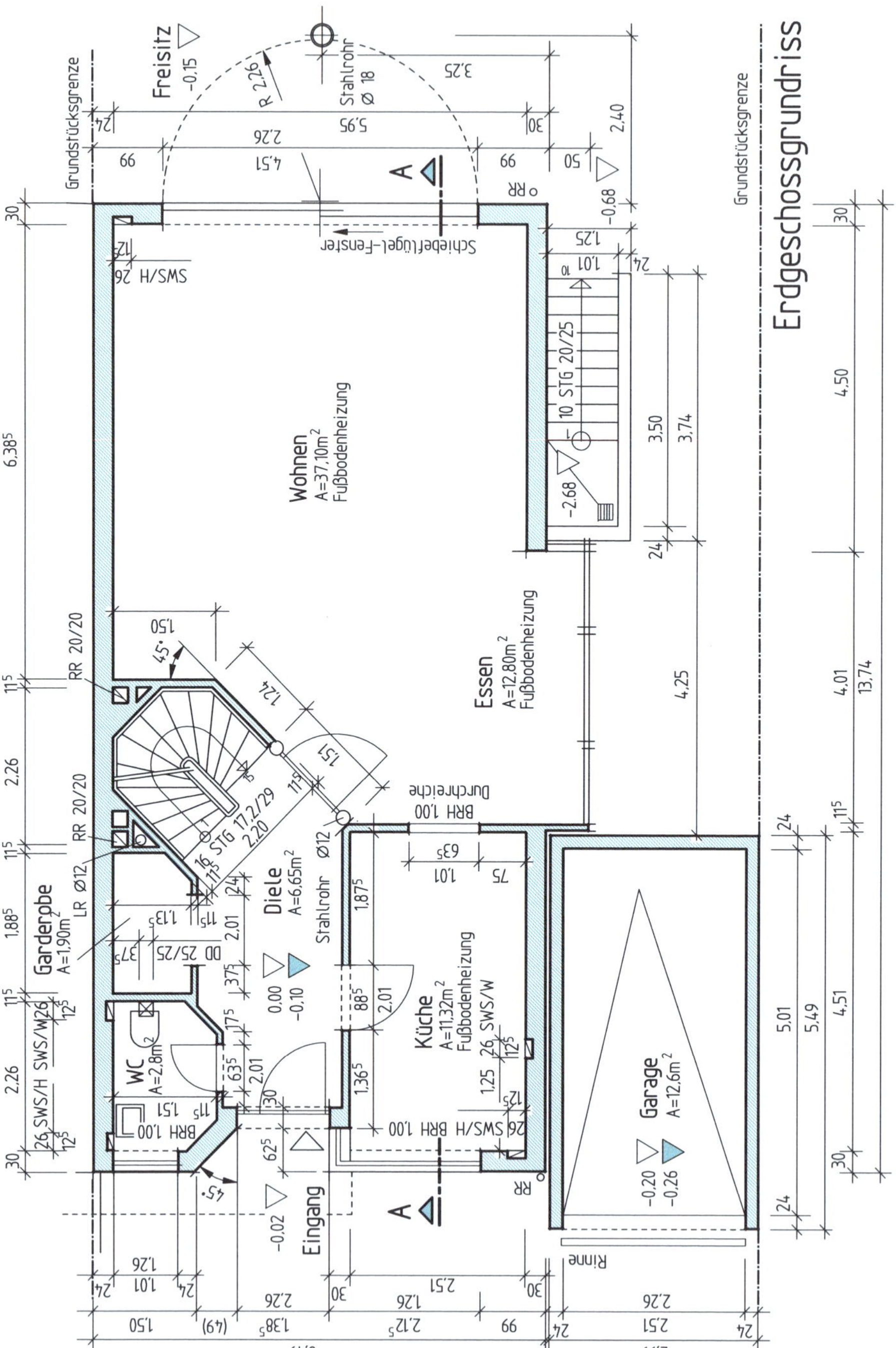

Bild 5.5–8 Erdschossgrundriss eines Einfamilien-Doppelhauses, Beispiel einer Bauzeichnung

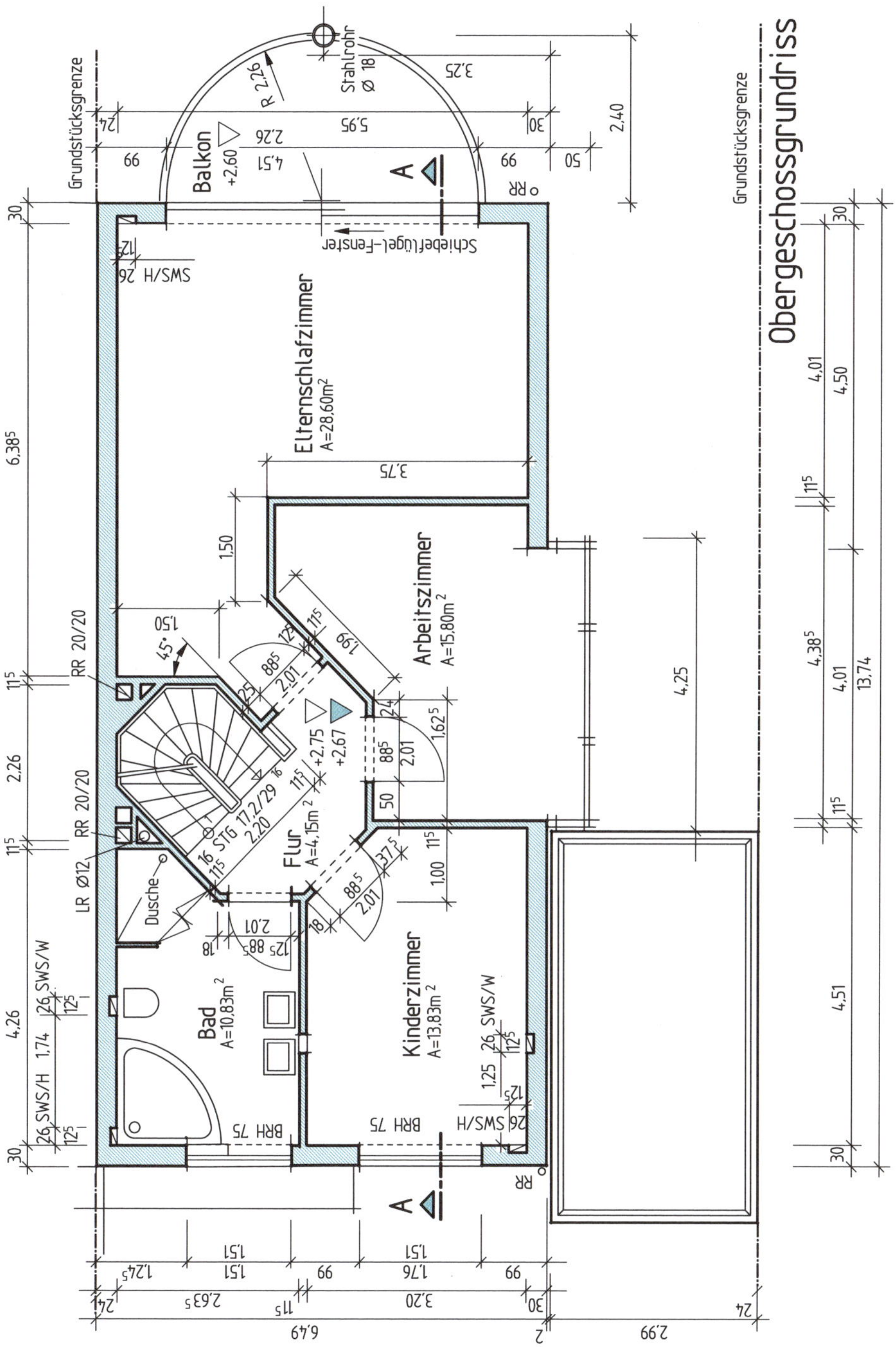

Bild 5.5–9 Obergeschossgrundriss eines Einfamilien-Doppelhauses, Beispiel einer Bauzeichnung

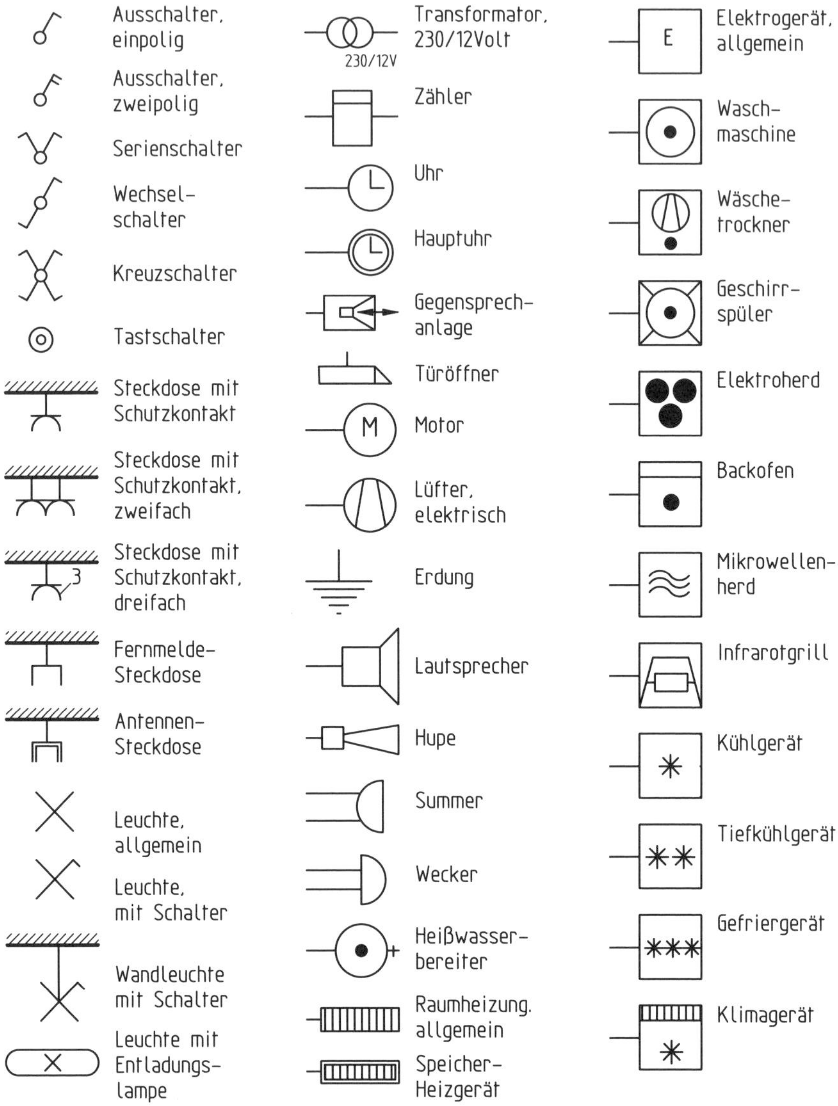

Bild 5.5–10 Elektrosymbole

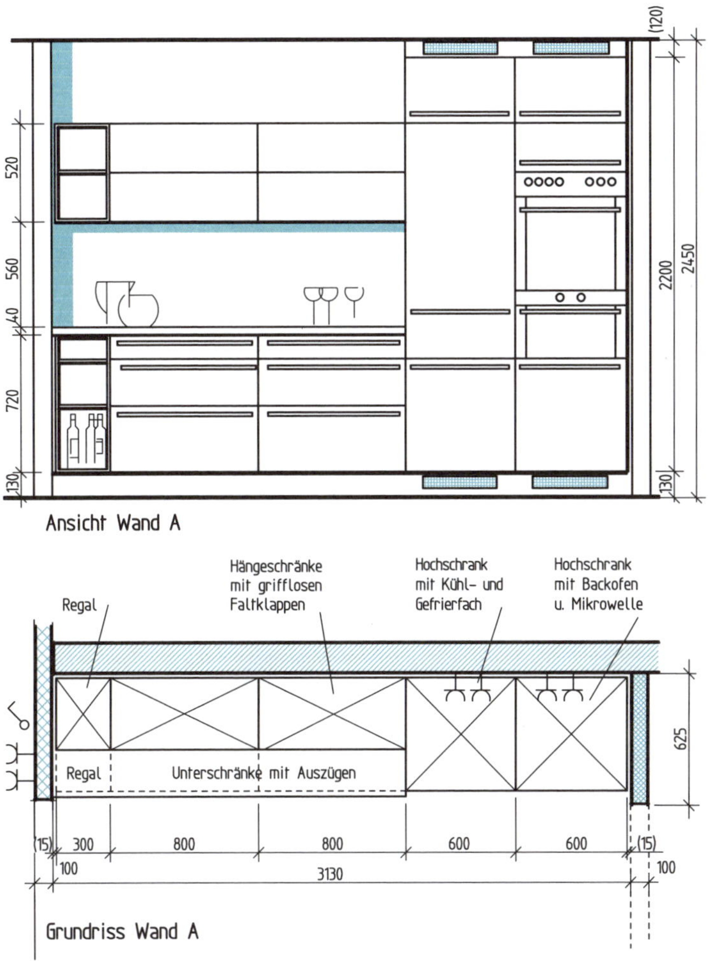

Bild 5.5–11 Beispiel einer Küchenplanung, Ansicht und Grundriss der Wand A

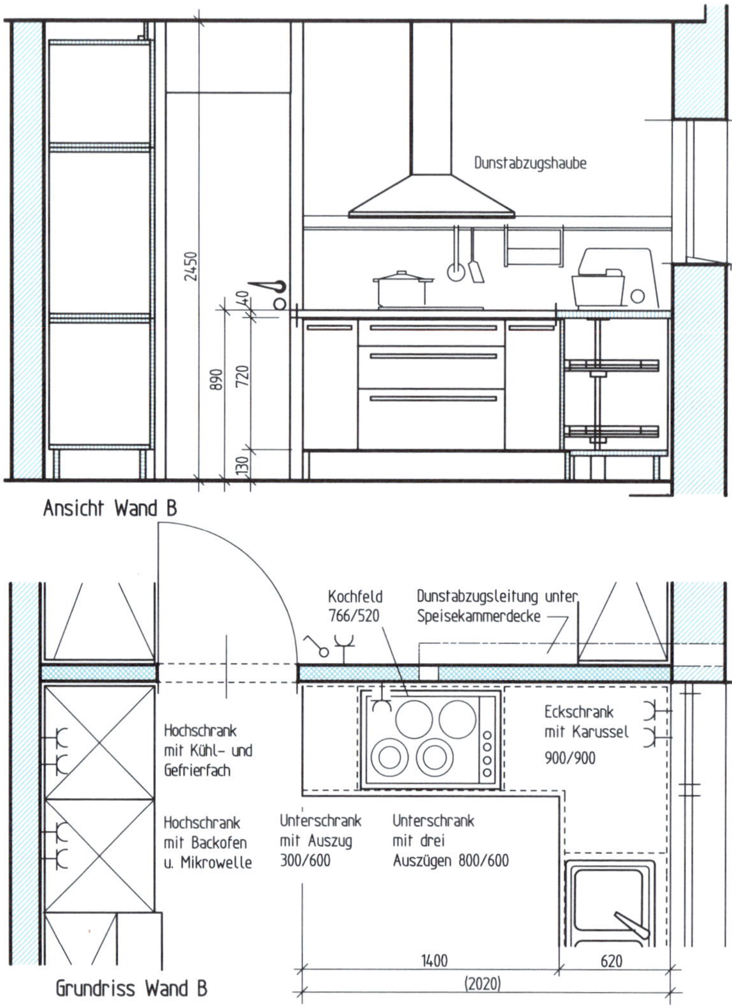

Bild 5.5–12 Beispiel einer Küchenplanung, Ansicht und Grundriss der Wand B

6 Toleranzen und Passungen

In der Serien- und Massenfertigung müssen Werkstücke, unabhängig davon, von wem, wann und wo sie hergestellt wurden, ohne Nacharbeit zusammengebaut bzw. mit anderen Werkstücken kombiniert werden können. Da es bei der Fertigung der einzelnen Teile immer zu geringfügigen Maßabweichungen kommen kann, müssen die vertretbaren Grenzen der Maßabweichungen so festgelegt werden, dass die Passgenauigkeit nicht wesentlich beeinträchtigt wird.

6.1 Grundbegriffe

Zum Tolerieren von Zeichnungen müssen vorab einige Grundbegriffe wie Abmaße, Maßtoleranz, Spiel, Größt- und Kleinstspiel und die Passungsarten geklärt werden. (Die angegebenen Normen werden zur Zeit überarbeitet.)

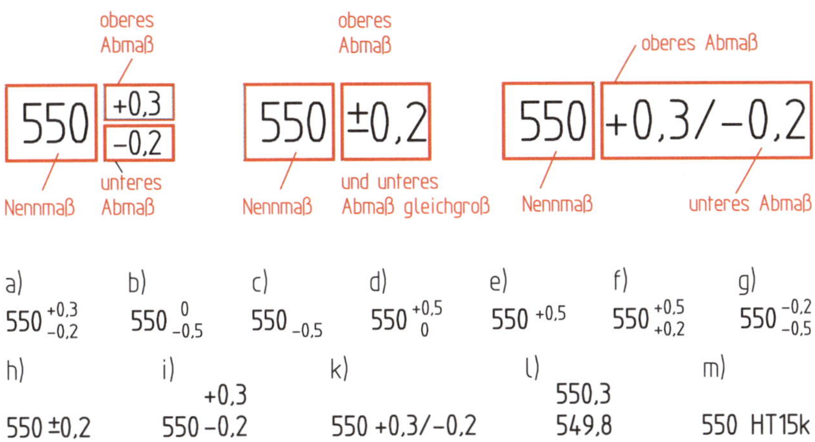

Bild 6.1–1 Maße mit Toleranzangaben. a) bis m) zeigen verschiedene Möglichkeiten.

Tabelle 6.1–1

Kurzzeichen	Begriff	Kurzzeichen	Begriff
A	Abmaß	M_{PA}	Außenpassmaß
A_i	Istabmaß	M_{PI}	Innenpassmaß
A_g	ISO-Grundmaß	M_{PP}	Paarungsmaß
A_o	Oberes Grenzabmaß	N	Nennmaß
A_u	Unteres Grenzabmaß	P	Passung
A_w	Winkelabmaß	P_M	Übergangspassung
B	Bohrung (Innenpassfläche)	P_o	Höchstpassung
C	Mittenmaß	P_S	Spielpassung
EB	Einheitsbohrung gem. ISO-Passsystem	P_T	Passtoleranz
EW	Einheitswelle gem. ISO-Passsystem	$P_Ü$	Übermaßpassung
G	Größtmaß (Grenzmaß)	P_u	Mindestpassung
G_B	Größtmaß, Bohrung	S	Spiel
G_o	Oberes Grenzmaß, Höchstmaß	S_g	Größtspiel
G_u	Unteres Grenzmaß, Mindestmaß	S_k	Kleinstspiel
G_W	Größtmaß, Welle	S_i	Istspiel
HT	Holz-Toleranzreihe	T	Maßtoleranz
I	Istmaß	T_B	Toleranz der Bohrung
I_B	Istmaß, Bohrung	T_G	Grundtoleranz
I_W	Istmaß, Welle	T_W	Toleranz der Welle
K	Kleinstmaß	U	Übermaß
K_B	Kleinstmaß, Bohrung	U_k	Kleinstübermaß
K_W	Kleinstmaß, Welle	U_g	Größtübermaß
M	Feuchtemaß	W	Welle (Außenpassfläche)
M_P	Passmaß		

6.1.1 Grundbegriffe – Toleranzen

Beim Tolerieren der Längenmaße in Zeichnungen sind im Wesentlichen die Begriffe Nennmaß, Istmaß, Abmaß, Maßtoleranz, Größtmaß und Kleinstmaß zu klären (Bild 6.1–2).

Nennmaß – Kurzzeichen *N* – ist das in der Zeichnung genannte Maß.

Das **Abmaß** – Kurzzeichen *A* – gibt die erlaubte Maßabweichung vom Nennmaß an. Man unterscheidet das **obere Grenzabmaß** – Kurzzeichen A_o –, das **untere Grenzabmaß** A_u und das **Istabmaß** – Kurzzeichen A_i.

Das obere und das untere Abmaß kann symmetrisch, aber auch asymmetrisch zum Nennmaß sein (Bild 6.1–4). Gibt es kein oberes bzw. unteres Abmaß vom Nennmaß, trägt dieses die Bezeichnung »Null«.

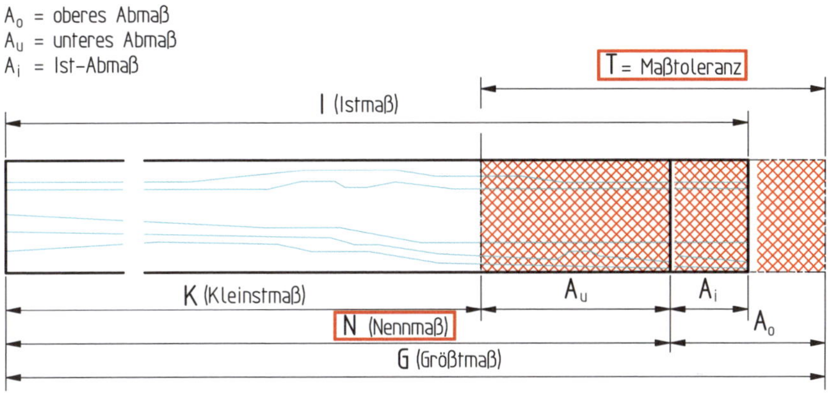

Bild 6.1–2 Längentoleranzen, Grundbegriffe

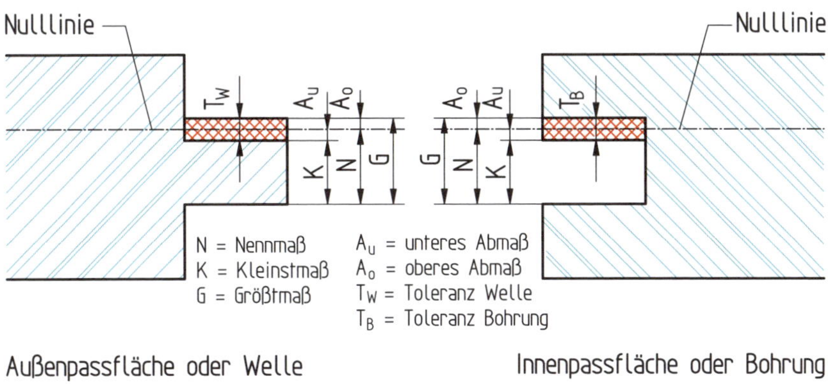

Bild 6.1–3 Toleranzen an Passungsteilen, Grundbegriffe

Das **Istabmaß** ist die algebraische Differenz zwischen dem **Istmaß**, also dem tatsächlich erreichten Maß, und dem Nennmaß.
Die Abmaße werden einen Schriftgrad kleiner hinter die Maßzahl, das Nennmaß, gesetzt. Das obere Grenzabmaß steht oben, das untere Grenzabmaß unten hinter dem Nennmaß. Die DIN 406 lässt auch eine Schreibweise der Abmaße in der gleichen Schriftgröße wie das Nennmaß zu. Das obere und das untere Grenzabmaß werden dann durch einen Schrägstrich voneinander getrennt (siehe Bild 6.1–1).
Die **Maßtoleranz** – Kurzzeichen T – ist die algebraische Differenz zwischen dem oberen und unteren Grenzabmaß bzw. die Differenz zwischen dem Größtmaß G und dem Kleinstmaß K.
Technisch gesehen ist die Toleranz der in Maßen ausgedrückte zulässige Fertigungsspielraum, den man besonders in der Fertigung von Serienteilen einräumen muss. Er lässt sich nach folgenden Formeln errechnen:

$$\boldsymbol{T = A_o - A_u} \quad \text{oder} \quad \boldsymbol{T = G - K}$$

Beispiel: Zeichnungsmaß = 550 ± 0,2 mm
$A_o = 0{,}2\,\text{mm}$, $A_u = 0{,}2\,\text{mm}$
$G = 550{,}2\,\text{mm}$, $K = 549{,}8\,\text{mm}$
$\boldsymbol{T} = A_o - A_u = 0{,}2\,\text{mm} - (-0{,}2\,\text{mm}) = 0{,}2\,\text{mm} + 0{,}2\,\text{mm} = \mathbf{0{,}4\,mm}$
oder $\boldsymbol{T} = G - K = 550{,}2\,\text{mm} - 549{,}8\,\text{mm} = \mathbf{0{,}4\,mm}$ (Bild 6.1–4)

Je kleiner die Toleranzen sind, desto höher sind auch die Fertigungskosten. Um wirtschaftlich zu fertigen, sollte man keine übertrieben genauen Maßtoleranzen fordern, sondern sie dem Zweck und der Notwendigkeit entsprechend anpassen (siehe auch Tabelle 6.4–1, Toleranzreihen).
Das **Istmaß** – Kurzzeichen I – ist das tatsächliche bei der Fertigung erreichte Maß, das durch Nachmessen festgestellt wird. Das Istmaß muss sich noch innerhalb der angegebenen Maßtoleranzen bewegen.

Beispiel: Beim Zeichnungsmaß 550 ± 0,2 sind Istmaße von einschließlich 549,8 mm bis einschließlich 550,2 mm zulässig.

Größtmaß – Kurzzeichen G – ist das obere Grenzmaß (G_o), das als Istmaß noch zulässig ist. Das Größtmaß lässt sich nach folgender Formel berechnen:

$$\boldsymbol{G = N + A_o}$$

Beispiel: Zeichnungsmaß = 550 ± 0,2 mm
$\boldsymbol{G} = N + A_o = 550\,\text{mm} + 0{,}2\,\text{mm} = \mathbf{550{,}2\,mm}$

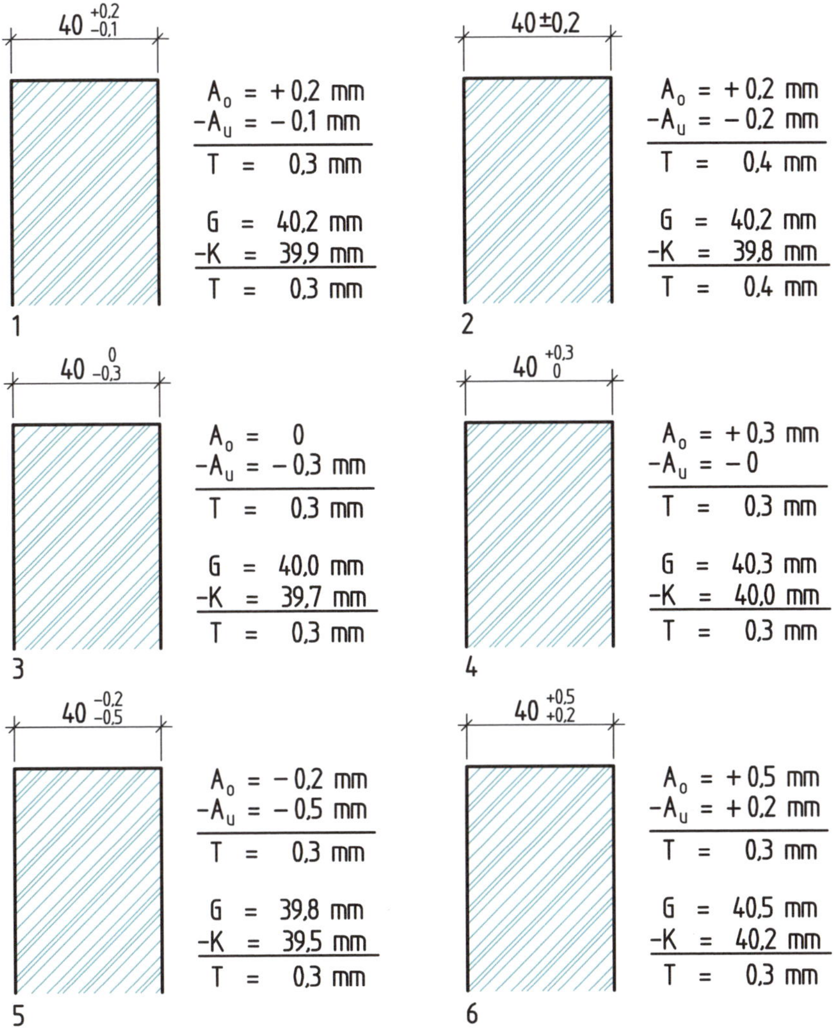

Bild 6.1–4 Möglichkeiten der Angabe von Grenzabmaßen: 1 asymmetrische Abweichung vom Nennmaß, 2 symmetrische Abweichung vom Nennmaß, 3 das obere Abmaß ist Null, 4 das untere Abmaß ist Null, 5 oberes und unteres Abmaß sind minus, 6 oberes und unteres Abmaß sind plus.

Kleinstmaß – Kurzzeichen *K* – ist das untere Grenzmaß (G_u), welches als Istmaß zulässig ist. Es lässt sich nach folgender Formel berechnen:

$$K = N + A_u$$

Beispiel: Zeichnungsmaß = 550 ± 0,2 mm

$\boldsymbol{K} = N + A_U$ = 550 mm + (– 0,2 mm) = **549,8 mm**

Größtmaß (550,2 mm) und Kleinstmaß (549,8 mm) sind die **Grenzmaße**, zwischen denen die Istmaße liegen können.

Passmaße sind Nennmaße, die mit Abmaßen versehen sind, zum Beispiel 550 ± 0,2.

6.1.2 Grundbegriffe – Passungen

Werkstücke müssen sehr oft mit anderen zusammengefügt werden. Darum sind die Maße der zusammengehörigen Teile aufeinander abzustimmen. Die Maßbeziehungen solcher zu paarender Teile nennt man Passungen. Bei Passungen sind jeweils die Innenpassfläche, aus dem Metallbereich hergeleitet auch Bohrung genannt, und die Außenpassfläche, Welle genannt, zu unterscheiden (siehe auch Abschnitt 6.3).

Die **Welle** – Kurzzeichen *W* – ist die Außenpassfläche einer Passung, in der Holzverarbeitung zum Beispiel der Zapfen, der in das Zapfenloch passen muss.

Die **Bohrung** – Kurzzeichen *B* – ist die Innenpassfläche einer Passung, welche das Innenteil aufnehmen muss, in der Holzverarbeitung zum Beispiel das Zapfenloch, das zum Zapfen passen muss (Bild 6.1–3).

Spiel – Kurzzeichen *S* – ist die »Luft«, die Passungsteile haben müssen, wenn sie aufeinander bewegt werden sollen. Durch das Tolerieren der einzelnen Passungsteile ergibt sich für die zusammengefügte Passung ein Größtspiel und ein Kleinstspiel.

Das **Größtspiel** – Kurzzeichen S_g – entsteht, wenn in eine Bohrung mit Größtmaß eine Welle mit Kleinstmaß gefügt wird. Mathematisch ist es die Differenz zwischen dem Größtmaß der Bohrung und dem Kleinstmaß der Welle.

$$\boldsymbol{S_g = G_B - K_W}$$

Das **Kleinstspiel** – Kurzzeichen S_k – entsteht, wenn in eine Bohrung mit Kleinstmaß eine Welle mit Größtmaß gefügt wird. Das Kleinstspiel ist das geringste Spiel der Passungsteile. Mathematisch ist es die Differenz zwischen dem Kleinstmaß der Bohrung und dem Größtmaß der Welle (siehe Bild 6.3–1).

$$\boldsymbol{S_K = K_B - G_W}$$

Das **Istspiel** – Kurzzeichen S_i – ist die Differenz der Istmaße von Bohrung und Welle.

$$\boldsymbol{S_i = I_B - I_W}$$

Das **Übermaß** – Kurzzeichen *U* – kann als Gegenteil vom Spiel angesehen werden. Hier ergibt sich ein größeres Maß für die Welle und ein kleineres Maß für die Bohrung, so dass die Werkstücke stramm aufeinandersitzen. Durch die Toleranzen der Passungsteile ergibt

sich ein Größtübermaß und ein Kleinstübermaß. Passungsteile, die beim Bemaßen und Tolerieren ein Übermaß ausweisen, ergeben in der Regel eine Übermaßpassung (siehe Abschnitt 6.3).
Das **Größtübermaß** – Kurzzeichen U_g – entsteht, wenn eine Welle mit Größtmaß in eine Bohrung mit Kleinstmaß gefügt wird, ohne dass ein Spiel entsteht.

$$\boldsymbol{U_g = G_W - K_B}$$

Das **Kleinstübermaß** – Kurzzeichen U_K – entsteht, wenn bei Passungen eine Welle mit Kleinstmaß mit einer Bohrung mit Größtmaß gepaart werden, so dass ein kleines Übermaß bestehen bleibt (siehe Bild 6.3–1).

$$\boldsymbol{U_K = K_W - G_B}$$

Das **Istübermaß** – Kurzzeichen U_i – ist die Differenz der Istmaße von Welle und Bohrung, so dass bei der Passung ein Übermaß entsteht.
Das **Feuchtemaß** – Kurzzeichen M – ist bei Werkstücken aus Holz und Holzwerkstoffen zu berücksichtigen. Es ist die Maßveränderung, die durch Quellen oder Schwinden aufgrund von Feuchtigkeitseinwirkung entsteht. Die angegebenen Toleranzen können bei Werkstücken aus Holz und Holzwerkstoffen nur dann eingehalten werden, wenn sich diese in Räumen mit gleichbleibenden klimatischen Verhältnissen befinden.
Durch eine Veränderung der relativen Luftfeuchtigkeit am Verwendungsort sind die Quell- und Schwindmaße des Holzes bzw. der Holzwerkstoffe zusätzlich zu berücksichtigen. Diese Maßveränderungen lassen sich annähernd rechnerisch ermitteln. Sie werden mit dem Feuchtemaß M bezeichnet und sind nicht mit den Toleranzen beim Bemaßen der Werkstücke zu verwechseln (siehe Abschnitt 6.4.1).

6.2 Toleranzangaben in Zeichnungen

Die Toleranzen sind in den Zeichnungen für die Holzverarbeitung wie die Maße in Millimetern anzugeben. Die Abmaße werden hinter das Nennmaß gesetzt. Das obere Abmaß ist höher und das untere Abmaß tiefer als die Maßzahl zu schreiben. Dabei werden die Abmaße mit Vorzeichen versehen (Bild 6.1–1). Liegt das obere Abmaß über dem Nennmaß, erhält dieses ein Plus, liegt das untere Abmaß unter dem Nennmaß, erhält dieses ein Minus. Ist ein Abmaß Null, erhält dieses kein Vorzeichen. Auf die Null kann verzichtet werden, wenn die Toleranzangabe unmissverständlich ist. Bei symmetrischen Abmaßen vom Nennmaß kann das Abmaß mit den Vorzeichen Plus/Minus versehen werden. Sind beide Abmaße kleiner als das Nennmaß, erhalten die Abmaße jeweils ein Minus-, sind beide Abmaße größer als das Nennmaß, je ein Pluszeichen (Bild 6.1–4). Gemäß DIN 406

können das Nennmaß und die Abmaße auch in einer Schriftgröße geschrieben werden. Die Abmaße sind dann durch einen Schrägstrich zu trennen (Bild 6.1–1).
Für Maßzahlen ohne Toleranzangaben kann neben oder in dem Schriftfeld ein allgemeiner Hinweis auf die zulässigen Abweichungen erfolgen.

6.3 Passungsarten und Passungssysteme

Passungen geben an, wie stramm oder locker zwei ineinander gefügte Teile passen. Je nach Verwendungszweck können diese Passungen ein mehr oder weniger großes Spiel oder Übermaß aufweisen. Danach sind drei Passungsarten (Bild 6.3–1 und Bild 6.3–2) zu unterscheiden: Spielpassung (P_S), Übergangspassung (P_M) und Übermaßpassung ($P_Ü$).

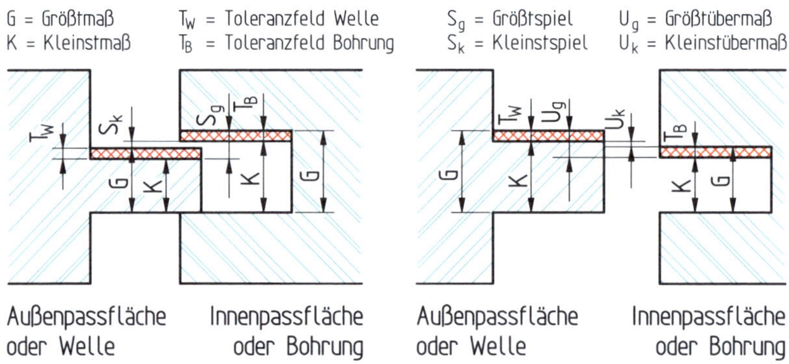

Bild 6.3–1 Darstellung einer Spielpassung (links) und einer Übermaßpassung (rechts), Grundbegriffe

Bei **Spielpassungen** (P_S) weisen die Passungsteile nach dem Zusammenfügen immer ein Spiel auf. In der Praxis wird für Spiel häufig der Ausdruck »Luft« verwendet. Ein Spiel muss garantiert sein, damit sich die Teile, wie zum Beispiel bei Schubkastenführungen, gegeneinander verschieben lassen (Bild 6.4–3).
Bei **Übergangspassungen** (P_M) können die Passungsteile je nach Größe ihrer tolerierten Istmaße ein geringes Spiel, auch ein geringes Übermaß aufweisen. Übergangspassungen kommen zum Beispiel bei Schlitz- und Zapfenverbindungen oder Dübelungen vor (Bild 6.4–5).
Bei **Übermaßpassungen** ($P_Ü$) weisen die zusammengefügten Teile immer ein Übermaß auf. In der Holzverarbeitung kommen solche Presspassungen sehr selten vor. Beispiele sind etwa Verkeilungen und Verbindungen im Stuhlbau: Stuhlbeine werden mitunter stark heruntergetrocknet, um sie in die Bohrung einfügen zu können. Bei Aufnahme von Feuchtigkeit im Gebrauchsklima quellen sie auf und führen dann zur Übermaßpassung (Pressanpassung).

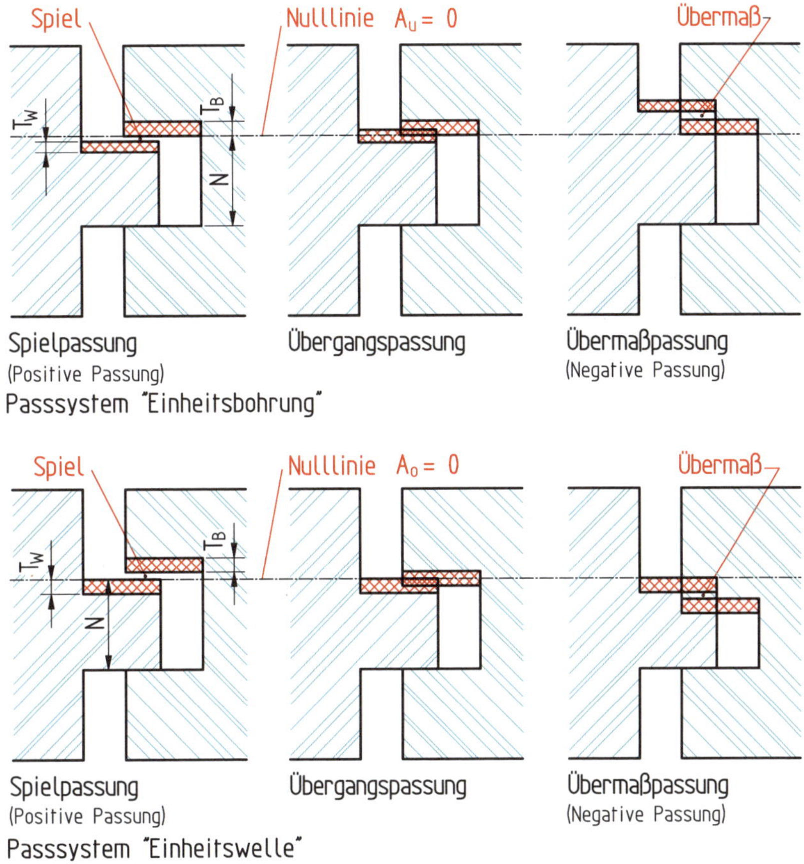

Bild 6.3–2 Passungsarten und Passungssysteme

Für die Tolerierung von Passungen wendet man in der Regel **Passsysteme** an, bei denen sich Spiel und Übermaße systematisch abstufen. Im Wesentlichen sind das System Einheitswelle und das System Einheitsbohrung zu unterscheiden (Bild 6.3–2).

Beim **System Einheitswelle** ist das Größtmaß jedes Innenteiles gleich dem Nennmaß, es liegt also der Nulllinie an (Bild 6.3–2). Das Kleinstmaß beim System Einheitswelle ist gleich dem Nennmaß minus Toleranzfeld. Daher gibt es hier nur ein Abmaß nach unten. Das Abmaß nach oben ist beim System Einheitswelle Null. Beispiele sind Zapfen, Laufleiste, Federdicke, Dübeldicke.

Beim **System Einheitsbohrung** ist das Kleinstmaß jedes Außenteils gleich dem Nennmaß, es liegt der Nulllinie an (Bild 6.3–2). Das Größtmaß des Außenteiles ist gleich dem Nennmaß plus Toleranzfeld, das heißt, es gibt hier nur ein Abmaß nach oben. Das Abmaß nach unten ist beim System Einheitsbohrung Null. Beispiele sind Schlitz, Nut, Bohrung.

6.4 Maßtoleranzen in der Holzbearbeitung und Holzverarbeitung

Die Toleranzsysteme sowie die Anwendung der Toleranzen für Längen- und Winkelmaße in der Holzbearbeitung und Holzverarbeitung werden in der DIN68100 und in der DIN68101* beschrieben und festgelegt. Somit kann eine Tolerierung der Maße nicht nur frei (Bild 6.4–2), sondern auch nach dieser DIN angegeben werden (Bild 6.4–1 und 3). Die Größe der Toleranzfelder ist abhängig von der gewünschten Maßgenauigkeit sowie von der Größe des Werkstückes. Feine Arbeiten und kleine Werkstücke erfordern kleine Toleranzfelder, grobe Arbeiten und große Werkstücke erlauben große Toleranzfelder.

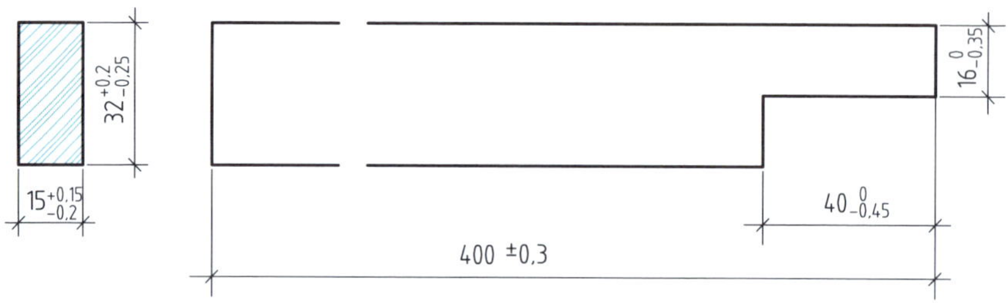

Bild 6.4–1 Toleranzen nach HT 25

Die Genauigkeit der Grundtoleranzen T_G kann nach DIN68100 in elf Stufen, den Holz-Toleranzreihen (HT), eingeteilt werden. Die für den Möbel- und Innenausbau wichtigsten Toleranzreihen sind:*

HT 6: Für den Messlehrenbau.

HT 10: Für die Fertigung von Werkstücken mit hoher Genauigkeit.

HT 15: Für die Fertigung von Werkstücken, die austauschbar und kombinierbar sein müssen.

HT 25: Für die Fertigung einfacher Möbelteile, wenn keine Ansprüche an die Austauschbarkeit der Teile gestellt werden.

HT 40: Für die Fertigung von Werkstücken, deren Maße für das Zusammenfügen mit anderen Bauteilen ohne Belang sind, wie Breite und Länge von Tischplatten oder die Breite von Einlegeböden.

HT 60: Für Rohteile oder Zuschnitte von Holzwerkstoffen mit geringer Genauigkeit.

HT 100: Für grob bearbeitete Werkstücke, wie Sägewerksteile, deren oberes Abmaß durch nachfolgende Bearbeitung verringert werden kann.

* DIN68100 und 68101 werden zur Zeit überarbeitet

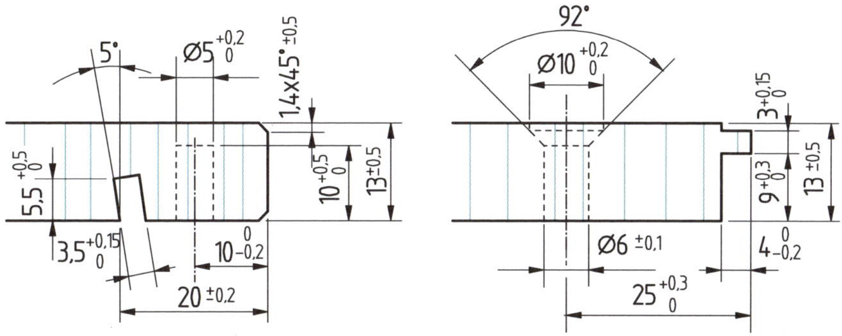

Bild 6.4–2 Bemaßungsbeispiel von konstruktiven Einzelheiten mit frei gewählten Toleranzen

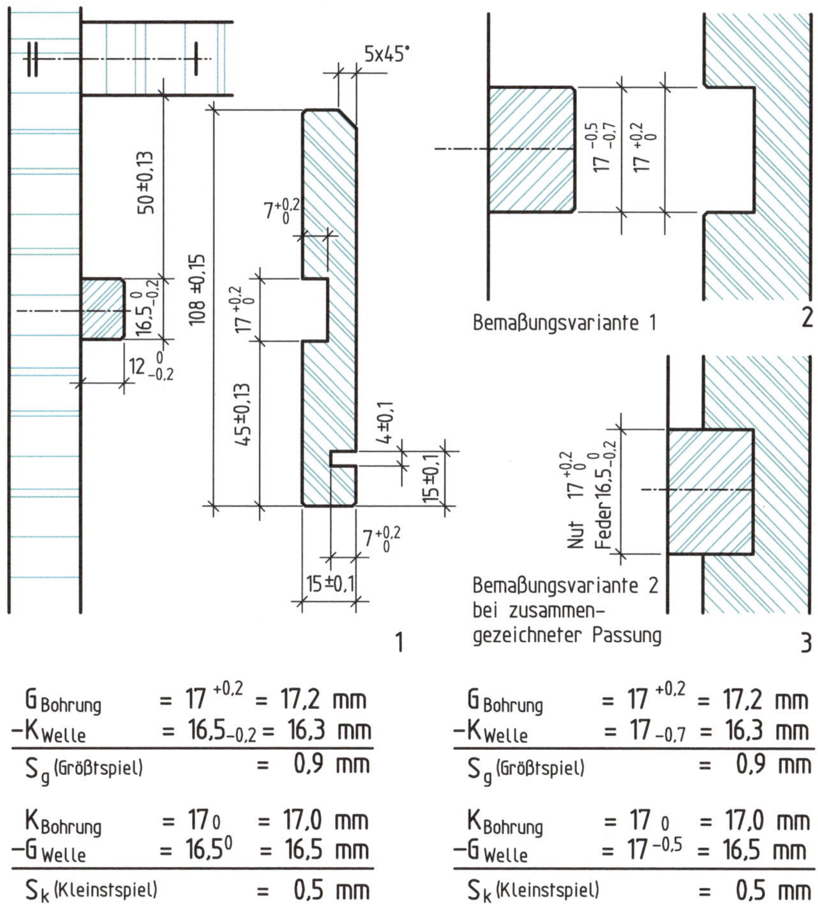

Bild 6.4–3 Bemaßungsbeispiel einer Passung, System Einheitsnut (Innenpassfläche) nach HT 15 (zweite Stelle nach dem Komma gerundet)

Die Abmessungen sind in verschiedene **Nennmaßbereiche** gestaffelt. Die Tabelle 6.4–1 gibt die Grundtoleranzen für die unterschiedlichen Genauigkeiten und Nennmaßbereiche an. Sie sind dem Zweck entsprechend und nach dem Grundsatz der wirtschaftlichsten Herstellung anzuwenden.

Tabelle 6.4–1:

Nennmaßbereiche in mm		Grundtoleranzen in mm in den Holztoleranzeinheiten HT nach DIN 68100 (Auszug)					
von	bis	HT 10	HT 15	HT 25	HT 40	HT 60	HT 100
1	3	0,10	0,15	0,25	0,40	0,60	–
3	10	0,12	0,18	0,30	0,50	0,70	1,4
10	30	0,14	0,21	0,35	0,55	0,85	1,4
30	100	0,17	0,26	0,45	0,70	1,05	2,0
100	250	0,20	0,31	0,50	0,80	1,25	2,0
250	500	0,24	0,36	0,60	0,95	1,45	2,4
500	1000	0,28	0,42	0,70	1,15	1,70	2,8
1000	2500	0,36	0,54	0,90	1,45	2,15	3,6

Größe und Lage der Toleranzfelder bei Passungen können nach den Grundmaßtabellen, DIN 68101, bestimmt werden. Die Grundmaße sind für Außenpassflächen (Welle) und Innenpassflächen (Bohrung) gesondert aufgelistet (Auszug siehe Tabelle 6.4–2 und 6.4–3). Die Toleranzfelder für die Abmaße der Innenmaße erhalten Großbuchstaben, die der Außenmaße Kleinbuchstaben. Das Bohrungs-Toleranzfeld groß »K« berührt die Nulllinie von oben und das Wellen-Toleranzfeld klein »k« von unten. Die anderen Toleranzfelder liegen um so viel weiter von der Nulllinie entfernt, wie der Buchstabe im Alphabet von »K« oder »k« entfernt liegt. Eine Bohrung bzw. ein Innenmaß mit dem Toleranzfeld »K«, gepaart mit einer Welle bzw. einem Außenmaß mit dem Toleranzfeld von »a« bis »k«, ergibt eine Spielpassung, von »m« bis «n« im Allgemeinen eine Übergangspassung, von »p« bis »z« eine Presspassung. Die Paarung des Innenmaß-Toleranzfeldes »K« mit dem Außenfeld-Toleranzfeld »k« stellt einen Grenzfall dar, der nach DIN noch bei der Spielpassung eingestuft wird. Wenn aber im Extremfall bei der Bohrung das Abmaß nach unten, also das Kleinstmaß, und bei der Welle das Abmaß nach oben, also das Größtmaß, erreicht wird, ist das Spiel »Null«.
Die Grundabmaße sind für die verschiedenen Toleranzfelder und für die unterschiedlichen Nennmaßbereiche getrennt nach Außenmaßen und Innenmaßen in der DIN 68101 festgelegt worden. Das Tolerieren von Passungen unter Verwendung von Toleranzfeldern und Kennzeichnung durch Buchstaben ist in der Metallindustrie schon lange üblich. In der Holzindustrie wird häufig frei toleriert (Beispiele siehe Bild 6.4–5).

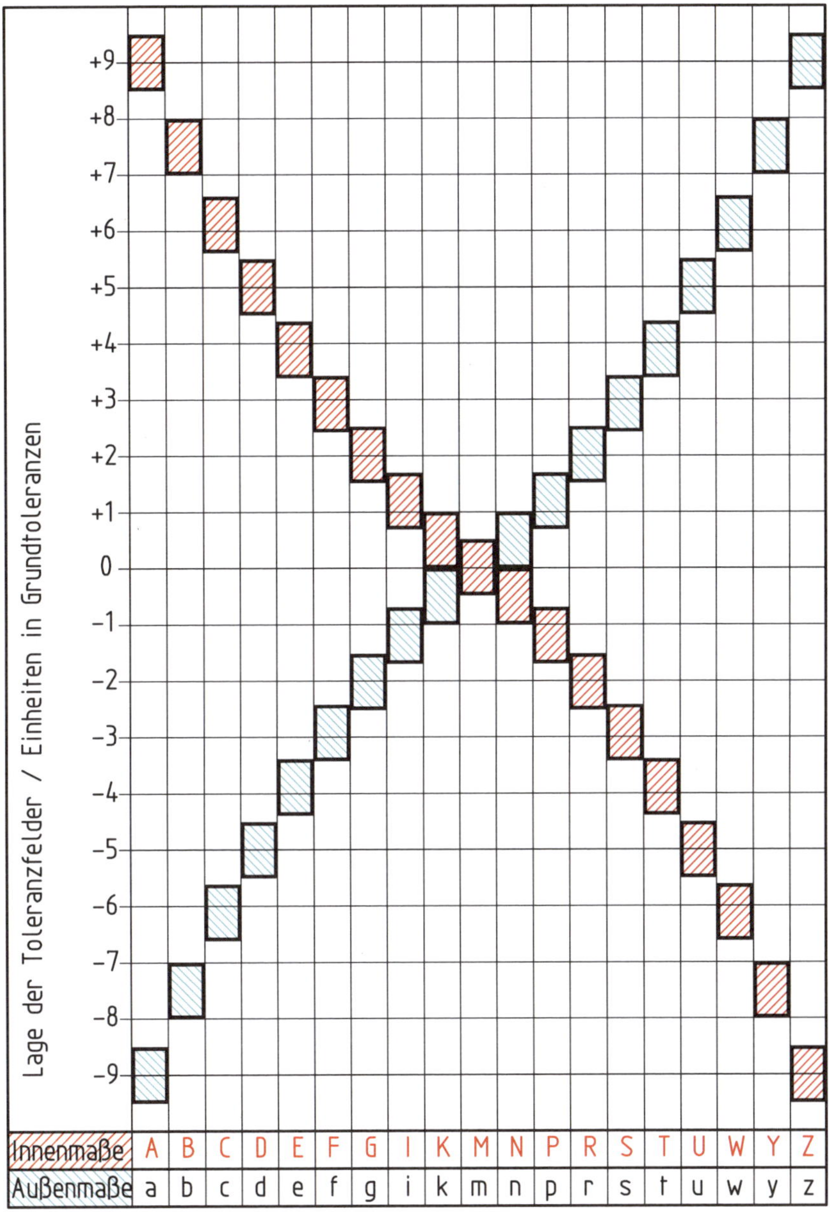

Bild 6.4–4 Lage der Toleranzfelder in schematischer Darstellung

Toleranzfelder	Grundabmaße in mm für Außenmaße der verschiedenen Nennmaßbereiche von													
	3 bis 10 mm		10 bis 30 mm		30 bis 100 mm		100 bis 250 mm		250 bis 500 mm		500 bis 1000 mm		1000 bis 1500 mm	
	HT 15	HT 25	HT 15	HT 25	HT 15	HT 25	HT 15	HT 25	HT 15	HT 25	HT 15	HT 25	HT 15	HT 25
a	– 1,53 – 1,71	– 2,55 – 2,85	– 1,78 – 1,99	– 3,00 – 3,35	– 2,21 – 2,47	– 3,80 – 4,25	– 2,63 – 2,94	– 4,25 – 4,75	– 3,06 – 3,42	– 5,10 – 5,70	– 3,57 – 3,99	– 5,95 – 6,65	– 4,59 – 5,13	– 7,65 – 8,55
b	– 1,26 – 1,44	– 2,10 – 2,40	– 1,47 – 1,68	– 2,45 – 2,80	– 1,82 – 2,08	– 3,15 – 3,60	– 2,17 – 2,48	– 3,50 – 4,00	– 2,52 – 2,88	– 4,20 – 4,80	– 2,94 – 3,36	– 4,90 – 5,60	– 3,78 – 4,32	– 6,30 – 7,20
c	– 1,03 – 1,21	– 1,70 – 2,00	– 1,20 – 1,41	– 2,00 – 2,35	– 1,48 – 1,74	– 2,55 – 3,00	– 1,77 – 2,08	– 2,85 – 3,35	– 2,05 – 2,41	– 3,40 – 4,00	– 2,39 – 2,81	– 4,00 – 4,70	– 3,08 – 3,62	– 5,15 – 6,05
d	– 0,81 – 0,99	– 1,35 – 1,65	– 0,94 – 1,15	– 1,60 – 1,95	– 1,17 – 1,43	– 2,05 – 2,50	– 1,40 – 1,71	– 2,25 – 2,75	– 1,62 – 1,98	– 2,70 – 3,30	– 1,89 – 2,31	– 3,15 – 3,85	– 2,34 – 2,97	– 4,05 – 4,95
e	– 0,61 – 0,79	– 1,00 – 1,30	– 0,71 – 0,92	– 1,20 – 1,55	– 0,88 – 1,14	– 1,55 – 2,00	– 1,05 – 1,36	– 1,70 – 2,20	– 1,22 – 1,58	– 2,05 – 2,65	– 1,43 – 1,85	– 2,40 – 3,10	– 1,84 – 2,38	– 3,05 – 3,95
f	– 0,43 – 0,61	– 0,70 – 1,00	– 0,50 – 0,71	– 0,85 – 1,20	– 0,62 – 0,88	– 1,10 – 1,55	– 0,74 – 1,05	– 1,20 – 1,70	– 0,86 – 1,22	– 1,45 – 2,05	– 1,01 – 1,43	– 1,70 – 2,40	– 1,30 – 1,84	– 2,15 – 3,05
g	– 0,27 – 0,45	– 0,45 – 0,75	– 0,31 – 0,52	– 0,55 – 0,90	– 0,39 – 0,65	– 0,70 – 1,15	– 0,47 – 0,78	– 0,75 – 1,25	– 0,54 – 0,90	– 0,90 – 1,50	– 0,63 – 1,05	– 1,05 – 1,75	– 0,81 – 1,35	– 1,35 – 2,25
i	– 0,13 – 0,31	– 0,20 – 0,50	– 0,15 – 0,36	– 0,25 – 0,60	– 0,18 – 0,44	– 0,30 – 0,75	– 0,22 – 0,53	– 0,35 – 0,85	– 0,25 – 0,61	– 0,40 – 1,00	– 0,29 – 0,71	– 0,50 – 1,20	– 0,38 – 0,92	– 0,65 – 1,55
k	0,00 – 0,18	0,00 – 0,30	0,00 – 0,21	0,00 – 0,35	0,00 – 0,26	0,00 – 0,45	0,00 – 0,31	0,00 – 0,50	0,00 – 0,36	0,00 – 0,60	0,00 – 0,42	0,00 – 0,70	0,00 – 0,54	0,00 – 0,90
m	+ 0,09 – 0,09	+ 0,15 – 0,15	+ 0,11 – 0,11	+ 0,18 – 0,18	+ 0,13 – 0,13	+ 0,23 – 0,23	+ 0,16 – 0,16	+ 0,25 – 0,25	+ 0,18 – 0,18	+ 0,30 – 0,30	+ 0,21 – 0,21	+ 0,35 – 0,35	+ 0,27 – 0,27	+ 0,45 – 0,45
n	+ 0,18 0,00	+ 0,30 0,00	+ 0,21 0,00	+ 0,35 0,00	+ 0,26 0,00	+ 0,45 0,00	+ 0,31 0,00	+ 0,50 0,00	+ 0,36 0,00	+ 0,60 0,00	+ 0,42 0,00	+ 0,70 0,00	+ 0,54 0,00	+ 0,90 0,00
p	+ 0,31 + 0,13	+ 0,50 + 0,20	+ 0,36 + 0,15	+ 0,60 + 0,25	+ 0,44 + 0,18	+ 0,75 + 0,30	+ 0,53 + 0,22	+ 0,85 + 0,35	+ 0,61 + 0,25	+ 1,00 + 0,40	+ 0,71 + 0,29	+ 1,20 + 0,50	+ 0,92 + 0,38	+ 1,55 + 0,65
r	+ 0,45 + 0,27	+ 0,75 + 0,45	+ 0,52 + 0,31	+ 0,90 + 0,55	+ 0,65 + 0,39	+ 1,15 + 0,70	+ 0,78 + 0,47	+ 1,25 + 0,75	+ 0,90 + 0,54	+ 1,50 + 0,90	+ 1,05 + 0,63	+ 1,75 + 1,05	+ 1,35 + 0,81	+ 2,25 + 1,35
s	+ 0,61 + 0,43	+ 1,00 + 0,70	+ 0,71 + 0,50	+ 1,20 + 0,85	+ 0,88 + 0,62	+ 1,55 + 1,10	+ 1,05 + 0,74	+ 1,70 + 1,20	+ 1,22 + 0,86	+ 2,05 + 1,45	+ 1,43 + 1,01	+ 2,40 + 1,70	+ 1,84 + 1,30	+ 3,05 + 2,15
t	+ 0,79 + 0,61	+ 1,30 + 1,00	+ 0,92 + 0,71	+ 1,55 + 1,20	+ 1,14 + 0,88	+ 2,00 + 1,55	+ 1,35 + 1,05	+ 2,20 + 1,70	+ 1,58 + 1,22	+ 2,65 + 2,05	+ 1,85 + 1,43	+ 3,10 + 2,40	+ 2,38 + 1,84	+ 3,95 + 3,05
u	+ 0,99 + 0,81	+ 1,65 + 1,35	+ 1,15 + 0,94	+ 1,95 + 1,60	+ 1,43 + 1,17	+ 2,50 + 2,05	+ 1,71 + 1,40	+ 2,75 + 2,25	+ 1,98 + 1,62	+ 3,30 + 2,70	+ 2,31 + 1,89	+ 3,85 + 3,15	+ 2,97 + 2,43	+ 4,95 + 4,05
w	+ 1,21 + 1,03	+ 2,00 + 1,70	+ 1,41 + 1,20	+ 2,35 + 2,00	+ 1,74 + 1,48	+ 3,00 + 2,55	+ 2,08 + 1,77	+ 3,35 + 2,85	+ 2,41 + 2,05	+ 4,00 + 3,40	+ 2,81 + 2,39	+ 4,70 + 4,00	+ 3,62 + 3,08	+ 6,05 + 5,15
y	+ 1,44 + 1,26	+ 2,40 + 2,10	+ 1,68 + 1,47	+ 2,80 + 2,45	+ 2,08 + 1,82	+ 3,60 + 3,15	+ 2,48 + 2,17	+ 4,00 + 3,50	+ 2,88 + 2,52	+ 4,80 + 4,20	+ 3,36 + 2,94	+ 5,60 + 4,90	+ 4,32 + 3,78	+ 7,20 + 6,30
z	+ 1,71 + 1,53	+ 2,85 + 2,55	+ 1,99 + 1,78	+ 3,35 + 3,00	+ 2,47 + 2,21	+ 4,25 + 3,80	+ 2,94 + 2,63	+ 4,75 + 4,25	+ 3,42 + 3,06	+ 5,70 + 5,10	+ 3,99 + 3,57	+ 6,65 + 5,95	+ 5,13 + 4,59	+ 8,55 + 7,65

Tabelle 6.4–2 Grundabmaße für Außenmaße nach DIN 68101

Toleranzfelder	Grundabmaße in mm für Innenmaße der verschiedenen Nennmaßbereiche von													
	3 bis 10 mm		10 bis 30 mm		30 bis 100 mm		100 bis 250 mm		250 bis 500 mm		500 bis 1000 mm		1000 bis 1500 mm	
	HT 15	HT 25	HT 15	HT 25	HT 15	HT 25	HT 15	HT 25	HT 15	HT 25	HT 15	HT 25	HT 15	HT 25
A	+ 1,71 + 1,53	+ 2,85 + 2,55	+ 1,99 + 1,78	+ 3,35 + 3,00	+ 2,47 + 2,21	+ 4,25 + 3,80	+ 2,94 + 2,63	+ 4,75 + 4,25	+ 3,42 + 3,06	+ 5,70 + 5,10	+ 3,99 + 3,57	+ 6,65 + 5,95	+ 5,13 + 4,59	+ 8,55 + 7,65
B	+ 1,44 + 1,26	+ 2,40 + 2,10	+ 1,68 + 1,47	+ 2,80 + 2,45	+ 2,08 + 1,82	+ 3,60 + 3,15	+ 2,48 + 2,17	+ 4,00 + 3,50	+ 2,88 + 2,52	+ 4,80 + 4,20	+ 3,36 + 2,94	+ 5,60 + 4,90	+ 4,32 + 3,78	+ 7,20 + 6,30
C	+ 1,21 + 1,03	+ 2,00 + 1,70	+ 1,41 + 1,20	+ 2,35 + 2,00	+ 1,74 + 1,48	+ 3,00 + 2,55	+ 2,08 + 1,77	+ 3,35 +2,85	+ 2,41 + 2,05	+ 4,00 + 3,40	+ 2,81 + 2,39	+ 4,70 + 4,00	+ 3,62 + 3,08	+ 6,05 + 5,15
D	+ 0,99 + 0,81	+ 1,65 + 1,35	+ 1,15 + 0,94	+ 1,95 + 1,60	+ 1,43 + 1,17	+ 2,50 + 2,05	+ 1,71 + 1,40	+ 2,75 + 2,25	+ 1,98 + 1,62	+ 3,30 + 2,70	+ 2,31 + 1,89	+ 3,85 + 3,15	+ 2,97 + 2,43	+ 4,95 + 4,05
E	+ 0,79 + 0,61	+ 1,30 + 1,00	+ 0,92 + 0,71	+ 1,55 + 1,20	+ 1,14 + 0,88	+ 2,00 + 1,55	+ 1,36 + 1,05	+ 2,20 + 1,70	+ 1,58 + 1,22	+ 2,65 + 2,05	+ 1,85 + 1,43	+ 3,10 + 2,40	+ 2,38 + 1,84	+ 3,95 + 3,05
F	+ 0,61 + 0,43	+ 1,00 + 0,70	+ 0,71 + 0,50	+ 1,20 + 0,85	+ 0,88 + 0,62	+ 1,55 + 1,10	+ 1,05 + 0,74	+ 1,70 + 1,20	+ 1,22 + 0,86	+ 2,05 + 1,45	+ 1,43 + 1,01	+ 2,40 + 1,70	+ 1,84 + 1,30	+ 3,05 + 2,15
G	+ 0,45 + 0,27	+ 0,75 + 0,45	+ 0,52 + 0,31	+ 0,90 + 0,55	+ 0,65 + 0,39	+ 1,15 + 0,70	+ 0,78 + 0,47	+ 1,25 + 0,75	+ 0,90 + 0,54	+ 1,50 + 0,90	+ 1,05 + 0,63	+ 1,75 + 1,05	+ 1,35 + 0,81	+ 2,25 + 1,35
I	+ 0,31 + 0,13	+ 0,50 + 0,20	+ 0.36 + 0,15	+ 0,60 + 0,25	+ 0,44 + 0,18	+ 0,75 + 0,30	+ 0,53 + 0,22	+ 0,85 + 0,35	+ 0,61 + 0,25	+ 1,00 + 0,40	+ 0,71 + 0,29	+ 1,20 + 0,50	+ 0,92 + 0,38	+ 1,55 + 0,65
K	+ 0,18 0,00	+ 0,30 0,00	+ 0.21 0,00	+ 0,35 0,00	+ 0,26 0,00	+ 0,45 0,00	+ 0,31 0,00	+ 0,50 0,00	+ 0,36 0,00	+ 0,60 0,00	+ 0,42 0,00	+ 0,70 0,00	+ 0,54 0,00	+ 0,90 0,00
M	+ 0,09 − 0,09	+ 0,15 − 0,15	+ 0,11 − 0,11	+ 0,18 − 0,18	+ 0,13 − 0,13	+ 0,23 − 0,23	+ 0,16 − 0,16	+ 0,25 − 0,25	+ 0.18 − 0,18	+ 0,30 − 0,30	+ 0,21 − 0,21	+ 0,35 − 0,35	+ 0,27 − 0,27	+ 0,45 − 0,45
N	0,00 − 0,18	0,00 − 0,30	0,00 − 0,21	0,00 − 0,35	0,00 − 0,26	0,00 − 0,45	0,00 − 0,31	0,00 − 0,50	0,00 − 0,36	0,00 − 0,60	0,00 − 0,42	0,00 − 0,70	0,00 − 0,54	0,00 − 0,90
P	− 0,13 − 0,31	− 0,20 − 0,50	− 0,15 − 0,36	− 0,25 − 0,60	− 0,18 − 0,44	− 0,30 − 0,25	− 0,22 − 0,53	− 0,35 − 0,85	− 0,25 − 0,61	− 0,40 − 1,00	− 0,29 − 0,71	− 0,50 − 1,20	− 0,38 − 0,92	− 0,65 − 1,55
R	− 0,27 − 0,45	− 0,45 − 0,75	− 0,31 − 0,52	− 0,55 − 0,90	− 0,39 − 0,65	− 0,70 − 1,15	− 0,47 − 0,78	− 1,75 − 0,25	− 0,54 − 0,90	− 0,90 − 1,50	− 0,63 − 1,05	− 1,05 − 1,75	− 0,81 − 1,35	− 1,35 − 2,25
S	− 0,43 − 0,61	− 0,70 − 1,00	− 0,50 − 0,71	− 0,85 − 1,20	− 0.62 − 0,88	− 1,10 − 1,55	− 0,74 − 1,05	− 1,20 − 1,70	− 0,86 − 1,22	− 1,45 − 2,05	− 1,01 − 1,43	− 1,70 − 2,40	− 1,30 − 1,84	− 2,15 − 3,05
T	− 0,61 − 0,79	− 1,00 − 1,30	− 0,71 − 0,92	− 1,20 − 1,55	− 0,88 − 1,14	− 1,55 − 2,00	− 1,05 − 1,35	− 1,70 − 2,20	− 1,22 − 1,58	− 2,05 − 2,65	− 1,43 − 1,85	− 2,40 − 3,10	− 1,84 − 2,38	− 3,05 − 3,95
U	− 0,81 − 0,99	− 1,35 − 1,65	− 0,94 − 1,15	− 1,60 − 1,95	− 1.17 − 1,43	− 2,05 − 2,50	− 1,40 − 1,71	− 2.25 − 2,75	− 1,62 − 1,98	− 2,70 − 3,30	− 1,89 − 2,31	− 3,15 − 3,85	− 2,43 − 2,97	− 4,05 − 4,95
W	− 1,03 − 1,21	− 1,70 − 2,00	− 1,20 − 1,41	− 2,00 − 2,35	− 1,48 − 1,74	− 2,55 − 3,00	− 1,77 − 2,08	− 2,85 − 3,35	− 2.05 − 2,41	− 3,40 − 4,00	− 2,39 − 2,81	− 4,00 − 4,70	− 3,08 − 3,62	− 5,15 − 6,05
Y	− 1,26 − 1,44	− 2,10 − 2,40	− 1,47 − 1,68	− 2,45 − 2,80	− 1,82 − 2,08	− 3,15 − 3,60	− 2,17 − 2,48	− 3,50 − 4,00	− 2,52 − 2,88	− 4,20 − 4,80	− 2,94 − 3,36	− 4,90 − 5,60	− 3,78 − 4,32	− 6,30 − 7,20
Z	− 1,53 − 1,71	− 2,55 − 2,85	− 1,78 − 1,99	− 3,00 − 3,35	− 2,21 − 2,47	− 3,80 − 4,25	− 2,63 − 2,94	− 4,25 − 4,75	− 3,06 − 3,42	− 5,10 − 5,70	− 3,57 − 3,99	− 5,95 − 6,65	− 4,59 − 5,13	− 7,65 − 8,55

Tabelle 6.4–3 Grundabmaße für Innenmaße nach DIN 68101

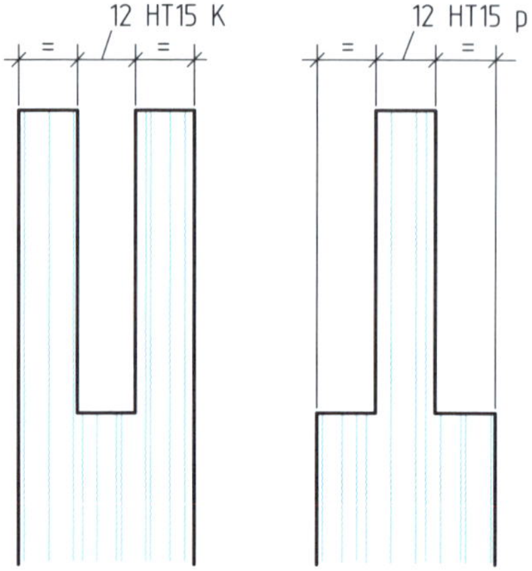

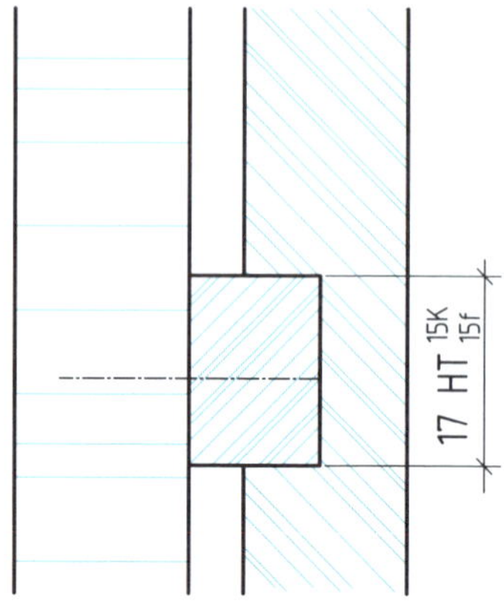

Beispiel 1:	Zapfenloch (Innenmaß)	Zapfen (Außenmaß)
Nennmaß N	12 mm	12 mm
Toleranzfeld	K	p
oberes Abmaß A_o	+0,21 mm	+0,36 mm
unteres Abmaß A_u	0,00 mm	+0,15 mm
Toleranz T	0,21 mm	0,21 mm
Größtmaß G	12,21 mm	12,36 mm
Kleinstmaß K	12,00 mm	12,15 mm

Größtspiel S_g 12,21 – 12,15 = 0,06 mm
Größtübermaß U_g 12,36 – 12,00 = 0,36 mm
Passtoleranz T_p 0,21 + 0,21 = 0,42 mm

Beispiel 2:	Nut (Innenmaß)	Laufleiste (Außenmaß)
Nennmaß N	17 mm	17 mm
Toleranzfeld	K	f
oberes Abmaß A_o	+0,21 mm	–0,50 mm
unteres Abmaß A_u	0,00 mm	–0,71 mm
Toleranz T	0,21 mm	0,21 mm
Größtmaß G	17,21 mm	16,50 mm
Kleinstmaß K	17,00 mm	16,29 mm

Größtspiel S_g 17,21 – 16,29 = 0,92 mm
Kleinstspiel U_g 17,00 – 16,50 = 0,50 mm
Passtoleranz T_p 0,21 + 0,21 = 0,42 mm

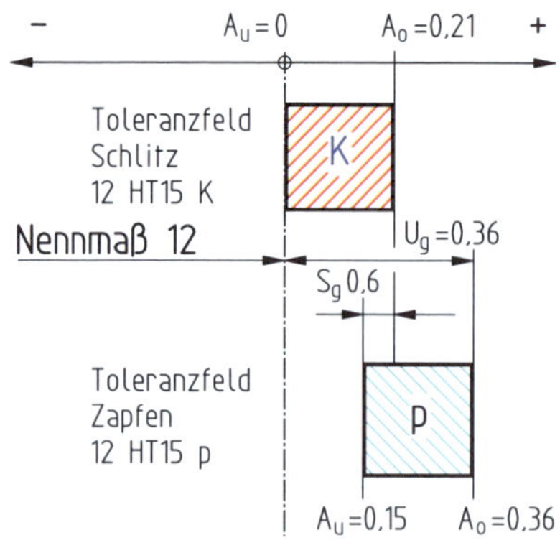

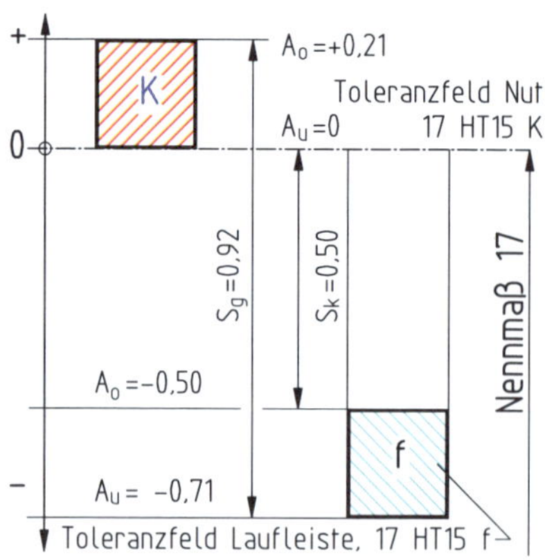

Bild 6.4–5 Beispiele tolerierter Maße mit Grundabmaßen mit Toleranzfeldern, links: Übergangspassung, rechts: Spielpassung

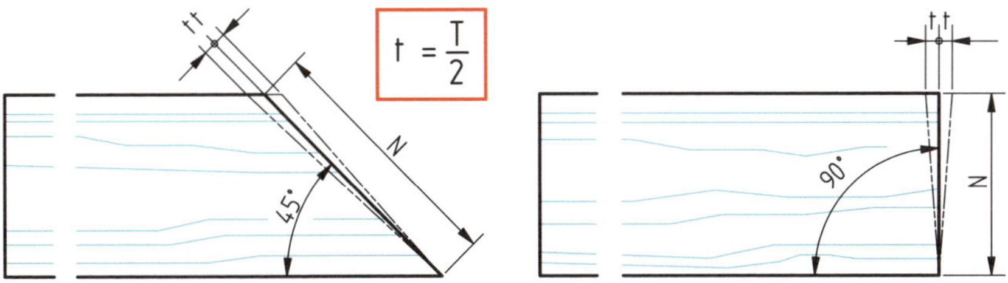

Bild 6.4–6 Angabe der Winkeltoleranzen

Winkeltoleranzen werden nicht in Grad, sondern als Neigungsabweichungen in Millimetern angegeben. Das Nennmaß *N* ist die Länge des längeren Schenkels des Winkels. Die Winkeltoleranz ist die lineare Abweichung in mm am Ende des Schenkels = *t*. Für das Abmaß *t* ist die halbe Maßtoleranz *T*/ 2 anzusetzen. Dadurch können Winkeltoleranzen wie die Längentoleranzen behandelt werden (Bild 6.4–6).
Die Toleranzangaben für Vollholz oder Holzwerkstoffe gelten immer für eine bestimmte zu vereinbarende Holzfeuchte. Die Maßänderungen durch Schwinden oder Quellen des hygroskopischen Werkstoffs Holz, die durch Feuchtigkeitseinwirkung eintreten können, sind besonders zu berücksichtigen. Sie werden durch das Feuchtemaß *M* ausgedrückt (siehe Abschnitt 6.4.1).
Bei der Bestellung oder für die Fertigung von Erzeugnissen können zum Beispiel folgende Angaben über die Längentoleranzen und Winkeltoleranzen gemacht werden:

Für Längentoleranzen: DIN 68100 L-HT 25-10.
Für Winkeltoleranzen: DIN 68100 W-HT 15-7.

In diesen Angaben bedeuten:

L = Längentoleranz, W = Winkeltoleranz,
HT 25 bzw. HT 15 die gewählte Toleranzreihe – Holz
Die Zahlenwerte 10 bzw. 7 die Holzfeuchte in Prozent.

Von Fall zu Fall können an einem Werkstück auch gröbere Maßtoleranzen ohne wesentliche Beeinträchtigung der Qualität des Erzeugnisses ausreichend sein, zum Beispiel die Tiefe bei Einlegeböden oder die Maße einer Abdeckplatte, eines Blatts. Deshalb wäre es hinsichtlich der Wirtschaftlichkeit nicht richtig, für sämtliche Maße an einem Werkstück die gleiche HT (Toleranzreihe – Holz) vorzuschreiben. Die Maße, welche trotz größerer Toleranzfelder die Qualität des Erzeugnisses nicht beeinträchtigen, sind nach einer geringeren Toleranzstufe oder frei zu tolerieren.

6.4.1 Feuchtemaß

Unterschiede bei den klimatischen Verhältnissen von Herstellungsort und Verwendungsort des Erzeugnisses verändern auch die Holzfeuchte und damit das Feuchtemaß (Bild 6.4–7). Das heißt, es ergibt sich eine Maßänderung durch das Quellen oder Schwinden des Holzes. Nach DIN 68100 können diese Maßänderungen ausgerechnet werden. Die einzelnen Werte über die Gleichgewichts-Holzfeuchte sowie die Schwindmaße verschiedener Nadel- und Laubhölzer und auch Holzwerkstoffe sind in dieser DIN besonders aufgelistet. In Räumen mit Zentralheizung ist mit einer relativen Luftfeuchte von ca. 40 Prozent, bei Ofenheizung mit ca. 50 Prozent, ohne Heizung mit ca. 65 Prozent, in offenen überdachten Räumen mit ca. 75 Prozent und im Freien mit ca. 80 Prozent zu rechnen.

Tabelle 6.4–4: Holzfeuchte bei unterschiedlicher relativer Luftfeuchte und Verformungen je 1 Prozent Holzfeuchteänderung (differenzielles Schwind- bzw. Quellmaß) verschiedener Nadel- und Laubhölzer.

Holzart	Kurzzeichen der Handelsnamen nach DIN 4076	Gleichgewichts-Holzfeuchte U_{gl} in % bei relativer Luftfeuchte von			differentielles Schwindmaß V in % je % Holzfeuchteänderung	
		φ = 37%	φ = 50%	φ = 83%	radial	tangential
Nadelhölzer						
Fichte	FI	7,0	9,0	16,4	0,19	0,39
Kiefer	KI	7,0	8,4	15,3	0,19	0,36
Lärche	LA	8,4	9,9	17,1	0,14	0,30
Laubhölzer						
Afzelia	AFZ	7,3	8,4	13,7	0,11	0,22
Buche	BU	7,3	8,7	15,7	0,20	0,41
Eiche	EI	8,9	10,3	17,2	0,16	0,36
Esche	ES	7,3	8,4	16,5	0,21	0,38
Mahagoni	MAA	8,5	10,2	18,3	0,12	0,22
Meranti, rot	MER	8,3	9,9	18,0	0,12	0,43
Nussbaum	NB	6,7	8,1	14,8	0,18	0,29
Sapelli	MAS	7,9	9,2	15,8	0,24	0,32
Sipo	MAU	8,4	9,8	17,0	0,20	0,25
Teak	TEK	7,2	8,3	13,4	0,16	0,26
Wenge	WEN	7,1	7,9	12,3	0,22	0,34
Auszug aus der DIN 68100						

Die Maßänderung durch Feuchtigkeitsaufnahme lässt sich mit folgender Formel berechnen:

$$M = N \cdot \Delta u \cdot V/100$$

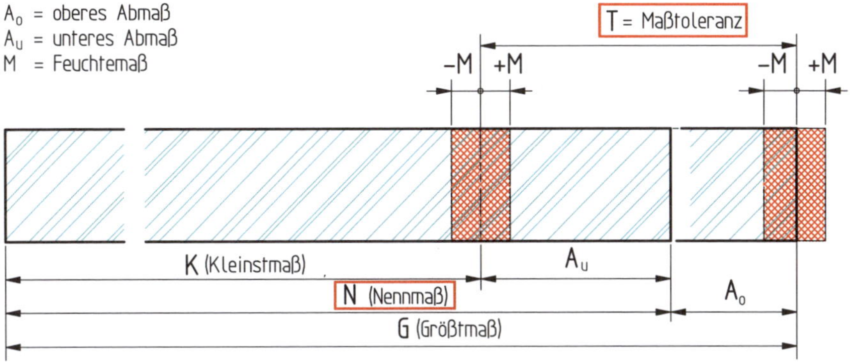

Bild 6.4–7 Längentoleranzen unter Berücksichtigung des Feuchtemaßes M

Hierin bedeuten:

M = Feuchtemaß

N = Nennmaß

Δu = Differenz zwischen u_1 und u_2

u_1 = Holzfeuchte bei der Herstellung

u_2 = Holzfeuchte bei der Verwendung

V = Verformung (differenzielles Schwindmaß) in %/%

Die Formel für das Ausgangsmaß B lautet:

$$B = N \pm M$$

Hierin bedeutet B = das berechnete Nennmaß unter Berücksichtigung des Feuchtemaßes (siehe Beispiele 1 bis 4).

Beispiel 1:

Eine 550 mm breit zugeschnittene Vollholzfüllung aus Lärchenholz mit vorwiegend stehendem Jahresringverlauf weist bei der Herstellung eine Holzfeuchte von 13 Prozent auf. Bei der Verwendung des Erzeugnisses im zentralbeheizten Raum ist mit einer relativen Luftfeuchte von 40 Prozent zu rechnen.

Wie groß ist das Feuchtemaß M, und auf welche Breite B wird sich die Füllung am Verwendungsort einstellen?

Lösung:

$N = 550\,\text{mm};\ u_1 = 13\%;\ u_2 = 8{,}7\%$

$(u_{gl}$ bei φ 37% = 8,4%; bei φ 40% $\underline{\Delta}$ 8,7%)

$\Delta u = 13\% - 8{,}7\% = 4{,}3\%$

$V = 0{,}14\%/\%$ (siehe Tabelle 6.4–4, differenzielles Schwindmaß)

$$M = N \cdot \Delta u \cdot V/100$$

$$M = 550\,\text{mm} \cdot 4{,}3\% \cdot \frac{0{,}14\%/\%}{100\%} = \mathbf{3{,}31\,mm}$$

$$B = N \pm M = 550\,\text{mm} - 3{,}31\,\text{mm} = \mathbf{546{,}69\,mm}$$

Beispiel 2:

Eine Lärchenholzfüllung wird aus Vollholz mit vorwiegend liegenden Jahresringen hergestellt, damit die schöne Fladerung des Holzes zur Wirkung kommen kann. Die Abmessungen und die klimatischen Bedingungen sind die gleichen wie in Aufgabe 1. Mit welchen Maßveränderungen ist nun zu rechnen?

Lösung:

$N = 550\,\text{mm};\ u_1 = 13\%;\ u_2 = 8{,}7\%$

$\Delta u = 13\% - 8{,}7\% = 4{,}3\%$

$V = 0{,}30\%/\%$ (siehe Tabelle 6.4–4, differenzielles Schwindmaß)

$$M = N \cdot \Delta u \cdot V/100$$

$$M = 550\,\text{mm} \cdot 4{,}3\% \cdot \frac{0{,}30\%/\%}{100\%} = \mathbf{7{,}1\,mm}$$

$$B = N \pm M = 550\,\text{mm} - 7{,}1\,\text{mm} = \mathbf{542{,}9\,mm}$$

Anmerkung: Bei der Berechnung des Feuchtemaßes einer Bohle mit vorwiegend geneigtem Jahresringverlauf (zum Beispiel von 60°) kann das unterschiedliche Schwind- oder Quellmaß in tangentialer und radialer Richtung über die Winkelfunktion auf die Messebene umgerechnet werden.

Beipiel 3:

Eine Werkbankplatte von 600 mm Nennbreite aus Buchenholz zeigt einen geneigten Jahresringaufbau von ca. 60°. Die Holzfeuchte der Werkstücke beträgt am Herstellungsort 8 Prozent. Durch die hohe relative Luftfeuchte am Verwendungsort ist mit einer Holzfeuchte von ca. 15 Prozent zu rechnen. Auf welches Maß wird die Werkbankplatte am Verwendungsort in der Breite quellen?

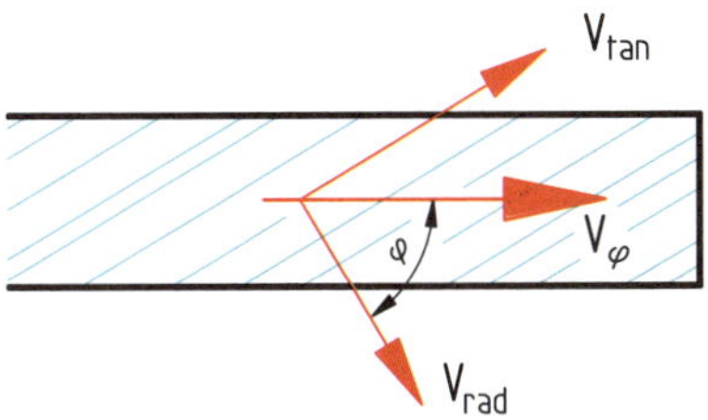

Bild 6.4–8 Ermittlung der durchschnittlichen Verformung unter Berücksichtigung der Lage der Jahresringe

Lösung:

$V_ø = V_{rad} \cdot \cos^2 \varphi + V_{tan} \cdot \sin^2 \varphi$

$V_ø = 0{,}20\%/\% \cdot \cos^2 60° + 0{,}41\%/\% \cdot \sin^2 60°$

$V_ø = 0{,}20\%/\% \cdot 0{,}25 + 0{,}41\%/\% \cdot 0{,}75$

$V_ø = 0{,}05\%/\% \; + \; 0{,}31\%/\%$

$\mathbf{V_ø = 0{,}36\%/\%}$

$M = N \cdot \Delta u \cdot V/100$

$M = 600\,\text{mm} \cdot (15\% - 8\%) \cdot 0{,}36\%/\%/100 = \mathbf{15{,}12\,mm}$

$B = N \pm M = 600\,\text{mm} + 15{,}12\,\text{mm} \; = \mathbf{615{,}12\,mm}$

Beispiel 4:

Eine Flachpress-Spanplatte V20 mit einer Anlieferungsfeuchte von 10 Prozent wird zu großflächigen, 3,80 m langen Verkleidungsplatten verarbeitet. Der zu verkleidende Raum ist zentral beheizt, so dass mit einer Gleichgewichtsfeuchte von 7 Prozent zu rechnen ist. Um wie viele Millimeter wird sich das Fertigmaß verändern?

Lösung:

$N = 3800\,\text{mm};\ u_1 = 10\%;\ u_2 = 7\%$

$\Delta u = 10\% - 7\% = 3\%$

$V = 0{,}035\%/\%$ (siehe Tabelle 6.4–5, differenzielles Schwindmaß)

$M = N \cdot \Delta u \cdot V/100$

$M = 3800\,\text{mm} \cdot 3\% \cdot \dfrac{0{,}35\%/\%}{100\%} = \mathbf{3{,}99\,mm \sim 4\,mm}$

Die Beispiele zeigen, dass die Maßtoleranzen bei Erzeugnissen aus Vollholz und auch aus Holzwerkstoffen, die sich aus der Fertigung ergeben, nur bei gleichbleibenden klimatischen Verhältnissen eingehalten werden können. Bei unterschiedlichen Klimabedingungen zwischen dem Ort der Herstellung und dem der Verwendung ist das Feuchtemaß zu berücksichtigen. Zusätzlich sind die Schwundformen des Vollholzes und die Verwerfungen der Holzwerkstoffe zu beachten.

Ferner ist zu bedenken, dass sich die Holzfeuchte erst nach längerer Zeit einstellt und sich die Maße erst dann stabilisieren. Außerdem sind die rechnerischen Ergebnisse für das Feuchtemaß mit durchschnittlichen Grundwerten ermittelt worden, die innerhalb einer

Tabelle 6.4–5: Holzfeuchte bei unterschiedlicher relativer Luftfeuchte und Verformungen je 1 Prozent Holzfeuchteänderung (differenzielles Schwind- bzw. Quellmaß) verschiedener Holzwerkstoffe.

Holzwerkstoff	Plattentyp	Gleichgewichts-Holzfeuchte u_{gl} in % bei relativer Luftfeuchte			Differenzielles Schwindmaß V in %/% Holzfeuchteänderung	
		φ = 30%	φ = 65%	φ = 85%	in der Dicke	in der Fläche
Spanplatte	P2	6 (4 bis 9)	10 (9 bis 11)	13 (11 bis 15)	0,7 (0,55 bis 0,85)	0,035 (0,025 bis 0,045)
Spanplatte	P3	5 (4 bis 6)	11 (10 bis12)	19 (15 bis 23)	0,45 (0,35 bis 0,55)	0,020 (0,013 bis 0,026)
Sperrholz	VP ST, STAE	5 (4 bis 6)	10 (8 bis 12)	15 (11 bis 18)	0,30 (0,25 bis 0,35)	0,015 (0,010 bis 0,020)
Hartfaserplatte	HB	4 (3 bis 5)	7 (6 bis 8)	11 (10 bis 12)	0,80 (0,70 bis 0,90)	0,035 (0,025 bis 0,045)

Holzart durch den unterschiedlichen Jahresringaufbau oder bei Holzwerkstoffen durch unterschiedliche Leimzusammensetzungen und Spandicken noch schwanken können. Somit kann sich eine Differenz zwischen den errechneten und den tatsächlichen Werten ergeben.

6.5 Maßtoleranzen im Hochbau

Im Innenausbau und Ausbau kommt der Holzverarbeiter unmittelbar mit den Belangen des Hochbaus in Berührung, so dass auch die Maßtoleranzen des Hochbaus hier von Interesse sind. Besonders die Maßtoleranzen für Öffnungen sowie für Ebenheiten von Decken, Wänden und Fußböden sind in diesem Zusammenhang wichtig. Sie sind in der DIN 18201, 18202 und 18203 festgelegt.

6.5.1 Grundbegriffe und Grundsätze

Bei den Maßtoleranzen im Hochbau sind ähnliche Begriffe geläufig, wie sie unter Punkt 6.1 aufgeführt wurden (Bild 6.5–1). Passungen werden im Bauwesen in der Regel als Spielpassungen ausgeführt. Das Außenteil ist hier die Öffnung oder Nische, das Innenteil das Einbauteil, wie Fenster, Einbauschrank oder Tür. Das Spiel wird hier als Fuge bezeichnet.
Für die Maßtoleranzen im Hochbau wird zwischen verschiedenen Bauwerksteilen und Genauigkeitsstufen unterschieden. Hierbei spielt die Größe des Nennmaßbereiches und der Ausbaugrad der Bauteile eine Rolle. Vertraglich sind im Leistungsverzeichnis und vielleicht auch auf Zeichnungen die verlangten Toleranzen zu vereinbaren. Maßänderungen, die durch temperatur-, zeit- und lastenabhängige Verformungen auftreten können, bleiben bei den Maßtoleranzen unberücksichtigt bzw. müssen bei der Planung bereits mit beachtet werden.

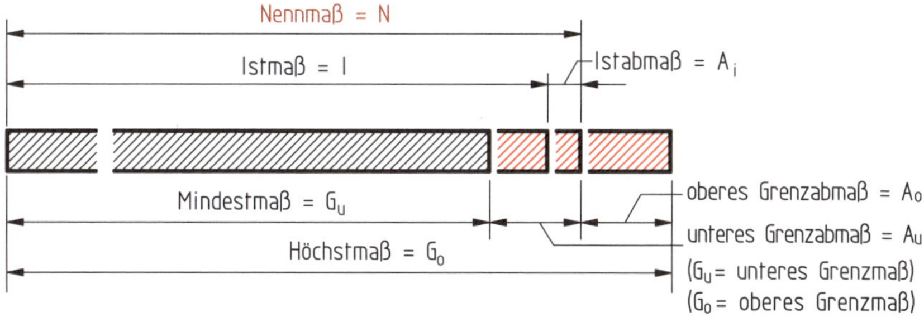

Bild 6.5–1 Maßtoleranzen im Hochbau, Grundbegriffe

6.5.2 Maßtoleranzen für Bauwerke und Bauteile

Durch festgelegte Maßtoleranzen im Hochbau soll gewährleistet werden, dass die Maße für weitere Baumaßnahmen sicher übernommen werden können und Einbauteile wie Fenster, Türen, Treppen und Einbauschränke ohne Nacharbeit eingebaut werden können. Das Kleinstmaß der Öffnungen und das Größtmaß des Einbauteiles müssen so aufeinander abgestimmt sein, dass noch eine Fuge verbleibt und der Einbau gut möglich ist (Bild 6.5–2 und Bild 6.5–3). Neben den Öffnungsmaßen sind auch die Abweichungen der Leibungsflächen von der Lot- und der Waagerechten zu beachten. Die zulässigen Abmaße für Längen wie Achs- und Rastermaße, Breiten und Höhen sowie für Öffnungen sind nach Nennmaßbereichen sowie nach Bauteilen und Ausbaugrad gestaffelt (siehe Tabelle 6.5–1).

Tabelle 6.5–1 Zulässige Grenzabmaße für Längen und Öffnungen (Auszug aus DIN 18202)

Bezug	Grenzabmaße in mm bei Nennmaßen von			
	bis 3 m	3 m bis 6 m	6 m bis 15 m	15 m bis 30 m
1. Maße im Grundriss wie Längen, Breiten, Achs- und Rastermaße	±12	±16	±20	±24
2. Maße im Aufriss wie Geschoss- und Podesthöhen, Konsolhöhen	±16	±16	±20	±30
3. Lichte Maße im Grundriss, z. B. zwischen Stützen und Pfeilern	±16	±20	±24	±30
4. Lichte Maße im Aufriss wie unter Decken und Unterzügen	±20	±20	±30	–
5. Öffnungen für Fenster, Türen und Einbauelemente	±12	±16	–	–
6. Öffnungen mit oberflächenfertigen Leibungen	±10	±12	–	–

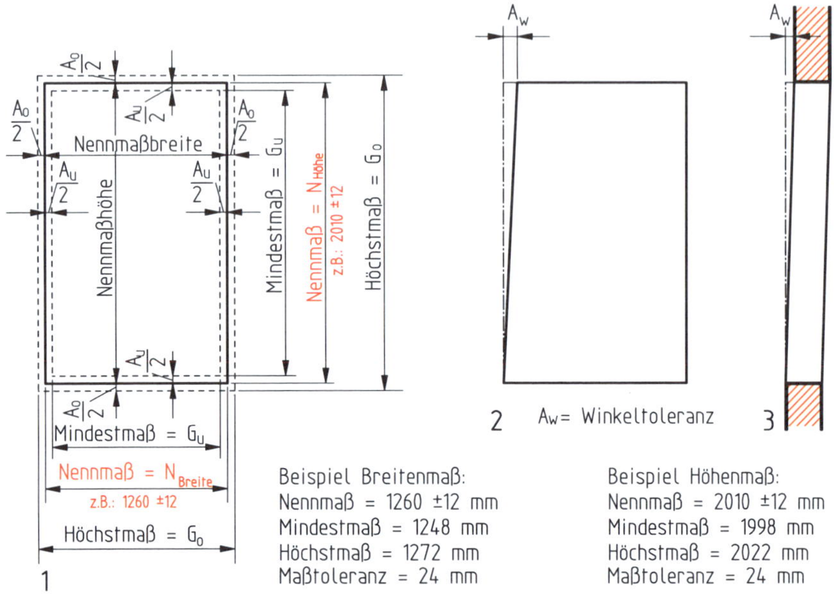

Bild 6.5–2 Maßabweichungen an Öffnungen und Nischen: 1 Begriffe, 2 und 3 Abweichungen von der Lotrechten

Für **Winkeltoleranzen** wird für einen Maßabstand das Stichmaß ermittelt (Bild 6.5–3). So lässt sich die Abweichung vom Lot oder der Waagerechten von Flächen oder Öffnungen gut ermitteln. Nach der DIN 18202 darf das Stichmaß bei einem Nennmaß von 1 m zum Beispiel 6 mm, bei 1 m bis 3 m = 8 mm, bei 3 m bis 6 m = 12 mm und bei 6 m bis 15 m = 16 mm nicht überschreiten.

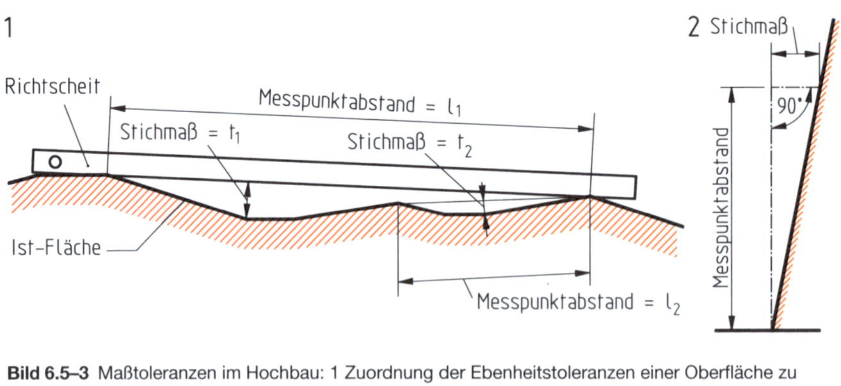

Bild 6.5–3 Maßtoleranzen im Hochbau: 1 Zuordnung der Ebenheitstoleranzen einer Oberfläche zu den Abständen der Messpunkte, 2 Ermittlung der Winkelabweichung zum Beispiel von der Vertikalen.

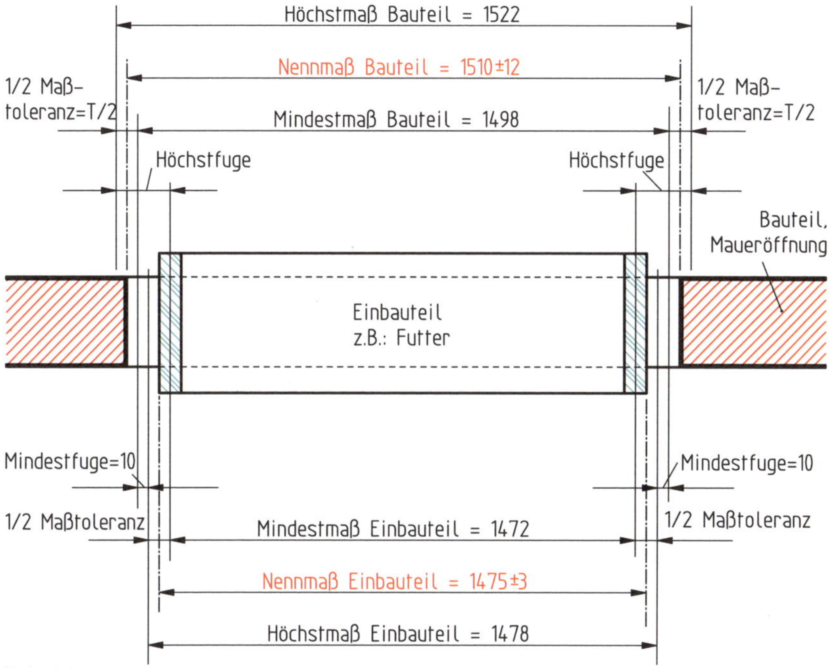

Beispiel:
Geforderte Mindestfuge = 10 mm
Höchstmaß des Einbauteiles = Mindestmaß des Bauteiles – (2 x10 mm)
Im Beispiel also 1498 mm – (2 x 10 mm) = 1478 mm
Maßtoleranz des Einbauteiles ±3 = 6 mm
Mindestmaß des Einbauteiles = 1478 mm – 6 mm = 1472 mm
Nennmaß des Einbauteiles = 1478 mm – 3 mm = 1475 mm

Bild 6.5–4 Beispiel einer Passung im Innenausbau zwischen Bauteil und Einbauteil mit Berechnung der Kleinst- und Größtfuge

6.5.3 Ebenheitstoleranzen für Bauteiloberflächen

Die Ebenheiten der Oberfläche von Wänden und Deckenunterseiten sowie der Oberfläche von Fußböden sind für verschiedene Innenausbauarbeiten wichtig. Die Ebenheitstoleranzen sind nach Bauteil und Ausbauzustand der Flächen und nach den Abständen der Messpunkte gestaffelt (Bild 6.5–3 und Tabelle 6.5-2). Die angegebenen Werte entsprechen der DIN 18202.

Tabelle 6.5–2 Ebenheitstoleranzen für Oberflächen von Wänden, Deckenunterseiten und Böden

Bezug	Stichmaße als Grenzwerte in mm bei Messpunktabständen			
	bis 1 m	bis 4 m	bis 10 m	bis 15 m
1. Nicht fertige Oberseiten von Decken, Unterbeton und Unterböden	15	20	25	30
2. Wie vor, jedoch mit erhöhten Anforderungen, und fertige Flächen in untergeordneten Räumen	8	12	15	20
3. Flächenfertige Böden wie Estriche, Boden- und Fliesenbeläge	4	10	12	15
4. Wie vor, jedoch mit erhöhten Anforderungen	3	9	12	15
5. Flächenfertige Wände und Unterseiten von Decken, auch Wandbekleidungen und untergehängte Decken	5	10	20	25
6. Wie vor, jedoch mit erhöhten Anforderungen	3	8	15	20

Wie die Punkte 5 und 6 in der Tabelle 6.5–2 zeigen, sind diese Angaben auch für den Innenausbauer interessant.

7 Technische Zeichnungen

Technische Zeichnungen sind meistens Fertigungszeichnungen und bilden die Grundlage für die Herstellung von Erzeugnissen oder Werkstücken. Fertigungszeichnungen müssen übersichtliche Arbeitsunterlagen sein, die alle erforderlichen Angaben zur Herstellung des Werkstücks oder Erzeugnisses enthalten. Je nach Fertigungsart, ob Einzelfertigung, Serienfertigung oder Massenfertigung, bzw. je nach Werkstück- oder Projektgröße, werden Haupt-Zeichnungen, Teilschnitt-Zeichnungen, Einzelteil-Zeichnungen, Gruppenteil-Zeichnungen, Fertigungsrisse oder Vordruckzeichnungen verwendet (siehe DIN ISO 199-1).

7.1 Haupt-Zeichnung

In Haupt-Zeichnungen wird das Erzeugnis im zusammengebauten Zustand in den Ansichten und erforderlichen Schnitten im Maßstab 1:1 oder im verkleinernden Maßstab dargestellt.

Haupt-Zeichnungen im Maßstab 1:1 stellen das Erzeugnis in natürlicher Größe dar. Bei symmetrischen Werkstücken brauchen diese nur bis zur Hälfte, meistens etwas über die Symmetrieachse hinaus, gezeichnet werden. Haupt-Zeichnungen im Maßstab 1:1 kommen bei Einzelfertigungen oder – bei kleineren Werkstücken auch in der Serienfertigung vor. Bei großen Haupt-Zeichnungen im Maßstab 1:1 werden die Ansichten und Schnitte ineinander liegend gezeichnet. Zur besseren Unterscheidung werden die Vertikalschnitte blau, die Horizontalschnitte rot und die Frontalschnitte braun schraffiert. Die zu diesen Schnitten gehörenden Ansichtslinien erhalten farbige Begleitlinien. Auf große Haupt-Zeichnungen im Maßstab 1:1 sollte noch eine Gesamtzeichnung im verkleinernden Maßstab 1:5, 1:10 oder 1:20 gezeichnet werden, damit man sich auf der Haupt-Zeichnung besser zurecht findet. Die Zeichnungsweise mit farbigen Schraffuren ist nicht genormt und wird heute nur sehr selten, vielleicht noch in Fertigungsrissen, angewendet.

Haupt-Zeichnungen im verkleinernden Maßstab 1:5, 1:10 oder 1:20 geben in der Regel nur einen Überblick über die Form des Projekts. In ihr können die Hauptmaße und die Lage der Schnitte und Einzelheiten angegeben werden. Besonders in Entwurfszeichnungen werden größere Projekte in diesen Maßstäben dargestellt. In die in solchen Maßstäben gezeichneten Haupt-Zeichnungen sollten wenigstens die Maße eingeschrieben werden,

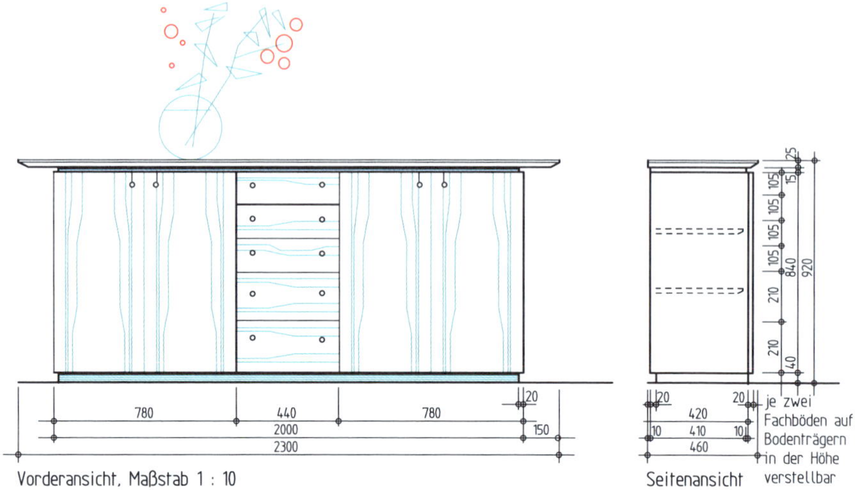

Anrichte in Kirschbaum (KB=PRAV), Oberfläche DD, matt, Vorderkante des Sockelrahmens und des Distanzrahmens unter dem Blatt dunkelblau (Ultramarin).

Konstruktionsvorschlag:

Anrichte besteht aus drei gesonderten Korpussen, die auf den Sockelrahmen (50/40) gesetzt und zusammengeschraubt werden (Transport). Die 2300mm lange Platte mit dem Distanzrahmen wird von unten durch die Oberböden auf den Korpus geschraubt.

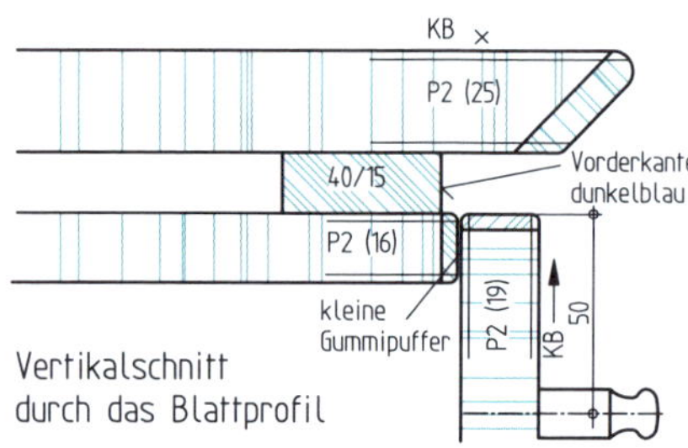

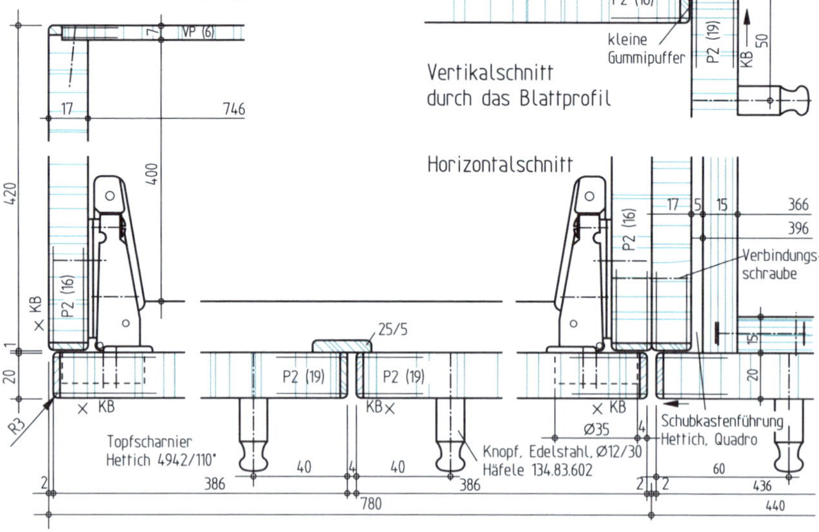

Bild 7.1–1 Beispiel einer Haupt-Zeichnung mit wichtigen Einzelheiten

welche die Formgebung erläutern. Für die Fertigung sind dann meistens noch besondere Schnitte wichtiger Einzelheiten im Maßstab 1:1 erforderlich. Bei der Darstellung kleinerer Werkstücke als Haupt-Zeichnung können alle erforderlichen Konstruktionsmaße sowie die Außenabmessungen angegeben werden, so dass diese Zeichnung direkt als Unterlage zur Fertigung verwendet werden kann (Bild 7.1–1).

7.2 Teilschnitt-Zeichnung

In Teilschnitt-Zeichnungen werden nur die wichtigen konstruktiven Einzelheiten im Maßstab 1:1 dargestellt. Die zwischen den Konstruktionspunkten liegenden Werkstoffflächen werden herausgeschnitten. Dadurch können bei einem Querschnitt durch ein Möbel zum Beispiel alle wichtigen konstruktiven Einzelheiten wie Türanschläge, Schubkastenführungen, Korpusverbindungen und Rückwandbefestigungen auf engstem Raum geklärt werden. Diese Teilschnitte werden wie in der DIN ISO 128-30 festgelegt auf der Zeichnung angeordnet. Die Teilschnitte sind so zueinander geordnet aufzuzeichnen, wie sie zusammengehören. Wird das nicht beachtet, findet man sich in einer Teilschnitt-Zeichnung nicht zurecht.
Um eine Vorstellung von dem gesamten Erzeugnis zu vermitteln und um die Schnittverlaufslinien eintragen zu können, erhält die Teilschnitt-Zeichnung noch eine Haupt-Zeichnung des Erzeugnisses in den Ansichten und eventuell auch Schnitte im verkleinerndem Maßstab 1:5, 1:10 oder 1:20. Besonders bei Zeichnungen größerer Innenausbauarbeiten, in denen nicht alle Einzelheiten im Maßstab 1:1 wiedergegeben werden können, sind die Vollschnitte in der verkleinerten Haupt-Zeichnung erforderlich.
Teilschnitt-Zeichnungen werden häufig in der Holz verarbeitenden Industrie angewendet. Sie kommen sowohl in der Einzelfertigung als auch in der Serienfertigung vor. Je nach Fertigungsart weisen sie jedoch sachspezifische Unterschiede auf. Bei der Serienfertigung dient die Teilschnitt-Zeichnung in der Regel als Übersichtszeichnung für die Einzelteil-Zeichnungen (Darstellung der Einzelteile). Deshalb sind in diesen Teilschnitt-Zeichnungen die einzelnen Teile mit Positionsnummern versehen (Bild 7.2–1). Die Zeichnung kann über dem Schriftfeld eine Stückliste aufweisen, in der alle Teile aufgelistet sind. Durch die EDV-Anwendung werden heute die Stücklisten meistens separat erstellt.
In der Einzelfertigung sind die Teilschnitt-Zeichnungen dagegen häufig Entwurfszeichnung und Fertigungszeichnung in einem. Abhängig davon, ob die Teilschnitt-Zeichnung nur als Fertigungsunterlage in der Werkstatt benutzt wird oder ob sie mehr für den Kunden zur Veranschaulichung des Projekts bestimmt ist, werden die Vorderansichten der Haupt-Zeichnung schlicht und sachlich oder plastisch und lebendig gezeichnet oder gar farbig angelegt. Einige wichtige erklärende Einzelheiten können zusätzlich im Maßstab 1:1 besonders dargestellt werden (Bild 7.2–2).
Die Bemaßung muss in Teilschnitt-Zeichnungen, die für die Serienfertigung bestimmt sind, nahezu vollständig sein. Alle Maße der in die Stückliste einzutragenden Einzelteile sowie

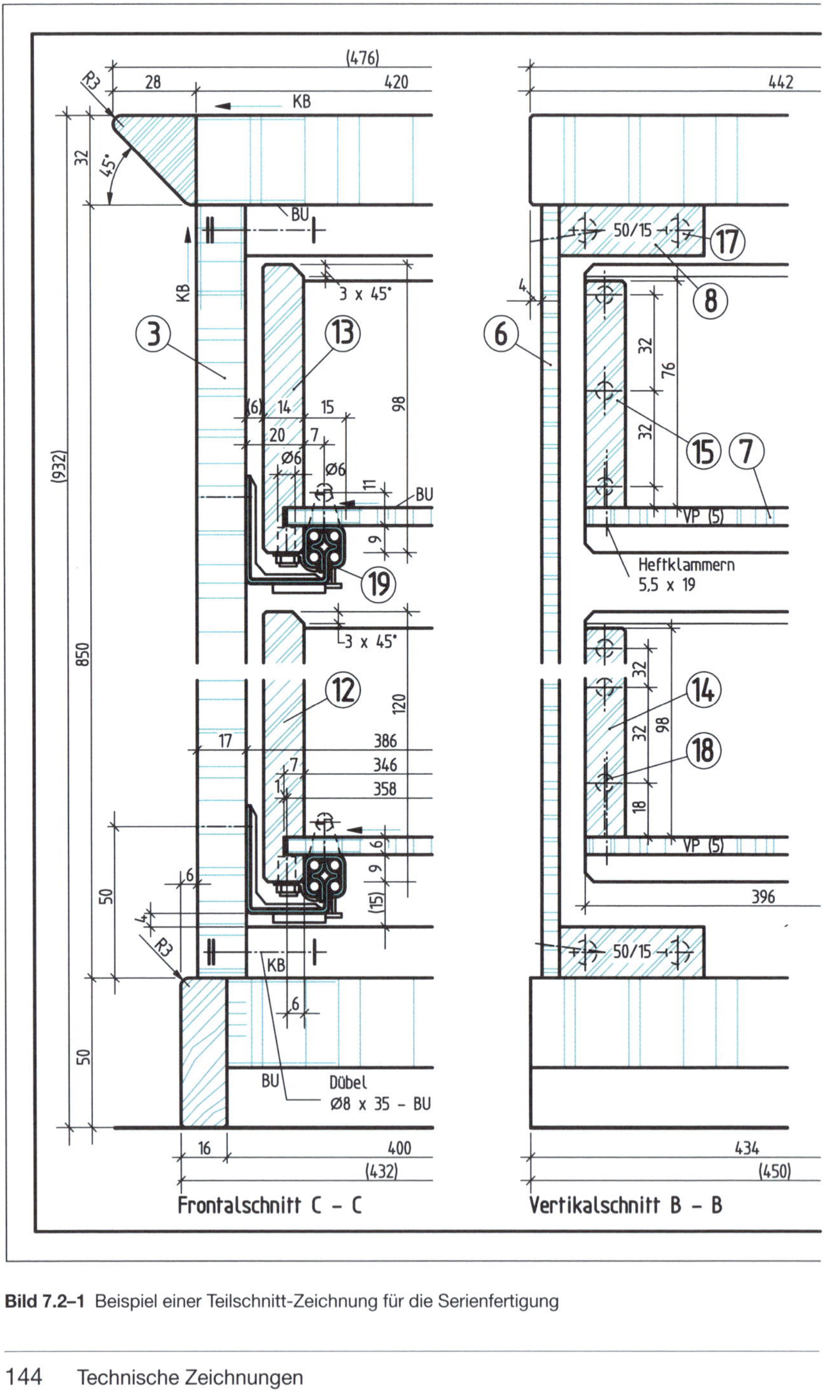

Bild 7.2–1 Beispiel einer Teilschnitt-Zeichnung für die Serienfertigung

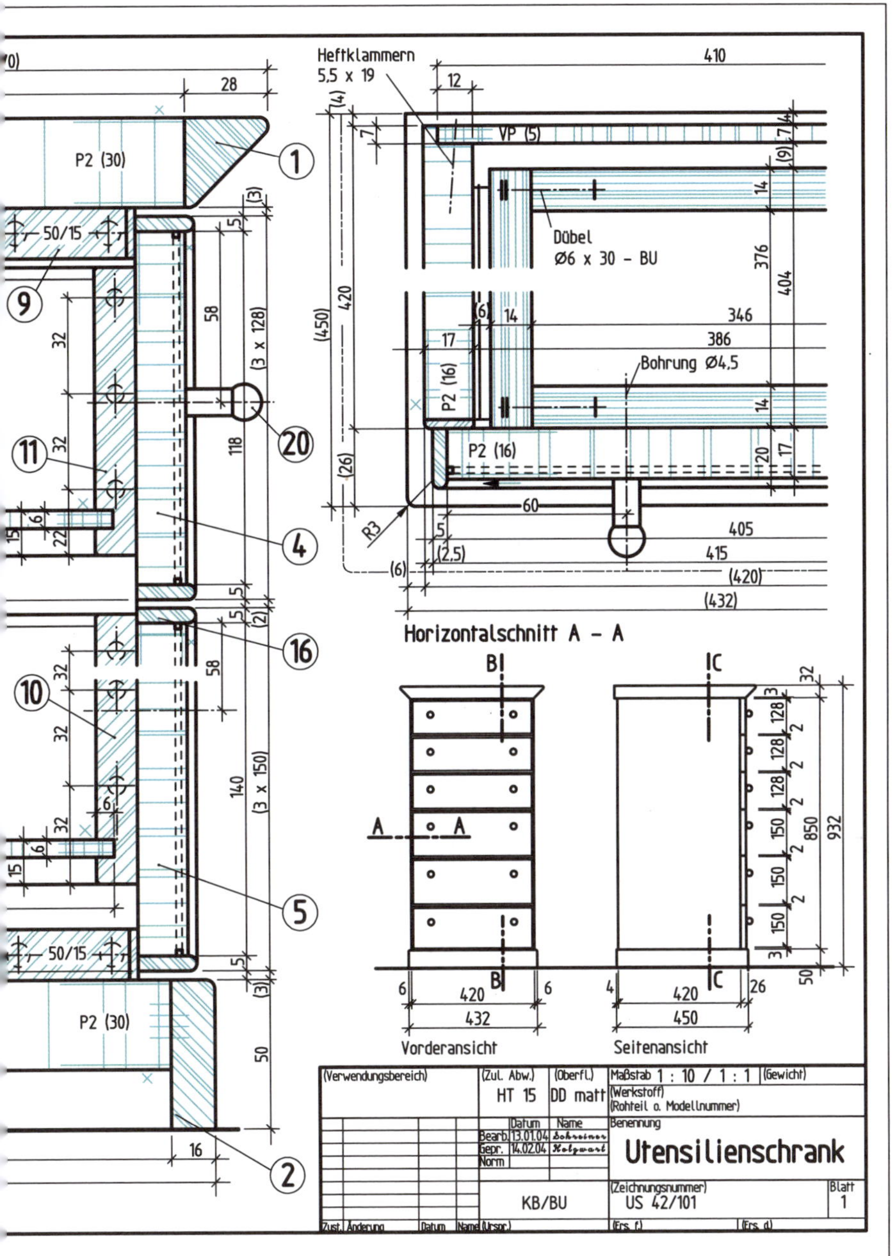
Heftklammern 5,5 x 19
VP (5)
Dübel Ø6 x 30 - BU
Bohrung Ø4,5
P2 (30)
P2 (16)
50/15
Horizontalschnitt A - A
Vorderansicht
Seitenansicht
(Verwendungsbereich)
(Zul. Abw.) HT 15
(Oberfl.) DD matt
Maßstab 1 : 10 / 1 : 1
(Gewicht)
(Werkstoff)
(Rohteil o. Modellnummer)
Datum
Name
Bearb. 13.01.04
Gepr. 14.02.04
Norm
Benennung
Utensilienschrank
KB/BU
(Zeichnungsnummer) US 42/101
Blatt 1
Zust. Änderung
Datum
Name
(Urspr.)
(Ers. f.)
(Ers. d.)

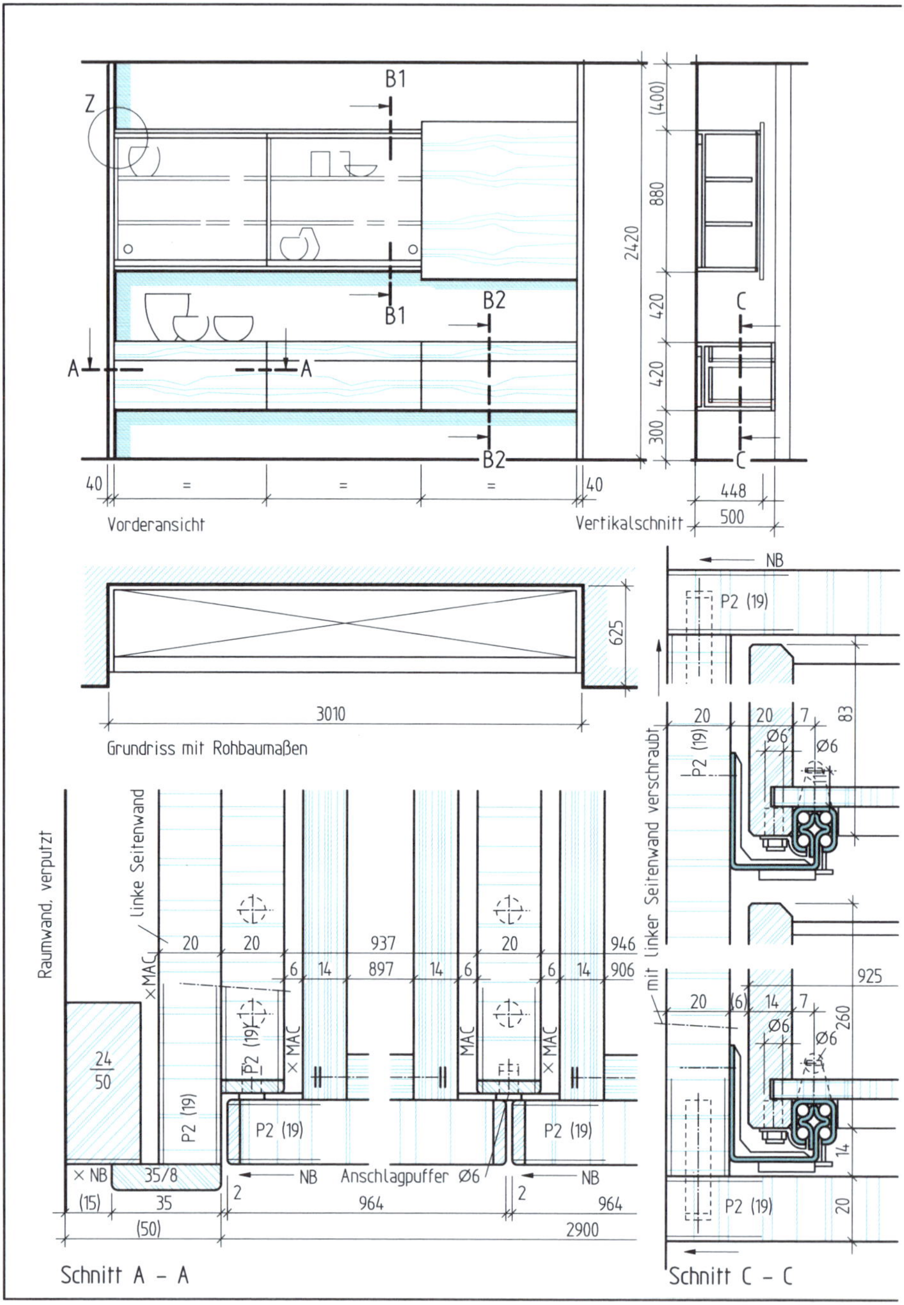

Bild 7.2–2 Beispiel einer Teilschnitt-Zeichnung für den individuellen Innenausbau

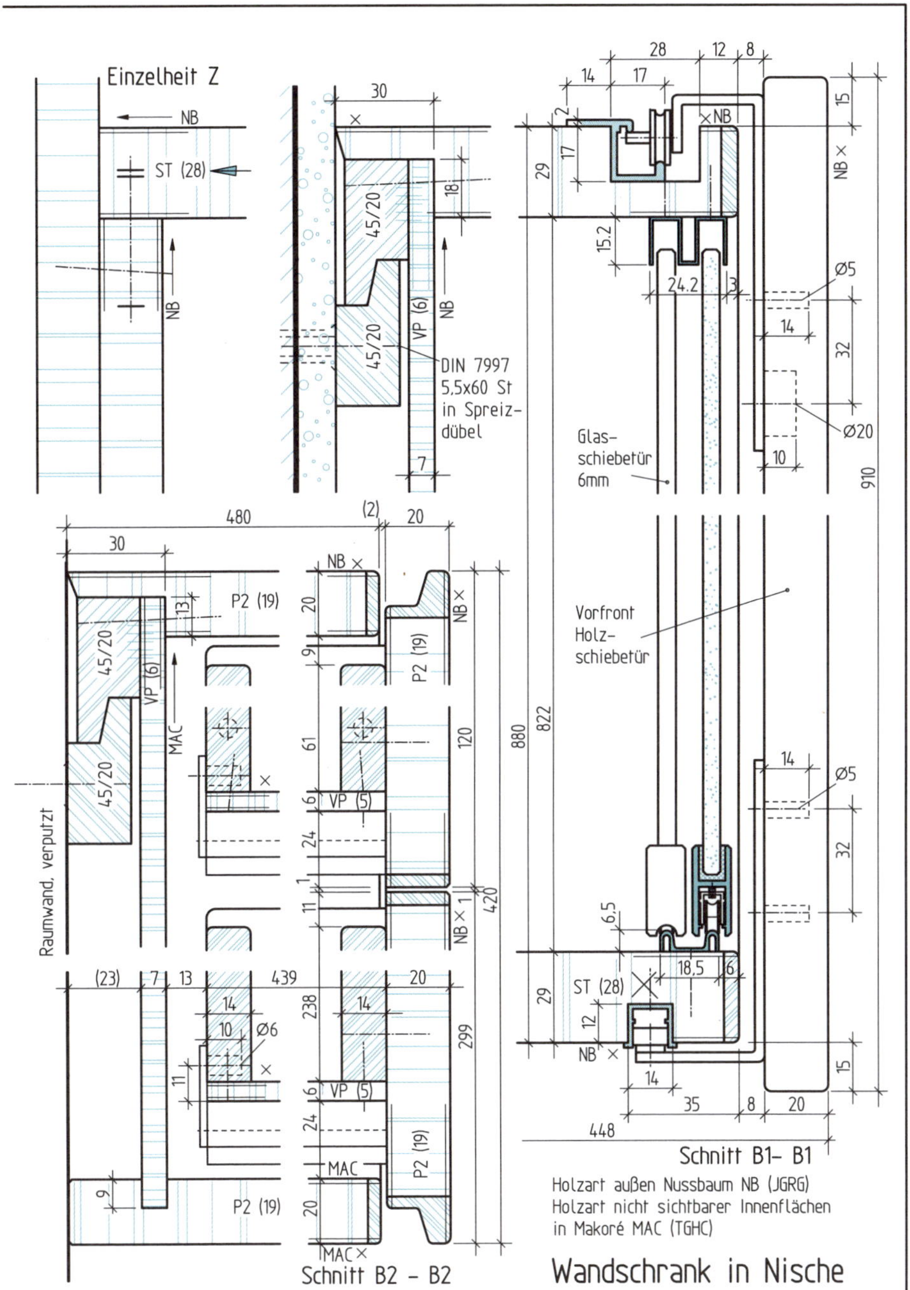

Holzart außen Nussbaum NB (JGRG)
Holzart nicht sichtbarer Innenflächen
in Makoré MAC (TGHC)

Wandschrank in Nische

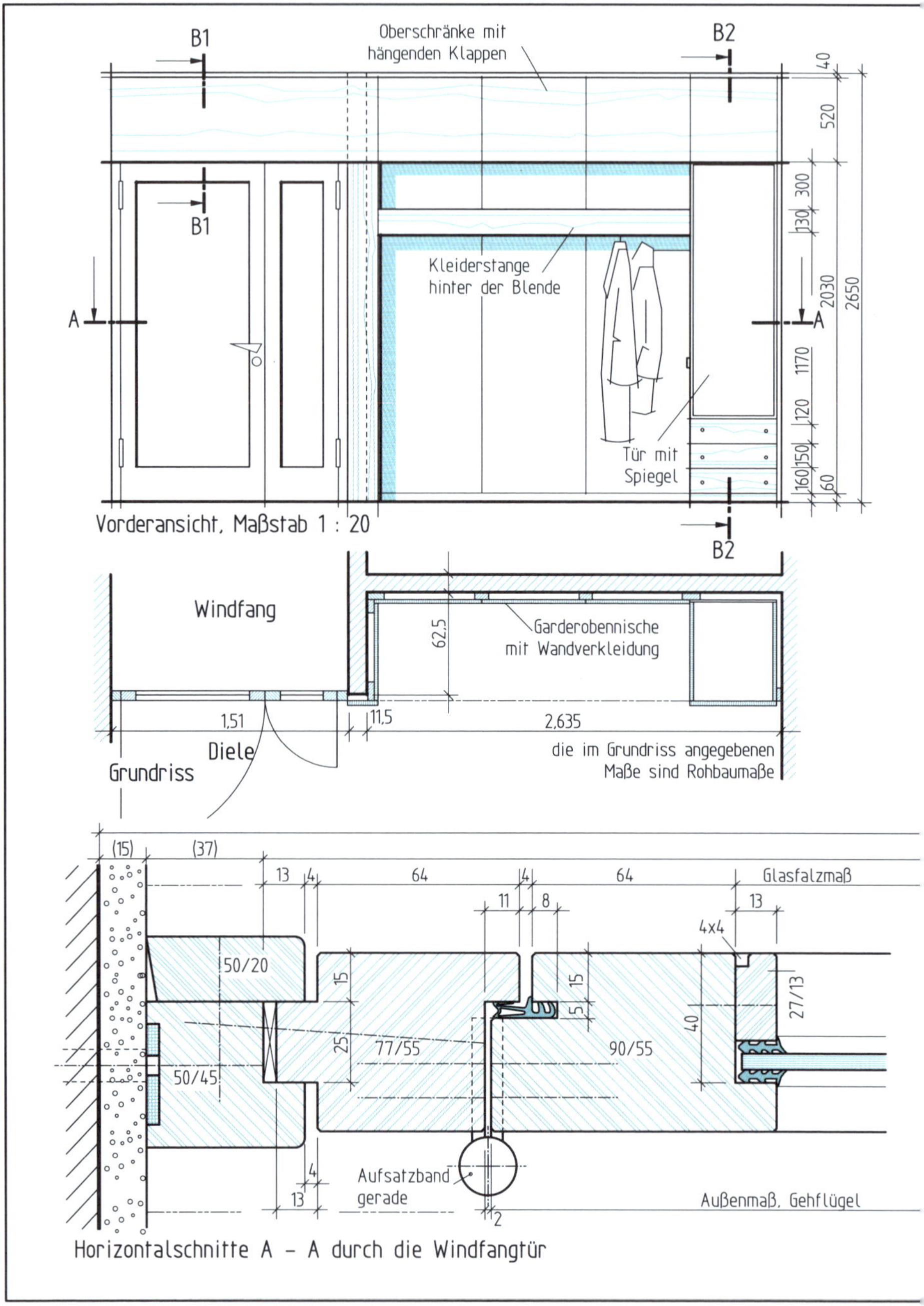

Bild 7.2–3a Beispiel einer Teilschnitt-Zeichnung für einen Innenausbau, Blatt 1

Ausführung:
Windfangtür in Kiefer, warmweiß lackiert, Blenden und Garderobeneinbauten in Kirschbaum, naturbelassen lackiert. Garderobenrückwand wie die Windfangtür warmweiß lackiert.

Türen bündig überfälzt, mit geraden Aufsatzbändern in Messing angeschlagen, Verglasung ESG, Drückergarnitur in Messing.

Tür des Garderobenschranks stumpf aufschlagend und mit Spiegel belegt. Schubkastengriffe: Kugelgriffe in Messing.

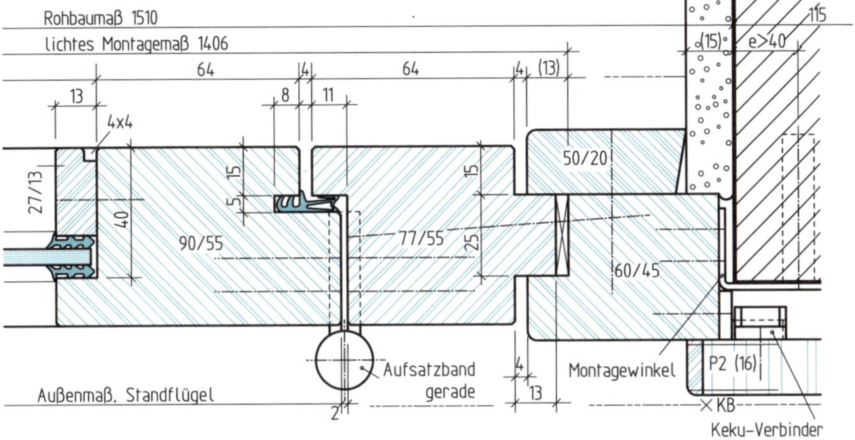

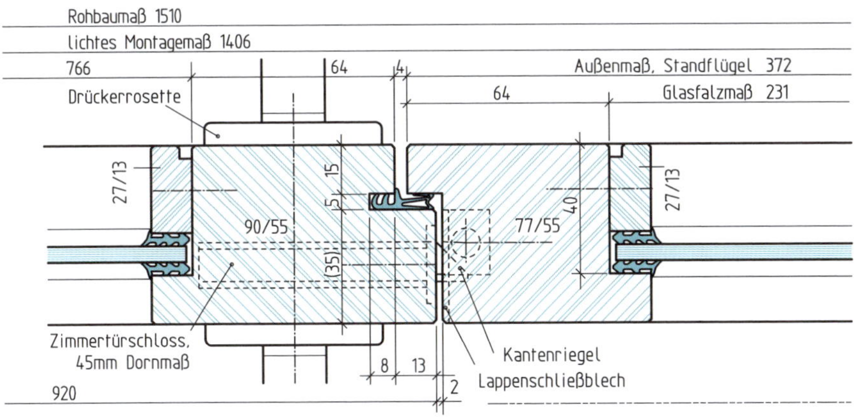

Windfangtür mit Garderobeneinbau

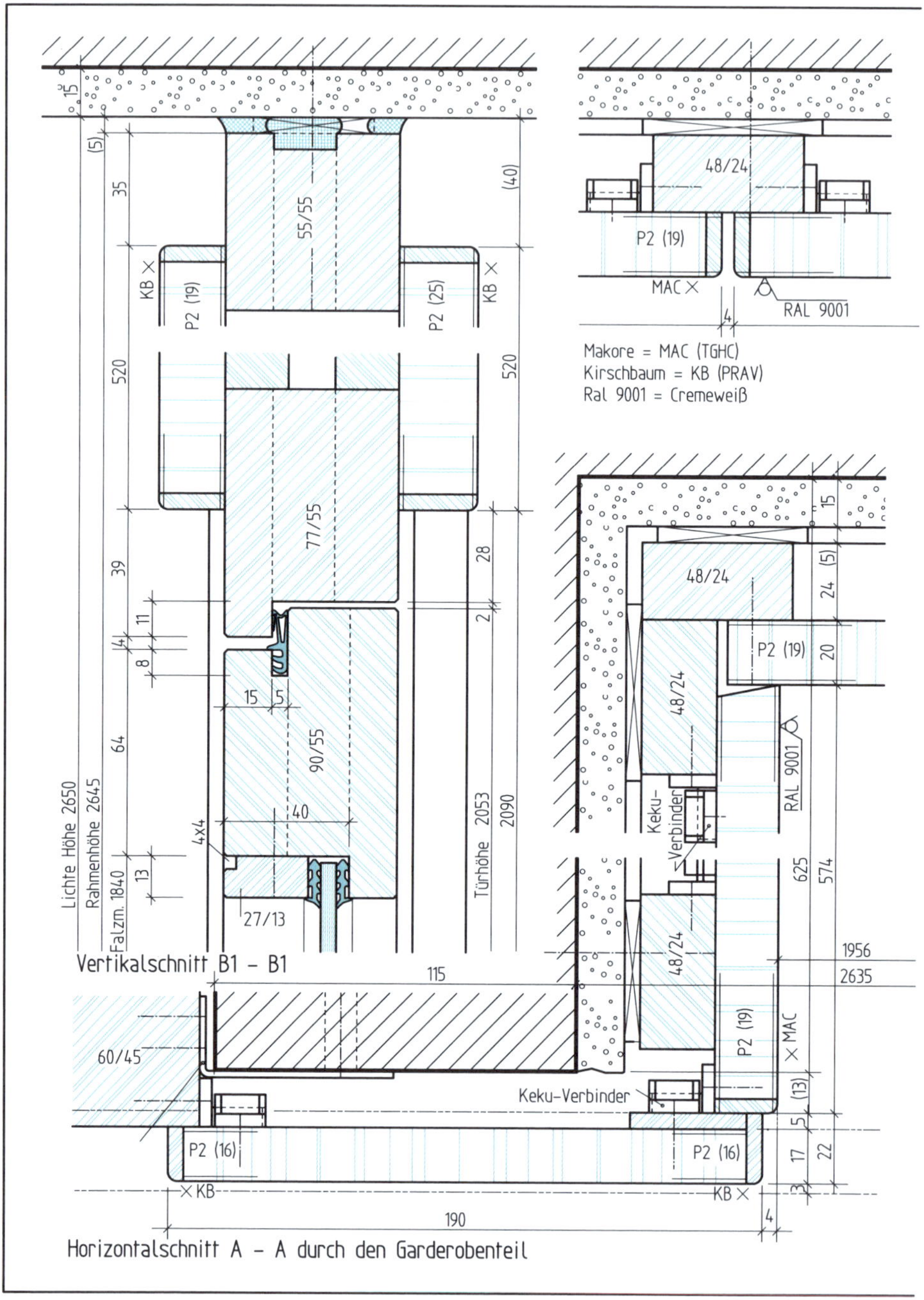

Bild 7.2–3b Beispiel einer Teilschnitt-Zeichnung für einen Innenausbau, Blatt 2

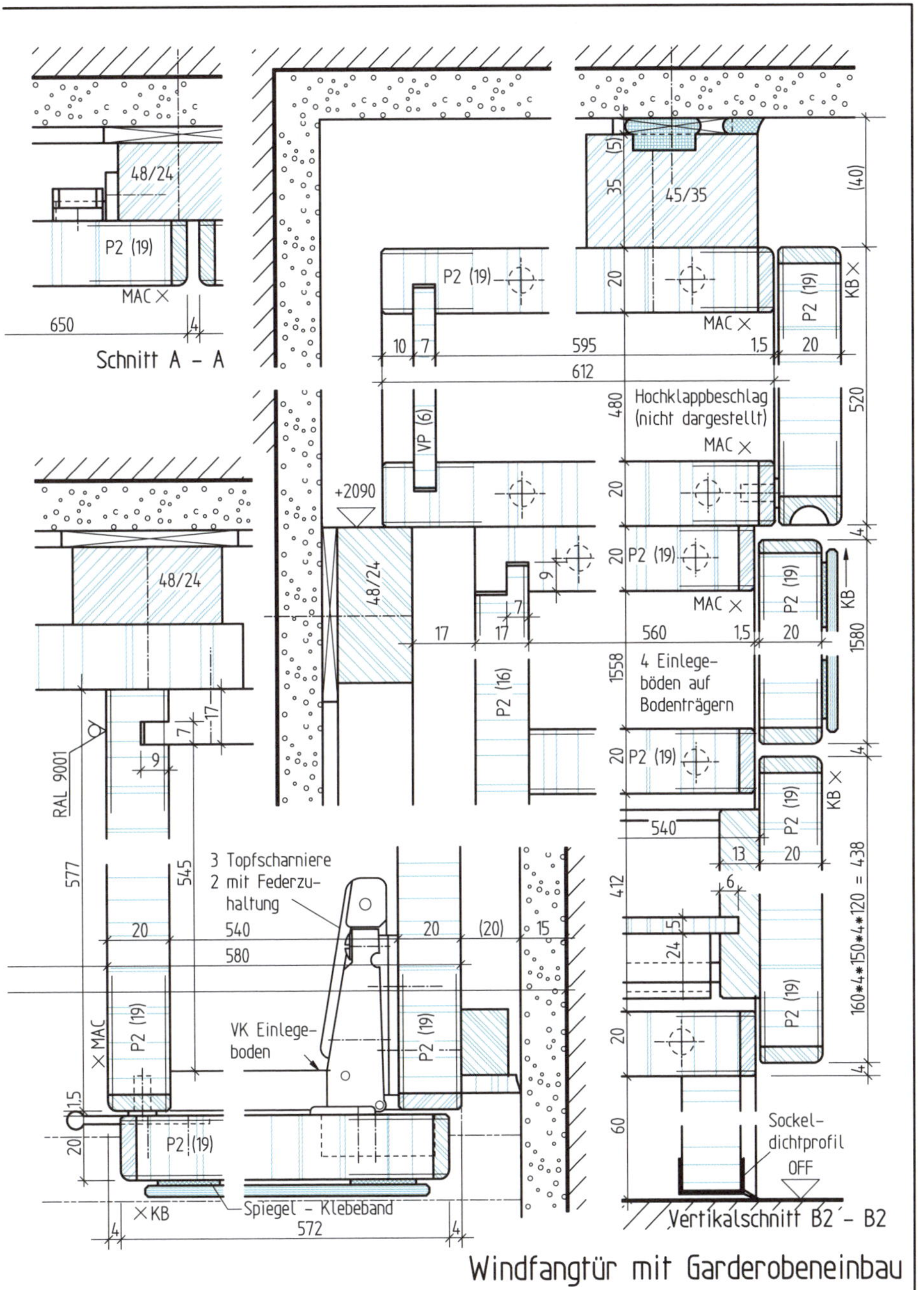

Windfangtür mit Garderobeneinbau

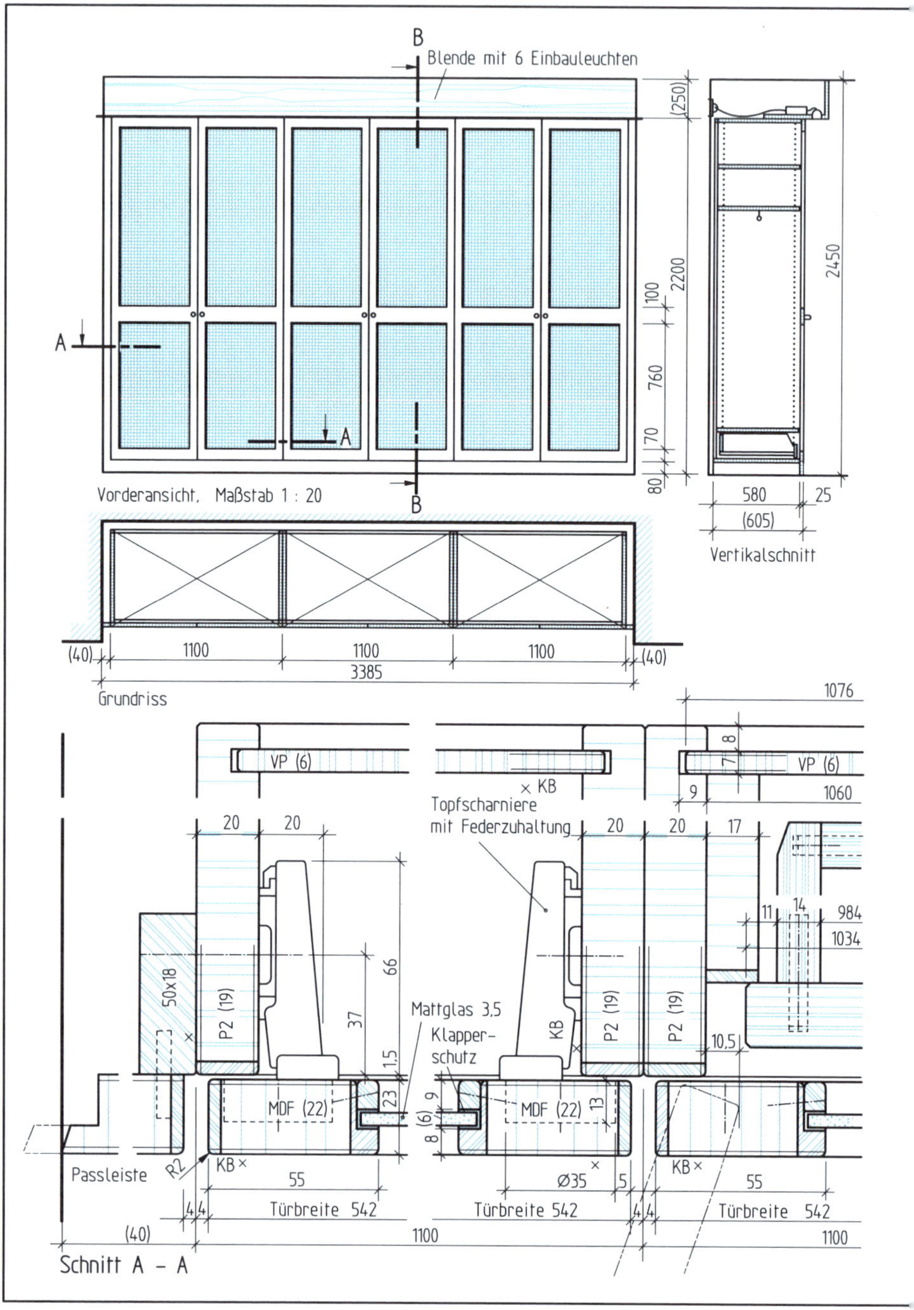

Bild 7.2–4 Beispiel einer Teilschnitt-Zeichnung für einen Einbauschrank

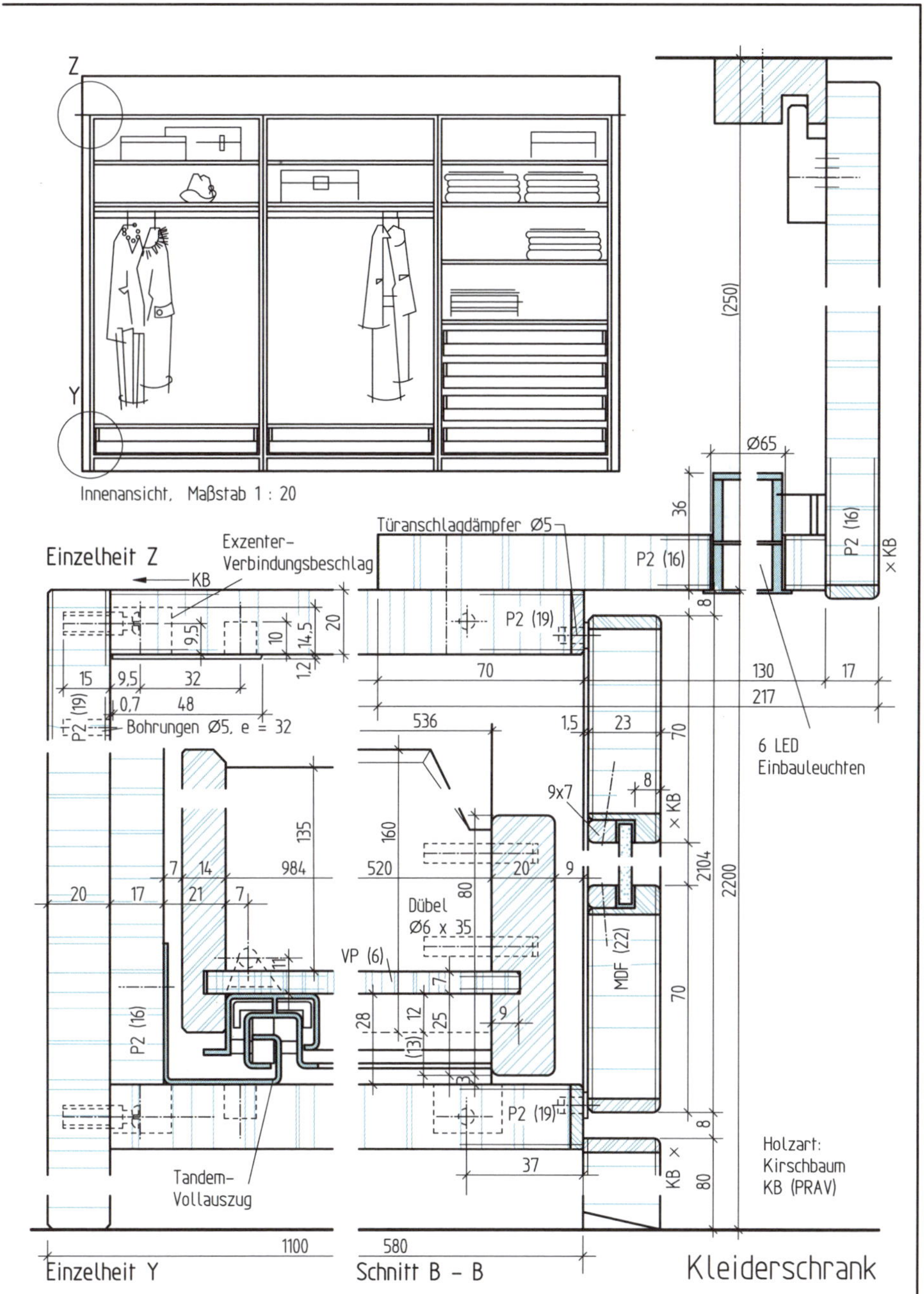
Innenansicht, Maßstab 1 : 20
Einzelheit Z
Exzenter-
Verbindungsbeschlag
KB
Türanschlagdämpfer Ø5
P2 (16)
P2 (19)
Bohrungen Ø5, e = 32
Ø65
6 LED
Einbauleuchten
9x7
MDF (22)
Dübel
Ø6 x 35
VP (6)
Tandem-
Vollauszug
Holzart:
Kirschbaum
KB (PRAV)
Einzelheit Y
Schnitt B – B
Kleiderschrank

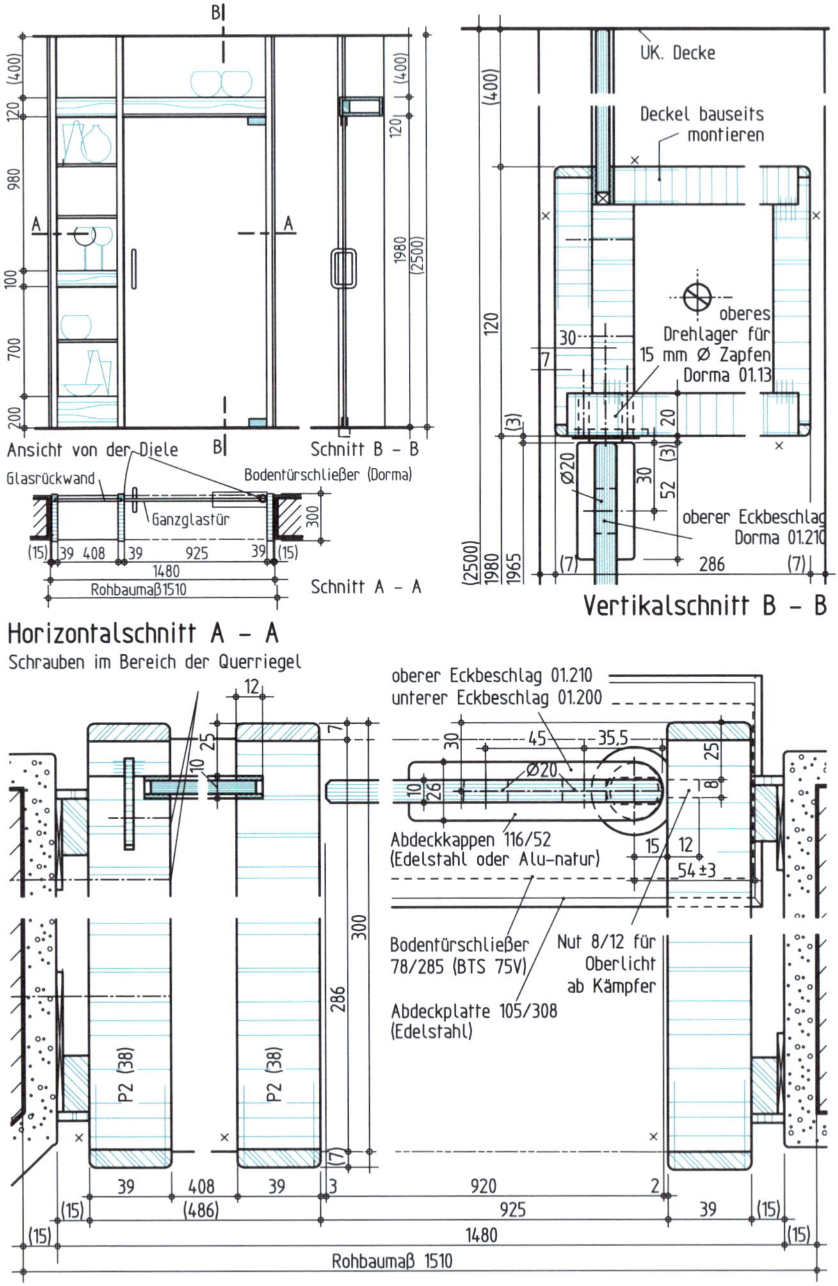

Bild 7.2-5 Beispiel einer Teilschnitt-Zeichnung für die Einzelferigung. Sie ist häufig Entwurfszeichnung und mit den Konstruktionsdetails auch Fertigungszeichnung. Farbig angelegt für den Kunden, siehe Seite 259.

die Maße, die für die Formgebung des Werkstücks wichtig sind, wie zum Beispiel Sitz der Griffe und Schließzylinder, sollten aus der Zeichnung abzulesen sein. Auf die Bemaßung einzelner Konstruktionselemente kann im Einzelfall verzichtet werden, weil diese genauer in den Einzelteil-Zeichnungen angegeben sind.

Die Bemaßung in den Teilschnitt-Zeichnungen für die Einzelfertigung muss sinnvoll und möglichst auch vollständig sein. Bei Fertigungszeichnungen sind zusätzlich noch die konstruktiven Einzelheiten besonders auszumaßen. Bei Entwurfszeichnungen wird sich die Bemaßung mehr auf die architektonischen Abmessungen beschränken (Bild 7.2–2).

In Teilschnitt-Zeichnungen werden übrigens die Maßlinien durchgezeichnet, auch wenn die Schnitte unterbrochen gezeichnet worden sind. In Teilschnitten, die nur eine Hälfte des Werkstücks darstellen, müssen die Maßlinien nur einseitig begrenzt werden (Bild 7.2–1).

7.3 Einzelteil-Zeichnung

In der Einzelteil-Zeichnung (Bild 7.3–2) wird nur ein Einzelteil des Produkts in zwei oder – wenn erforderlich – drei Ansichten bzw. in mehreren Schnitten dargestellt. Einzelteil-Zeichnungen sind Arbeitsunterlagen, die in der Serienfertigung an den Fertigungsplätzen verwendet werden. Weil Einzelteil-Zeichnungen im Betrieb in mehreren Exemplaren benötigt werden, zeichnet man sie meistens nur auf DIN A4-Formaten. Sie sind dadurch handlicher, besser abzuheften und kostensparender zu vervielfältigen. Über den Schriftkasten der Einzelteil-Zeichnung kann die das Einzelteil betreffende Spalte der Stückliste gesetzt werden.

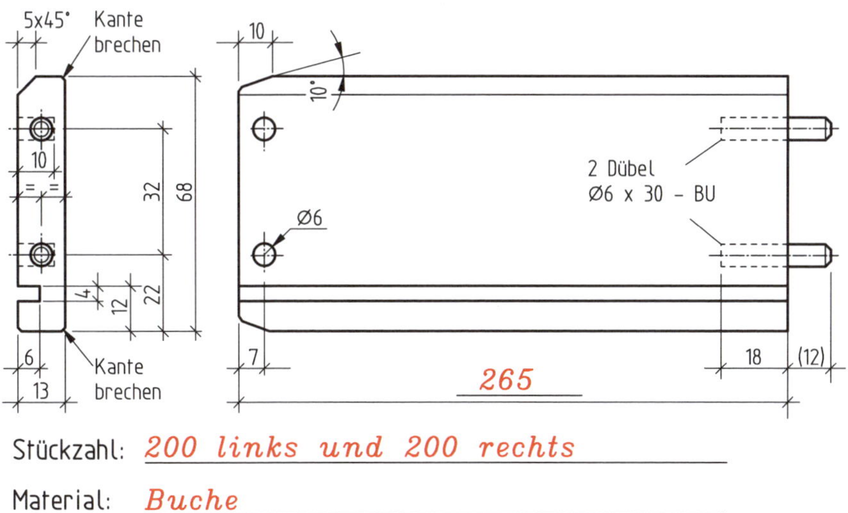

Bild 7.3–1 Vordruckzeichnung

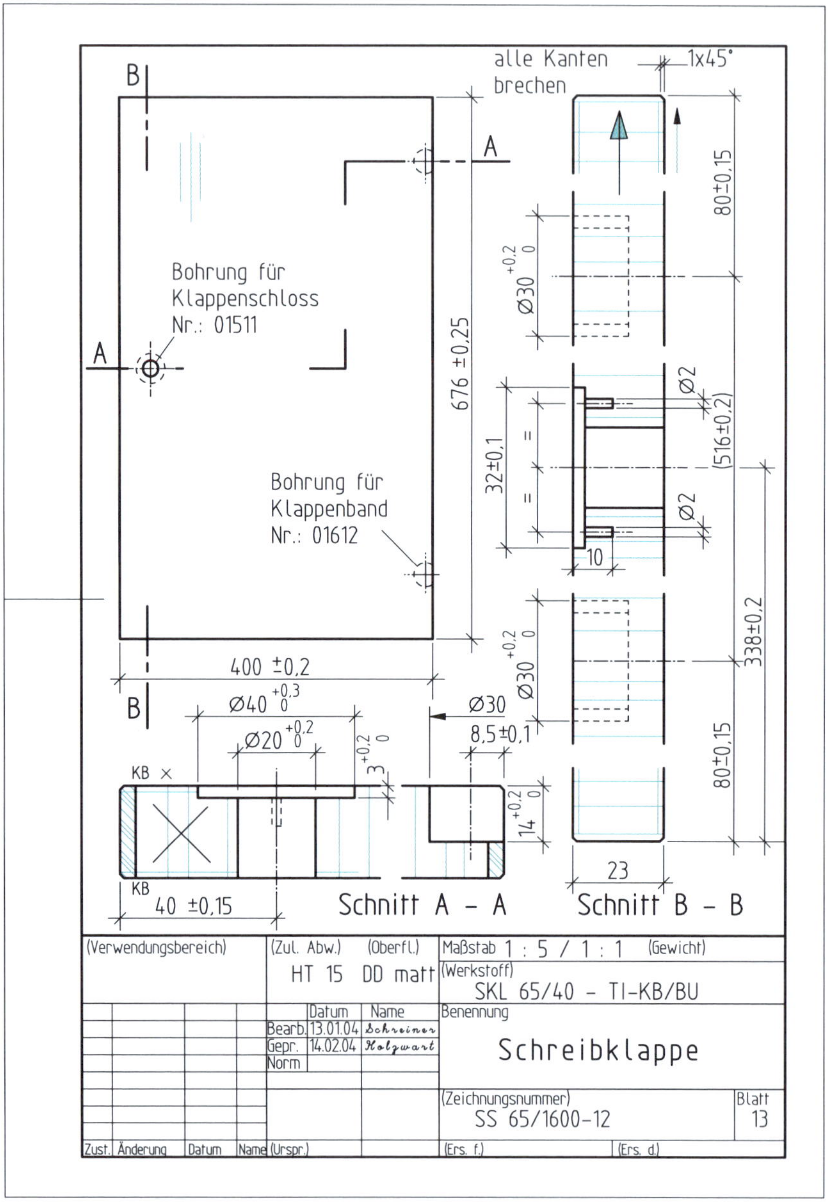

Bild 7.3–2 Einzelteil-Zeichnung (Schriftfeld gemäß Betriebsnorm)

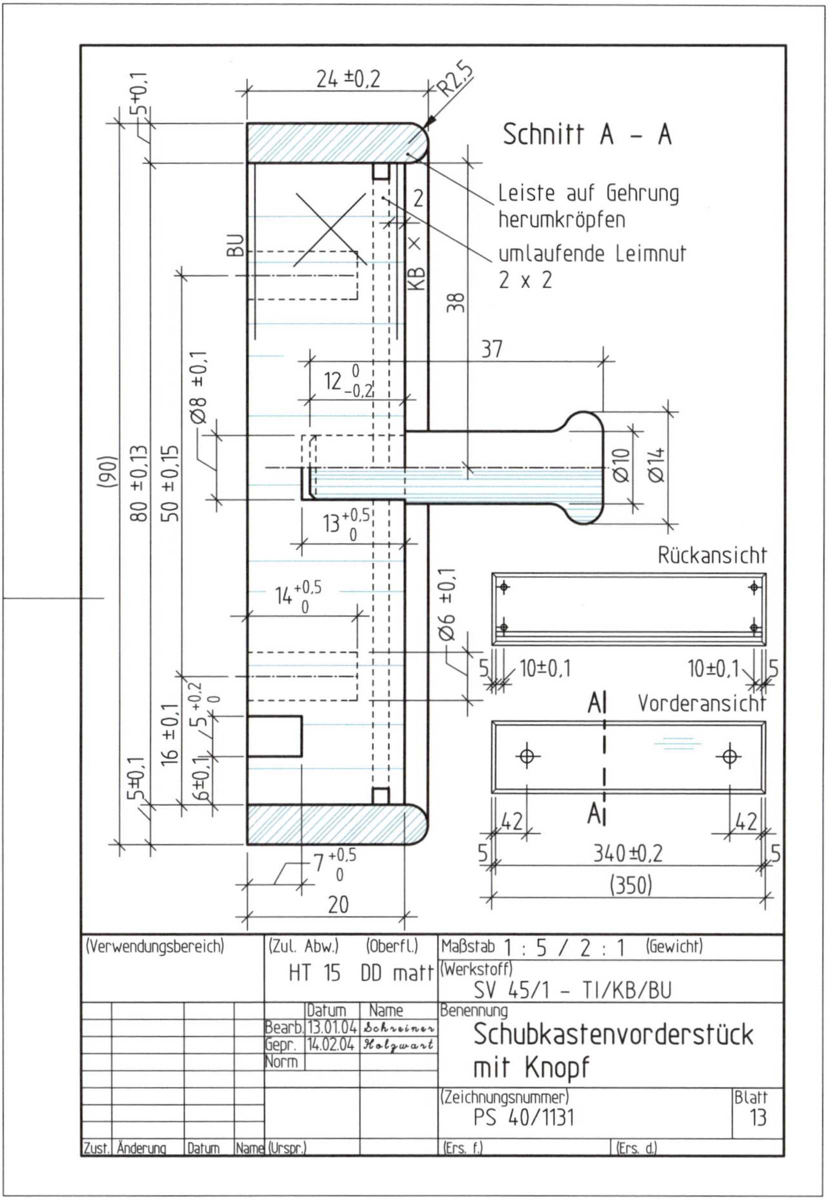

Bild 7.3–3 Gruppenteilzeichnung (Schriftfeld gemäß innerbetrieblicher Norm)

Zentraler Bestandteil einer Einzelteil-Zeichnung ist die richtige, genaue und vollkommene Bemaßung aller konstruktiven Einzelheiten. Diese Maße können mit Toleranzen versehen werden. Außerdem ist stets darauf zu achten, dass das gezeichnete Einzelteil auch zu den anderen, mit diesem zu verbindenden Einzelteilen passt. Nur so können im Betrieb Rückfragen und die Fertigung von Ausschussstücken vermieden werden. Eine Übersicht über die Zugehörigkeit der einzelnen Teile lässt sich aus der Teilschnitt-Zeichnung ersehen.

Vordruckzeichnung: Um sich die Zeichenarbeit zu erleichtern, können für maschinell gleich zu bearbeitende Werkstücke, die aber in verschiedenen Abmessungen in etwa Breite oder Länge benötigt werden, so genannte Vordruckzeichnungen verwendet werden. Die Darstellung der Teile muss nicht maßstabsgetreu sein. Die Maßlinien der veränderlichen Maße tragen keine Maße und die Stückzahlen sind noch nicht ausgewiesen. Diese werden erst bei Bedarf eingesetzt (Bild 7.3–1).

Gruppenteil-Zeichnungen (Bild 7.3–3) stellen eine Gruppe zusammengehörender Einzelteile dar. Schubkastenvorderstücke zum Beispiel können komplett mit Griff und Profilleisten in der Zeichnung dargestellt werden.

7.4 Fertigungsmittel-Zeichnung

Zu den Fertigungsmitteln gehören neben den Maschinen und Fördermitteln auch Werkzeuge, Vorrichtungen, Spannzeuge, Messzeuge usw. In vielen Fällen werden Fertigungsmittel in der Betriebsschlosserei angefertigt. Hierzu sind besondere Fertigungsmittel-Zeichnungen erforderlich, die entweder als Haupt-Zeichnung oder als Teilschnitt-Zeichnung angelegt sein können.

7.5 Modellzeichnung

Für die Herstellung von Modellen aus Holz und anderen Werkstoffen benötigt man besondere Zeichnungen. Diese Modellzeichnungen werden meistens als Hauptzeichnung hergestellt.

7.6 Erläuterungszeichnung

Zeichnungen dienen nicht nur als Fertigungsunterlage oder als Darstellung der äußeren Gestaltung, sie haben darüber hinaus mitunter auch in Bereichen der Verwaltung oder der Montage erläuternde Aufgaben zu erfüllen.

Die **Angebotszeichnung** dient der Erläuterung eines Ausschreibungstextes und hilft bei der Erstellung eines Angebotes. Angebotszeichnungen können sowohl Skizzen als auch Haupt-Zeichnungen oder Teilschnitt-Zeichnungen sein. Bei der Ausschreibung von Innenausbauarbeiten oder Möbeln werden in der Regel informative Entwurfszeichnungen zur Erläuterung beigefügt, aus denen die wichtigsten Maße und die Ausführungsdetails zu entnehmen sind.

Die **Bestellzeichnung** dient als Grundlage für eine Bestellung. Zum Beispiel kann für die Bestellung von Möbel- und Kücheneinbauten eine erläuternde Zeichnung beigefügt werden, welche die einzelnen zu bestellenden Elemente und ihre spätere Lage ausweist.

Die **Aufstellungszeichnung** liefert erläuternde Angaben für die Aufstellung von Maschinen oder einzelner Elemente bei einem größeren Innenausbau.

Die **Zusammenbau-Zeichnung** erläutert dem Monteur oder dem Kunden, beispielsweise in Form einer Explosionszeichnung (Bild 1.2–7) oder Anordnungs-Zeichnung (Bild 1.2–8 bis 11), wie die Teile am zweckmäßigsten zusammenzubauen sind und welche Teile oder Teilgruppen erforderlich sind (Bild 7.6–1).

Bild 7.6–1 Zusammenbau-Zeichnung

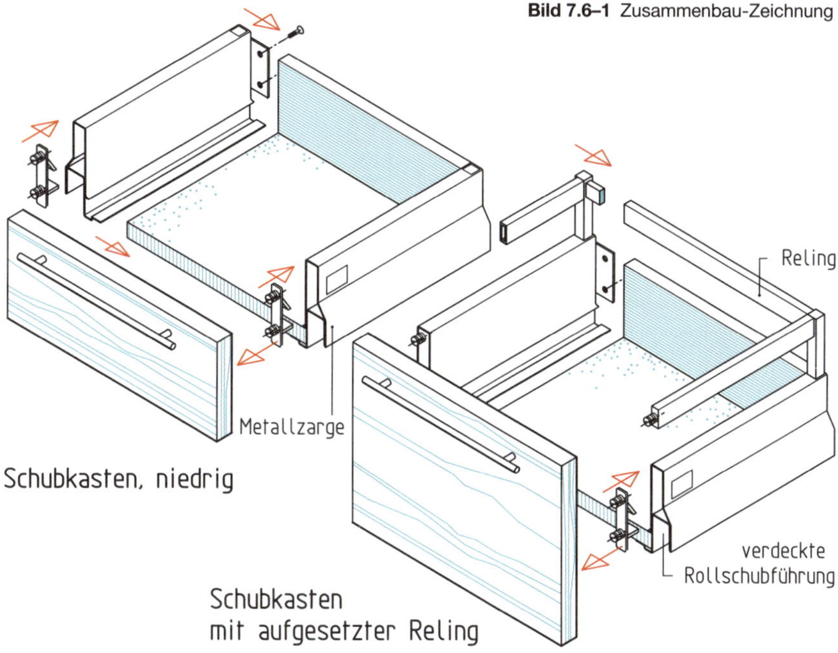

7.7 Zeichnungssätze

Zeichnungssätze sind die Summe aller Zeichnungen, die für die Herstellung eines Erzeugnisses notwendig sind.

In der **Einzelfertigung** können für einen größeren Einbau Zeichnungssätze, also mehrere Zeichnungen zum einzelnen Projekt, erforderlich werden. Ein Zeichnungssatz wird in mehrere Anschluss- oder Folgeblätter aufgeteilt. Auf der ersten Zeichnung des zusam-

Aufbauübersicht

Erzeugnis	Gruppen 1. Ordnung	Gruppen 2. Ordnung	Gruppen 3. Ordnung	Einzelteile	Material
Utensilienschrank Typ.: US 42/101	Korpus vollständig	Korpus ohne Platte u. Sockel	Seite, links	Platte	P2 16
				Anleimer	KB
				Furnier, innen	BU
				Furnier, außen	KB
			Seite, rechts	Platte	P2 16
				Anleimer	KB
				Furnier, innen	BU
				Furnier, außen	KB
			Travers, vorn	Travers	BU
				Anleimer	KB
				Dübel	BU
			Travers, hinten	Travers	BU
				Dübel	BU
			Rückwand	Rückwand	VP 6
		Blatt		Platte	P2 30
				Anleimer	KB
				Furnier, innen	BU
				Furnier, außen	KB

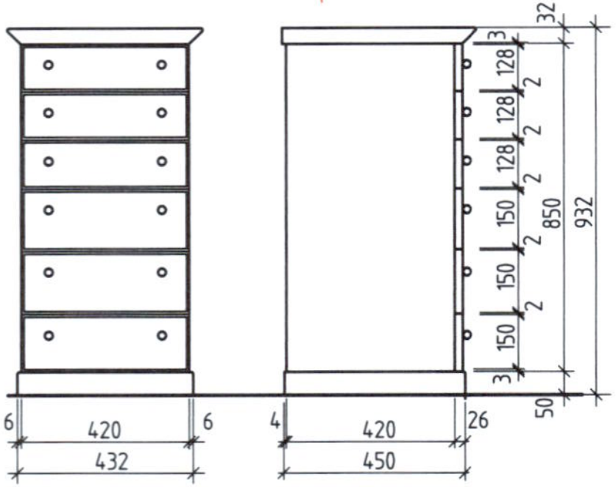

Vorderansicht Seitenansicht

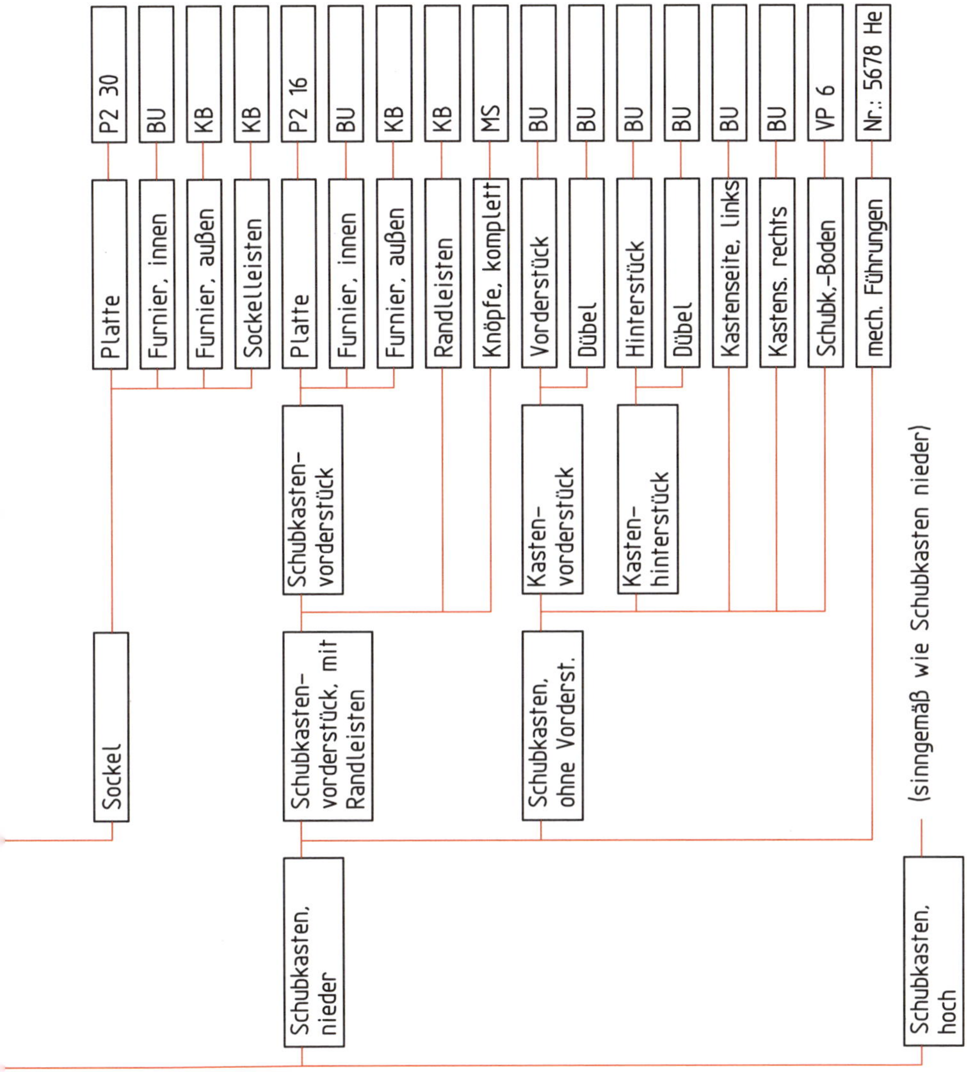

Anmerkung: Zur besseren Verständigung im Betrieb werden die Kurzzeichen der deutschen Holzartennamen verwendet.

Bild 7.7–1 Aufbauübersicht am Beispiel eines Kleinmöbels

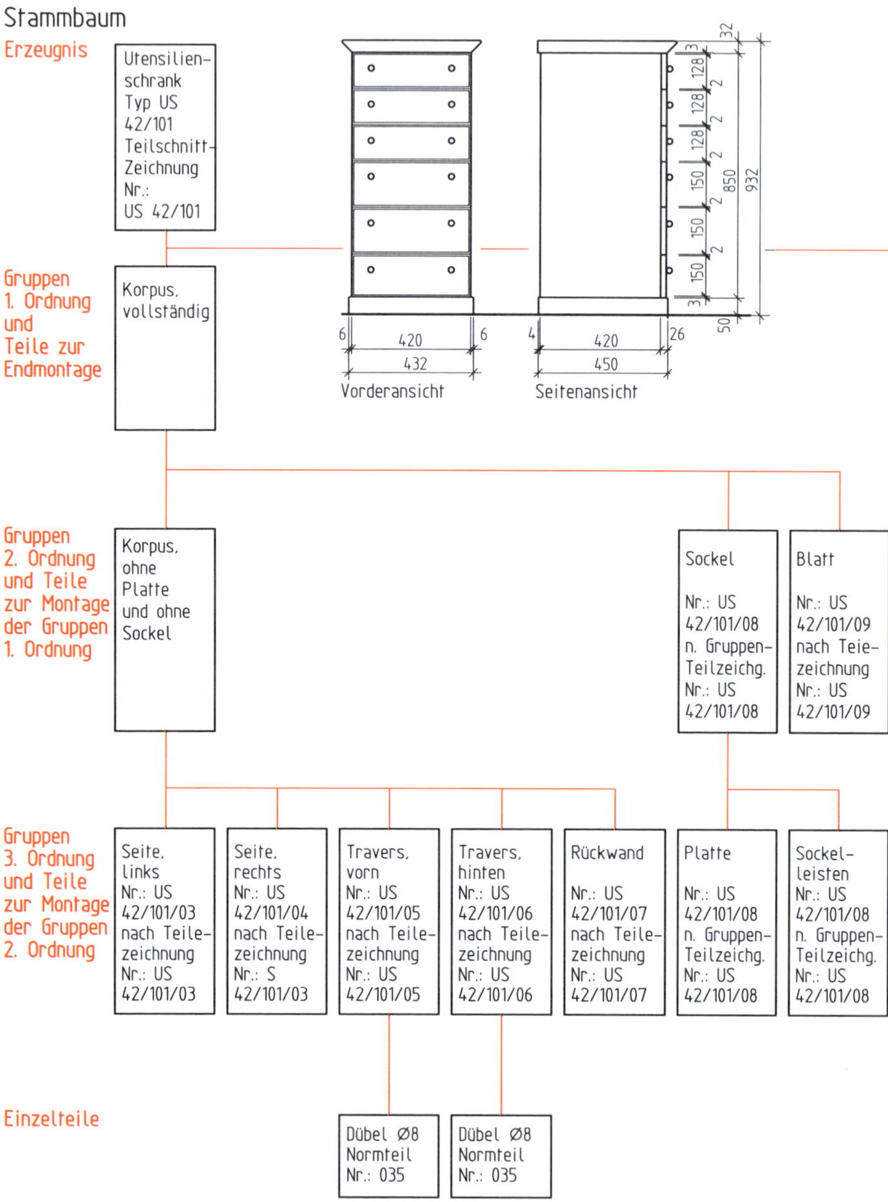

Bild 7.7–2 Stammbaum der Zeichnungen sowie Gruppen und Teile am Beispiel eines Kleinmöbels

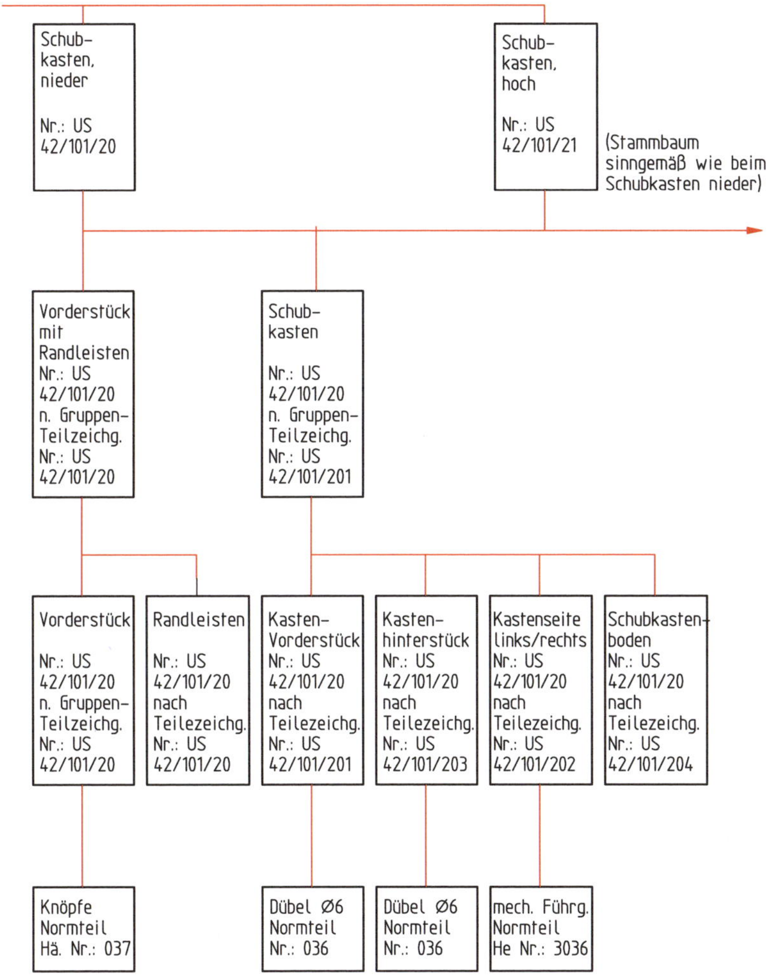
Schub-kasten, nieder Nr.: US 42/101/20
Schub-kasten, hoch Nr.: US 42/101/21
(Stammbaum sinngemäß wie beim Schubkasten nieder)
Vorderstück mit Randleisten Nr.: US 42/101/20 n. Gruppen-Teilzeichg. Nr.: US 42/101/20
Schub-kasten Nr.: US 42/101/20 n. Gruppen-Teilzeichg. Nr.: US 42/101/201
Vorderstück Nr.: US 42/101/20 n. Gruppen-Teilzeichg. Nr.: US 42/101/20
Randleisten Nr.: US 42/101/20 nach Teilezeichg. Nr.: US 42/101/20
Kasten-Vorderstück Nr.: US 42/101/20 nach Teilezeichg. Nr.: US 42/101/201
Kasten-hinterstück Nr.: US 42/101/20 nach Teilezeichg. Nr.: US 42/101/203
Kastenseite links/rechts Nr.: US 42/101/20 nach Teilezeichg. Nr.: US 42/101/202
Schubkasten-boden Nr.: US 42/101/20 nach Teilezeichg. Nr.: US 42/101/204
Knöpfe Normteil Hä. Nr.: 037
Dübel Ø6 Normteil Nr.: 036
Dübel Ø6 Normteil Nr.: 036
mech. Führg. Normteil He Nr.: 3036

mengehörenden Zeichnungssatzes – in der Regel das Blatt mit den Ansichten oder dem Grundriss – ist dann eine Aufstellung aller zugehörigen Blätter notwendig, die links neben oder über den Schriftkasten zu setzen ist.

Beispiel: Deckenuntersicht, Blatt B
Schnitt B – B, Blatt C
Einzelheit Z, Blatt D usw.

Die zusammengehörenden Zeichnungen müssen alle die gleichen Benennungen und die gleichen Nummern tragen. Sie unterscheiden sich nur durch die angefügten Zusatzbuchstaben A, B, C usw.. Sämtliche Zeichnungen des Projekts werden in einer Liste zusammengefasst.

Beispiel der Benennung und Nummerierung eines Zeichnungssatzes mit Anschluss- bzw. Folgeblättern:

Kreissparkasse Adorf – Sitzungszimmer
Zeichnungs-Nummer: 350214, Blatt A (von 6 Blättern)

In der **Serienfertigung** werden die Erzeugnisse häufig in die zu fertigenden Gruppen oder Einzelteile zerlegt und in dieser Form auch gezeichnet.
Erzeugnisse sind funktionsfähige Gegenstände, die aus Teilen oder Gruppen zusammengebaut werden, wie zum Beispiel ein Unterschrank oder eine Anrichte. Sie werden in der Holzbranche als Teilschnitt-Zeichnung, bei kleineren Erzeugnissen auch als Gesamt-Zeichnung dargestellt.
Gruppen sind in sich geschlossene Einheiten aus zwei oder mehreren Teilen, die in der Regel der Endmontage in dieser zusammengebauten Form zugeleitet werden, wie zum Beispiel Schubkasten, Sockel oder Gestelle. Sie werden in Gruppen- oder Gruppen-Teil-Zeichnungen dargestellt. Die Erzeugnisgliederung unterscheidet je nach Umfang des Gruppenteils und des Zeitpunkts der Vervollständigung des Erzeugnisses zum Beispiel Gruppen 1. Ordnung, Gruppen 2. Ordnung, Gruppen 3. Ordnung und die Einzelteile (Bild 7.7–1).
Teile sind die für den Zusammenbau vorbereiteten Einzelteile des Erzeugnisses, die nicht weiter zerlegbar sind wie Unterböden oder Korpusseiten. Werden diese Teile auch noch in andere Erzeugnisse oder Gruppen eingebaut, wie Korpusseiten zu Unterschrank A und zu Unterschrank B, nennt man diese Teile **Wiederholteile**.
Normteile dagegen sind innerbetrieblich genormte Teile, die in vielen Erzeugnissen des Betriebs Verwendung finden. Dazu gehören etwa Laufleisten für Schubkastenführungen, Schubkastenseiten und Sockelblenden. Alle Teile werden in den Einzelteil-Zeichnungen dargestellt.

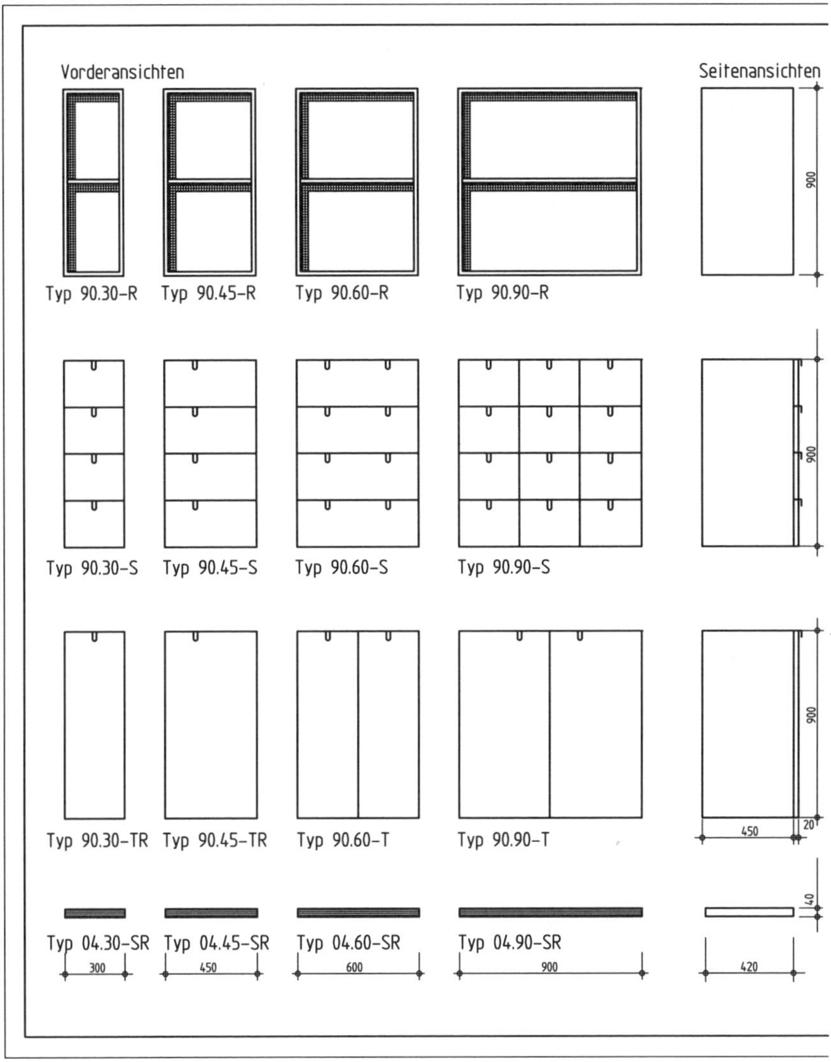

Bild 7.7–3 Übersichtszeichnung von einem Erzeugnisprogramm (Ausschnitt)

Der Zeichnungssatz kann in Form einer graphischen Aufbauübersicht oder eines Stammbaums dargestellt werden. Die Aufbauübersicht oder der Stammbaum gliedert das Erzeugnis so in Gruppen und Einzelteile auf, wie sie gefertigt und zusammengebaut werden müssen (Bild 7.7–1 und Bild 7.7–2). Mit dem Zeichnungssatz ist häufig auch der Stücklistensatz identisch.

Bei der Fertigung eines umfangreichen Erzeugnisprogramms sind neben den Fertigungszeichnungen wie Teilschnitt-Zeichnung, Gruppenteil- und Einzelteil-Zeichnungen auch **Übersichtszeichnungen** zweckmäßig. Sie dienen zur Übersicht über das gesamte Erzeugnisprogramm. Besteht das Programm aus Einzelkorpussen wie Unterschränken, Oberschränken und Hochschränken in verschiedenen Abmessungen und mit unterschiedlichen Frontelementen, dann werden in den Übersichtszeichnungen die Einzelkorpusse des Programms im verkleinerndem Maßstab in den Ansichten oder axonometrisch dargestellt.

Besteht das Erzeugnis aus Einzelelementen wie Böden, Seiten und Türen, aus denen die Kundenaufträge zusammengebaut werden müssen, werden diese Teile oder Gruppen in der Übersichtszeichnung bildlich aufgelistet (Bild 7.7–3).

Bei sehr umfangreichen Erzeugnisprogrammen werden mehrere Übersichtszeichnungen erforderlich. Diese werden dann zu einem Erzeugniskatalog zusammengeheftet.

8 Methodik des technischen Zeichnens

Technisches Zeichnen besteht aus mehreren Arbeitsschritten: Entwerfen, Konstruieren und Darstellen.
Entwerfen und Konstruieren sind in erster Linie eine geistig-schöpferische und erst in zweiter Linie eine technisch-motorische Tätigkeit. Gerade den letzten Part kann man ja auch dem Computer überlassen. Schwachstellenuntersuchungen zeigen immer wieder, das ein Großteil der am Produkt auftretenden Fehler ihren Ursprung in der Konstruktion oder Entwicklung hatten. Diese Erkenntnis zwingt zu besonderer Sorgfalt und zur klaren methodischen Gestaltung der zeichnerischen Entwicklungsarbeit. Hierfür bieten sich die folgenden sechs Schritte an:

- Zielsetzung wie Zeichnungsziel, Kostenziel, Terminziel definieren,
- Aufgabenstellung formulieren, Funktionskatalog aufstellen, Aufgaben verteilen,
- Daten und Informationen beschaffen und nach Verwendbarkeit auswerten,
- denkbare Lösungen entwerfen,
- durchführbare und wirtschaftliche Lösungen auswählen,
- Zeichnung ausführen und kontrollieren.

Während bei einer großen Zeichenaufgabe, wie für eine Serienfertigung, alle Stationen organisatorisch erfasst und die Aufgaben auch schriftlich fixiert werden, wird bei kleinen Zeichenaufgaben, wie zum Beispiel für einen handwerklichen Innenausbau, der Ablauf der Zeichenarbeit mehr unbewusst als bewusst über diese sechs Schritte vollzogen. Generell ist für jede Aufgabenstellung ein Überdenken des Funktionskataloges und eine Zeichnungskontrolle am Ende nützlich und erforderlich, die je nach Erstellung der Zeichnungen, ob manuell oder mit CAD, verschiedene Schwerpunkte setzen muss (Bild 8.0–1).

Schritt 1
Zielsetzung

Schritt 2
Aufgabenstellung und Aufgabenverteilung

Schritt 3
Daten und Informationen beschaffen

Schritt 4
Entwerfen praktikabler Lösungen

Schritt 5
Durchführbare und wirtschaftliche Lösung auswählen

Schritt 6
Ausführung und Kontrolle der Zeichnung

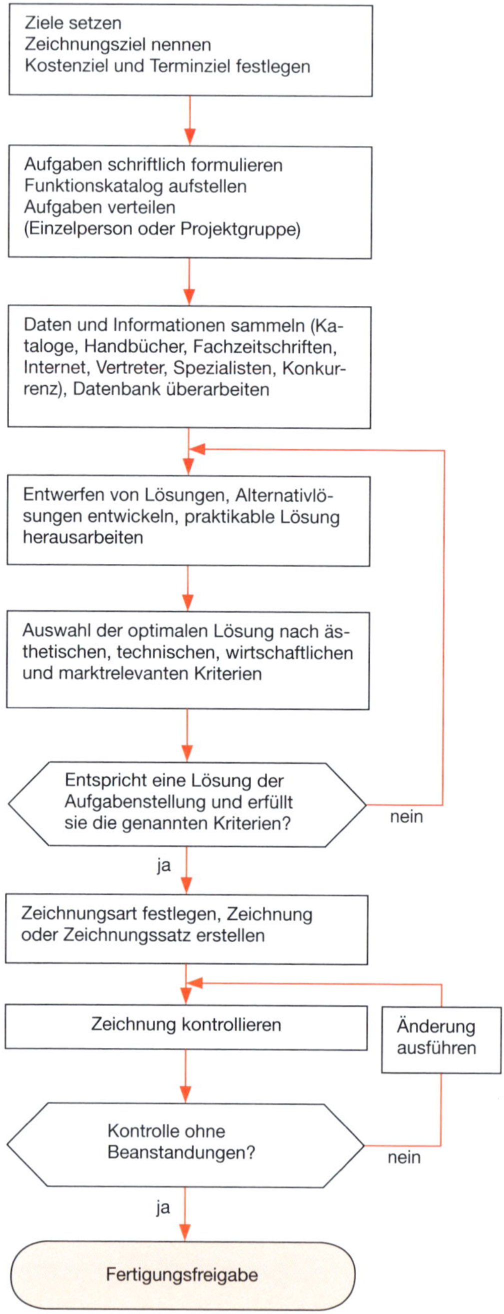

Bild 8.0–1 Methodischer Ablauf einer Zeichenarbeit

8.1 Erzeugnisentwicklung

Die Erzeugnisse des Holz verarbeitenden Handwerks und der Industrie haben in der Regel zwei verschiedene Formen von Funktionen zu erfüllen: die **technische Funktion** und die **ästhetische Funktion**, die bei der Erzeugnisentwicklung, also bei Entwurf und Konstruktion zu berücksichtigen sind. Zu den technischen Funktionen gehören zum Beispiel die Nutzung und Art des Erzeugnisses, die funktionsbedingten Eigenschaften und anthropometrischen Bedingungen, die konstruktiven und fertigungstechnischen Bedingungen sowie die besonderen örtlichen Bedingungen (Tabelle 8.1–1). Zur Erfüllung der ästhetischen Funktionen gehören zunächst die architektonischen Bedingungen, Marktrelevanz und Kundengeschmack, die Gestaltungs- und Fertigungsqualität (Tabelle 8.1–2).

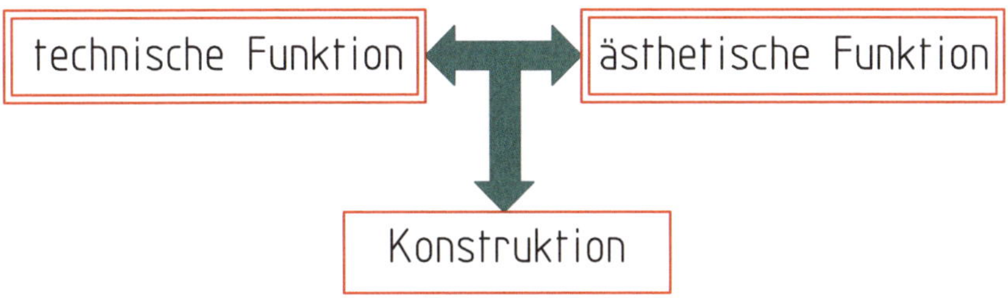

Tabelle 8.1–1: Kriterien zur Erfüllung der technischen Funktionen

Kriterien	Beispiele
Nutzung des Erzeugnisses	Küchen-, Wohnzimmer-, Schlafzimmer-, Kinderzimmermöbel o. ä. Laden-, Büroeinrichtungen usw.
Erzeugnisart	Einzel-, Anbau-, Einbaumöbel Trennwände, Wand- und Deckenverkleidungen, Innentüren, Haustüren
Anthropometrische Bedingungen	Maße des Menschen, Sitzhöhen, Schreib- und Arbeitshöhen, Greifbereich, Bewegungs- und Arbeitsraum, ergonomische Wohn- und Arbeitsraumgestaltung
Funktionsbedingte Eigenschaften	Optimale Erfüllung der Nutzungsfunktion Unterbringungsmöglichkeit der Gegenstände: Einlegeböden, Schubkästen, Auszüge u. ä. Frontelemente: durchsichtig, undurchsichtig, Front durch Drehtüren, Schiebetüren, Klappen oder Rollläden verschlossen Bedienungsmöglichkeit und Bedienungssicherheit
Konstruktive Bedingungen	Werkstoffauswahl: Materialart, Materialdicke und Materialbeschaffenheit, Materialfestigkeit und Materialdimension Beschläge und Verbindungsmittel auf dem Markt vorhanden oder Sonderkonstruktionen erforderlich? Konstruktionselemente auswählen nach Zweckmäßigkeit, Wirtschaftlichkeit, Funktionstüchtigkeit, Bedienungssicherheit usw. Verwendung von Normteilen oder Fremdteilen möglich?

Fertigungsmöglichkeit	Werkstückgröße: Bearbeitbarkeit, Transportierbarkeit, Montierbarkeit Maßgenauigkeit: sinnvolle Toleranz- und Passungsmaße Produzierbarkeit: Welche Betriebsmittel wie Maschinen, Transportmittel, Vorrichtungen, Werkzeuge und Lehren sind vorhanden und können genutzt werden? Montagemöglichkeit: Montierbarkeit, Demontierbarkeit, Transportierbarkeit, Verpackungsmöglichkeit Recycelfähigkeit
Verkaufsbedingungen	Qualität, Einzelstück, Nachlieferungs-, Ergänzungs- oder Kombinationsmöglichkeit, Reparaturfreundlichkeit
Besondere technische Bedingungen	Oberflächenbeschaffenheit: wasserfest, alkoholfest, hygienisch Technischer Holzschutz, Schallschutz, Wärmeschutz, Brandschutz, Umweltschutz Patentschutz
Besondere örtliche Bedingungen (vorwiegend bei Innenausbauarbeiten zu beachten)	Rohbaumaße, Wasser- und Stromanschluss, Entwässerungsmöglichkeit, Be- und Entlüftung, Heizungsinstallation, Feuerstellen, Fenster-, Brüstungs- und Sturzhöhen, Fußbodenhöhen, Drehrichtung und Durchgangsmaße von Türen, Fußbodenausführung, Materialien der Wände und Decken, Platzierung der Steckdosen und Schalter, lichte Durchgangsmaße der Zugänge (Transport), Gerüstvorhaltung, Leitern, Gestelle, Montagehilfen

Tabelle 8.1–2: Kriterien zur Erfüllung der ästhetischen Funktionen

Kriterien	**Beispiele**
Gestaltung, allgemein	modern, modisch, antik, exklusiv, extravagant, zweckmäßig, individuell, bequem, behaglich, bodenständig, traditionell, schlicht, sachlich, funktionell, profiliert, derb usw. gemäß Kundengeschmack oder Marktrelevanz ausgewogene Proportionen Übereinstimmung von Funktion, Proportion, Form und Konstruktion
Ergonomische Gestaltung	Beachtung der Körpermaße, der Greifbereiche, des Arbeitsraumes und Bewegungsraumes der Menschen und Maße der unterzubringenden Gegenstände
Wirkung im Raum	dominierend, untergeordnet, polarisierend, einfügend Beziehung des gestalteten Raumes zu den übrigen Räumen
Flächengliederung	feingliederig, markante Struktur, großflächig schlicht, strukturlos, vorwiegend horizontale oder vertikale Gliederung, Rahmen und Füllungen, Reihungen, Kopplungen, symmetrisch, asymmetrisch, usw.
Beschläge	Beschläge unsichtbar, zurückhaltend, auffallend, schmückend, haptische Grifflösungen
Oberfläche	glänzend, matt, glatt, rau, plastisch, ruhig, bewegt warm, kalt, nüchtern farbig, bunt, einfarbig
Material	Holz, Metall, Glas, Materialmix Textil wie Leinen und Seide, Leder usw.
Qualität	Verarbeitung, Material und Ausstattung

8.2 Technische Zeichnung erstellen

Erst wenn entschieden ist, welche der Lösungen als optimal und durchführbar zu betrachten sind, können die Zeichnungen für die zu verwirklichende Lösung angefertigt werden. Vor Beginn der Zeichenarbeit sind Zeichnungsart und auch Zeichnungsgröße zu klären. Die Entscheidung ist im Wesentlichen abhängig von:

1. der Lebensdauer und Verwendung der Zeichnung: Besprechungsskizze, kurzlebiges oder langlebiges Zeichnungsoriginal wie für Einmalauftrag oder Bestandszeichnung, Bleizeichnung, Tuschezeichnung oder CAD-Zeichnung mit schwarz-weißem oder farbigem Ausdruck;
2. der Vervielfältigungsmöglichkeit wie Lichtpausen, Fotokopieren, Drucken, Plotten und Archivierungsmöglichkeit wie Archivierung der Originale, Mikroverfilmung oder elektronischer Speicherung;
3. dem Gebrauch der Zeichnung beim Kunden oder im Betrieb;
4. dem Zweck der Zeichnung wie Entwurfszeichnung, Konstruktionszeichnung, Fertigungszeichnung, Bestandszeichnung;
5. der Fertigungsart und dem Inhalt der Zeichnung wie Einzelteil-Zeichnung, Haupt-Zeichnung, Teilschnitt-Zeichnung oder Aufriss.

Technische Zeichnungen werden zu einer wichtigen Arbeitsunterlage. Sie müssen so klar und eindeutig dargestellt und fehlerfrei sein, dass keine Rückfragen mehr auftreten. Um das zu erreichen, muss der Konstrukteur über alle Angaben verfügen, die für die Konstruktion und Fertigung des Erzeugnisses und dessen Einzelheiten wichtig sind. Hierzu gehört das Wissen über die Eigenschaften der zu verwendenden Werkstoffe und Hilfswerkstoffe, der Normteile, Fremdteile und Beschläge sowie Kenntnisse über die im Betrieb möglichen Fertigungsverfahren. Der Ausspruch: »Theorie und Praxis sind zweierlei« kann hier nicht gelten. Diejenigen, die solche Urteile abgeben, haben die Aufgabe einer technischen Zeichnung nicht verstanden.

8.3 Zeichnungskontrolle

Die Zeichnungskontrolle vergleicht die dargestellten Ergebnisse mit dem geforderten Soll, stellt Übereinstimmungen oder Abweichungen fest und trägt zur Sollanpassung bei. Obwohl bei der Konstruktions- und Entwurfsarbeit bzw. während der Zeichenarbeit permanent Kontrollen durchgeführt werden, kann man auf eine Schlusskontrolle nicht verzichten. Die Kontrolle ist gründlich durchzuführen, denn in der Zeichnung lassen sich Fehler wesentlich billiger beseitigen als bei einem fehlerhaft gefertigten Werkstück oder gar fertigen Erzeugnis. Die Kontrolle befasst sich im Allgemeinen mit folgenden Schwerpunkten:

- **Konstruktionskontrolle**
  Überprüfung der Konstruktion hinsichtlich ihrer Durchführbarkeit, Zweckmäßigkeit, Wirtschaftlichkeit und Haltbarkeit
- **Funktionskontrolle**
  Funktioniert das Teil auch wirklich? Zum Beispiel: Gehen die Schubkasten hinter den Türen auf, lassen sich die Türen und Klappen mit den verwendeten Beschlägen auch öffnen?
- **Beschlagskontrolle**
  Sind die gewählten Beschläge oder Verbindungsmittel richtig? Stimmen die Bohrungen oder Ausfräsungen?
- **Werkstoffkontrolle**
  Sind die Werkstoffe in Bezug auf Festigkeit, Verbindungsmöglichkeit und architektonische Wirkung richtig ausgewählt?
- **Passungskontrolle**
  Passt das gezeichnete Einzelteil zu den anderen Teilen, die mit diesem zusammengebaut werden müssen?
- **Bemaßungskontrolle**
  Sind die Teile vollständig und richtig bemaßt? Stimmen die angegebenen Toleranzen und Passungen und lassen sie sich einhalten?
- **Transportkontrolle**
  Kann das Teil oder zusammengebaute Erzeugnis in diesen Abmessungen zum Einbauort transportiert werden?
- **Montagekontrolle**
  Lässt sich das Erzeugnis am Verwendungsort aufstellen? Ist die Montage auf einfachste Weise möglich?

8.4 Zeichnungsänderung

Die Veränderung einer Fertigungsmethode oder die Verwendung anderer Werkstoffe, Beschläge oder Verbindungsmittel wird bei einer Serienfertigung fast immer eine Änderung des Werkstücks nach sich ziehen. Bei veränderten Werkstücken müssen natürlich auch die bestehenden Fertigungszeichnungen geändert werden.
Kleine Änderungen, wie Änderungen von Maßzahlen, von Oberflächenzeichen oder von Furnierangaben, können unmittelbar auf alten Zeichnungen vorgenommen werden.
Im innerbetrieblich genormten Schriftfeld befindet sich ein Teilfeld für Änderungsvermerke, aus denen der Änderungszustand der Zeichnung ablesbar ist (Bild 8.4–1).
Die Rubrik für Änderungsvermerke enthält folgende Spalten:
Zustand oder Index für die Buchstaben oder Ziffern zur Angabe der Stelle des Änderungszustandes in der Zeichnung.

Änderung zur Angabe des Änderungsvermerks vor oder nach der Änderung, z. B. 35 mm statt 40 mm, P2 statt VP.

Änderungsdatum und *Namenszeichen* des Konstrukteurs, der die Änderung vorgenommen hat.

Der geänderte Zustand muss in der Zeichnung auch wiederzufinden sein. Deshalb sollte der Zustand vor der Änderung möglichst erhalten bleiben. Geänderte Angaben werden außerdem durch Kleinbuchstaben markiert, unterstrichen oder in Klammern gesetzt. Unterstrichene Maßzahlen geben ja auch an, dass die Zeichnung nicht maßstäblich ist und das unterstrichene Maß gilt.

Erhebliche Änderungen wie Änderungen der Werkstücksform machen häufig eine Neuanfertigung der Zeichnung erforderlich. Im dargestellten Schriftfeld befinden sich die Hinweise »Ersatz für« und »ersetzt durch« (Bild 8.4–1). Die neue geänderte Zeichnung erhält in der Spalte »Ersatz für« die Nummer der alten Zeichnung, wie PS 40/1131. Die alte Zeichnung erhält in der Spalte »ersetzt durch« die Nummer der neuen Zeichnung, zum Beispiel PS 40/1131-1.

Organisation der Zeichnungsänderungen: Für die Änderungen der Zeichnungen ist in größeren Betrieben eine besondere Änderungsstelle verantwortlich. Diese Änderungsstel-

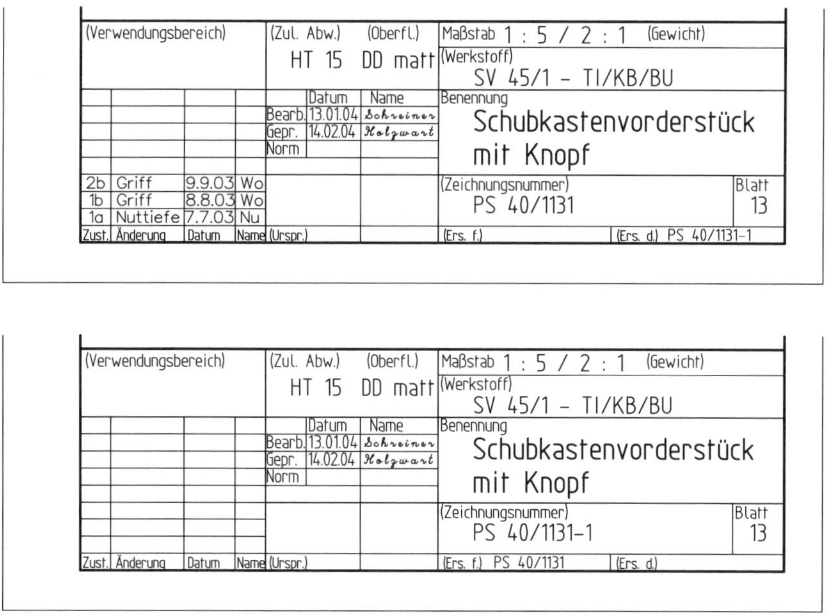

Bild 8.4–1 Änderungsvermerk im Schriftfeld einer Zeichnung, oben: alte Zeichnung mit Änderungsvermerken und Ungültigkeitsvermerk, unten: neue Zeichnung mit »Ersatz für«-Vermerk.

le kann der Konstruktionsabteilung oder der Normenstelle zugeordnet werden. Alle Stellen des Betriebes können Änderungsanträge an die Änderungsstelle geben. Diese registriert den Änderungsantrag und gibt Kopien an die betroffenen Fachabteilungen zur Stellungnahme oder zur Genehmigung bzw. Ablehnung weiter. Genehmigte Änderungsanträge werden von der Änderungsstelle bearbeitet, indem sie Änderungen in den Unterlagen veranlasst und überwacht. Die Stelle, die den Änderungsantrag gestellt hat, wird durch eine Änderungsmitteilung darüber informiert, dass die Änderung durchgeführt wurde. Bei einem abgelehnten Änderungsantrag erhält die änderungsbeantragende Stelle eine Kopie des Änderungsantrages mit dem Ablehnungsvermerk.

Beim Einführen der geänderten oder ersetzten Zeichnungen muss außerordentlich gründlich vorgegangen werden. Alle Stellen, die über alte Unterlagen verfügen, müssen über Verteilerschlüssel bekannt sein, damit diese wieder restlos erfasst werden können und niemand mehr ungültige Unterlagen verwendet. Ein Rundschreiben kann zusätzlich noch die betreffenden Stellen im Betrieb auf die Änderung und die zu ergreifenden Maßnahmen hinweisen.

Die ändernde Stelle muss besonders auch alle Auswirkungen überdenken, die eine Änderung haben kann, wie etwa Veränderungen benachbarter Werkstücke, Änderungen der Teilschnitt-Zeichnung, Änderung der Stückliste, andere Verbindungsmittel oder Beschläge, Benachrichtigung des Materialeinkaufs usw.

9 Axonometrien und Perspektiven

Auf flächigen Zeichnungsträgern können alle Darstellungen nur planimetrisch sein. Selbst eine Fotografie ist planimetrisch. Trotzdem vermitteln diese Darstellungen durch die in die Tiefe laufenden Linien eine körperhafte Form. Solche räumlichen Darstellungen sind nötig, um einem in der Zeichensprache ungeübten potentiellen Kunden eine bessere Vorstellung vom geplanten Projekt vermitteln zu können.
Vereinfachte räumliche Darstellungen lassen sich mit Hilfe von Axonometrien erreichen (DIN ISO 5456-3). Hier unterscheidet man die schiefwinklige Projektion, auch Kavalier-Projektion genannt, die isometrische und die dimetrische Projektion. Alle am Objekt horizontal und vertikal verlaufenden Linien werden bei den Axonometrien parallel zu den Koordinatenachsen X, Y und Z gezeichnet. Dadurch kann mit konstanten Winkelstellungen konstruiert werden.
Eine genauere räumliche Darstellung bringt die Perspektive. Sie vermittelt ein naturgetreues Abbild, so wie es der Fotoapparat aufnimmt oder wie es das menschliche Auge sieht.

9.1 Schiefwinklige Axonometrie

Bei der schiefwinkligen Axonometrie liegen zwei Koordinatenachsen rechtwinklig zueinander. Die Richtung der dritten projizierten Koordinatenachse ist willkürlich; sie kann auch willkürlich verkürzt werden.
Bei der **Kavalier-Projektion** wird die Vorderansicht des Körpers maßstäblich gezeichnet. Dabei verlaufen die am Objekt in der Vorderansicht senkrechten Linien senkrecht und die waagerechten Linien waagerecht. Die in die Tiefe verlaufenden Linien können vereinbarungsgemäß unter einem Winkel von 30° oder unter einem Winkel von 45°, rechts oder links, nach oben oder nach unten verlaufend, an der Vorderansicht angetragen werden. Bei dieser Darstellungsart können neben der Vorderansicht die Draufsicht und eine Seitenansicht des Objekts dargestellt werden. Die unter 45° in die Tiefe verlaufenden Linien können auch verkürzt dargestellt werden, im Beispiel (Bild 9.1–1) auf zwei Drittel.
Die Kavalier-Projektion ist sehr einfach zu zeichnen. Allerdings sieht sie etwas verzerrt aus, wenn man die in die Tiefe laufenden Dimensionen nicht verkürzt zeichnet (Bild 9.1–2).

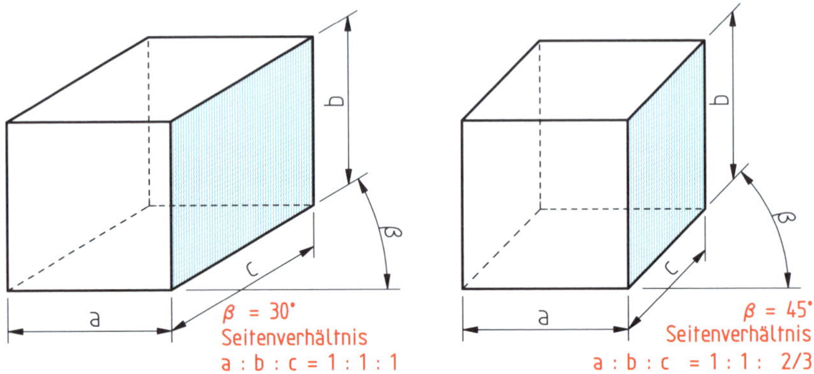

Bild 9.1–1 Schiefwinklige Axonometrie, Kavalier-Projektion

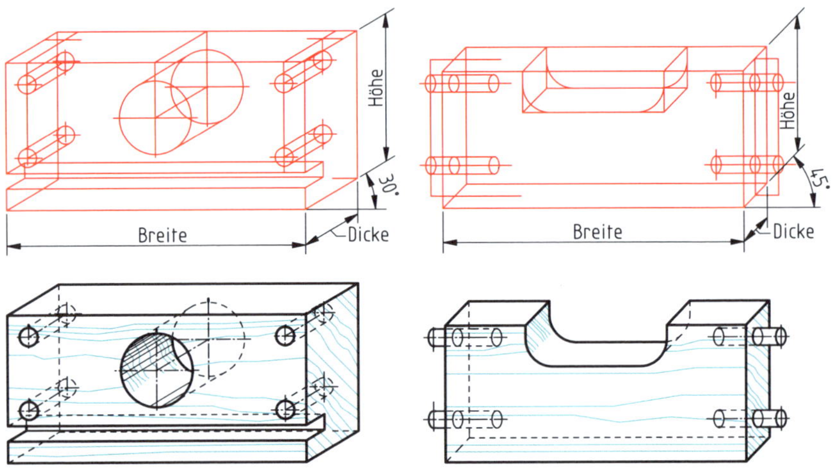

Bild 9.1–2 Darstellung von Werkstücken in der Kavalier-Projektion

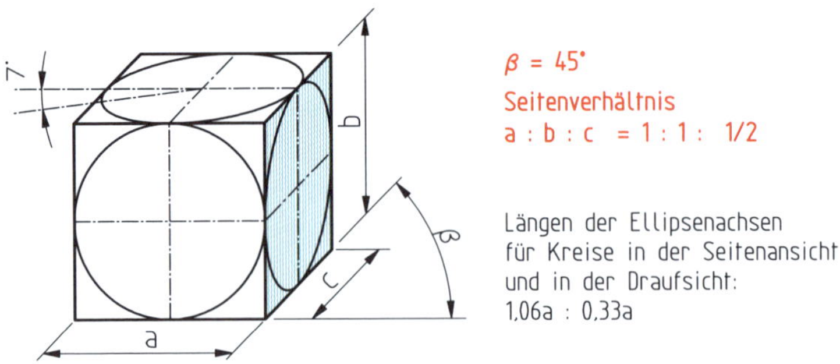

Bild 9.1–3 Schiefwinklige Axonometrie, Kabinett-Projektion

Bei der **Kabinett-Projektion** werden gemäß DIN ISO 5456-3 die in die Tiefe verlaufenden Linien unter 45° gezeichnet und auf die Hälfte verkürzt. Sie ist also der Kavalier-Projektion sehr ähnlich, hat aber den Vorteil, dass sie bessere Proportionen ergibt und dass sich Kreise in Draufsicht und Seitenansicht als Ellipse bestimmen lassen (Bild 9.1–3).

Die **planimetrische Projektion** (Bild 9.1–4) eignet sich besonders für die Darstellung von Räumen, bebauten Grundstücken und auch kleinen Körpern. Der Grundriss oder die Draufsicht bleibt in den gezeichneten Abmessungen und in der maßstäblichen Form. Er wird dann so gedreht, dass man die interessantesten Ansichten zeichnen kann. Diese entstehen, indem man die Höhen maßstabsgerecht senkrecht anträgt (Bild 9.1–5). Auf diese Weise können sehr schnell räumliche Darstellungen gezeichnet werden, die effektvoll angelegt dann sehr plastisch wirken.

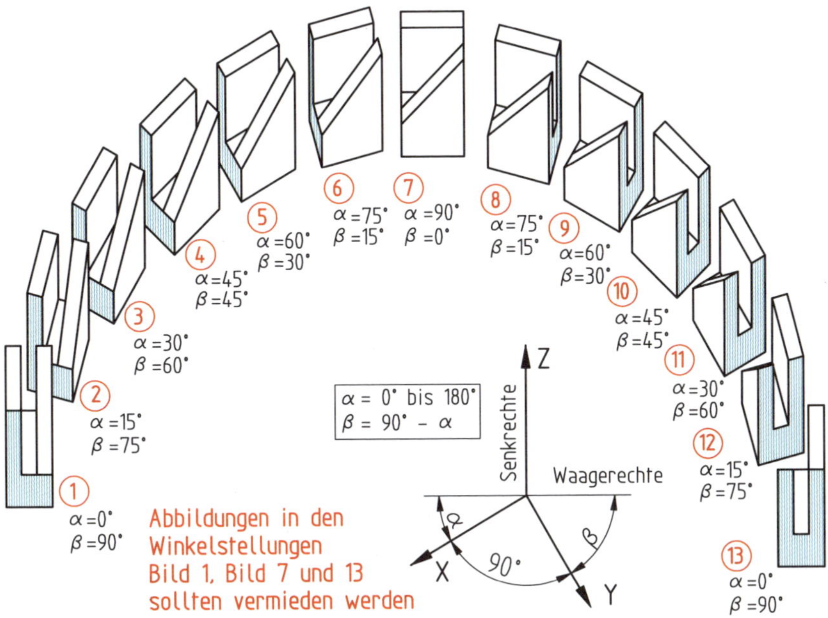

Bild 9.1–4 Schiefwinklige Axonometrie, planimetrische Projektion

Bild 9.1–5 Beispiel: Küche in einer planimetrischen Projektion (Seite 178 und 179)
Schritt 1: Grundriss in den gewünschten Neigungswinkel, hier 30°–60°, legen
Schritt 2: Alle notwendigen Höhen maßstabsgerecht lotrecht einzeichnen
Schritt 3: Alle nicht sichtbaren Linien entfernen
Schritt 4: Möbelfronten vervollständigen, klärende Feinheiten einzeichnen, evtl. farbig anlegen

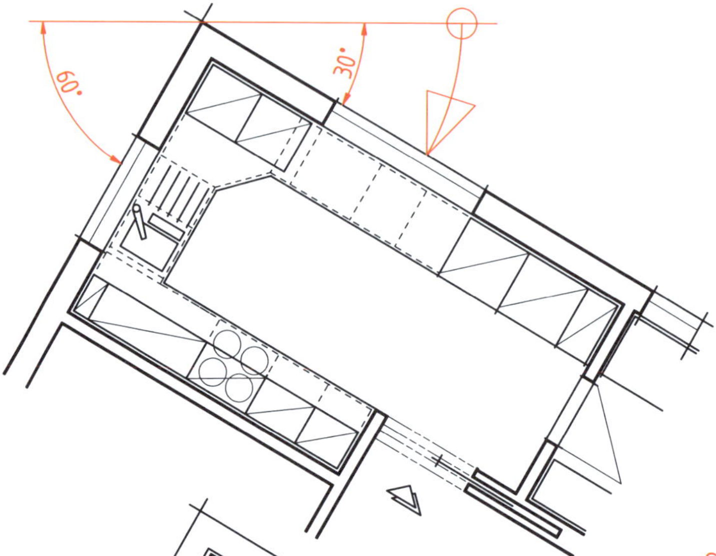

Schritt 1

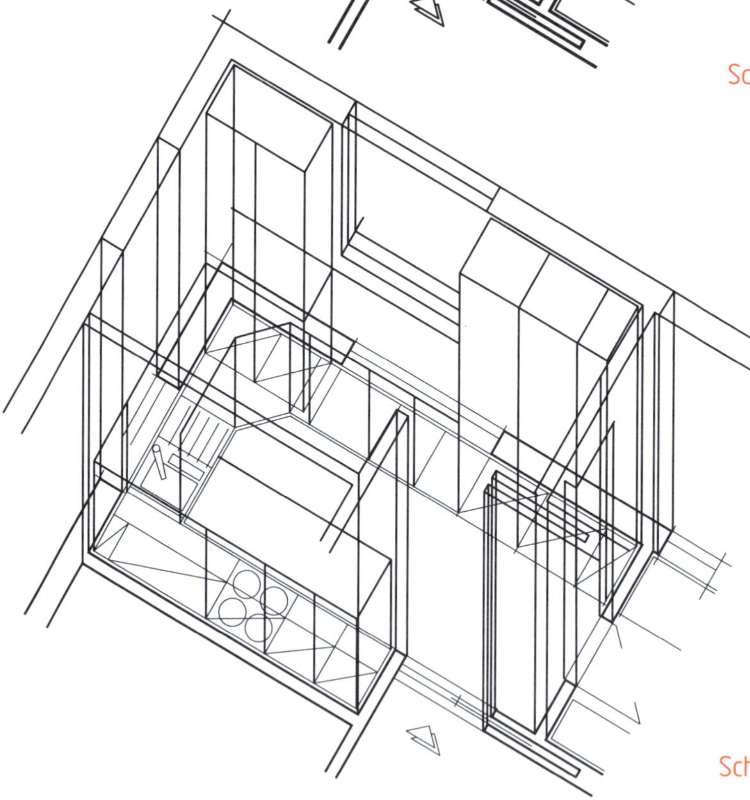

Schritt 2

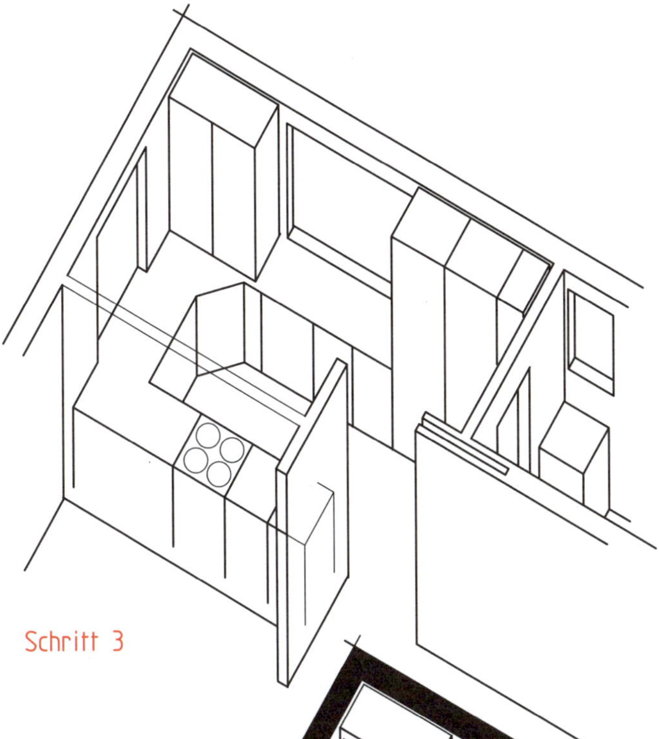

Schritt 3

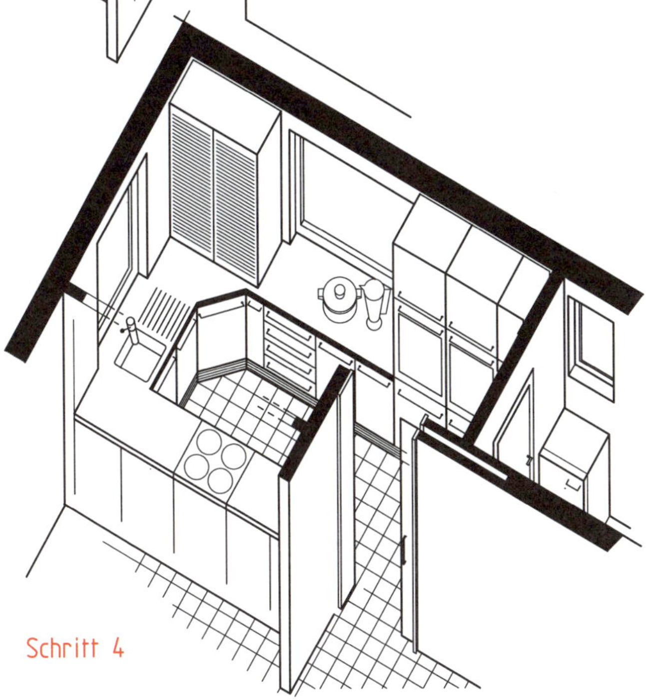

Schritt 4

9.2 Isometrische Projektion

Die Isometrie ist in der DIN ISO 5456-3 – Projektionsmethoden, Teil 3: axonometrische Darstellungen – genormt. Sie wird dann für räumliche Darstellungen angewendet, wenn in allen drei Ansichten – Vorderansicht, Seitenansicht und Draufsicht – Wesentliches geklärt werden soll. Die isometrische Projektion baut auf die drei Hauptachsen, die senkrechte Z-Achse, die in die Tiefe laufenden X- und Y-Achsen, auf. Die in die Tiefe verlaufenden Achsen werden unter einem Winkel von 30° zur Waagerechten angeordnet. Alle parallel zu den Hauptachsen verlaufenden Strecken des darzustellenden Objekts sind maßstabsgerecht ohne Verkürzung zu zeichnen (Bild 9.2–1).
Kreisrunde Körper oder Bohrungen erscheinen auf den drei Ansichten als Ellipsen. Die Ellipsen haben ein Achsenverhältnis von 1 : 1,7. Es ist darauf zu achten, dass die Achsen der Ellipsen rechtwinklig auf den Isometrieachsen stehen (Bild 9.2–3).
Isometrische Darstellungen können mit 30°-Winkel, an Zeichenmaschinen oder freihändig auf isometrischen Liniennetzen gezeichnet werden. Auch CAD-Programme bieten diese Winkelstellungen an oder sie verwandeln rechtwinklig gezeichnete Flächen durch die Funktion „Drücken“ in isometrische (30°/30°) Flächen.
Für Ellipsen in isometrischen Darstellungen gibt es besondere Schablonen. Beim Einzeichnen der Ellipsen müssen die Achsenhilfslinien auf der Ellipsenschablone mit den Achslinien der Isometrie zur Deckung gebracht werden.
Isometrien eignen sich nicht nur für die Darstellung kleiner Werkstücke, sondern auch sehr gut für Erläuterungszeichnungen wie möblierte Räume (Bild 9.2–4).

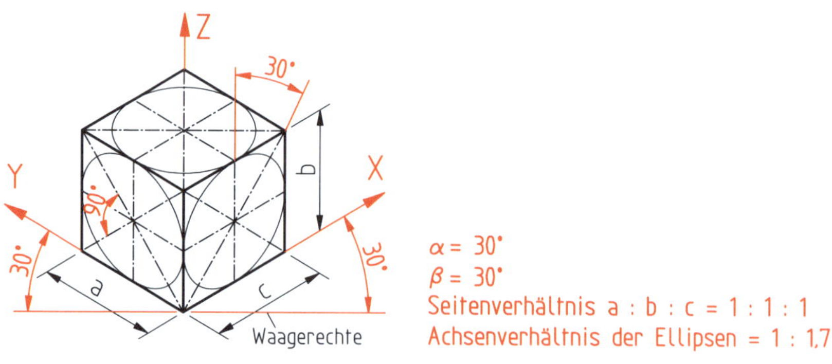

Bild 9.2–1 Isometrische Projektion

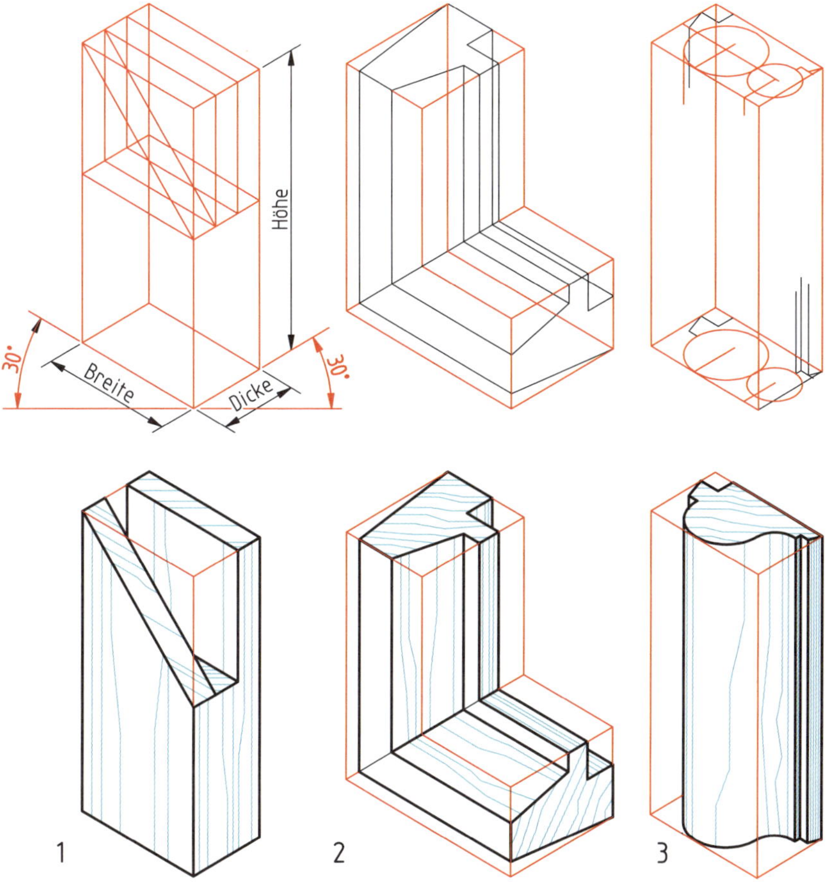

Bild 9.2–2 Isometrische Darstellung von Werkstücken

9.3 Dimetrische Projektion

Die dimetrische Projektion ist ebenfalls in der DIN ISO 5456-3 genormt. Sie wird für räumliche Darstellungen angewendet, wenn in der Vorderansicht Wesentliches klar gezeigt werden soll. Die dimetrische Projektion baut sich auf die drei Hauptachsen, die senkrechte Z-Achse, die in die Tiefe laufende X-Achse und die zur Vorderfront gehörende Y-Achse, auf. Die in die Tiefe laufenden Linien werden auf die Hälfte verkürzt gezeichnet. Alle anderen Dimensionen, die zur Y- und Z-Achse gehören, bleiben im gezeichneten Maßstab. Die

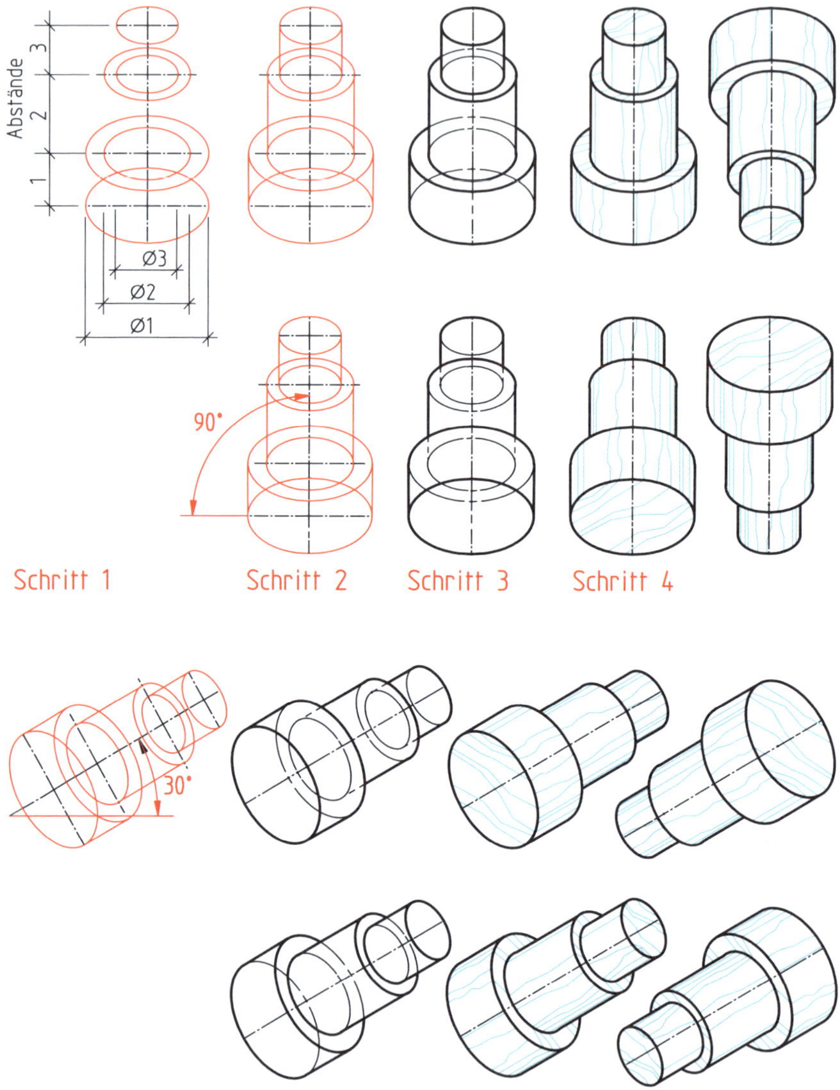

Bild 9.2–3 Runde Körper in isometrischer Darstellung. Je nachdem, welche Linien als sichtbare Kanten ausgezogen werden, entsteht eine Draufsicht oder eine Untersicht.

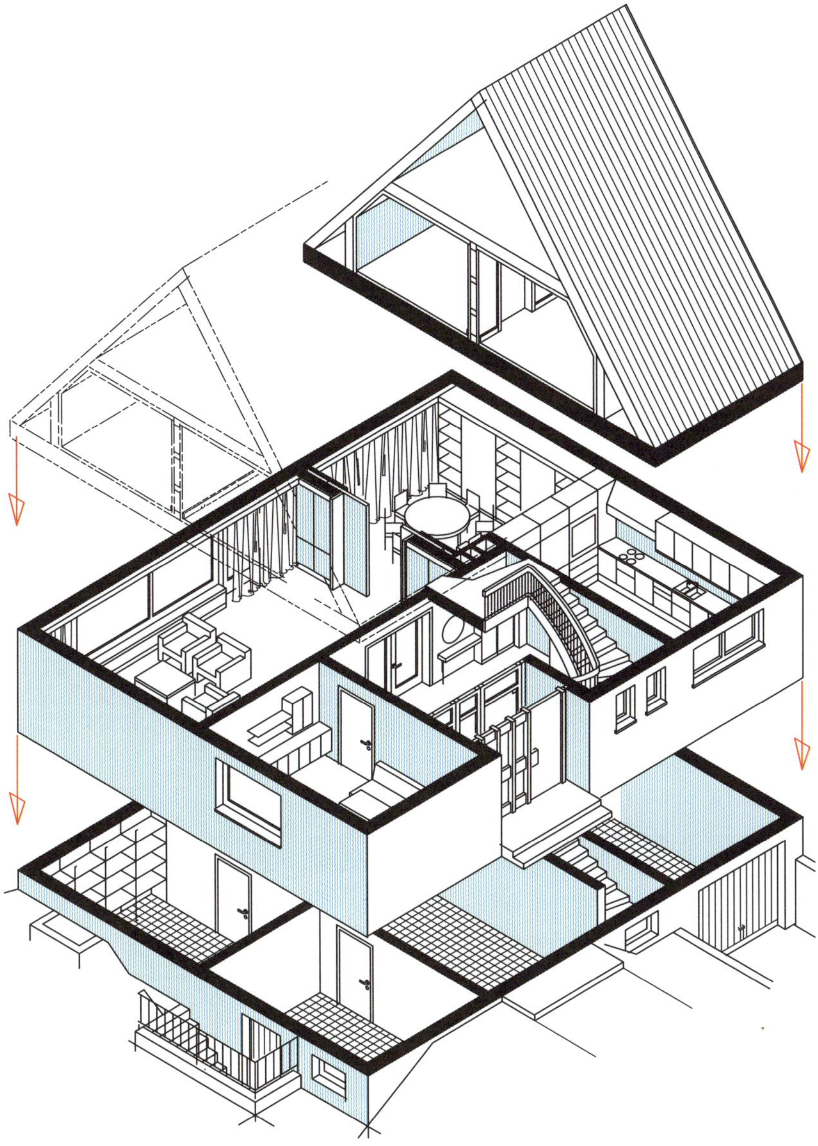

Bild 9.2–4 Räume mit Möblierung in isometrischer Darstellung

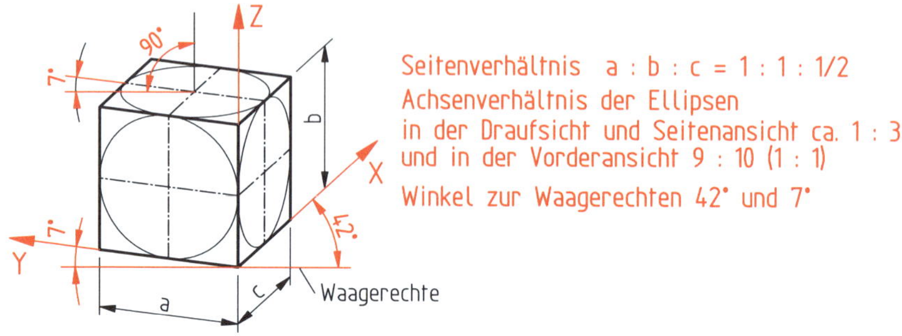

Bild 9.3–1 Dimetrische Projektion

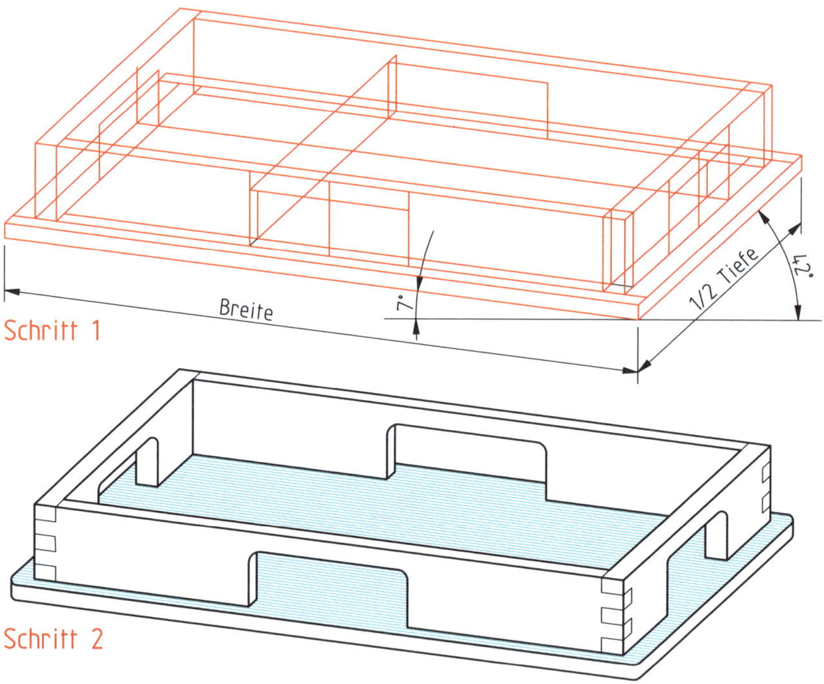

Bild 9.3–2 Beispiel: Tablettauszug in dimetrischer Projektion. Schritt 1: Vorreißen der äußeren sichtbaren Kanten unter Berücksichtigung der Neigungswinkel und Abmessungen, Schritt 2: Ausziehen der sichtbaren Kanten und evtl. Anlegen der Flächen.

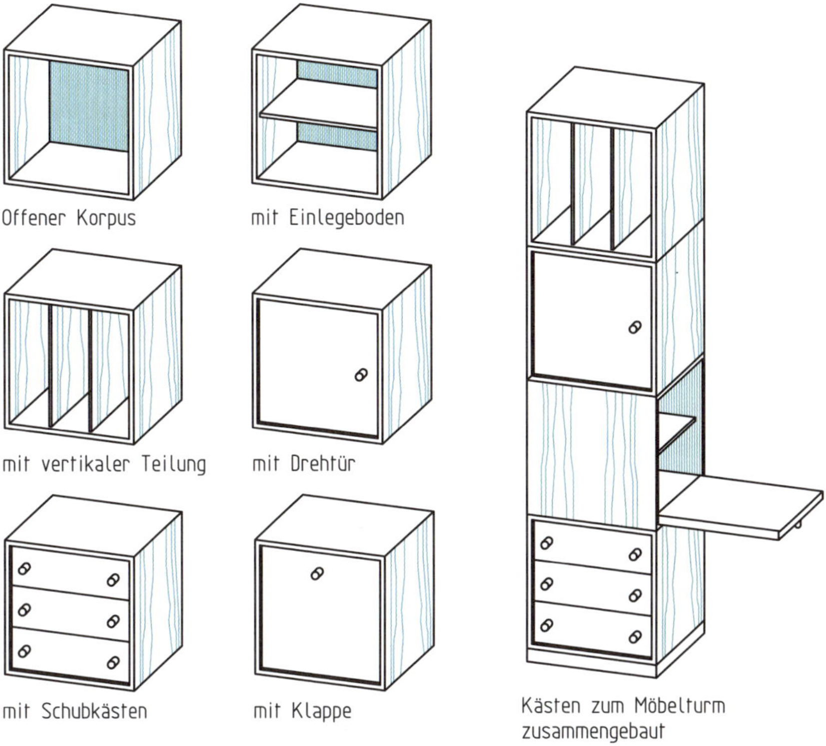

Bild 9.3–3 Beispiel Möbelturm. Einzelelemente und zusammengestellter Turm in dimetrischer Projektion.

X-Koordinate wird unter einem Winkel von 42°, die Y-Koordinate unter einem Winkel von 7° zur Waagerechten angeordnet.

Kreisrunde Körper sowie Bohrungen erscheinen auf den Ansichtsflächen als Ellipsen. Die Ellipsen haben in der Draufsicht und Seitenansicht ein Achsenverhältnis von 1:3, in der Vorderansicht liegt das Verhältnis bei 9:10. Mit Rücksicht auf die zeichnerische Vereinfachung können die Ellipsen in der Vorderansicht auch als Kreise dargestellt werden (Bild 9.3–1).

Dimetrische Projektionen lassen sich mit besonderem Dimetriewinkel, an Zeichenmaschinen mit besonderen Winkelrasterungen sowie freihändig auf entsprechenden Liniennetzen zeichnen. Für die Ellipsen in dimetrischen Darstellungen sind spezielle Kreisschablonen im Handel erhältlich. Beim Zeichnen mit CAD-Programmen kann man die Winkel für die dimetrisch verlaufenden Achsen einstellen.

9.4 Perspektivische Darstellung

Mit Hilfe einer konstruierten Perspektive kann man das Abbild eines Körpers oder Raums in der Form darstellen, wie sie das menschliche Auge sehen oder die Kamera von einem gewählten Standpunkt aus aufnehmen würde. Die Lichtstrahlen, die von einem Körper reflektiert werden, dringen durch die Pupille des Auges oder durch die Blendenöffnung des Fotoapparates und erzeugen auf der Netzhaut bzw. auf der Filmebene ein auf dem Kopf stehendes Bild.

Die **Bildebene** ist beim menschlichen Auge die Netzhaut, beim Fotoapparat die Filmebene. Bei der perspektivischen Darstellung wird eine gedachte Bildebene vor, hinter oder direkt am Objekt eingeschoben, so dass die Strahlenbündel beim Durchstoßen dieser Ebenen ein richtig herum, also nicht auf dem Kopf stehendes Bild erzeugen. Liegt die Bildebene zwischen Augpunkt und Gegenstand, so wird der Gegenstand kleiner als in Wirklichkeit abgebildet. Liegt die Bildebene hinter dem Gegenstand, so wird der Gegenstand größer abgebildet als in Wirklichkeit. Liegt die Bildebene am Gegenstand, so sind die an der Bildebene liegenden Kanten des Objekts in wahrer Größe abgebildet (Bild 9.4–1).

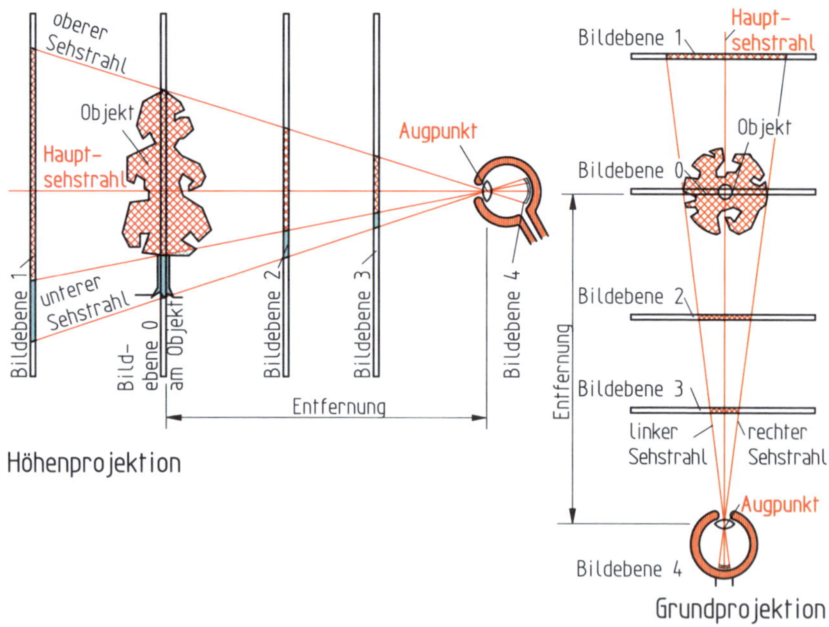

Bild 9.4–1 Bildebenen in der Höhenprojektion und in der Grundprojektion. Der Gegenstand wird auf der Bildebene 0 am Objekt in wahrer Größe abgebildet, auf der Netzhaut bzw. auf der Filmebene im Fotoapparat, Bildebene 4, steht der Gegenstand auf dem Kopf. Auf den Bildebenen 2 und 3 vor dem Objekt wird dieses verkleinert, auf der Bildebene 1 hinter dem Objekt wird es vergrößert abgebildet.

Der **Standpunkt** des Betrachters kann mehr oder weniger weit vom Objekt entfernt sein. Steht man dicht am Objekt, ist das perspektivische Bild sehr eindrucksvoll bis unwirklich verzerrt. Ist der Standpunkt sehr weit vom Objekt entfernt, wird die Perspektive ausdruckslos (Bild 9.4–2).

In der konstruierten Perspektive soll die Entfernung des Standpunktes vom Gegenstand das 1,5-fache der größten Ausdehnung des darzustellenden Objekts bzw. der Horizonthöhe betragen. Ist der abzubildende Gegenstand zum Beispiel 2,00 m breit und 1,20 m hoch, so sollte für den Abstand zwischen Standpunkt und Gegenstand eine Distanz von 1,5 × 2,00 m = 3,00 m eingehalten werden. Diese Maße sind natürlich im Zeichnungsmaßstab umzurechnen (Bild 9.4–4).

Der **Horizont** liegt auf der Augenhöhe des Betrachters. Bei hoher Augenhöhe ergibt sich also ein hoher Horizont, bei niedriger Augenhöhe nur ein niedriger Horizont. Von der Horizonthöhe hängt es ab, wie weit man auf den Gegenstand sehen kann. Die Begriffe Froschperspektive oder Vogelperspektive beschreiben diesen Sachverhalt sehr treffend (Bild 9.4–3).

Horizont und Augenhöhe liegen bei der konstruierten Perspektive für Innenräume in der Regel bei 1,60 m über dem Fußpunkt. Für Möbel sind sie etwas niedriger, bei etwa 1,50 m, zu veranschlagen. Bei Einzelmöbeln sollte man darauf achten, dass der Oberboden in der perspektivischen Darstellung nicht genau auf Augenhöhe liegt, sondern etwas darüber oder darunter, damit dieser auch als Fläche erscheint.

In einem perspektivischen Bild laufen die vom Auge wegführenden Linien auf den Horizont zu. Befinden sich am Gegenstand mehrere parallele Linien, die vom Auge wegführen, so treffen sich diese alle in einem Punkt, dem so genannten Fluchtpunkt. Die Fluchtpunkte liegen auf dem Horizont (Bild 9.4–3 und 4).

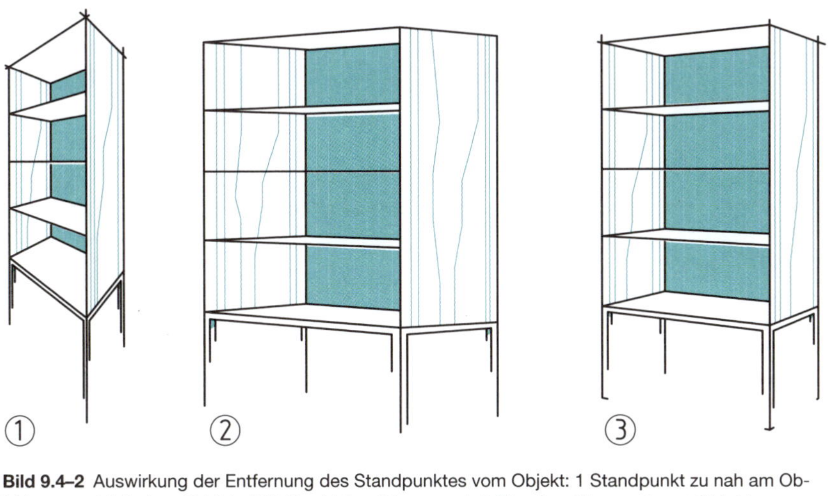

Bild 9.4–2 Auswirkung der Entfernung des Standpunktes vom Objekt: 1 Standpunkt zu nah am Objekt, perspektivisches Abbild wirkt übertrieben bis verzerrt. 2 Standpunkt zu weit vom Objekt, perspektivisches Abbild wirkt ausdruckslos. 3 Standpunkt in günstiger Entfernung zum Objekt.

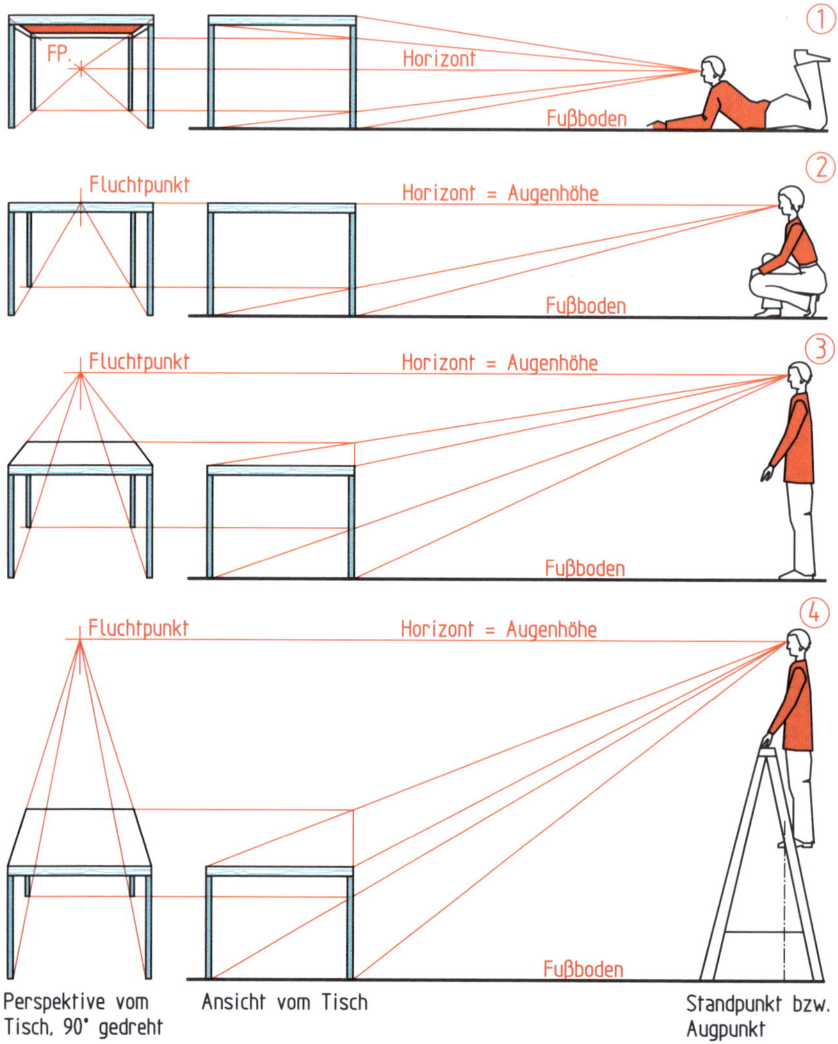

Bild 9.4–3 Auswirkung der Horizonthöhe bzw. der Augenhöhe auf das perspektivische Bild: 1 Niedriger Horizont, Sicht unter die Tischplatte ist möglich. 2 Horizont in Höhe der Tischplatte, weder eine Untersicht noch eine Aufsicht auf die Tischplatte ist möglich. 3 Hoher Horizont erlaubt eine Aufsicht auf die Tischplatte. 4 Ein sehr hoher Horizont ermöglicht eine weite Aufsicht auf die Tischplatte.

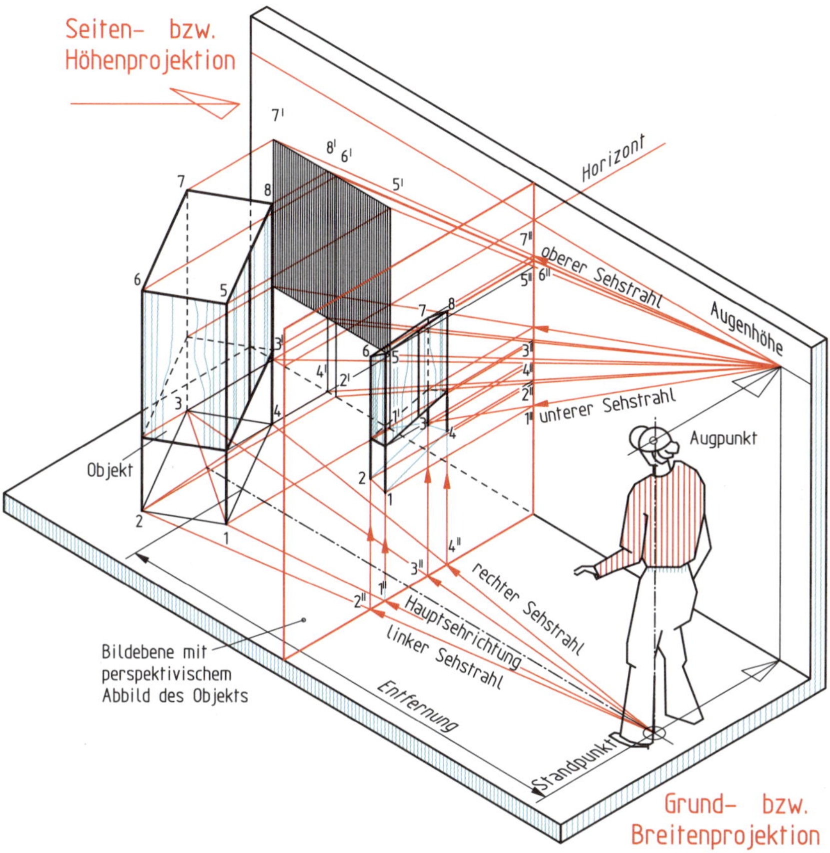

Bild 9.4–4 Konstruktion des perspektivischen Bildes auf der Bildebene. Die Sehstrahlen werden auf die Höhenfläche und auf die Grundfläche projiziert. Durch die Schnittpunkte der Abstände der Sehstrahlen aus der Höhen- und Breitenprojektion auf der Bildebene erhält man hier das perspektivische Bild.

9.4.1 Übereck-Perspektive

Bei Übereck-Perspektiven wird das darzustellende Objekt über Eck betrachtet. Dadurch steht der Gegenstand in einem bestimmten Winkel zur Bildebene oder zum Hauptsehstrahl. In der Übereck-Perspektive sind zwei Fluchtpunkte erforderlich, die beide auf dem Horizont liegen. In dem einen Fluchpunkt treffen sich zum Beispiel alle parallelen Waagerechten aus der Seitenansicht, in dem anderen alle parallelen Waagerechten der Vorderansicht.

Je kleiner der Neigungswinkel des Objekts zur Bildebene ist, desto weiter rückt der Fluchtpunkt der Frontlinien vom perspektivischen Bild weg und desto weiter rückt der Flucht-

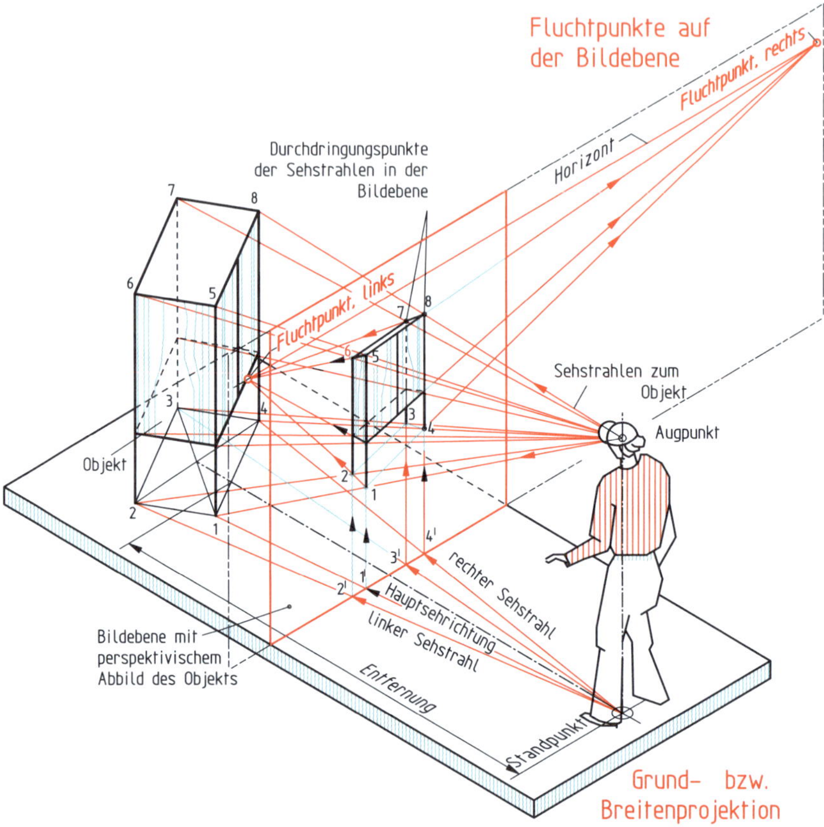

Bild 9.4–5 Konstruktion des perspektivischen Bildes auf der Bildebene durch Ermittlung der Durchdringungspunkte der Sehstrahlen auf der Bildebene. Verlängert man die waagerechten Linien des perspektivischen Bildes auf der Bildebene, so treffen sich diese jeweils in einem Punkt, dem linken Fluchtpunkt und dem rechten Fluchtpunkt. Die Fluchtpunkte liegen auf dem Horizont.

punkt der Tiefenlinien an das perspektivische Bild heran. Für die perspektivische Darstellung hat sich ein Winkel von 30°/60° zur Bildebene bewährt (Bild 9.4–4 und Bild 9.4–5). Perspektivische Zeichnungen müssen konstruiert werden und verlangen einige Übung (Bild 9.4–5 bis 9.4–8). Für Handskizzen und kleinere Perspektiven kann man besondere Linienraster verwenden, die das Zeichnen einer Übereck-Perspektive wesentlich vereinfachen. CAD-Programme, wie die 3D-Versionen, liefern sogar fotorealistische Darstellungen. Zum Teil sind damit virtuelle Begehungen der Räume möglich, so dass man den Raumeindruck von verschiedenen Standpunkten aus erleben kann (Bild 12.3–1).

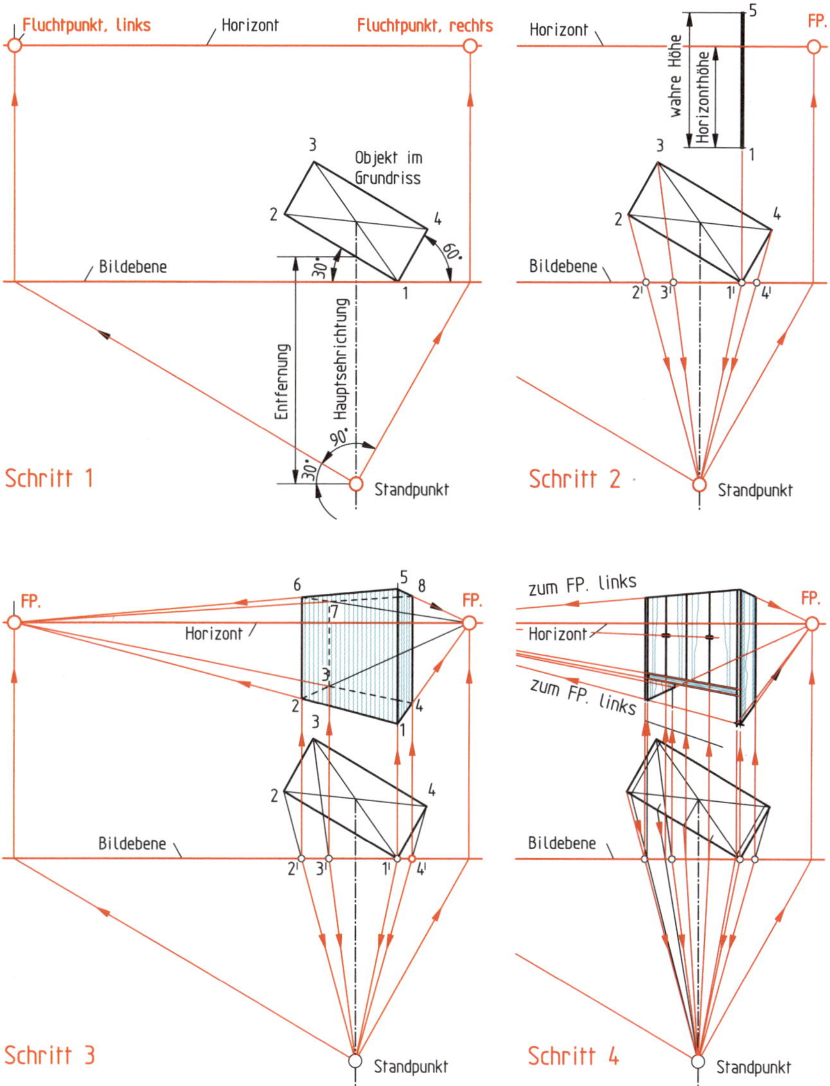

Bild 9.4–6 Konstruktion der Übereck-Perspektive.
Schritt 1: Grundriss des Objekts im Winkel von 30°/60° zeichnen. Durch den Schnittpunkt der Diagonalen des Grundrisses geht der Hauptsehstrahl. Den Standpunkt festlegen, seine Entfernung vom Objekt beträgt etwa das 1,5-fache der größten Ausdehnung des darzustellenden Objekts bzw. das 1,5-fache der Horizonthöhe. Die Bildebene möglichst so einzeichnen, dass sie durch einen Punkt des Objekts führt. Der Horizont kann wahlweise über oder unter der Bildebene oder auch deckungsgleich mit der Bildebene gezeichnet werden. Auf dem Horizont liegen die Fluchtpunkte. Sie werden durch

Parallelen zu den Körperkanten des Objekts vom Standpunkt aus bis zu den Schnittpunkten mit der Bildebene und durch Übertragen dieser Schnittpunkte auf den Horizont gefunden.

Schritt 2: Einzeichnen der Sehstrahlen vom Standpunkt aus zu den Eckpunkten des Objekts. Die Schnittpunkte der Sehstrahlen mit der Bildebene ergeben die Lage der Breitenlinien im perspektivischen Bild. Da die Bildebene durch den Punkt 1 geht, kann an dieser Breitenlinie die wahre Höhe abgetragen werden. Hierbei geht man von der Horizonthöhe aus.

Schritt 3: Die festgelegten Höhenpunkte 1 und 5 können mit den Fluchtpunkten verbunden werden. Durch das Schneiden der Breitenlinien ergeben sich die anderen Eckpunkte des perspektivischen Bildes.

Schritt 4: Einzeichnen der weiteren Teilungslinien in der Höhe und in der Breite. Vervollständigung des perspektivischen Bildes.

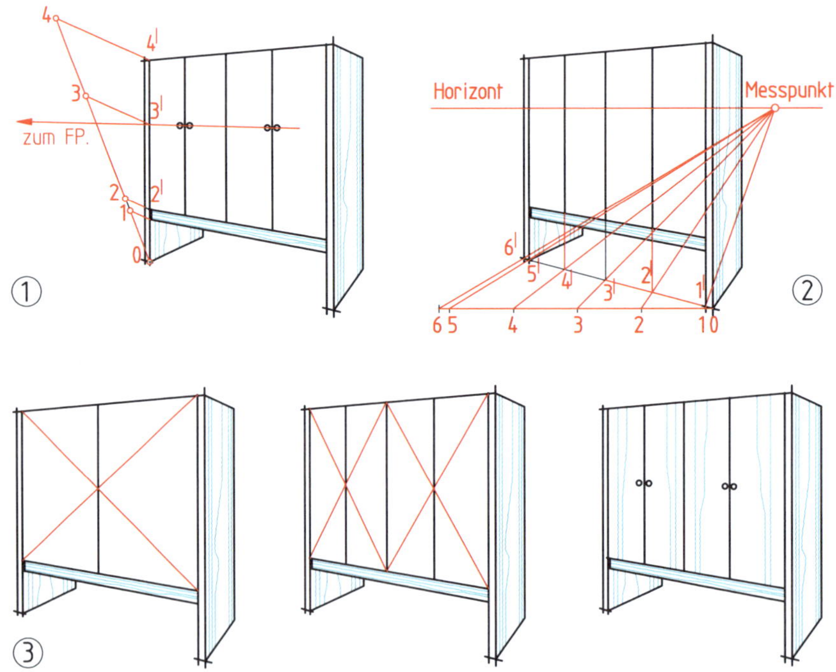

Bild 9.4–7 Vereinfachte Höhen- und Breitenteilung in der Perspektive: 1 Höhenteilung durch die Proportionalitätsmethode. 2 Breitenteilung mittels der Messpunktmethode. Strecke 0 bis 6 in maßstäbliche Breiten einteilen. Punkt 6 mit Punkt 6' verbinden und bis zum Horizont verlängert, ergibt den Messpunkt. Die Verbindung der anderen Teilungspunkte mit dem Messpunkt ergibt die perspektivische Breitenteilung auf der Strecke 0 bis 6'. 3 Breitenteilung durch Einzeichnen der Diagonalen in der Vorderfront des perspektivischen Bildes. Der Schnittpunkt der Diagonalen ist die Lage der Teilungslinie. Die Methode funktioniert nur für 2, 4, 8 usw. regelmäßige Teilungen.

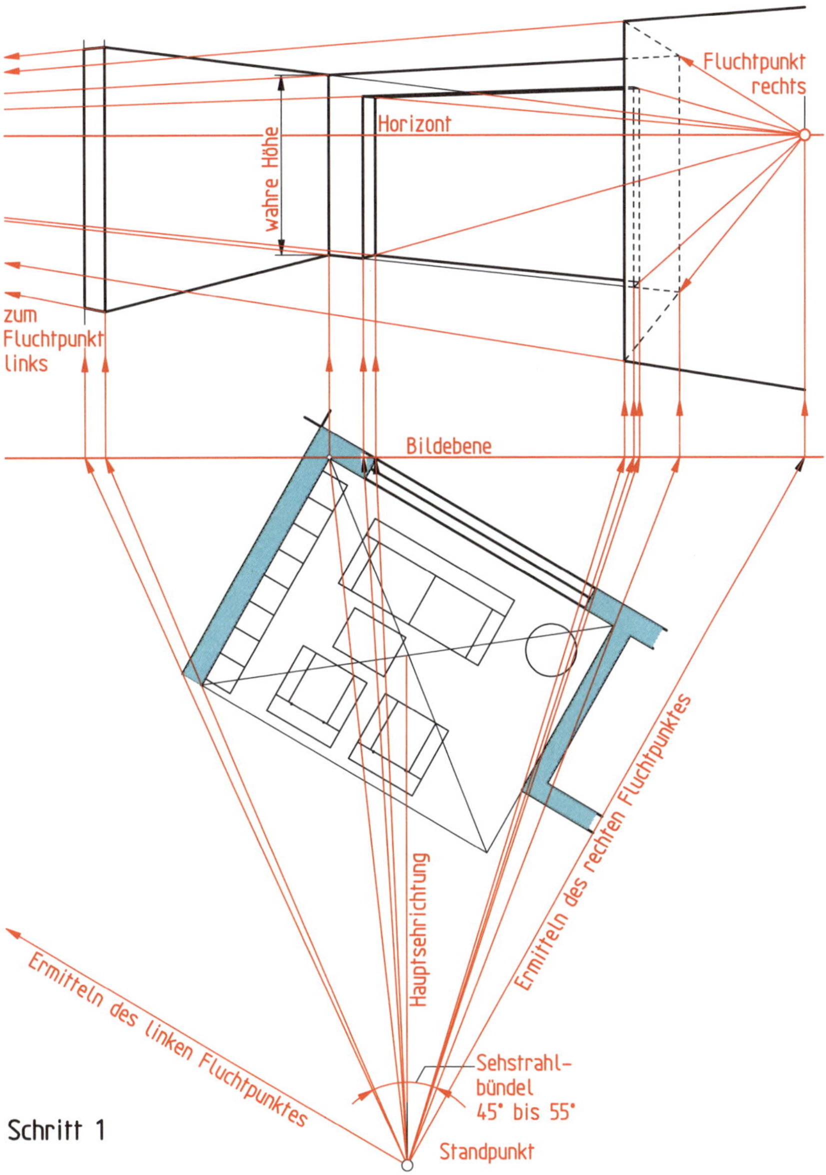

Bild 9.4–8 Übereck-Perspektive eines Innenraumes.
Schritt 1: Darzustellenden Teil des Grundrisses als Rechteck festlegen und im Neigungswinkel, hier 30°/60°, anordnen. Den Hauptsehstrahl durch den Schnittpunkt der Diagonalen zeichnen. Bestimmen des Standpunktes. Die Bildebene durch einen Eckpunkt des Raumes legen. Sehstrahlen vom

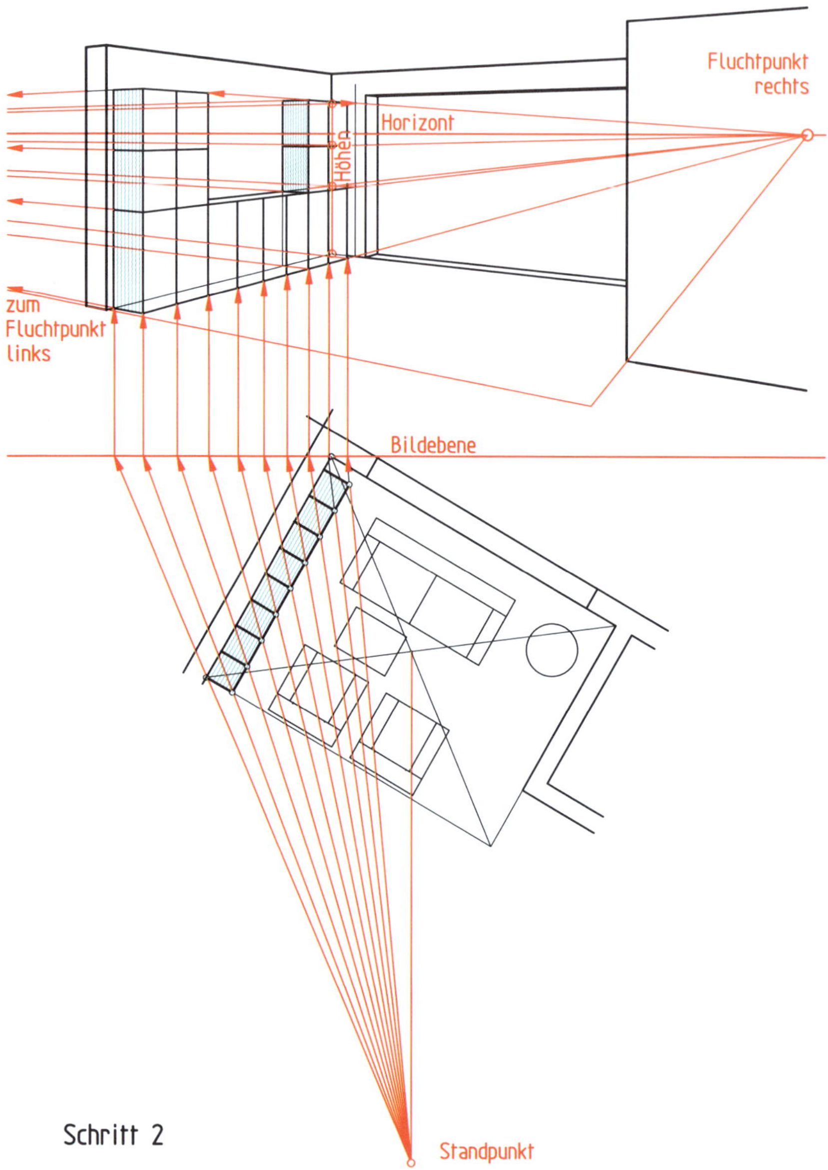

Schritt 2

Standpunkt aus zeichnen, sie sollten nicht weiter als 50° streuen. Horizont festlegen und Fluchtpunkte ermitteln. Wahre Höhe einzeichnen. Die Wände des Raumes perspektivisch konstruieren.
Schritt 2: Die Teilungslinien der Schrankwand auf die Bildebene projizieren. Die Schrankwand perspektivisch auf der linken Raumwand einzeichnen.

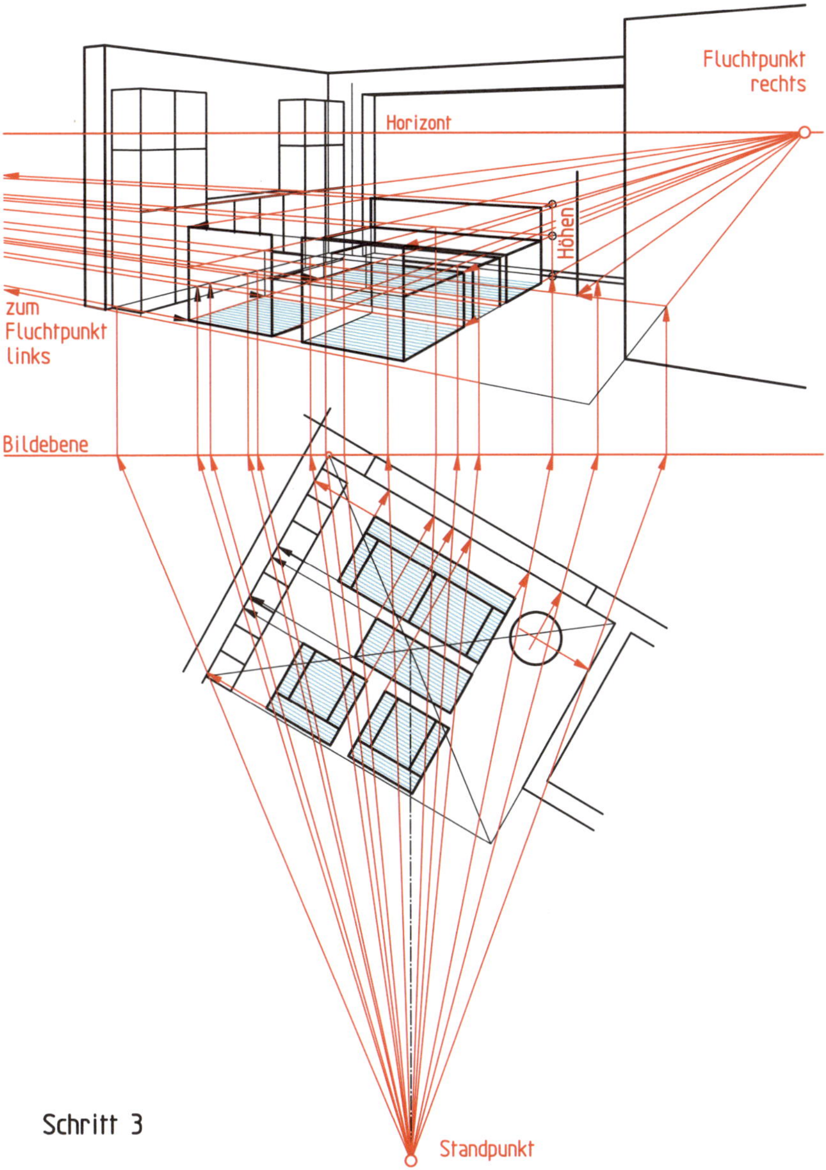

Schritt 3: Projizieren der Standflächen der Sitzgruppe auf die Wände im Grundriss. Die Punkte über Sehstrahlen auf die Bildebene übertragen. Die Standflächen der Sitzgruppe in den perspektivischen Grundriss einzeichnen. Tischhöhe, Sitzhöhe und Lehnenhöhe der Sessel auf der »wahren Höhe« abtragen und in das perspektivische Bild projizieren.

Schritt 4

Schritt 5

Schritt 4: Projektionslinien entfernen oder weglassen, das perspektivische Bild herausarbeiten. Dies kann dann auch freihändig geschehen.
Schritt 5: Anlegen des perspektivisch dargestellten Raumes, dies ist natürlich auch mit Farben möglich.

9.4.2 Zentralperspektive

Bei der Zentralperspektive wird das Objekt so frontal betrachtet, dass der Hauptsehstrahl rechtwinklig auf die Frontfläche auftrifft. Die betrachtete Fläche verläuft dann parallel zur Bildebene. Bei rechtwinkligen Körpern treffen sich alle in die Tiefe laufenden Linien in einem zentralen Fluchtpunkt, der auch auf dem Horizont liegt.

Da die Körper bei frontalen Betrachtungen nicht sehr plastisch wirken, sollte die Zentralperspektive nicht für die räumliche Darstellung von Körpern wie Möbeln angewendet werden. Für die räumliche Darstellung von Innenräumen ist sie jedoch gut geeignet. Dadurch, dass in der Zentralperspektive nicht nur die senkrechten Linien senkrecht bleiben, sondern auch die parallel zur Bildebene verlaufenden Waagerechten waagerecht zu zeichnen sind, sowie alle in die Tiefe verlaufenden Linien nur einen Fluchtpunkt benötigen, ist die Zentralperspektive platzsparend und einfach zu konstruieren (Bild 9.4–9).

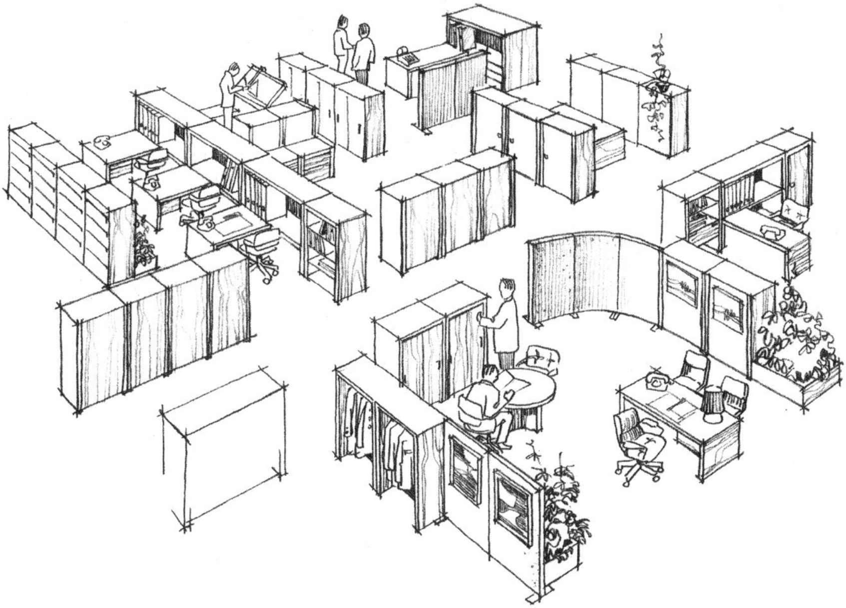

Bild 9.4–9 Übereckperspektive mit hohem Horizont. Freihändige Bleistiftzeichnung.

Bild 9.4–10 Konstruktion einer Zentralperspektiven (Seite 198).
Schritt 1: Grundriss und Wandansicht maßstäblich übereinander zeichnen. Die Bildebene in die Vorderfront des Schrankes legen. Sie wird im Grundriss eingezeichnet. In der Praxis werden in der Regel die Fußbodenlinie in der Ansicht und die Bildebene des Grundrisses zusammengelegt. In der Ansicht wird der Horizont festgelegt. Der Standpunkt wird so weit vom Grundriss entfernt markiert, dass die äußeren Sehstrahlen des darzustellenden Raumes bzw. Körpers keine größere Winkelöffnung als 55° aufweisen. Der Fluchtpunkt für die in die Tiefe verlaufenden Linien liegt auf dem Horizont und bei der Zentralperspektive in der Mitte der Ansicht.
Schritt 2: Vom Standpunkt aus sind die Möbel- und Grundrissecken zur Bildebene hin zu übertragen. Von der Bildebene sind sie senkrecht hochzuziehen. Für die Sitzgruppe müssen im Grundriss erst Hilfslinien auf die Wände projiziert werden. Der Grundriss der Sitzgruppe sollte erst in die Bodenfläche der Perspektive eingezeichnet werden. Die wahre Höhe liegt auf der Ansichtsfläche des Einbauschrankes.

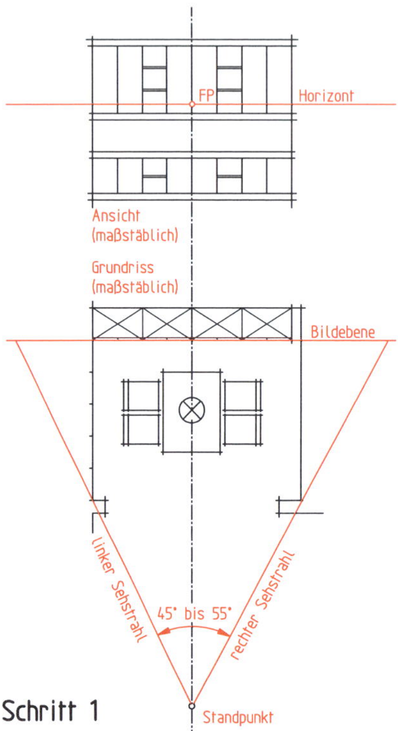

Schritt 1

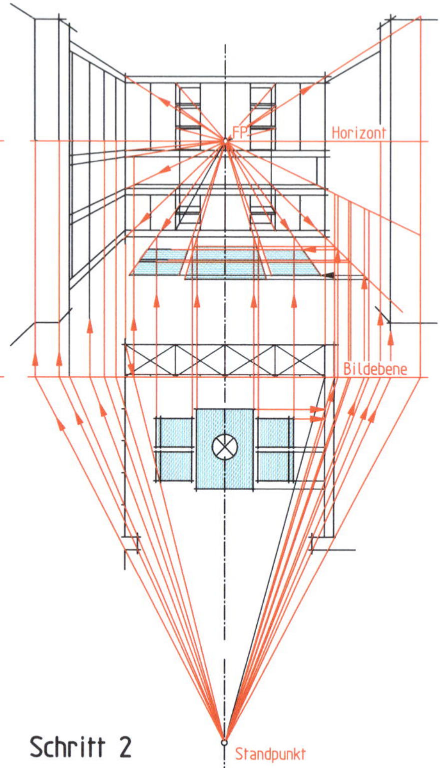

Schritt 2

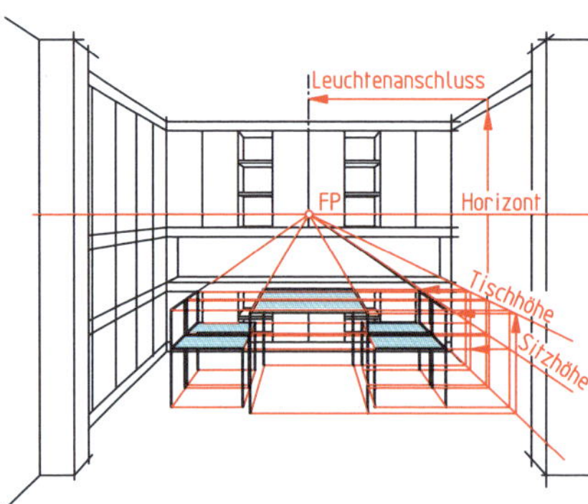

Schritt 3

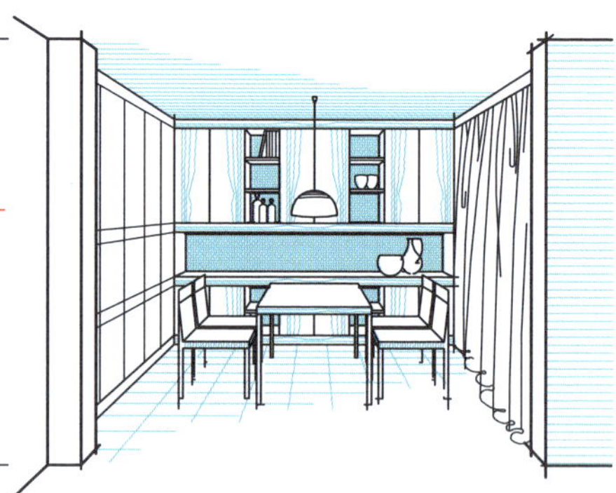

Schritt 4

Schritt 3: Aus dem perspektivischen Grundriss der Sitzgruppe können nun die Umrisse von Tisch und Stühlen gezeichnet werden. Die Höhen sind von der Wandansicht nach vorn zu projizieren.
Schritt 4: Die Perspektive wird jetzt ausgezogen und ergänzt. Zur Verstärkung der räumlichen Wirkung können einzelne Flächen angelegt werden.

10 Grundlagen des Entwerfens

Möbel und Arbeiten des Innenausbaus und des Ausbaus sind Erzeugnisse der Architektur mit gestalterischem Anspruch schlechthin. Sie müssen es sich gefallen lassen, auch nach ästhetischen Gesichtspunkten beurteilt zu werden. Jeder Betrachter, ob mit geschultem oder weniger ausgeprägtem Schönheitsempfinden, maßt sich hier ein Urteil an, das meistens nur vage und rein gefühlsbetont gefällt wird. Deshalb ist es für Konstrukteure und Entwerfer in der handwerklichen und industriellen Holzverarbeitung außerordentlich wichtig, dass sie sich neben der Lösung konstruktiver Einzelheiten und der Berücksichtigung fertigungstechnischer Belange auch mit den allgemeinen »Gesetzen« der Gestaltung befassen. Für eine objektive ästhetische Beurteilung der Erzeugnisse bedarf es einer Beurteilungsautorität, die man auch systematisch erlernen und begreifen kann. Die Proportionen der Dimensionen der Flächen, der Rhythmus der Gliederungen durch die Teilungslinien, harmonische, spannungsreiche Profilabläufe, die Spannung zwischen harten und weichen Kanten, zwischen breiten und schmalen Flächen, die Wirkung des verwendeten Materials, des Lichtes, der Farbe, der Textur des Holzes und der Glanz der Oberfläche sowie das Zusammenwirken von Funktion, Form und Konstruktion bilden im Einzelnen die Beurteilungskriterien. Erst mit dem Wissen um und dem sicheren Gespür für das Zusammenspiel der ästhetischen Faktoren ist man in der Lage, die architektonischen Werke nach den Gesetzen der Formästhetik, Gehaltsästhetik wie Funktion, Zweckmäßigkeit und vielleicht auch nach der Zierästhetik kompetent zu bewerten.

10.1 Die Fläche

Das Entwerfen von Möbelkörpern und Innenräumen ist zwar ein Gestalten in drei Dimensionen, es wird aber auf der Zeichnung nur in zwei Dimensionen erfasst. Selbst das perspektivische Bild – ob Zeichnung, Foto oder Abbild auf der Netzhaut des Auges – ist bloß planimetrisch. Vom Erkennen der sichtbaren Grenzflächen und deren Kombination, vor allem aber von der Beurteilung der Konvergenz der in die Tiefe laufenden Linien, hängt die Umsetzung ins Stereometrische ab. Deshalb ist die Fläche ein wesentliches Element der Architektur und hinsichtlich ihrer Ausdruckskraft sowie der Harmonie in der Proportion ihrer Dimensionen zu bewerten.

10.1.1 Quadrat und Rechteck

Wahrscheinlich liegt es an der senkrechten Stellung des Menschen zur Erde und an der horizontalen Lage seiner Augen, dass die senkrechte und die waagerechte Richtung als Grundrichtungen empfunden werden. Stehen senkrechte und waagerechte Ausdehnungen im rechten Winkel zueinander, so ergeben sie das Rechteck und als Sonderform das Quadrat.

Bei Rechteckflächen sind Ausdehnungstendenzen festzustellen. Beim hochkant stehenden Rechteck ist dies zum Beispiel eine steigende, vertikale Ausdehnungstendenz, beim liegenden Rechteck eine lagernde, horizontale Ausdehnungstendenz. Das Quadrat dagegen ist ausgeglichen. Es vermittelt auf der Basis stehend einen ruhenden kompakten Eindruck. Die Ausdehnungstendenzen sind beim Quadrat horizontal wie vertikal neutral (Bild 10.1–1).

Die Bewegungstendenz der Rechteckflächen kann durch Gliederung oder Teilung bzw. durch Kombination mit anderen Rechteckflächen abgewandelt oder verändert werden. So wird die horizontale Ausdehnungstendenz eines liegenden Rechtecks durch senkrechte Teilungslinien gemildert (Bild 10.1–2). Werden kleine Flächen von großen Flächen umschlossen, wird der breite Rahmen den Blick auf die kleine Innenfläche konzentrieren. Liegen zum Beispiel kräftige rechteckige Innenflächen quer in einer großen hellen Fläche, bestimmen die markanten Innenflächen die Hauptbewegungstendenz (Bild 10.1–3). Be-

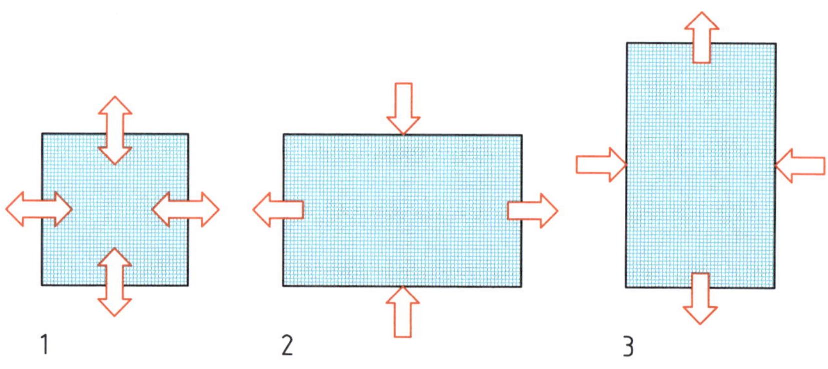

Bild 10.1–1 Ausdehnungstendenzen von Flächen: 1 Quadrat mit ausgeglichenen Ausdehnungstendenzen, 2 liegendes Rechteck mit horizontaler und 3 stehendes Rechteck mit vorwiegend vertikaler Ausdehnungstendenz.

Bild 10.1–4 1 Wird eine Rechteckfläche im unteren Teil durch eine Horizontale gegliedert, ist deren Ausdehnungstendenz nach unten gerichtet. Derart geteilte Möbelfronten wirken schwer. 2 Wird eine Rechteckfläche im oberen Teil durch eine Horizontale gegliedert, ist deren Ausdehnungstendenz nach oben gerichtet; so geteilte Möbelfronten wirken leicht (Seite 201, unten).

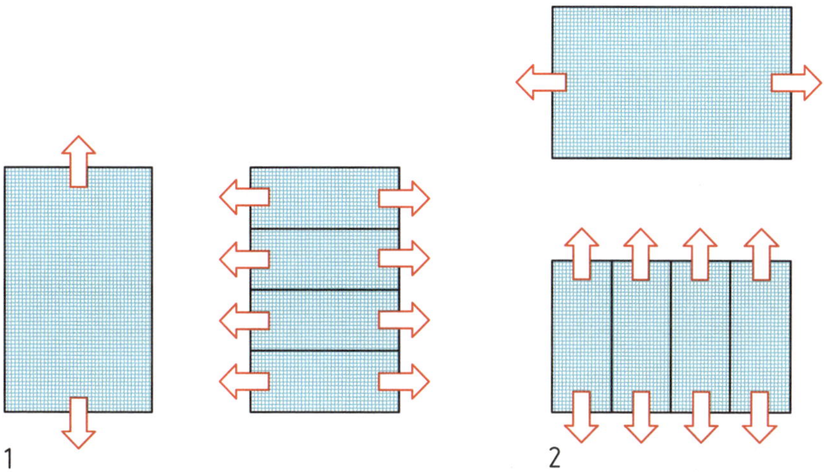

Bild 10.1–2 Ein hohes Rechteck verliert durch die waagerechte Teilung seine steigende Tendenz und ein liegendes Rechteck durch die vertikale Teilung seine lagernde Tendenz.

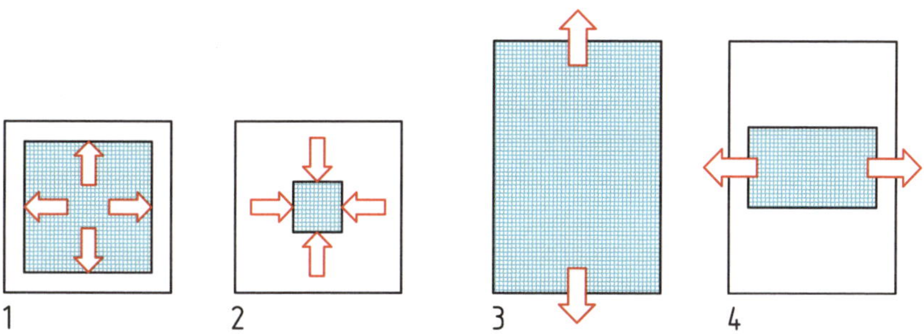

Bild 10.1–3 Ausdehnungstendenzen umschlossener Flächen: 1 Die große Innenfläche weitet sich aus und wird von der Umrahmung gehalten, 2 das breite Außenfeld erdrückt das kleine Innenfeld. 3 und 4 die Ausdehnungstendenz der kräftigen Innenfläche beeinflusst die Ausdehnungstendenz der Gesamtfläche.

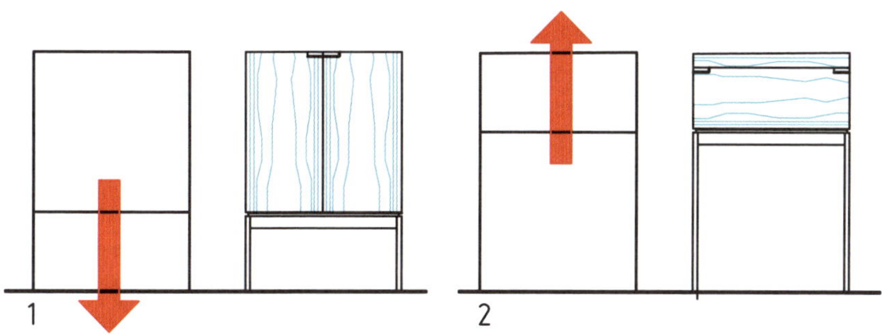

finden sich mehrere Rechtecke mit Bewegungstendenzen in unterschiedlicher Richtung in einer Fläche, können sie bei guter Kombination zur Ruhe und Ausgewogenheit der Gesamtfläche führen (Bild 10.1–4 und 10.1–5).

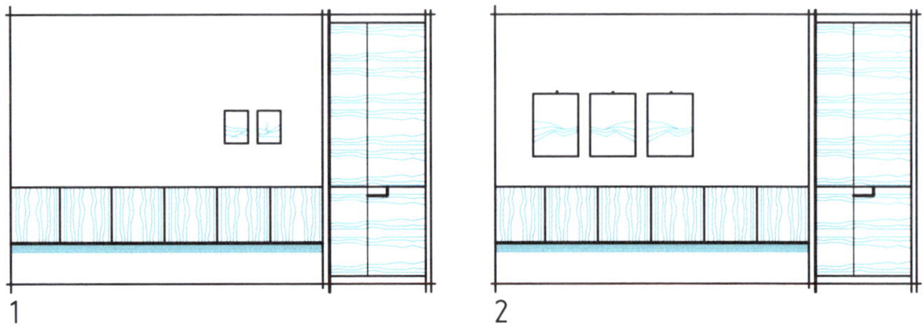

Bild 10.1–5 Harmonisches Zusammenwirken mehrerer Rechteckflächen: 1 Insgesamt ist die Fläche unausgewogen und hat rechts einen Schwerpunkt. 2 Die Fläche kann zum Beispiel durch Bildgruppen ins optische Gleichgewicht gebracht werden.

10.1.2 Proportion der Rechteckdimensionen

Die Proportion der beiden Rechteckdimensionen ist entscheidend für die ästhetische Wirkung der Fläche. Ausgehend vom Quadrat erhält die Fläche je nach Größe der Verlängerung oder Verkürzung einer Dimension eine andere Aussagekraft. Die Diagonale in der Fläche ist durch ihre Neigung gleichsam das abkürzende Zeichen für den Proportionswert der Rechteckseitenpaare.

In der Antike und auch in der Renaissance hat man sich sehr intensiv mit der Harmonie der Proportionen auseinandergesetzt.

Die Griechen waren überzeugt, dass Form und Schönheit in einem Zusammenhang stehen. Für Pythagoras (6. Jhd. v. Chr.) war somit die Zahl das Grundprinzip aller vorhandenen Dinge und weil Zahlen aus ästhetisch mathematischer Sicht eine Ordnung haben, müssten diese die Existenz von Schönheit sein. Die Pythagoräer untersuchten als erste die Beziehungen zwischen verschieden langen Saiten und der damit zu erzielenden harmonisch klingenden Tonhöhen. Sie wussten auch, dass die verschiedenen Tonarten auf die menschliche Psyche unterschiedlich wirken, von weich und besänftigend bis hart und aufwühlend. Durch Vitruv's Werk „De architectura" (1. Jhd. v. Chr.) wurden die Anweisungen zur Schaffung ausgewogener Proportionen weitergegeben. Boethius (ca. 520 n. Chr.), einem spätantiken römischen Gelehrten, verdanken wir zahlreiche Übersetzungen aus dem Griechischen ins Lateinische und mehrere Lehrbücher über Logik, Mathematik und Ethik, die die Baumeister der Romanik wesentlich beeinflussten. Schließlich orientierte sich auch die Architekturtheorie der Renaissance mit Leon Battista Alberti (15. Jhd.) an diesen antiken Schriften.

Aus dieser Zeit stammen die elf harmonischen Rechtecke, die alle aus der Mutterfläche, dem Quadrat, entwickelt wurden. Häufig wird hier die Diagonale oder Halbdiagonale zum Konstruktionselement. Die beiden Dimensionen dieser elf harmonischen Rechtecke verhalten sich wie 1:0,685; 1:0,813; 1:0,869; 1:1,118; 1:1,207; 1:1,376; 1:1,414; 1:1,5; 1:1,618; 1:1,732; 1:2 (Quadratseite zur verkürzten oder verlängerten Dimension). Das Rechteck mit dem Seitenverhältnis 1:1,414 entspricht dem DIN-Format. Beim Rechteck mit dem Seitenverhältnis 1:1,618 verhalten sich die Dimensionen nach den Gesetzen des Goldenen Schnittes (Bild 10.1–6).

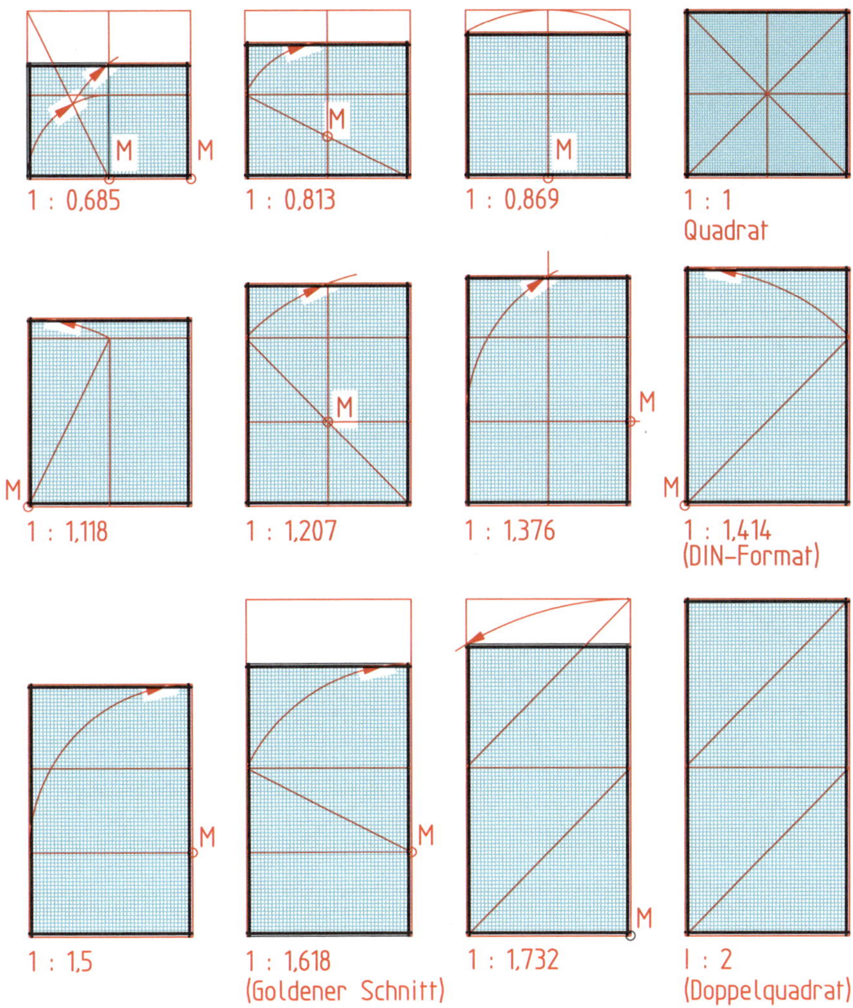

Bild 10.1–6 Elf aus dem Quadrat entwickelte harmonische Rechteckformate

Der **Goldene Schnitt** ist ein häufig genanntes Verhältnis von Streckenabschnitten, das als besonders harmonisch empfunden und immer wieder von Ästheten in der Natur nachgewiesen wird. Hier verhält sich die kurze Strecke zur langen wie die lange Strecke zur kurzen plus der langen Strecke, also zur Gesamtstrecke. Wird die kürzere Strecke als Minor (m), die längere als Major (M) bezeichnet, dann verhält sich der Minor zum Major wie der Major zum Minor plus Major. Aus einem solchen Verhältnis lässt sich die so genannte Lamésche Reihe aufbauen, die aus den Zahlen 3:5:8:13:21:34:55:89 usw. besteht. Jede einzelne Zahlenproportion drückt ein Verhältnis im Goldenen Schnitt aus, welches mit zunehmender Zahlengröße genauer wird. Das Verhältnis 1:1,618 ist hier ausreichend genau. Wird die kurze Strecke mit 1,618 multipliziert, erhält man die längere, wird die längere Strecke durch 1,618 dividiert, erhält man die kürzere Strecke (Bild 10.1–7). Die sogenannte Lamé-

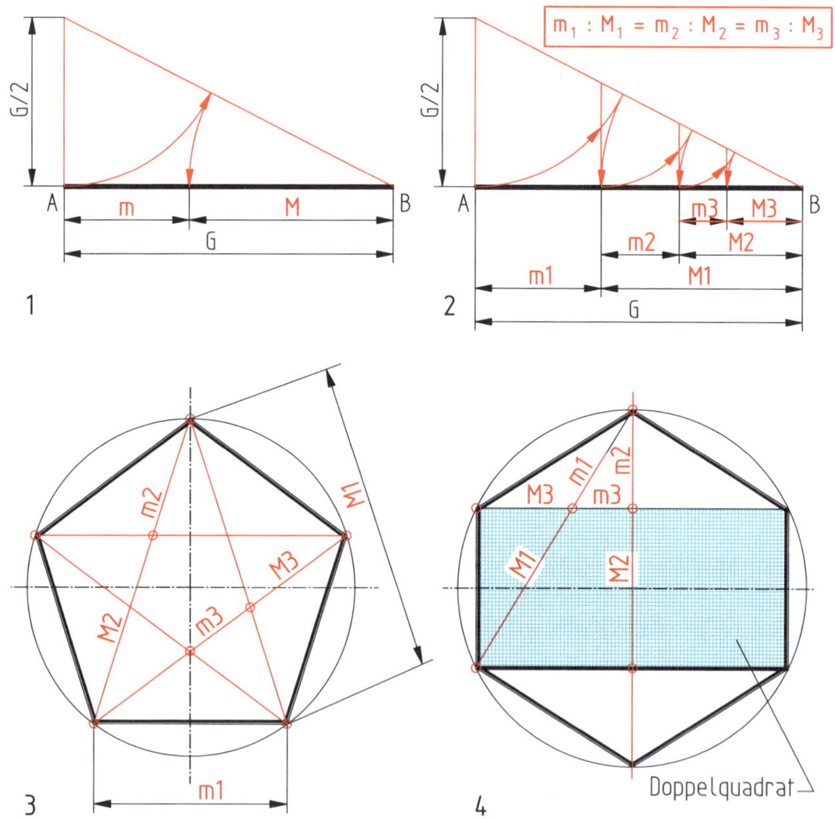

Bild 10.1–7 Streckenteilungen im Goldenen Schnitt: 1 Grundkonstruktion, die Strecken m und M verhalten sich im Goldenen Schnitt. 2 Fortlaufende Streckenteilung im Goldenen Schnitt. 3 Der Goldene Schnitt am regelmäßigen Fünfeck und 4 am Sechseck, das aus einem Doppelquadrat konstruiert ist.

sche Reihe entspricht auch den Fibonacci-Zahlen 1; 1; 2; 3; 5; 8; 13; 21; 34; 55; 89; 144... (Fibonacci war ein berühmter Mathematiker des Mittelalters).

Die harmonisierende Kraft des Goldenen Schnittes liegt in seiner einzigartigen Fähigkeit begründet, verschiedene Teile so zu einem Ganzen zu verbinden, dass jeder Teil seine Identität behält und zugleich in einem größeren Ganzen aufgeht.

Die Gestaltungsobjekte des Tischlers sind Flächen wie Haustüren, von außen betrachtete Körper wie Möbel oder von innen betrachtete Körper wie Innenräume. Alle diese Körper, ob konkav oder konvex betrachtet, werden durch Flächen begrenzt. Jede Fläche kann durch ihre Proportion der Dimensionen und ihre Lage eine besondere Aussagekraft erhalten. Bei Rechteckflächen kann sich zum Beispiel die kurze Seite zur langen im Goldenen Schnitt verhalten, oder Teilungen auf Flächen können ein solches Verhältnis aufweisen.

Interessant ist auch, dass sich im regelmäßigen Fünfeck (Pentagon) die Verbindungslinien im Verhältnis des Goldenen Schnittes teilen oder die Fünfeckseite selbst sich mit der Verbindungslinie der Eckpunkte im Goldenen Schnitt verhält. Außerdem ergeben sich am Sechseck über einem Doppelquadrat Verhältnisse im Goldenen Schnitt (Bild 10.1–7).

Architekten haben sich gern des Goldenen Schnittes bedient. Auch Le Corbusier hat sein Modul zum Bauen, die rote und die blaue Reihe, auf der Grundlage des Goldenen Schnittes entwickelt. Ausgangspunkt hierfür waren das Doppelquadrat und die Maße des Menschen.

Natürlich ist der ästhetische Wert einer Proportion nicht beweisbar. Aber so wie es in der Musik einen harmonischen Zusammenhang zweier oder mehrerer Töne gibt, so kann man wohl auch in der Architektur eine dimensionale Harmonie von Proportionen erleben. Py-

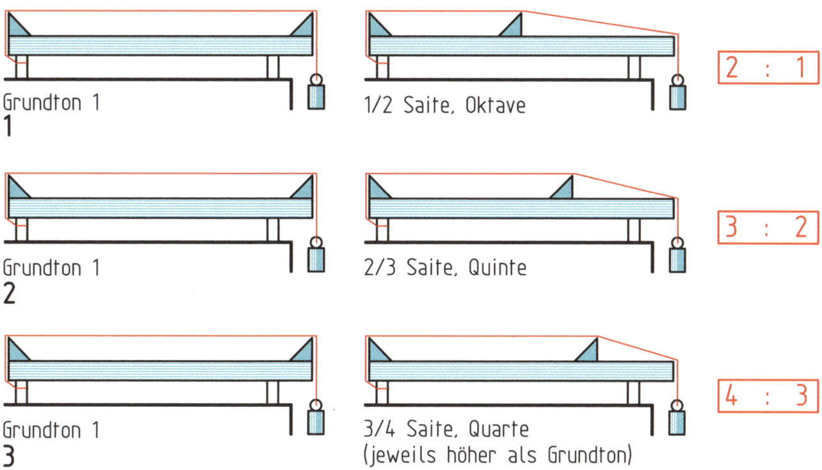

Bild 10.1–8 Harmonisch klingende Saitenabschnitte

thagoras war einer der ersten, der Experimente mit den Tonwerten unterschiedlich langer und gespannter Saiten machte und herausfand, dass die Schwingungen der Saiten von ganz bestimmten Saitenlängen Töne ergaben, die für unser Ohr harmonisch zusammenklingen. Dies lässt sich in einem Experiment leicht nachvollziehen. Eine über zwei Böckchen gespannte Saite mit der Länge eins ergibt den Grundton. Wird diese Länge auf 1/2 verkürzt, ist der Ton um eine Oktave höher als der Grundton, bei 2/3 um eine Quinte und bei 3/4 um eine Quart höher als der Grundton (Bild 10.1–8).

Der Zusammenklang dreier Saitenabschnitte im Verhältnis von 3:2:1 steht wie der Grundton zu Duodezime; bei einem Verhältnis von 4:3:2 ergeben sich Grundton, Quarte und Oktave; bei 5:4:3 Grundton, große Terz und große Sechst; bei 6:5:4 schließlich ergibt sich ein Verhältnis von Grundton zu kleiner Terz zu Quinte – dies ist der Molldreiklang.

Dies ist wohl nicht der Beweis für messbare Harmonien, aber doch die erstaunliche Erkenntnis, dass die Verhältnisse der gespannten Saitenabschnitte in natürlichen rationalen Zahlen zu klar empfindbaren Harmonien führen. Besonders interessant ist hier der innere Zusammenhang zwischen Schwingungszahl und Längenmaß, also zwischen akustischen und optischen Zahlenwerten.

Aber die Unsicherheit bleibt, ob diese mathematischen Proportionen beim architektonischen Gestalten von Bedeutung sind. Auch die Frage, wie weit diese Kräfte bewusst oder unbewusst auf die Empfindung des Menschen wirken und ob darin überhaupt der Kernpunkt des Schönen zu suchen ist, stellt sich weiterhin.

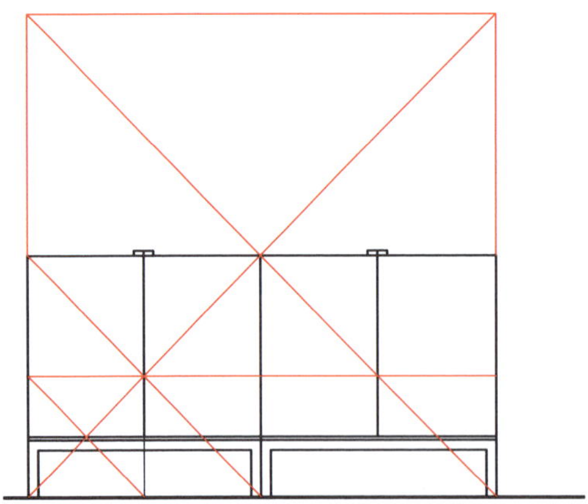

1

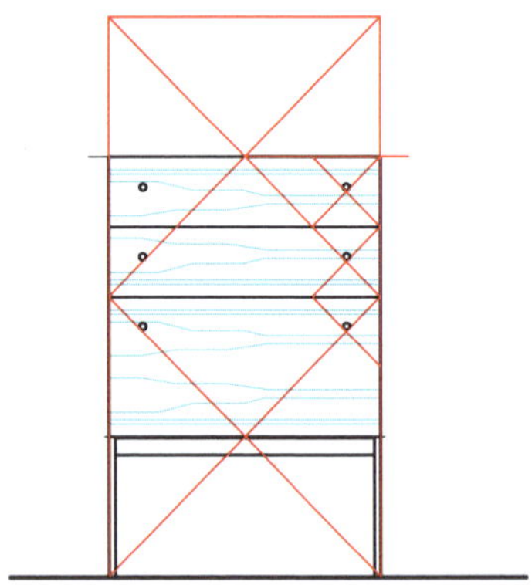

2

Bild 10.1–9 Flächenteilungen nach dem Quadratmodul: 1 Durch weitere Teilungen des Grundquadrates wurde die Korpushöhe, Fußgestellhöhe und Flächenteilung bestimmt. 2 Kleinmöbel, entwickelt aus dem Doppelquadrat.

10.1.3 Flächengliederung

Die Fläche ist exakt begrenzt, messbar in Länge und Breite. Aber selten wirkt eine Fläche allein durch die Proportion ihrer Ausdehnungslängen. Meistens wird die ästhetische Wirkung der Gesamtfläche durch Teilungen oder unterschiedliche Gewichtung der Teilflächen erreicht.

Flächenteilungen ergeben sich zum Beispiel durch die Gliederung der Möbelfronten in Türen, Schubkastenvorderstücke oder offene Fächer bzw. bei zusammengesetzten Möbeln durch die Trennung zwischen Ober- und Unterteil oder Mittel- und Seitenteil. Die Gliederung kann symmetrisch, gleichgewichtig, ausgewogen und spannungsarm oder asymmetrisch, mit unterschiedlicher Gewichtung, unausgewogen und spannungsreich erfolgen. Bei einer guten Flächenteilung sollte sich die Vielzahl von Rechteckfeldern zu einem wohltuenden Akkord zusammenfügen. Zur Lösung einer solchen Gestaltungsaufgabe können die Gesetze der elf genannten harmonischen Rechtecke, die Proportionen des Goldenen Schnittes oder der Quadratmodul führen.

Bei der Flächenteilung nach dem **Quadratmodul** wird ein Grundquadrat in weitere Quadrate aufgegliedert. Werden die Gliederungslinien übernommen, werden die kleineren Quadrate sichtbar. Die Quadratteilungen können aber auch nur zur Findung von weiteren Vertikalen oder senkrechten Teilungslinien benutzt werden (Bild 10.1–9).

Statt des Quadratmoduls kann man sich für die Flächenteilung auch der **harmonischen Rechtecke** bedienen.

Die Hilfslinien für die Teilungen nach den harmonischen Rechtecken werden nach den genannten Gesetzmäßigkeiten konstruiert. Ausgangspunkt ist hier ebenfalls das Quadrat, bei hohen Möbeln auch das Doppelquadrat (Bild 10.1–10 und 11).

Bei der Teilung von Flächen kann man auch den **Goldenen Schnitt** zu Grunde legen. Zum Beispiel könnte sich bei der Gliederung von Möbelfronten der Unterteil und Oberteil eines Schrankes oder die Fußgestellhöhe zur Korpushöhe im Verhältnis des Goldenen Schnittes verhalten. Bei größeren Flächen wie Wandverkleidungen könnte man die horizontale Teilungslinie so legen, dass hier die gesamte Verkleidungshöhe im Verhältnis des Goldenen

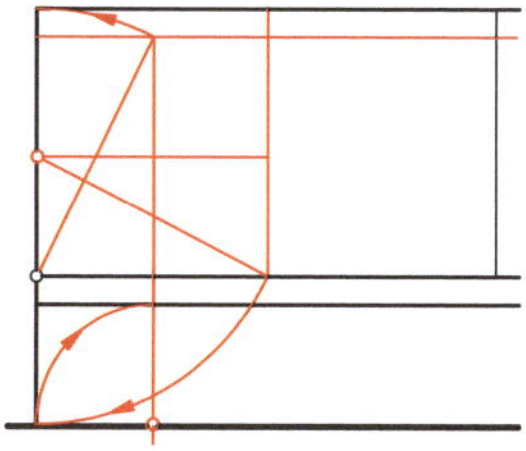

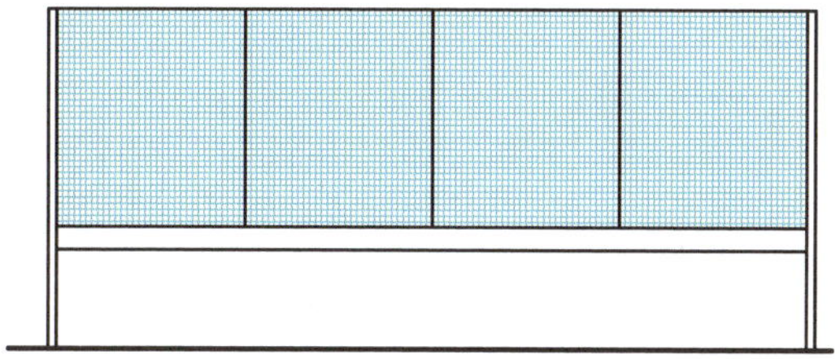

Bild 10.1–10 Anwendungsbeispiel der Grundkonstruktionen der harmonischen Rechtecke beim Entwurf einer Anrichte

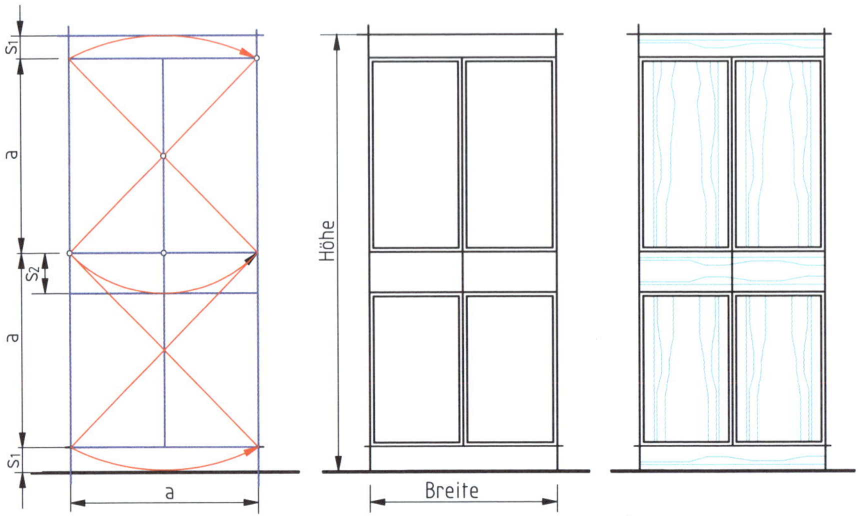

Bild 10.1–11 Anwendungsbeispiele der Grundkonstruktionen mit den harmonischen Rechtecken, oben gemischt mit dem Verhältnis des Goldenen Schnitts

Schnittes geteilt wird. Sind die Flächen rhythmisch gegliedert, kann man die schmalen Flächen zu den breiten spannungsreich im Verhältnis des Goldenen Schnittes einteilen. Bei kleineren Flächen ist es auch üblich, dass sich die Diagonale zur Breite einer Fläche im Verhältnis des Goldenen Schnittes verhält (Bild 10.1–14).

Zwar wird das Entwerfen nach einem festgelegten Modul von einigen Architekten abgelehnt, obwohl solche Gesetzmäßigkeiten an vielen Bauten von der Antike bis zur Gegenwart nachzuvollziehen sind. Diese Architekten verlassen sich auf ihr eigenes ästhetisches Formempfinden und verabscheuen die mathematisch-konstruktive Formfindung. Trotzdem werden diese Beispiele aufgezeigt, um auch dem weniger geübten Auge Anhaltspunkte für die Flächengliederung zu geben. Man sollte auch nicht übersehen, dass selbst versierte Entwerfer sich irgendwann einmal mit solchen Harmoniegesetzen befasst haben und diese mehr oder weniger intuitiv anwenden. Schließlich hat sich selbst ein so namhafter Architekt wie Le Corbusier eines Moduls bedient, den er selbst entwickelt hat. Der Modulor von Le Corbusier baut auf die Maße des Menschen auf (Größe 1,83 m und bequeme Reichweite in der Höhe von 2,26 m), dessen Proportionen Werte des Goldenen Schnittes innerhalb eines Doppelquadrats von 1,13 m × 2,26 m ergeben.

Erfahrene Architekten wissen aber auch, dass Teilungen in der Ansichtszeichnung am ausgeführten Erzeugnis später ganz anders aussehen können. Zum Beispiel erscheinen bei zurückspringenden Sockeln oder Fußgestellen, die unter Augenhöhe liegen, die Maße kürzer als auf der Ansichtszeichnung. Auch durch die Licht- und Schattenwirkung oder durch Farbkontraste auf der Fläche kann sich das angestrebte Verhältnis optisch verschieben.

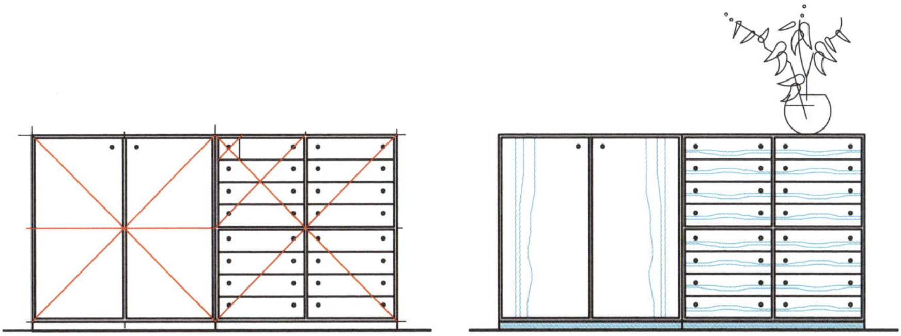

Bild 10.1–12 Möbelprogramm mit quadratischen Fronten

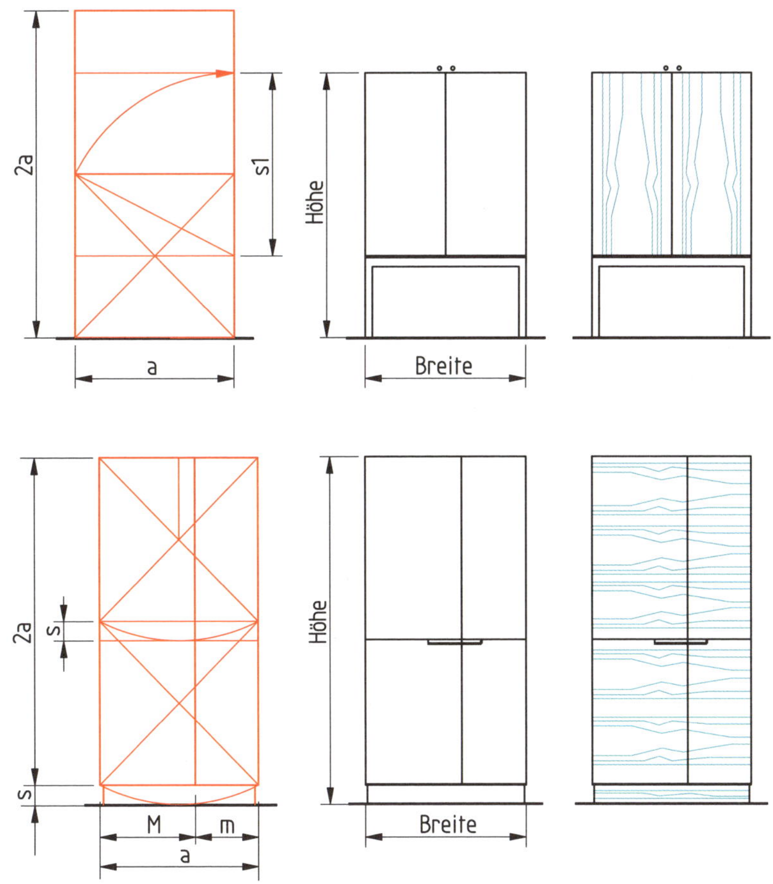

Bild 10.1–13 Einzelmöbel, Teilungslinien aus dem Doppelquadratmodul entwickelt

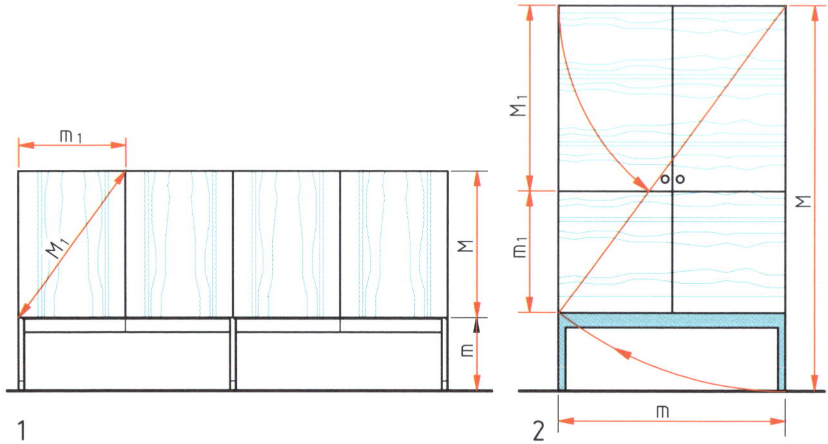

Bild 10.1–14 Anwendung des Goldenen Schnitts bei Flächengliederungen im Möbelbau: 1 Bei der Anrichte verhalten sich Korpushöhe und Fußgestellhöhe sowie Türdiagonale und Türbreite im Goldenen Schnitt. 2 Beim Geschirrschrank verhalten sich Höhe und Breite sowie die Türteilung in der Höhe im Goldenen Schnitt.

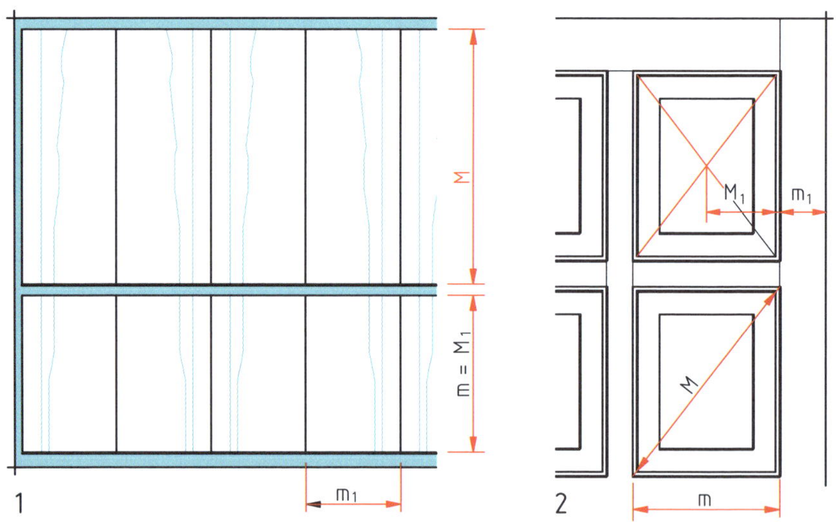

Bild 10.1–15 Anwendungsbeispiele des Goldenen Schnitts bei Wand- und Deckenverkleidung: 1 Bei der Wandverkleidung verhalten sich die Höhe der oberen und unteren Verkleidungsplatten sowie das Format der unteren Verkleidungsplatte im Goldenen Schnitt. 2 Bei den Rahmen und Füllungen verhalten sich die Füllungsdiagonale zur Füllungsbreite sowie die Füllungsgliederung im Goldenen Schnitt.

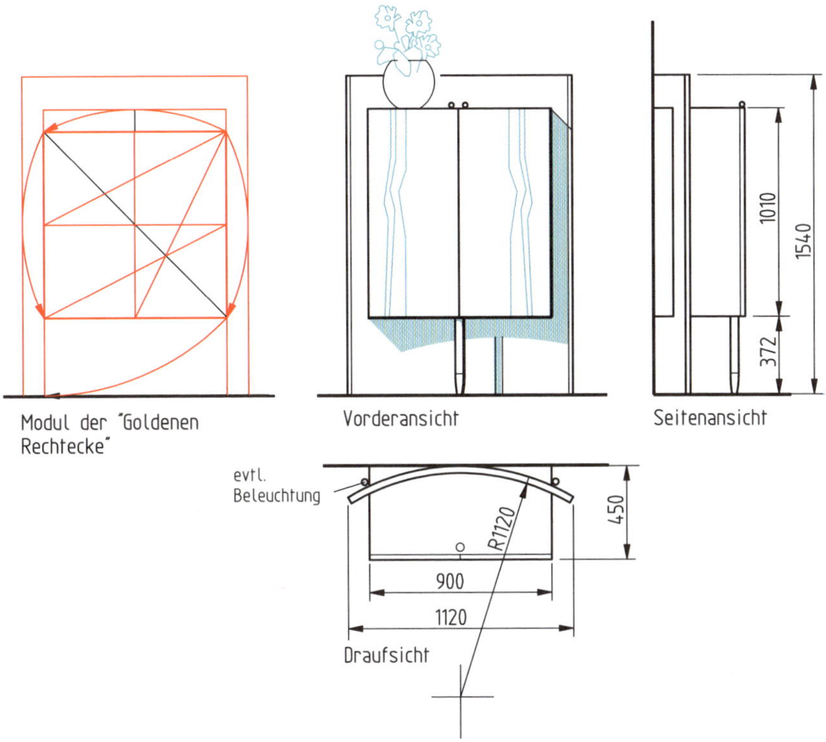

Bild 10.1–16 Einzelmöbel aus dem Quadrat entwickelt. Quader durchdringt eine gebogene Fläche.

Alle Dinge existieren, weil sie eine Ordnung haben, und sie sind geordnet, weil sich in ihnen mathematische Regeln realisieren, die zugleich Bedingung für die Existenz von Schönheit sind. (Pythagoras)

Eurythmie ist die Schönheit, das gefällige Aussehen der Teile in der Zusammensetzung. Sie wird hervorgebracht, wenn sich die Höhe der Bauglieder zur Breite und die Breite zur Länge geziemend verhalten und überhaupt alles dem Ebenmaß entspricht. (Vitruv)

Die Harmonie erreicht ihre Vollkommenheit erst, wenn der Verstand mittels der Zahl diese Wirkung bestätigt hat. (Boethius)

Die harmonischen Glieder des Körpers enthalten Musik, so auch die Glieder eines Baukörpers. (Roswitha von Gandersheim)

Schönheit ist der harmonische Zusammenklang aller Teile, der so vollendet ist, dass man nichts hinzufügen, wegnehmen oder ändern kann, ohne die Wirkung zu zerstören. (Leon Batista Alberti)

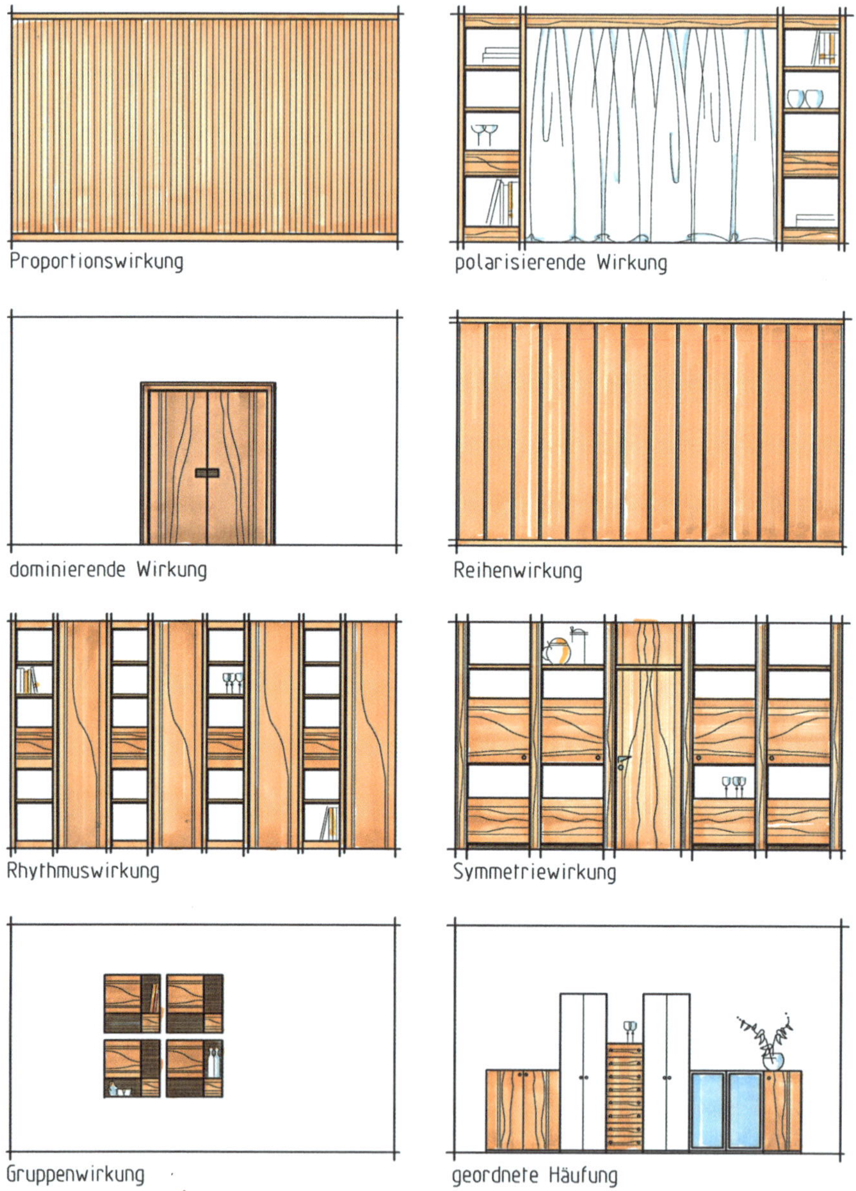

Bild 10.1–17 Flächengliederung und Flächengewichtung bei der Gestaltung von Innenraumflächen

10.1.4 Flächengewichtung

Flächengliederungen und Flächengewichtungen kommen bei Möbelfronten und Innenraumflächen vor. Bei Einzelmöbeln wird in der Regel eine ausgewogene, möglichst ruhige Front angestrebt. Bei Innenraumflächen wird die Flächengliederung und Flächengewichtung gezielt für die Raumgestaltung eingesetzt. Neben der reinen Proportionswirkung der Fläche sind hier die dominierende und polarisierende Wirkung, die Reihen-, Rhythmus-, Symmetrie-, Haufen- oder Gruppenwirkung zu unterscheiden (Bild 10.1–17).

Eine **dominierende Wirkung** auf der Fläche kann zum Beispiel durch eine Haupteingangstür erzielt werden, die sich besonders farbig und kontrastreich von der Raumfläche abhebt.

Eine **polarisierende Wirkung** wird durch die Spannung zweier im größeren Abstand voneinander auf der Fläche stehender Elemente erreicht.

Eine **Reihenwirkung** ergibt sich durch die gleichmäßigen Abstände von konstruktiv bedingten Linien wie Türteilungen, Verkleidungsplatten, Regal- oder Schrankseiten.

Bei der **Rhythmuswirkung** wiederholen sich ähnliche Elemente in gleichen Abständen auf der Fläche.

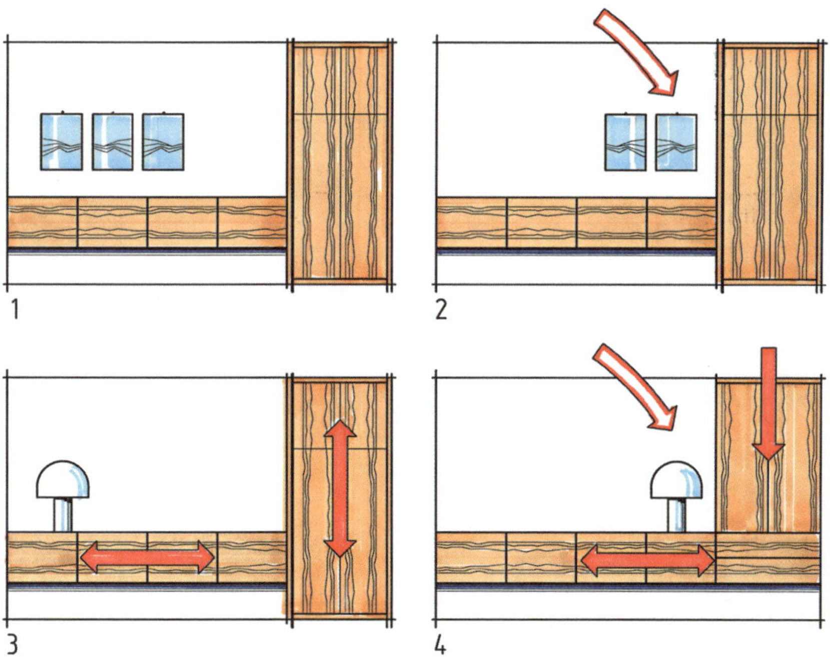

Bild 10.1–18 Optisch und statisch ausgewogene Flächen: 1 Optisch ausgewogene Fläche, 2 Fläche erhält rechts einen Schwerpunkt, 3 statisch ausgewogener Entwurf, 4 statisch auf der rechten Seite fragwürdig.

Eine einachsige **Symmetriewirkung** liegt vor, wenn die zwei durch die Mittelachse getrennten Flächen spiegelgleich sind.
Eine **Gruppenwirkung** entsteht durch das geordnete Zusammenfassen gleicher Elemente zu einer Gruppe.
Eine **geordnete Häufung** kann auch aus mehreren verschiedenen Elementen bestehen, die aber miteinander harmonieren (Bild 10.1–17). Die Flächen des Raumes sollten in der Regel statisch und optisch ausgewogen sein. Hierbei müssen sich die Ausdehnungstendenzen und Gewichtungen der Einzelflächen gegenseitig ausgleichen (Bild 10.1–18).

10.2 Körper und Raum

Körper werden durch Flächen begrenzt, die in der Regel rechtwinklig sind und von außen betrachtet werden. Für die einzelnen Ansichtsflächen gilt deshalb das, was zuvor über das Rechteck und das Quadrat ausgeführt wurde. Die Proportionen der Flächen des Körpers sind in der Draufsicht, zum Beispiel bei Tischen, besonders aber in der Vorderfront, gemäß der harmonischen Gesetze zu gestalten. Die Seitenflächen der Körper werden in der Tiefe meistens nur verkürzt wahrgenommen. Bei Möbeln wird die Tiefe besonders vom zu erzielenden Nutzraum bestimmt.
Zu unterscheiden sind einfache Körper, zusammengesetzte, gekoppelte, durchdringende Körper und als Sonderfall Körper in freier Form (Bild 10.2–1).

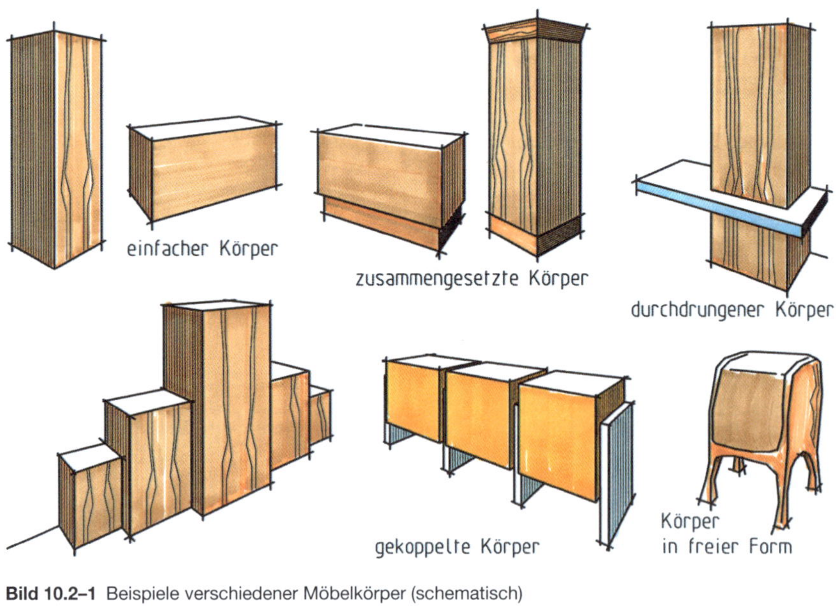

Bild 10.2–1 Beispiele verschiedener Möbelkörper (schematisch)

Einfache Körper sind in ihrer Form meistens schlicht und wirken nur durch die Proportion ihrer drei Ausdehnungen. Weitere Teilungslinien erfahren die Flächen, besonders die Vorderfront, durch die Trennlinien der Funktionselemente wie Klappen, Türen, Schubkastenvorderstücke. Die Körper können vertikal oder horizontal, auf dem Boden stehend oder an der Wand hängend angebracht werden.
Zusammengesetzte Körper bestehen aus mehreren Einzelelementen wie Korpus und Sockel bzw. Fußgestell, Korpus und Platte und Sockel oder aus verschieden großen Korpuselementen, die aneinander gereiht oder aufeinander gestapelt werden.
Bei **gekoppelten Körpern** sind mehrere gleiche Korpuselemente miteinander verbunden oder mittels tragender Seiten oder Wangen zusammengekoppelt.
Beim System **durchdrungener Körper** entsteht der Eindruck, als wenn ein Körper einen anderen oder mehrere andere Körper durchdringt. Der gesamte Körper muss stets statisch ausgewogen sein.
Körper in freier Form sind besonders schwierig zu gestalten. Hier ist eine sichere Hand und ein gutes Auge nötig. Langweilige Linienführungen sind zu vermeiden. Da unsere Möbel in der Regel nicht aus Knetgummi, sondern aus Holz oder Holzwerkstoffen gefertigt werden, sind die Fertigungsmöglichkeiten schon beim Entwurf besonders zu beachten.

Räume sind von innen betrachtete dreidimensionale Flächengebilde. Die Wirkung der raumumschließenden Flächen und deren Beziehungen zueinander muss hier besonders beachtet werden. Die Form der einzelnen den Raum umschließenden Flächen sowie deren Dimensionen sind zunächst entscheidend für die Wirkung des Raumes. Deshalb sind diese Flächen wie Wände, Boden und Decke immer in ihrer vollständigen Dimension zu betrachten.
Im Raum gibt es eine ganze Reihe von Gestaltungszwängen, die zum Beispiel durch die Anordnung der Fenster und Türen, durch vorhandene Stürze, Pfeiler, Pfeilervorlagen, Schornsteine oder Treppen entstehen.
Der Raumeindruck kann aber auch gezielt durch Licht und Schatten sowie Farben verändert werden. In einem weißen und hellen Raum, in dem alle den Raum umschließenden Flächen in hellem Weiß ausgebildet sind, verlieren sich die Raumdimensionen. Der Raum wirkt groß und nahezu grenzenlos. Schon ein dunklerer Boden oder eine dunklere Decke zum Beispiel geben dem Raum klare Grenzen.
Dunkle Decken wirken schwer und drücken den Raum in der Höhe. Der Raum wirkt niedriger. An den Wänden heruntergezogene Deckenfriese, umlaufende Gesimse oder Borde auf Türsturzhöhe erhöhen diese drückende Wirkung noch.
Dunkle Fußböden ergeben den Eindruck von Festigkeit und Trittsicherheit. Helle Fußböden wirken glatt und regen zum Laufen an.
Dunkle Wände in warmer Farbe umschließen den Raum kraftvoll und engen ihn ein. Durch helle Wandfarben wirkt der Raum größer. Ferne Wände lassen sich durch ausdrucksvolle Strukturen heranholen.

Die sich gegenüberliegenden Wände in einem rechteckigen Raum können durch gleiche Farbgebung oder Gestaltung polarisierend wirken (Bild 10.2–2).
Die Lage von Fugenteilungen kann ebenfalls den Raumeindruck verändern, ihn zentrieren oder teilen, ihn höher, breiter, länger oder kürzer erscheinen lassen (Bild 10.2–3).

Bild 10.2–2 Wirkung der raumumschließenden Flächen: 1 Neutrale Wirkung der Wand-, Decken- und Fußbodenflächen, unklare Raumbegrenzung, der Raum wirkt größer, 2 dunkle Decke wirkt drückend und schwer, 3 dunkle Böden geben Festigkeit und begrenzen die Raumfläche, 4 Fußboden und Decke dunkel, Wände hell, der Raum wirkt gedrückt aber weiter, 5 Betonung der Stirnwand, der Raum wirkt kürzer, 6 Decke, Stirnwand und Boden sind betont. Der Raum wirkt höher und schmaler, 7 dunkle gegenüber liegende Wände engen den Raum ein. Er wirkt höher und tiefer, 8 Betonung der Seitenwände und der Stirnwand engen den Raum ein, 9 der Raum wirkt gedrückt und eingeengt, der helle Boden dagegen verunsichert, 10 dieser Raum wirkt wie eine Röhre, 11 die Betonung zweier benachbarter Wände zerstört die Geometrie des Raumes, 12 Betonung der Flächen des Raumes gegen die gegebenen Raumbegrenzungen, verzerrt den Raum.

Bild 10.2–3 Wirkung der Linien im Raum: 1 Neutral und ohne besondere Gliederung, 2 der Raum wirkt breiter und tiefer, die Raumachse wird betont, 3 Vergrößerung und Betonung der Stirnwand, der

Raum wirkt höher, 4 und 5 die Räume wirken schmaler und tiefer, 6 der Raum wirkt größer und niedriger, 7 horizontale Linien an der Stirnwand strecken den Raum in der Breite, 8 umlaufende horizontale Linien engen den Raum vorne ein, 9 und 10 Räume werden in der Breite gestreckt und wirken niedriger, 11 Linien in den Seitenwänden machen den Raum tiefer und breiter, 12 es entsteht ein kurzer Röhreneffekt, 13 einengende und höhere Wirkung des Raumes, 14 Stirnwand rückt näher heran, der Raum wirkt breiter und niedriger, 15 mehrere vertikale Linien an Wänden und horizontale an der Decke betonen die Tiefe und verstärken den Tunneleffekt.

Auf den Wänden schräg verlaufende Strukturen müssen durch gegenläufig angebrachte Strukturen wieder ausgeglichen werden, da sonst der Mensch durch die fehlende Senkrechte verunsichert wird. Das gleiche gilt für sphärische Raumkonstruktionen, die dreidimensional frei verformte Wand- und Deckenflächen erhalten.
Auch durch Raumteiler, Lampengruppen, frei stehende Vitrinen, Podeste, Deckenversprünge usw. können Räume optisch unterteilt werden (Bild 10.2–4).

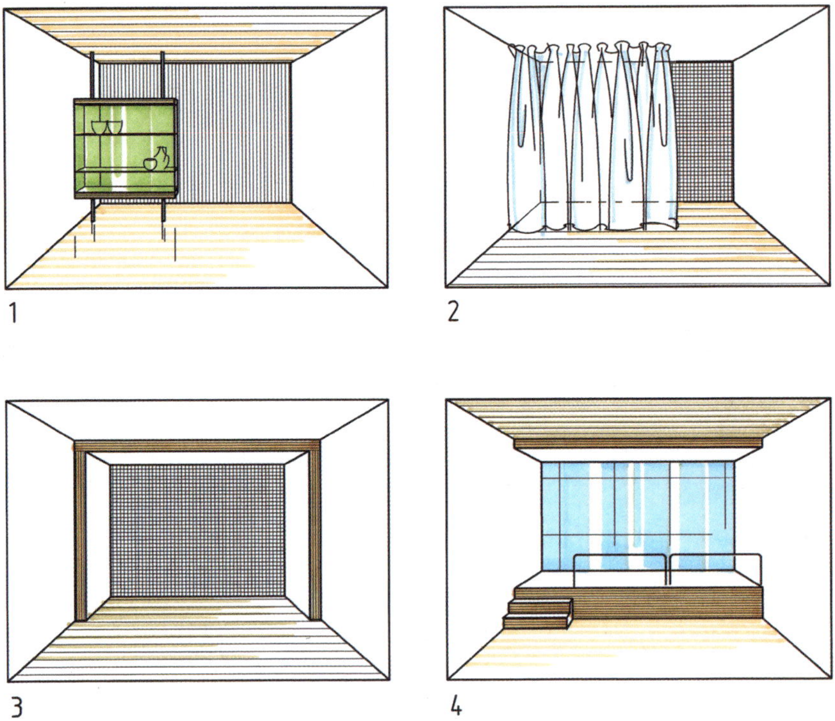

Bild 10.2–4 Raumteilungen durch Einbauten wie 1 Vitrine, 2 Vorhang, 3 Materialwechsel und Versatz, 4 durch Podium und abgehängte Decke

10.3 Profile

Profile sind im Sprachgebrauch der Holzverarbeiter Auskehlungen bzw. Ausformungen von Leisten, Flächen und Kanten. Es handelt sich also um schmückende Elemente, die durch ihre Gliederung, durch das Spiel von Licht und Schatten die Erzeugnisse formal bereichern können. Jede Stilepoche hat jeweils für ihre Zeit charakteristische Profile ver-

wendet. Auch das schlichte funktionsbetonte Möbel kommt nicht ohne Profile aus, sei es, um Kanten dünner erscheinen zu lassen, wie zum Beispiel durch langgestreckte Fasen, um Kanten durch Abrundungen griffiger zu machen oder um Übergänge von versetzten Flächen harmonischer und weicher zu gestalten.
Profile entstehen auch durch die Konstruktion wie bei Rahmen und Füllungen, bei vorstehenden Korpus- oder Türkanten, überstehenden Platten und Seiten. Profile können durch »scharfe« Kanten harte Übergänge und durch Rundungen weiche Übergänge schaffen. Bei Überfälzungen und Füllungen können Profile den Übergang zwischen zwei Flächenebenen organischer herstellen und je nach Tiefe und Ausdruckskraft des Profils die Flächengliederung mehr oder weniger stark betonen. An Plattenkanten wie Kanten an Korpusseiten und Böden, an Einlegeböden, Tisch- oder Abdeckplatten schwächen die Profile optisch die Materialdicke und formen die Kanten haptisch aus. Übrigens sind bei einigen Möbelarten wie Büromöbeln, Kinder- und Jugendmöbeln und Küchenmöbeln aus sicherheitstechnischen Gründen bestimmte Radien für die Kantenverrundungen vorgeschrieben.

10.3.1 Elemente des Profils

Der Ablauf der Profile stellt sich am besten im Querschnitt dar. Als Grundelemente sind hier die Gerade und die Bogenlinie, entweder als Kreis- oder als Ellipsenlinie, zu erkennen. Je nach Verlauf der Geraden bezeichnen wir das Profil als Fase oder als Platte, je nach Verlauf der Kreis- oder Ellipsenlinie als Hohlkehle oder Stab. Profile, die durch die Kombination zweier gegenläufiger Kreisbögen bzw. Ellipsenbögen entstehen, werden Karnies genannt (Bild 10.3–1).
Um eine gute Form bei Profilen zu erreichen, ist es wichtig, dass das Zusammenspiel zwischen diesen zwei bis drei Grundelementen des Profils – Gerade, Kreis- und Ellipsenlinie – ausgewogen ist. Alte Meister legten Wert darauf, dass die Abstände der profilbildenden Kanten spannungsreich, vielleicht im Goldenen Schnitt, aufeinander abgestimmt wurden. Profile sind markant auszubilden. Langweilige Wiederholungen gleicher Profilelemente sowie »Teigwarenprofile« sind zu vermeiden (Bild 10.3–2). Die Augenhöhe und der Wechsel zwischen Licht und Schatten sind bei Profilierungen zu berücksichtigen (Bild 10.3–3 bis 10.3–5).
Das Profil darf auch nicht als Einzelelement betrachtet werden, sondern muss sich in Gliederung, Form und Größe dem Charakter des Gesamtprojekts anpassen. Häufig bildet ein Hauptprofil an Gesims, Sockel oder Seite die Dominante, der sich alle anderen Profile unterzuordnen haben. Die einmal gewählte Profilart ist bei einem Projekt beizubehalten, also entweder Fasen, Rundungen oder Platten. Ganz allgemein verlangen feine Hölzer und zierliche Möbel eine zartere Profilierung als grobe Hölzer und wuchtige Möbel oder gar Einbauten und Ausbauarbeiten. Das Profil ist als Gestaltungselement stets sparsam und mit gefühlvoller Sensibilität einzusetzen.

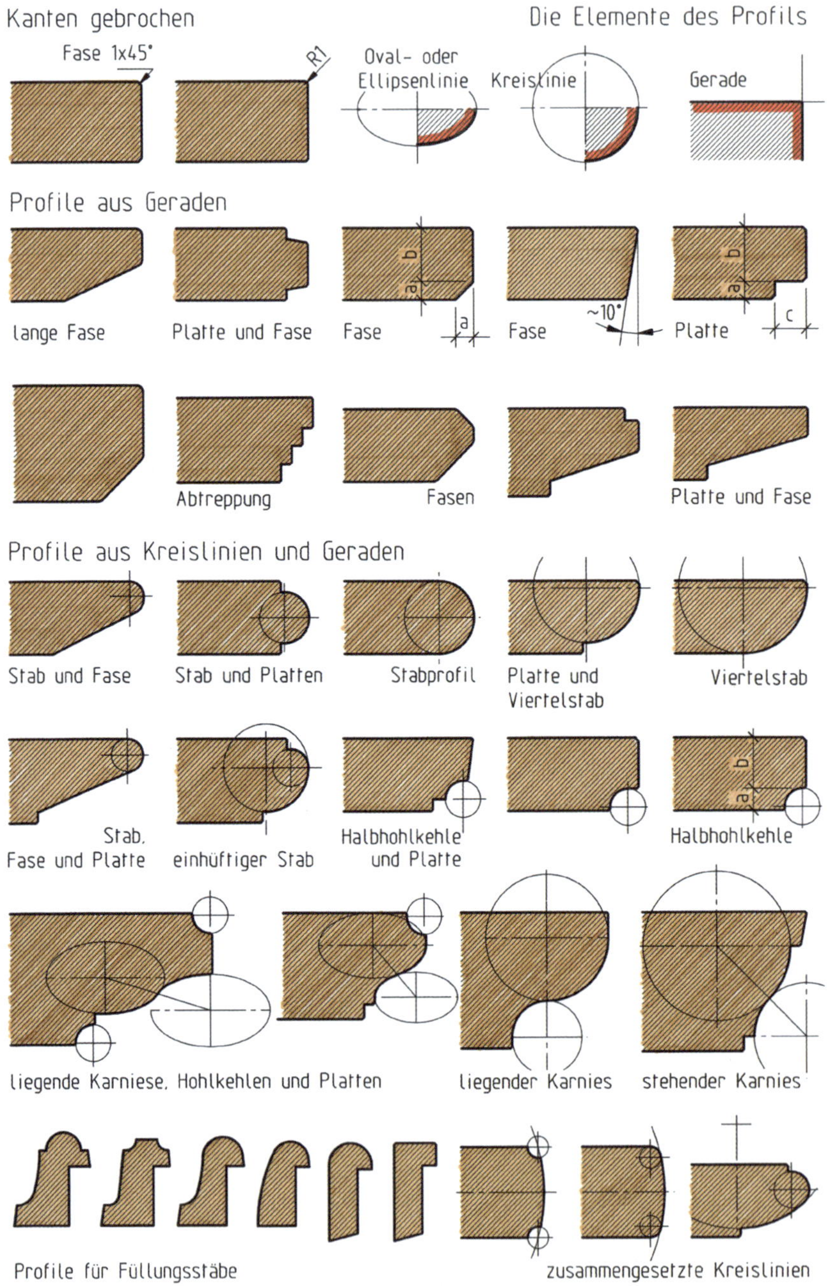

Bild 10.3–1 Elemente des Profils und einige Profilgrundformen

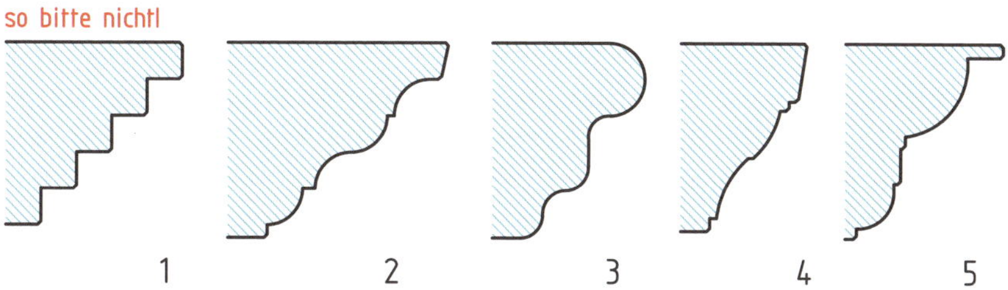

Bild 10.3–2 Schlechte Profilgliederungen: 1 Langweilige Abtreppungen, 2 Profilablauf in gleichen Abmessungen sind spannungslos, 3 charakterloses Profil, 4 Rundungen zu flach, 5 schlechte Proportionen, obere Kante ist gefährdet.

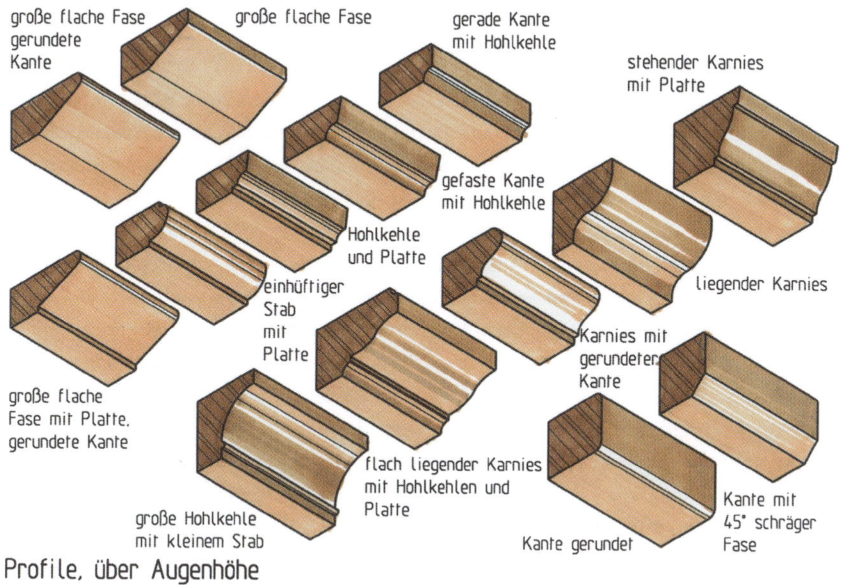

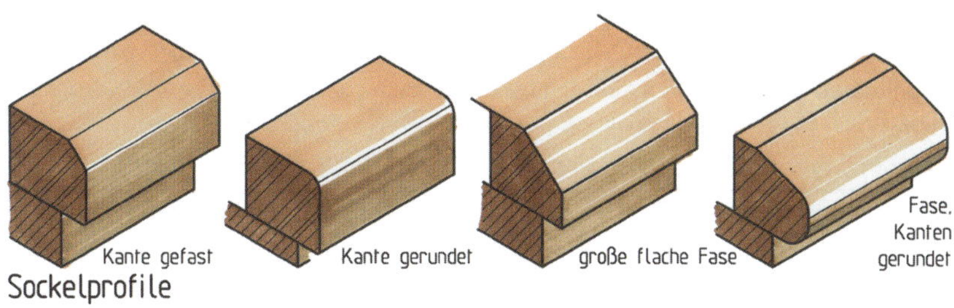

Bild 10.3–3 Profile über und unter Augenhöhe

10.4 Ergonomische Maße

Beim Entwerfen sind nicht nur die Maße der unterzubringenden Gegenstände wie Bücher, Geschirr, Gläser, Wäsche und Kleidung, sondern auch die Maße der Menschen, die diese Erzeugnisse nutzen, zu berücksichtigen. Diese Maße bestimmen in erster Linie die Abmessungen der Erzeugnisse wie Möbel und Innenausbauarbeiten. Gerade die ergonomischen Maße, also beispielsweise Reichweite und Greifbereich des Menschen, optimaler Sehabstand, richtige Sitzhöhe und Arbeitshöhe sind es, die unnötige Belastung und vorzeitige Ermüdung vermeiden oder einfach nur zu einem höheren Komfort und damit gesteigerten Wohlbefinden beitragen.

Menschen sind unterschiedlich groß. Darum sind die angegebenen Maße als Durchschnittsmaße zu betrachten. Auch sind bei den Maßen die ergonomischen Unterschiede zwischen Frauen und Männern zu berücksichtigen.

Wie die **Körpergröße des Menschen** variieren auch seine Maße im Sitzen. Dennoch haben normale Stühle eine Sitzhöhe von 450 bis 460 mm. Bei bequemer Sitzposition ist die Tischfläche 270 bis 275 mm höher als die Sitzfläche. Interessant ist auch die Breite, die ein Mensch im Sitzen einnimmt. Sie beträgt 560 mm. Wenn mehrere Menschen nebeneinander sitzen, werden hierfür mindestens 600 mm veranschlagt (Bild 10.4–1).

Der **Platzbedarf bei Sitzgruppen** ergibt sich aus der Tischgröße und dem Bewegungsraum um die Sitzgruppe herum. Ausschlaggebend ist die Anzahl der Personen, die am Tisch sitzen. Die geringste Breite für einen Esstisch beträgt 800 mm.

Für vier Personen muss die Tischkante 2 x 600 mm = 1200 mm lang sein. Für den angestellten Stuhl berücksichtigt man 500 mm. Zum Aufstehen und Zurückschieben des Stuhls berechnet man ebenfalls 500 mm. Wird noch ein Bewegungsraum, etwa zum Bedienen, benötigt, sind zusätzlich 700 mm anzusetzen (Bild 10.4–2).

In der Ansicht wird neben der Sitz- und Tischhöhe auch die richtige Höhe der Lampe angegeben. Hier spielt die Augenhöhe der sitzenden bzw. der bedienenden Personen eine Rolle. Zu beachten ist insbesondere, dass die Lampe nicht blendet und der gegenüber Sitzende gut zu sehen ist (Bild 10.4–2).

An einem quadratischen Tisch sitzt, bei vier Personen, an jeder Tischkante eine Person. Nun sind zu den 600 mm Platzbedarf in der Breite noch zu beiden Seiten 200 mm hinzuzurechnen. Dadurch ergibt sich eine Tischgröße von 1000 × 1000 mm.

Die **minimalen Tischgrößen** für Esszimmer lassen sich so nach einer Formel berechnen:

Allgemein gilt: Tischbreite = 800 (1000) mm

Tischlänge = Anzahl der Personen an der Längskante × 600 mm.

Sitzen zusätzlich noch Personen am Kopf des Tisches, ist der Tisch jeweils um 200 mm zu verlängern.

So ergibt sich für vier Personen eine Tischgröße von 800 × 1200 mm, für fünf Personen beträgt sie 800 × 1400 mm, für sechs Personen sind 800 × 1600 mm erforderlich und für acht Personen 800 (1000) × 2200 mm (Bild 10.4–3).

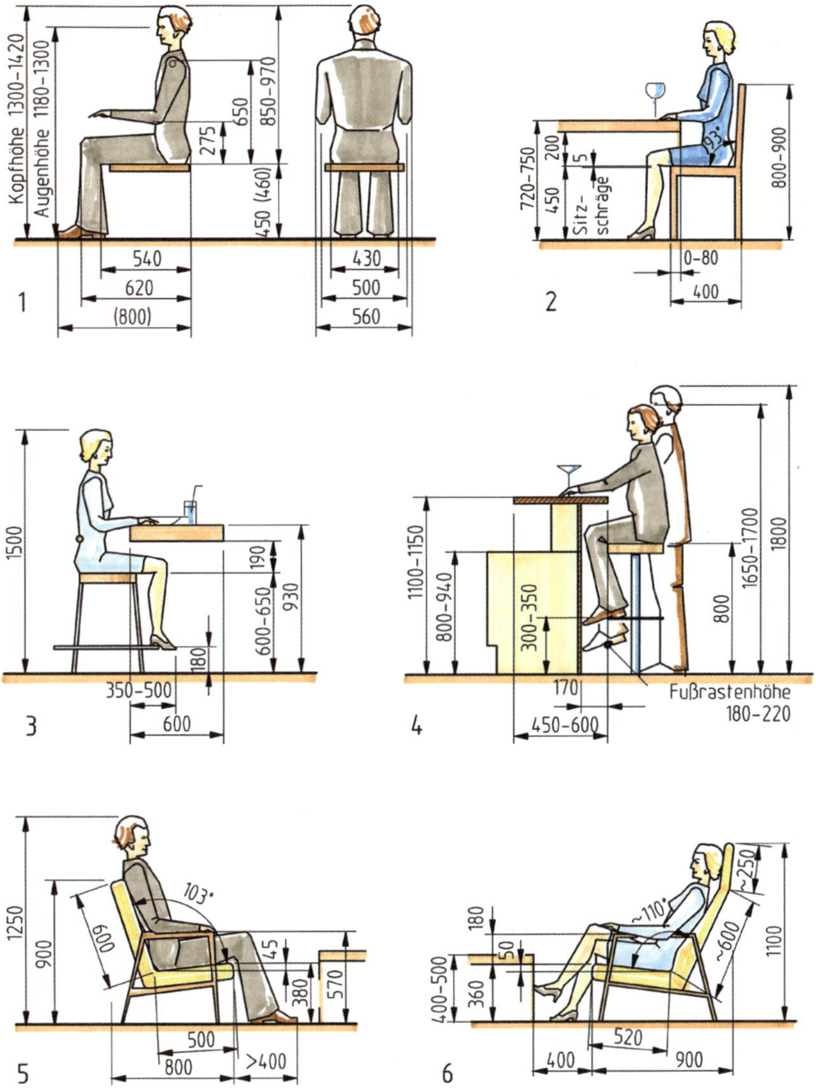

Bild 10.4–1 Durchschnittsmaße des Menschen im Sitzen: 1 Normale Sitzposition, 2 am Esstisch, 3 an einer Essbar, 4 Maße einer Bar mit Barhocker und Theke, 5 Maße beim bequemen Sitzen bzw. beim Relaxen am Couchtisch, 6 Maße einer gemütlichen Sitzposition am Couchtisch.

Bild 10.4–3 Platzbedarf einschließlich Bewegungsraum bei rechteckigen Tischen: 1 Quadratischer Tisch für vier Personen, 2 Tisch an der Wand für fünf Personen, 3 Tisch für sechs Personen, 4 Tisch für acht Personen. (rechte Seite)

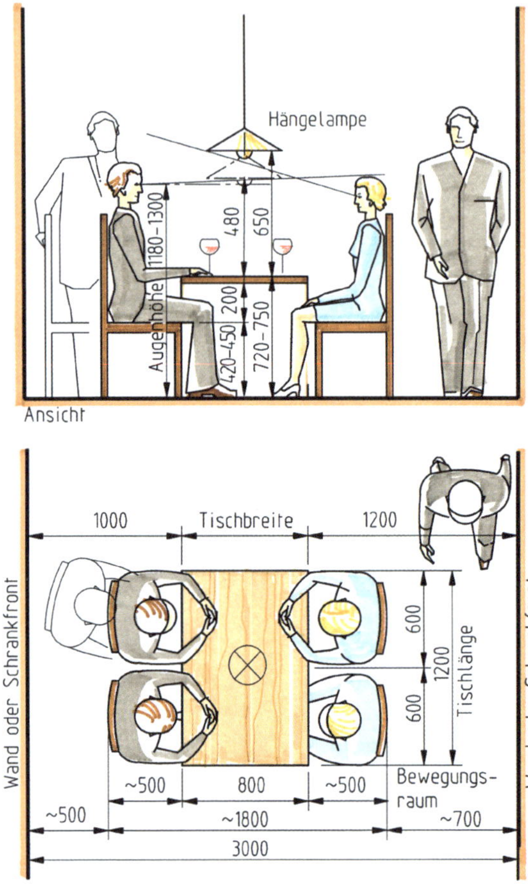

Bild 10.4–2 Platzbedarf für einen Essplatz in einer Nische mit einseitigem Bewegungsraum. Die Hängelampe darf nicht blenden und nicht die Sicht behindern.

Etwas schwieriger ist die **Tischgröße bei runden Tischen** zu ermitteln. Hier haben die Personen nach außen hin reichlich Platz, während sich der Platz für Gedecke zur Mitte des Tisches hin beträchtlich einengt. Ein runder Tisch mit 600 mm Durchmesser ist für zwei Personen, mit 800 mm für drei Personen und mit 1000 mm für vier Personen geeignet. Für sechs Personen sollte der runde Tisch einen Durchmesser von 1200 mm aufweisen, für acht Personen 1500 oder besser 1600 mm (Bild 10.4–4).

Zu beachten ist auch die **Sitzposition**. Sie ist aufrechter beim Essen und Arbeiten, zurückgelehnter beim Plaudern und Relaxen. Der Modul der Sitzpositionen ist ein Versuch. Er zeigt die Abhängigkeit der Sitzschrägen sowie der Neigung der Rückenlehne von den Sitzhöhen. Die Profile sind in einem Quadrat von 800 x 800 mm untergebracht. Die Teilung entspricht dem Verhältnis des Goldenen Schnittes. Beim Entwerfen von Sitzmöbeln, auch

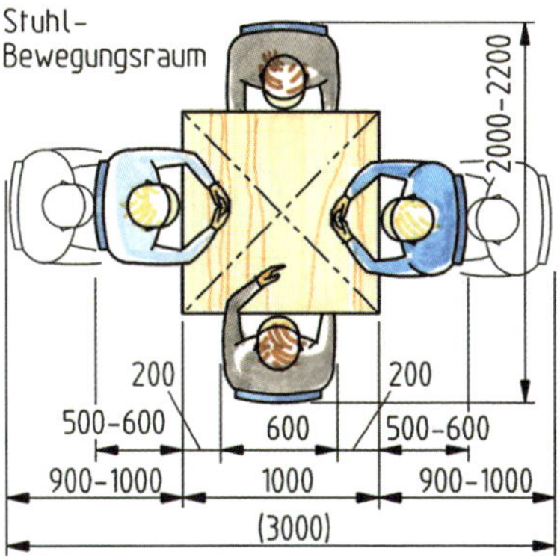

1

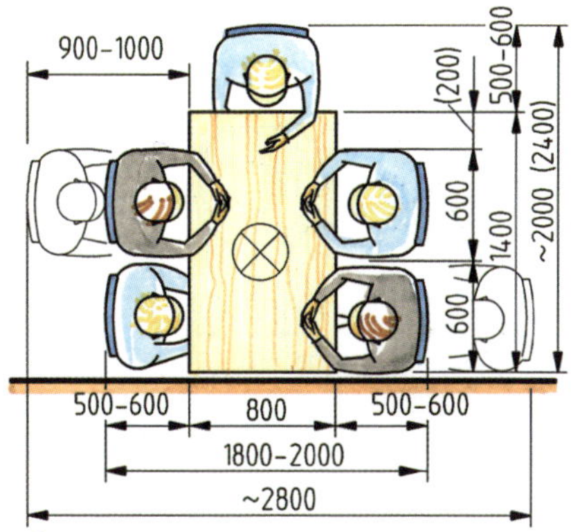

2

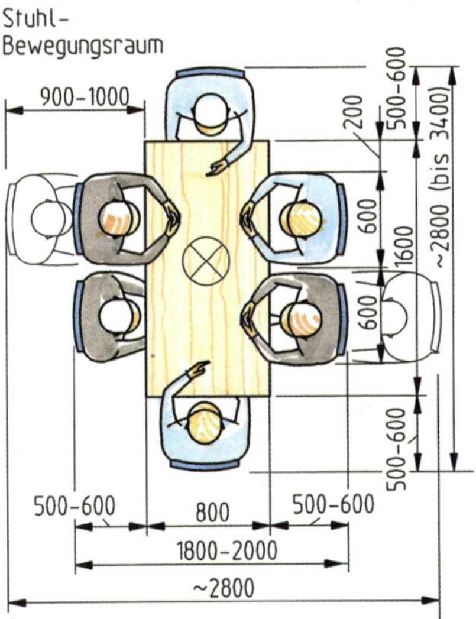

3

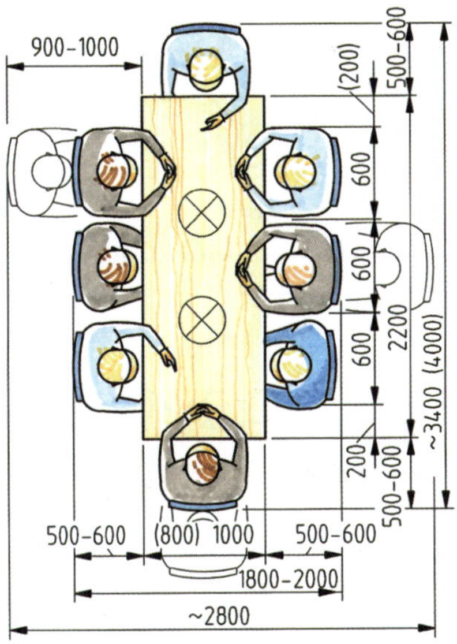

4

Eckbänken, können solche Angaben nur als Anhaltspunkt angewendet werden. Beim Entwurf von Sitzmöbeln sind oft nur wenige Grad Sitzneigung oder Rückenschräge und auch wenige Millimeter Sitzhöhe mehr oder weniger für die Bequemlichkeit entscheidend (Bild 10.4–7).

Wird eine **Essbar** eingerichtet, läuft diese oft in der Arbeitsplattenhöhe durch. Dann sind höhere Stühle (600 bis 650 mm) mit einer Fußraste zu verwenden. Wichtig ist, dass bei all diesen Sitzpositionen genügend Beinfreiheit unter der Tischplatte vorhanden ist. Der Ab-

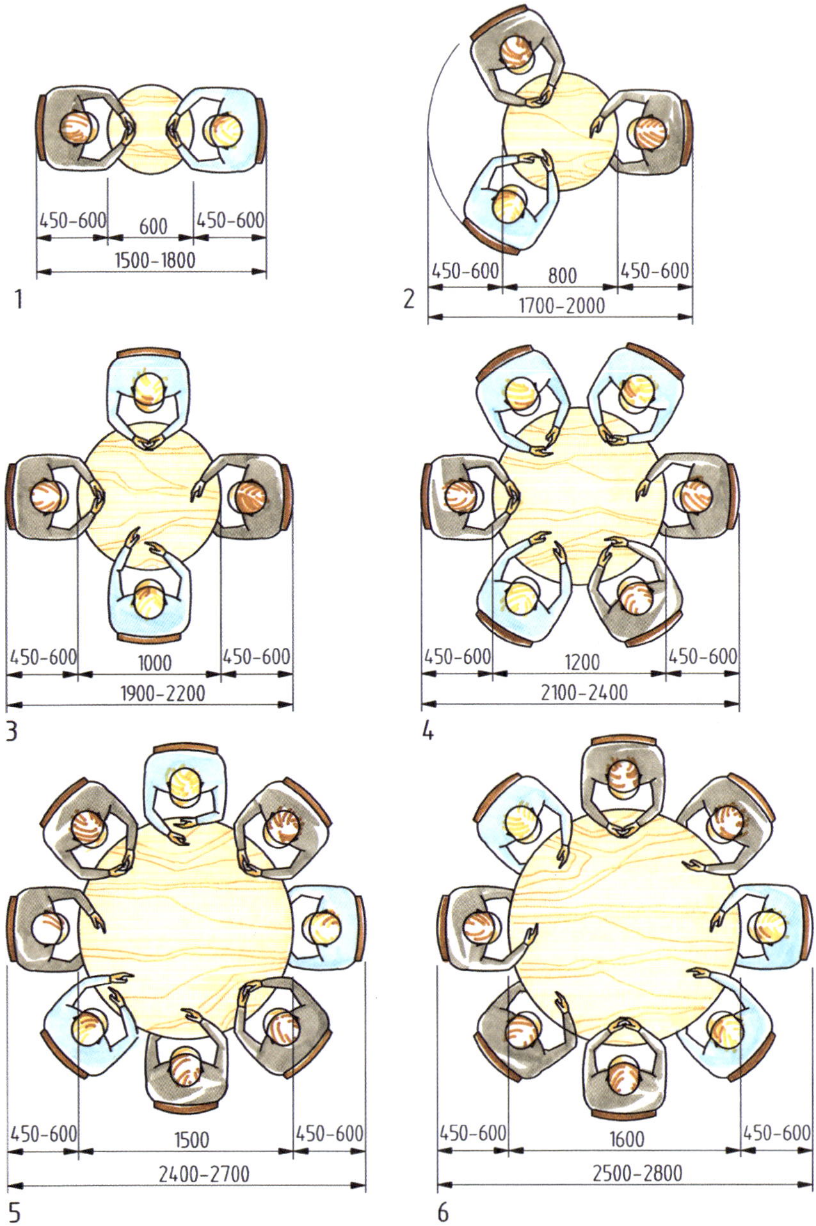

Bild 10.4–4 Platzbedarf bei runden Tischen für zwei (1), drei (2), vier (3), sechs (4) und acht Personen (5 und 6). Der Bewegungsraum ist zusätzlich einzuplanen.

stand von der Sitzfläche zur Tischunterkante sollte mindestens 190 mm, besser 200 mm betragen (Bild 10.4–1).

Richtige **Barhocker** sind etwa 800 mm hoch. Die dazu passende Theke hat eine Höhe von ca. 1100 bis 1150 mm, so dass dann auch im Stehen ein Getränk eingenommen werden kann. Die Platte der Theke muss so weit überstehen (mindestens 170 mm), dass man genügend Platz für Füße und Knie hat (Bild 10.4–1).

Viel mehr Platz benötigt eine **Sitzgruppe**, die aus **Sesseln** oder **Couch** und Sesseln besteht. Der Couchtisch ist sehr niedrig, etwa 300 bis 450 mm. Auch die Sitzhöhe kann nur 360 mm betragen. Dafür ist die Sitztiefe mit der stärker geneigten Rückenlehne größer. Auch ist vor dem Tisch ein Beinraum von mindestens 400 mm erforderlich. Wird hinter dem Sessel an einer Seite noch ein Bewegungsraum von 800 bis 900 mm benötigt, dann sind je nach Tischbreite 3800 bis 4200 mm für die gesamte Sitzgruppe erforderlich (Bild 10.4–5). Übereck gestellte Sessel sollten mindestens einen Abstand von 100 mm haben, damit man sich nicht mit den Füßen ins Gehege kommt (Bild 10.4–6).

Bei Möbeln und Einbauschränken sind die **Greifhöhen** und **Greifbereiche** des Menschen zu berücksichtigen. Sie sind bei Frauen und Männern unterschiedlich. Die obere Greifhöhe bei Frauen liegt im Stehen bei 1700 bis 1800 mm, die untere Greifhöhe bei 620 mm. Bei Männern liegt die obere Greifhöhe bei 1800 bis 1900 mm, die untere bei 670 mm. Die absolute Reichweite nach oben liegt bei Frauen bei 1950 mm, bei Männern bei 2200 mm. Über diesem Maß sollten keine Griffe mehr in der Möbelfront angebracht werden. Anrichten sind in der Regel 720 mm bis 850 mm hoch. Häufig wird hier die Höhe des Esstisches übernommen. Einlegeböden, auf denen die Gegenstände auch von Frauen noch

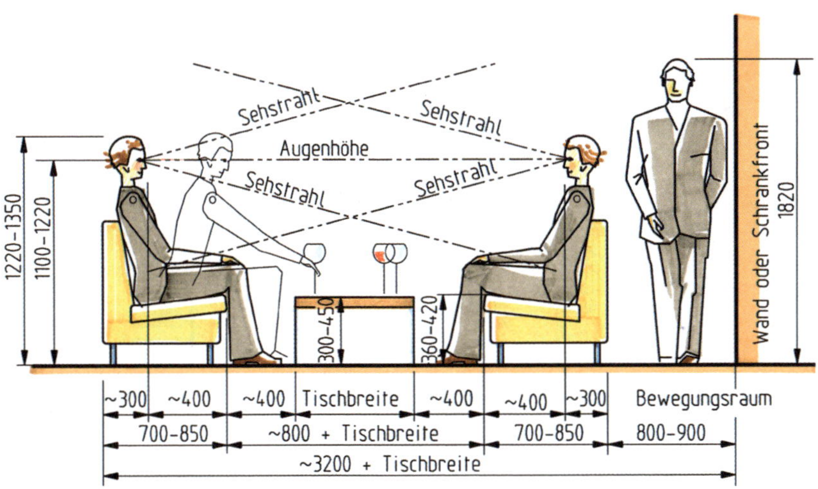

Bild 10.4–5 Platzbedarf einer Sitzgruppe mit Sesseln am Couchtisch. Auf Beinfreiheit zwischen Sessel und Couchtisch ist zu achten.

zu greifen sein sollen, dürfen höchstens 1700 bis 1800 mm hoch sein. Eine **Barklappe** hat zweckmäßigerweise eine Höhe von 900 bis 1050 mm. Die Tiefe des Schrankes beträgt ca. 400 mm, damit man auch bei geöffneter Klappe noch an die Gegenstände im Inneren des Schrankraumes gelangen kann. Sind Beleuchtungen eingebaut, ist dafür zu sorgen, dass die Person vor dem Schrank nicht geblendet wird. Natürlich ist im Raum die Ausladung der Klappe zu berücksichtigen (Bild 10.4–9).

Bei Einbauschränken darf der obere Griff nicht höher als 2000 mm sitzen, wenn man ihn ohne Leiter erreichen will. Der untere Schlüssel oder Griff wird gewöhnlich auf die Höhe der normalen Türdrücker gesetzt, diese beträgt 1050 mm.

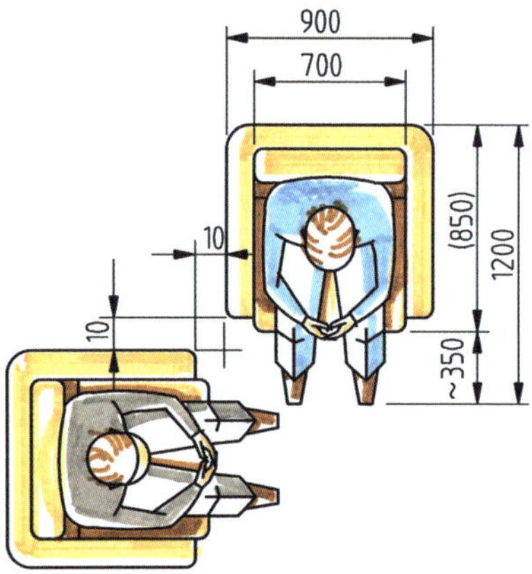

Bild 10.4–6 Übereckanordnung von Sesseln

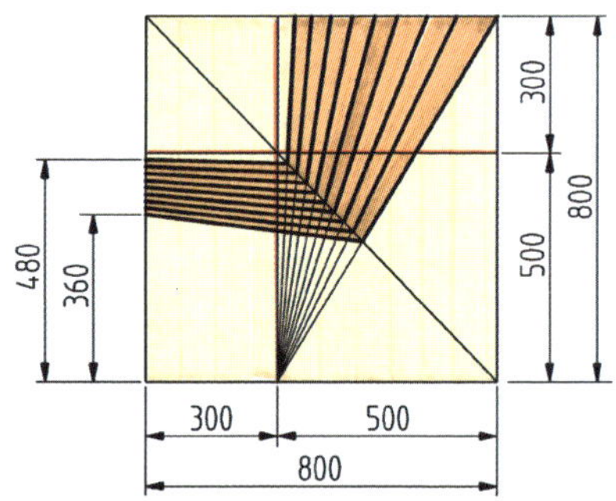

Bild 10.4–7 Stuhlmodul, basierend auf einem Quadrat von 800 × 800 mm.

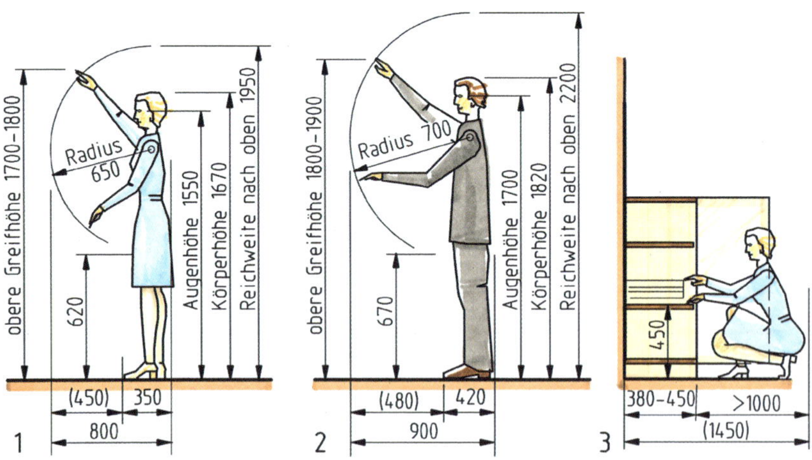

Bild 10.4–8 Greifbereiche und Reichweite: 1 Durchschnittliche Maße von Frauen und 2 von Männern. 3 Platzbedarf vor einem geöffneten Schrank.

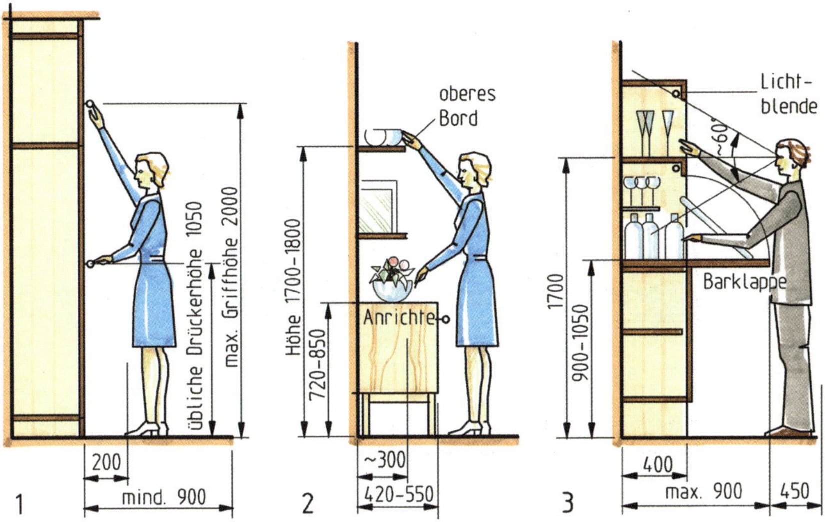

Bild 10.4–9 Greifbereiche an Möbeln: 1 Normale und maximale Griffhöhe am Einbauschrank, 2 Anrichtenhöhe und oberer Greifbereich auf Einlegeböden, 3 Greifbereiche vor einer Barklappe.

Sind Schränke in der Hocke zu bedienen, dann muss für die Bedienung und natürlich auch für das Öffnen der Türen vor dem Schrank genügend Platz vorhanden sein (Bild 10.4–8).

Besonders in **Küchen** wird auf die gute ergonomische Anordnung der Funktionsbereiche geachtet. Obwohl die Küchenmöbel weitgehend genormt sind, hat sich hier speziell für die Arbeitsbereiche Kochen, Spülen und Anrichten eine Veränderung ergeben. Da die Menschen immer größer werden, sind heute die Arbeitsplatten höher, bis 950 mm. Der Kochbereich wird in der Regel tiefer angesetzt, ca. 800 mm, damit man noch bequem in die Töpfe blicken kann. Der am häufigsten genutzte und günstigste Greifbereich in der Höhe liegt zwischen 650 mm und 1500 mm. In diesen Bereich sollten der Backofen und die Mikrowelle sowie das häufig benutzte Besteck und Geschirr untergebracht werden. Der Abstand zwischen Arbeitsplatte und Oberschrank sollte mindestens 500 mm betragen, über der Spüle mindestens 650 mm. Die Tiefe der Oberschränke liegt wegen der Kopffreiheit bei 350 mm gegenüber der Tiefe der Unterschränke mit 600 mm. Wichtig ist auch der Fußfreiraum von 80 bis 100 mm. Der Bewegungsraum zwischen zwei Küchenzeilen sollte mindestens 1300 mm betragen (Bild 10.4–10).

Die Werte für den **Schreibplatz** zu Hause oder im Büro ähneln einander.

Die Schreibtischhöhe beträgt 720 mm, wenn sie nicht in der Höhe verstellt werden kann. Die Sitzhöhe liegt bei 420 bis 450 mm, wenn sie verstellt werden kann bis 530 mm (Bild 10.4–11). Auf ausreichend großen Bein- und Fußfreiraum ist zu achten. Hier gibt die Systemskizze Auskunft. In der Breite sollte man zum Sitzen 600 mm vorsehen. Der Bewe-

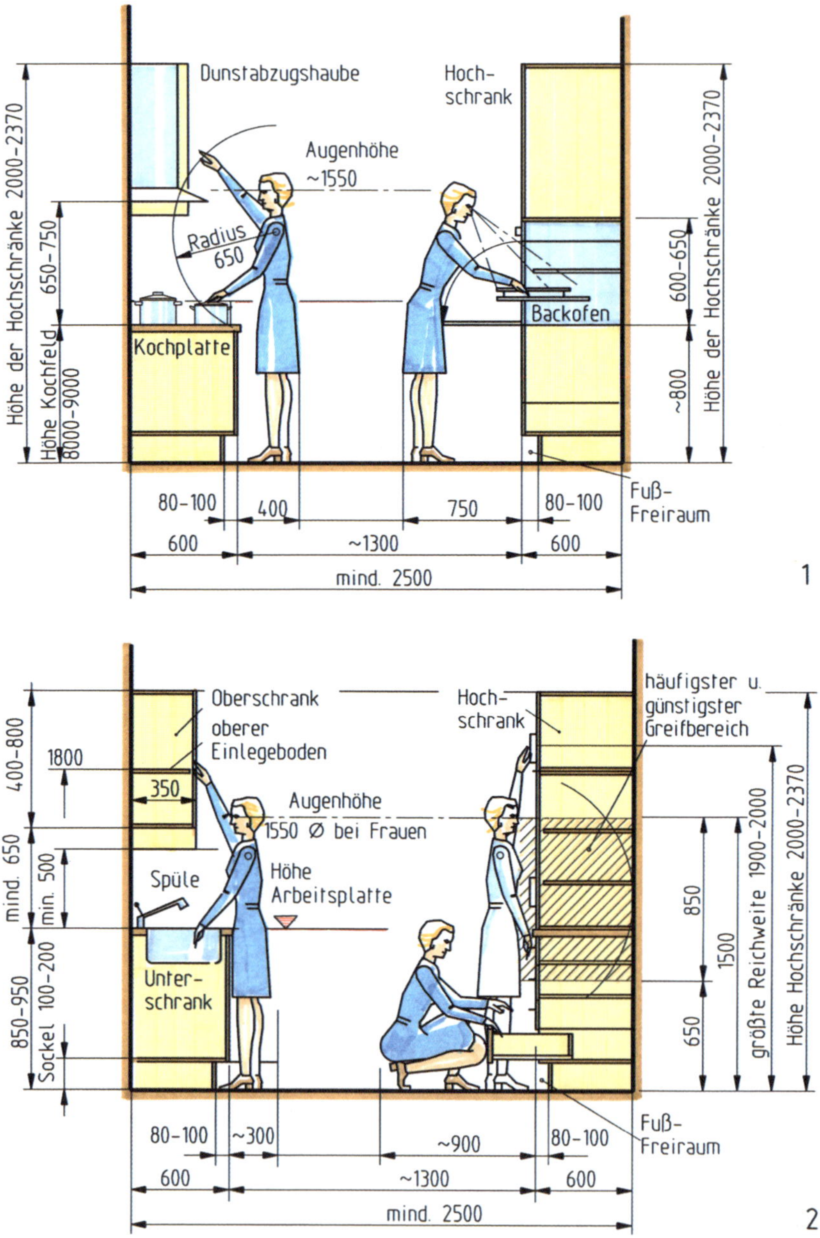

Bild 10.4–10 Platzbedarf in der Küche: 1 Günstige Höhen beim Kochen und Backen, 2 Platzbedarf und Höhen beim Spülen und Anrichten, günstigster Greifbereich.

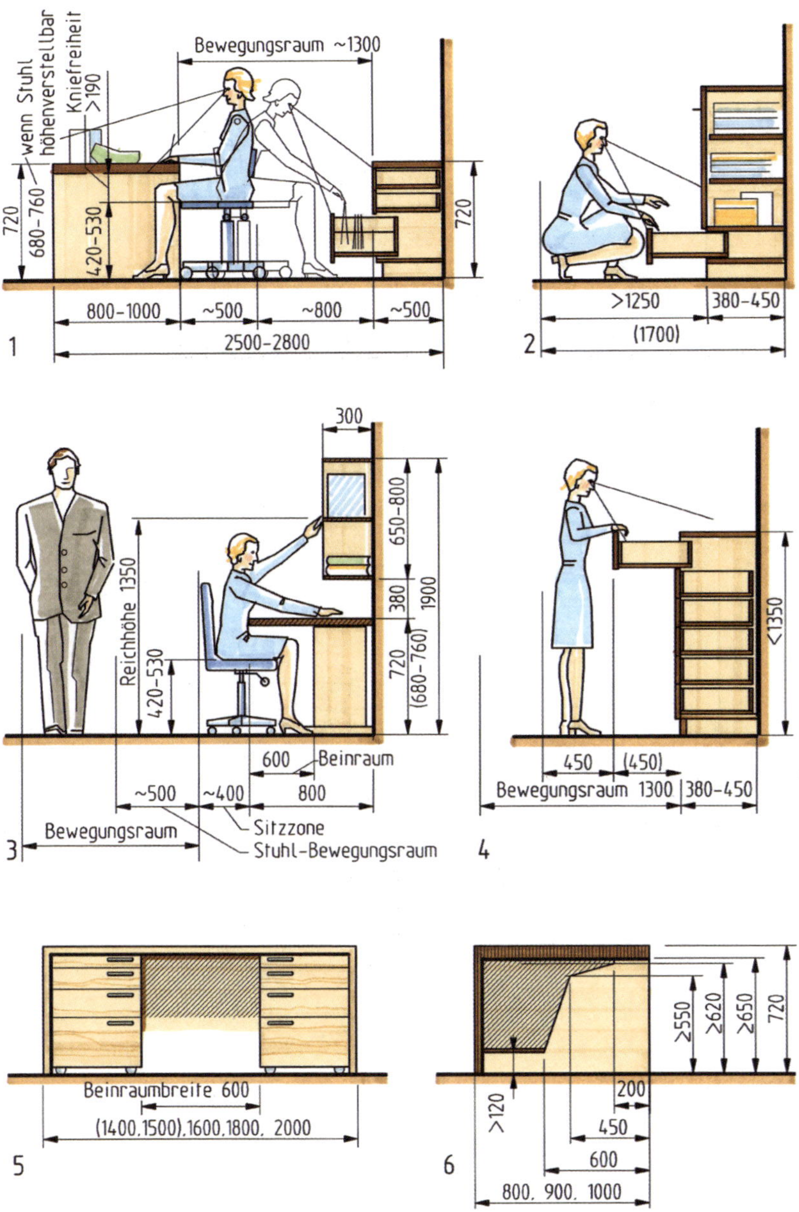

Bild 10.4–11 Platzbedarf am Büroarbeitsplatz: 1 Schreib- und Sitzhöhe sowie Bewegungsraum zwischen Schreibtisch und Aktenschrank, 2 Platzbedarf in der Hocke vor einem ausgezogenen Schubkasten, 3 Greifbereich und Bewegungsraum bei einem Arbeitsplatz vor der Wand, 4 Bewegungsraum vor einem Schubkastenschrank und oberste Schubkastenhöhe, 5 und 6 Beinfreiheit und Größen von Schreibtischen (Schema).

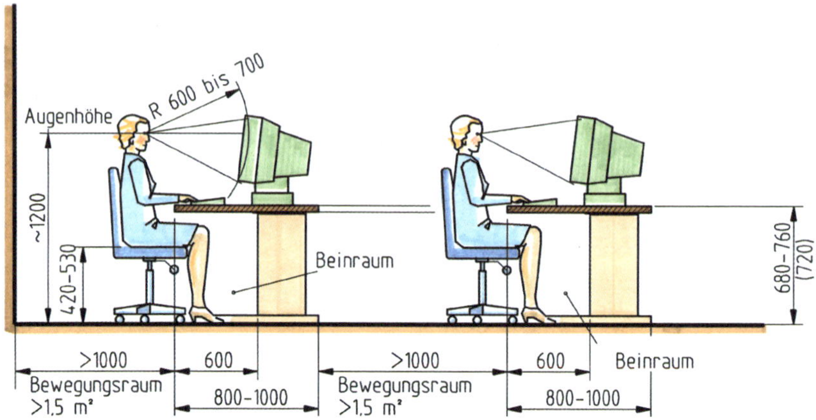

Bild 10.4–12 Bewegungsraum und Maße bei Bildschirm-Arbeitsplätzen

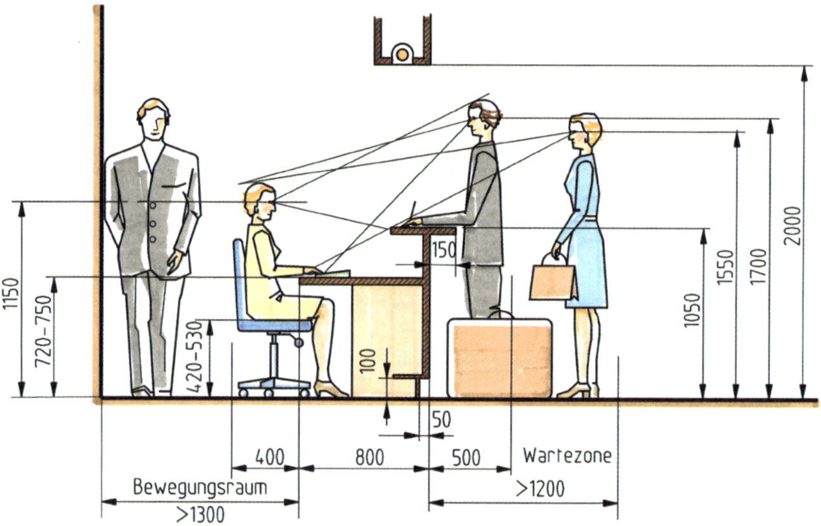

Bild 10.4–13 Bewegungsräume und Maße an einer Hotel-Rezeption

gungsraum zwischen Schreibtisch und Schrank sollte 1300 mm betragen. Für in der Hocke zu bedienende Schubkästen sind 1250 mm vorzusehen.

Damit man noch gut in die **Schubkästen** hineinsehen kann, ist die Höhe der oberen Schubkästen auf 1350 mm begrenzt (Bild 10.4–11).

Sollen Regale vom Sitzen aus erreicht werden, darf die Höhe des oberen Bodens 1350 mm nicht überschreiten. Damit die Arbeitsfläche unter dem Regal noch genutzt werden kann, ist hier ein Abstand von 380 mm zu lassen (Bild 10.4–11).
Bei **Bildschirm-Arbeitsplätzen** ist besonders die Augenhöhe und der Sehabstand zum Bildschirm zu berücksichtigen, der 600 mm bis 700 mm betragen soll (Bild 10.4–12). Die Augenhöhe soll etwa auf der oberen Zeile des Bildschirms liegen. Der Monitor ist um 15° nach hinten zu neigen (siehe auch DIN 4549, DIN 33412, DIN 66234).
In einer **Rezeption**, beispielsweise im Hotel, sollen die Gäste die Formulare im Stehen ausfüllen, das Empfangspersonal aber im Sitzen seine Arbeiten erledigen können. Deshalb gibt es hier unterschiedliche Schreib- bzw. Arbeitshöhen. Auch sollte die Wartezone vor der Empfangstheke nicht zu knapp bemessen sein (Bild 10.4–13).
Die angegebenen Maße sind entweder genormt oder stellen Anhaltspunkte dar, die für die aktuelle Situation jeweils zu überprüfen und gegebenenfalls anzupassen sind.

10.5 Haptik

Haptik, ein bisher etwas unterschätztes Sinnessystem der Haut, das aber unsere Wahrnehmung prägen und bei Berücksichtigung im Möbel- und Interieur-Design zum Wohlgefühl des Nutzers beitragen kann.
Das Auge, das die Form, die Materialien, die Farbkomposition, das Spiel zwischen Licht und Schatten im Raum und aller den Raum füllenden Gegenstände erfasst, ist wohl als erstes Sinnessystem bei der gestalterischen Beurteilung beteiligt. Ein angenehmes und bequemes Benutzen der Möbel wird durch die Abstimmung der Funktionsmaße mit den anthropometrischen Maßen erreicht.
Für das Wohl- oder Unwohlgefühl eines Menschen in einem Raum und für die angenehme oder unangenehme Wirkung beim Berühren von Gegenständen trägt auch die Haut als Sinnessystem des Menschen bei. Sie erfährt die wohlige Wärme oder abweisende Kälte im Raum. Im engeren Sinne signalisiert sie über den Tastsinn, die Haptik, ob es sich um eine angenehm zu fassende oder scharfkantig verletzende Grifflösung, Korpuskante oder Profilierung handelt. Über die Haut fühlen wir die kalte oder warme, raue oder glatte, metallische oder textile Oberfläche. Man möchte gleichsam mit den Händen sehen. Was man fühlt und sieht muss in einem schlüssigen Zusammenhang stehen. Kein Begreifen ohne Greifen.
Für das Entwerfen von Räumen und Objekten sind diese haptischen Erkenntnisse ein weiteres nicht zu unterschätzendes Gestaltungsprinzip.

11 Entwurfszeichnung

Unter »Entwurf« wird einmal die gedanklich erarbeitete und vorläufig zeichnerisch fixierte Lösung einer Gestaltungs- oder Konstruktionsaufgabe verstanden. Sie kann in einer Skizze oder in einer anderen Zeichnungsart festgehalten werden. Zum anderen wird besonders in der Holzverarbeitung und auch im Bauwesen neben den rein technologischen Überlegungen beim Entwerfen die gestalterische Seite berücksichtigt. Darunter wird speziell die ästhetische Bearbeitung eines Projekts verstanden, wie der Entwurf eines Möbels oder eines Innenausbaus. In einer Entwurfszeichnung können die Projekte in einer besonders ansprechenden und für den Kunden verständlichen Form in einer Skizze, verkleinerten Gesamt-Zeichnung, Teilschnitt-Zeichnung, Isometrie, Perspektive oder fotorealistischer CAD-Zeichnung dargestellt werden.

Im Bauwesen ist zwischen Vorentwurfszeichnungen und Entwurfszeichnungen zu unterscheiden. Die Vorentwurfszeichnungen werden meistens im Maßstab 1:200 oder auch im Maßstab 1:100 hergestellt und enthalten vorläufige Lösungen der Bauaufgabe mit angenäherten Abmessungen von Räumen und Bauteilen. Entwurfszeichnungen werden im Bauwesen im Maßstab 1:100 gezeichnet und weisen im Allgemeinen schon den Endzustand auf, so dass sie als Bauvorlagen bei der Genehmigungsbehörde eingereicht werden können.

Die Entwurfszeichnungen für den Möbel- und Innenausbau sollten neben der äußeren Gestaltung des Projekts auch wichtige Einzelheiten zur Konstruktion in maßstäblicher Darstellung beinhalten. Die Entwurfszeichnungen der Erzeugnisse sind meistens Teilschnitt-Zeichnungen mit einer Gesamt-Zeichnung des Projekts und erläuternden Detailpunkten (siehe auch Seiten 146 bis 154). Die Haupt- oder Gesamt-Zeichnungen stellen die Projekte meistens im verkleinernden Maßstab dar, zum Beispiel Möbel im Maßstab 1:5 und 1:10, Wandansichten, Deckenuntersichten und Grundrisse im Maßstab 1:10, 1:20 und auch im Maßstab 1:50. Entwurfszeichnungen werden mit den für die Gestaltung wichtigen Maßen versehen und können im Einzelnen durch Beschriftungen über die Funktion und Ausführung ergänzt werden. Einige Detailpunkte zu den wichtigsten konstruktiven Einzelheiten im Maßstab 1:1 geben Aufschluss über die Konstruktion, welche die Linienführung des Entwurfs maßgeblich beeinflusst (Bild 11.0–1). In besonderen Fällen kann die Entwurfszeichnung durch eine perspektivische Darstellung bereichert werden.

Mit Entwurfszeichnungen soll erreicht werden, dass ein in der Zeichensprache nicht versierter Kunde das Projekt versteht. Darum können nicht mehr allein die Vorgaben der Nor-

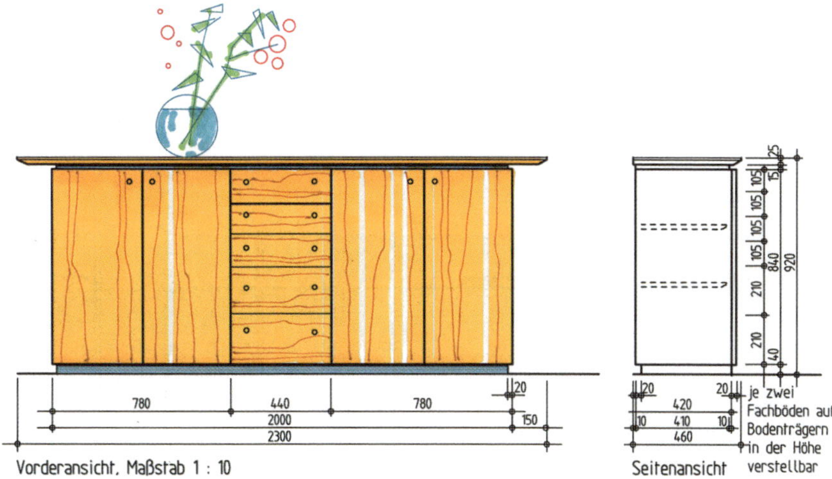

Anrichte in Kirschbaum (KB=PRAV), Oberfläche DD, matt.
Vorderkante des Sockelrahmens und des Distanzrahmens unter dem Blatt dunkelblau (Ultramarin).
Konstruktionsvorschlag:
Anrichte besteht aus drei gesonderten Korpussen, die auf den Sockelrahmen (50/40) gesetzt und zusammengeschraubt werden (Transport). Die 2300mm lange Platte mit dem Distanzrahmen wird von unten durch die Oberböden auf den Korpus geschraubt.

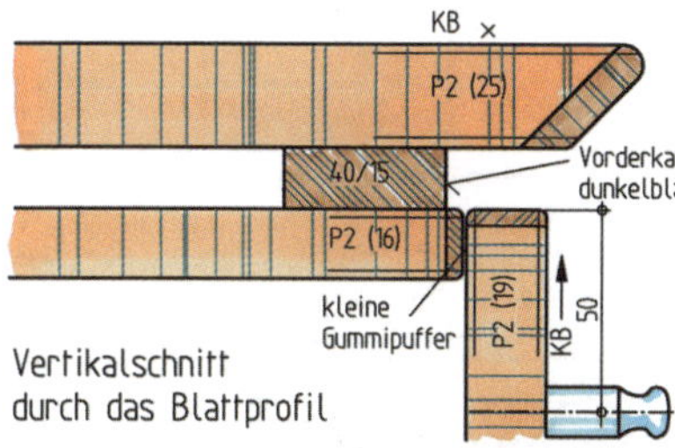

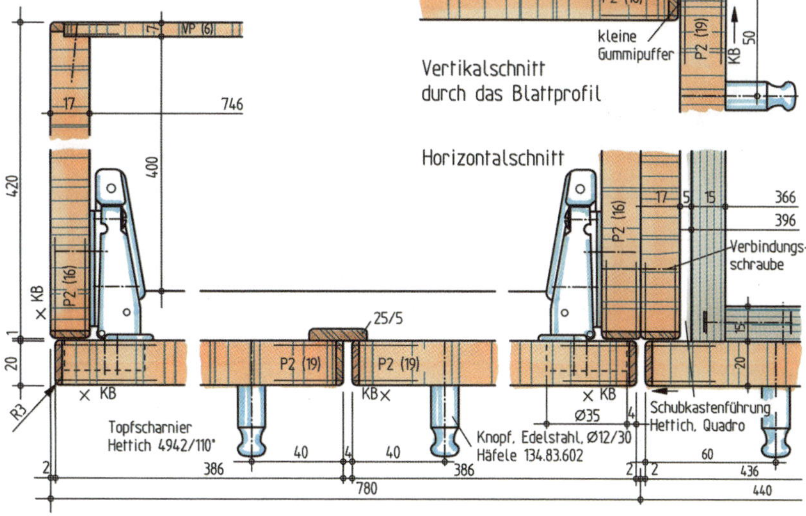

Bild 11.0–1 Entwurfszeichnungen mit Ansichten und konstruktiven Detailpunkten

men angewendet werden. Es kommt bei Entwurfszeichnungen besonders darauf an, die Vorderansichten des Projekts sehr bildhaft, also plastisch und lebendig, darzustellen. Hier wird dem Zeichner nicht nur zeichnerisches Können, sondern auch gestalterisches und ästhetisches Geschick abverlangt. Dabei wird die Darstellung einer Entwurfszeichnung sehr wesentlich durch die Handschrift des jeweiligen Zeichners geprägt sein (Bild 11.0–2).

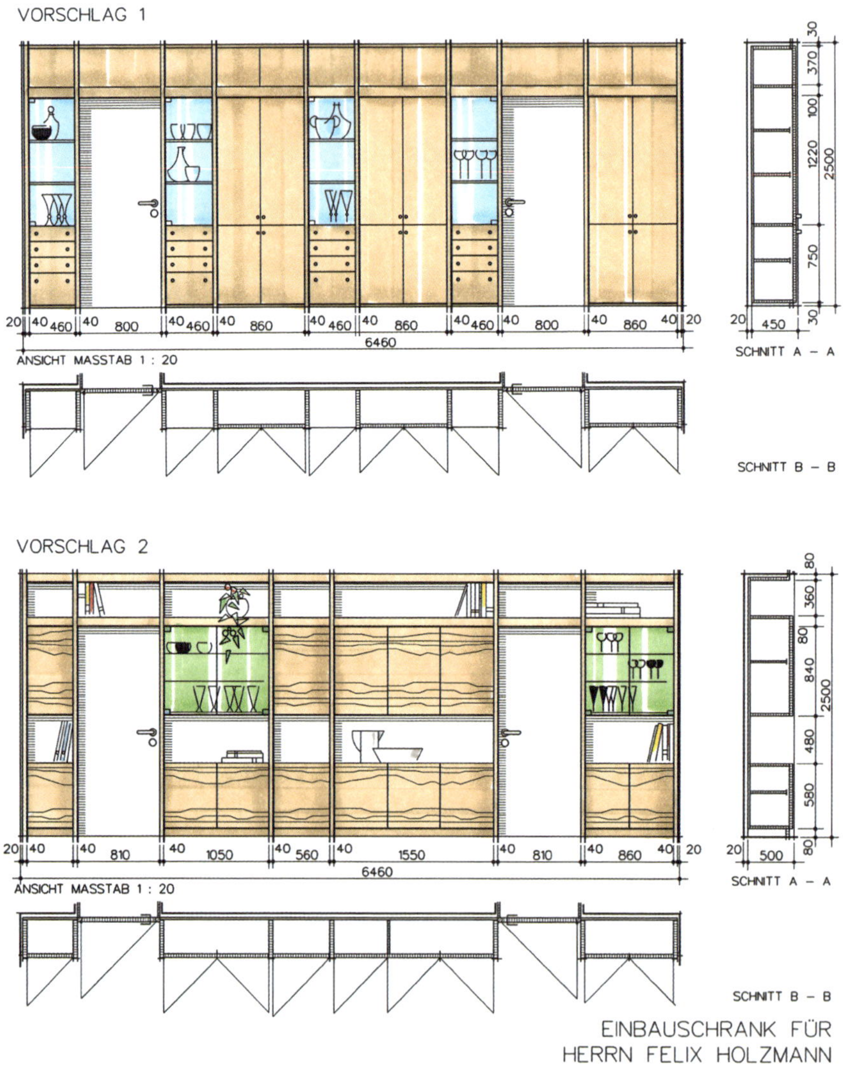

Bild 11.0–2 Entwurfszeichnung eines Einbauschrankes, zwei Vorschläge als Ansichtszeichnungen

11.1 Darstellungstechniken in Entwurfszeichnungen

Die Wirkung einer Entwurfszeichnung wird im hohen Maße von der graphischen Ausdruckskraft der Darstellung bestimmt. In Zeichnungen steht hierfür die Linie zur Verfügung, die durch ihre unterschiedliche Breite und Führung die Schwarz-Weiß-Werte schafft und die verschiedenen Strukturen andeutet. Die Linienführung sollte auch in einer Entwurfszeichnung klar ersichtlich bleiben. Entsprechend der Aufgabe einer Entwurfszeichnung, nämlich den potentiellen Kunden zu gewinnen und dem in den meisten Fällen technisch weniger Versierten das Projekt zu erklären, wird man hier einige darstellerische Kniffe anwenden müssen, die nicht in den Normen verankert sind. So können die Vorderansichten und perspektivischen Darstellungen durch eingezeichnete Schatten plastischer gestaltet werden. Das Anlegen von Holzmaserungen und Andeuten einiger Accessoires tragen ebenfalls zu einer lebendigeren und verständlicheren Zeichnung bei. Es geht aber nicht darum, einer Fotografie nachzueifern. Im Gegenteil, durch die klare Linienführung ist der graphische Charakter einer Zeichnung noch zu betonen. Die Linie bleibt das wichtigste Ausdrucksmittel in einer Zeichnung, die in einer Formgebungszeichnung besonders flott und sicher, der Hand und dem Temperament des Zeichners entsprechend, ausgeführt werden kann. Alle anderen Darstellungselemente wie Holzmaserungen, Schatten, Strukturen sowie Accessoires und Farben sind wohl überlegt, sparsam und zurückhaltend anzuwenden.

11.1.1 Holzmaserungen

Holzmaserungen können Vorderansichten beleben und Aufschluss über die Richtung und vielleicht auch die Art der Holzstruktur geben. Die Holzmaserung muss stilisiert dargestellt werden. Eine gute Wirkung kann erzielt werden, wenn man die Maserungslinien gruppenweise zusammenfasst, immer zwei oder drei Linien eng, die nächste in einem größeren Abstand. Die Maserungslinien selbst sind dabei nur mit leichten Schwüngen zu führen (Bild 11.1–1). Bei räumlichen Darstellungen dürfen nicht alle Flächen, die aus Holz sind, mit Maserung angelegt werden, weil sonst die Plastizität oder auch die Tiefenwirkung des Gegenstandes verloren geht. Eine spannungsreiche und besonders plastische Wirkung wird erzielt, wenn man zum Beispiel die Aufsichtsflächen hell lässt, die Vorderfront nur schwach und die Seitenflächen dunkler anlegt. Nur durch solche starken Kontraste der Flächen kann die körperliche Wirkung des Gegenstandes erhöht werden (Bild 11.1–2 und 11.1–3).

11.1.2 Schattenflächen und Schattenkanten

Schattenflächen und Schattenkanten können die Plastizität eines Gegenstandes besonders dann erhöhen, wenn er nur in der Ansicht dargestellt wird. Der »technische Schatten«

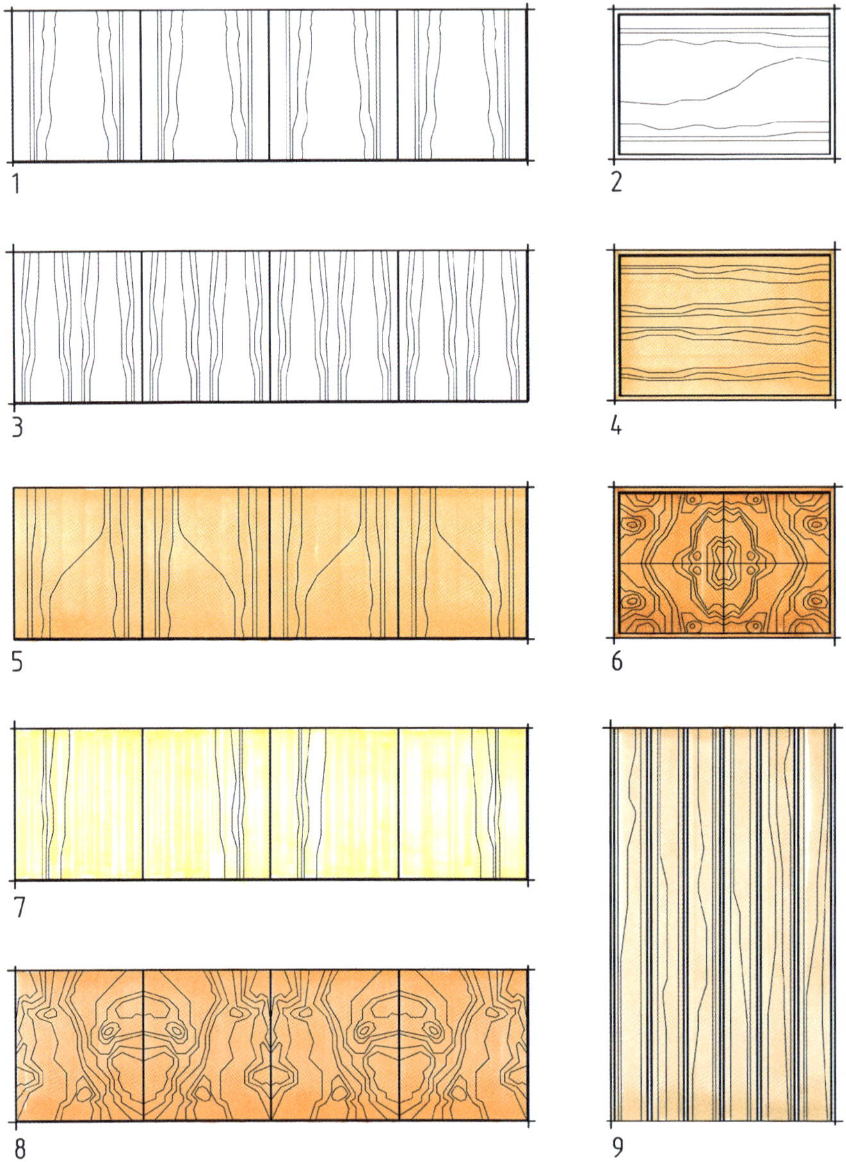

Bild 11.1–1 Stilisierte Holzmaserungen: 1, 3, 5 und 7 vertikale Maserung, 2 und 4 horizontale Maserung, 6 und 8 Maserfurnier, 9 aufrechte Verbretterung

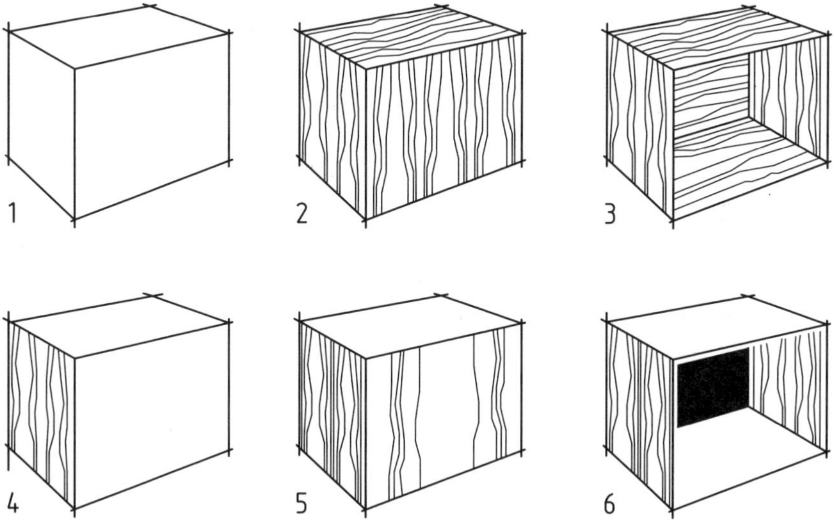

Bild 11.1–2 Holzmaserung bei perspektivisch dargestellten Körpern: 1 Ohne Maserung bleibt der Körper flächig, 2 und 3 durch gleichmäßiges Anlegen aller Flächen mit Holzmaserung oder Farbe geht die plastische Wirkung der Körper verloren, 4 durch die Maserung nur einer Fläche und 5 durch das Anlegen der Flächen in verschiedenen Tonwerten wird die dreidimensionale Wirkung des Körpers gesteigert, 6 durch die dunkle Rückwand wird die Tiefe des Regals besonders betont.

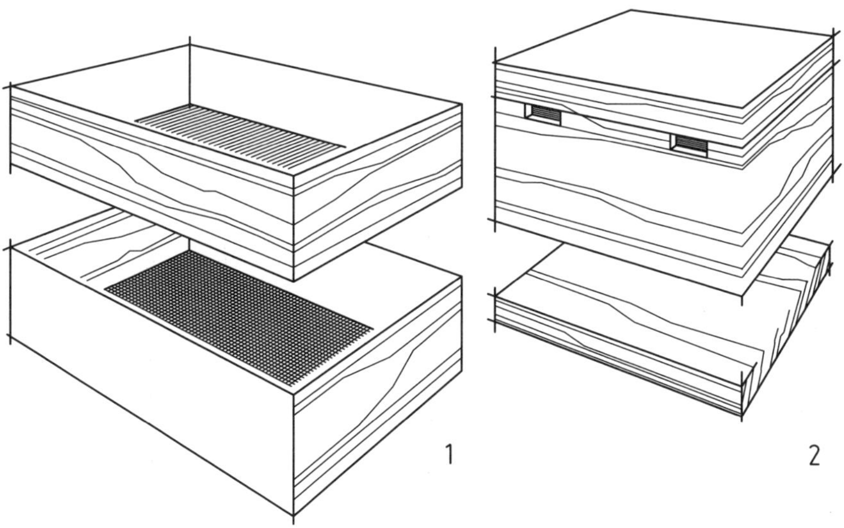

Bild 11.1–3 Die Holzmaserung bei Kästen: 1 Nicht alle Flächen sind angelegt, der dunkle Boden betont die Tiefe des Kastens, 2 die Maserung läuft horizontal um den Kasten herum, die vordere Kante des Kastens muss nicht unbedingt gezeichnet werden.

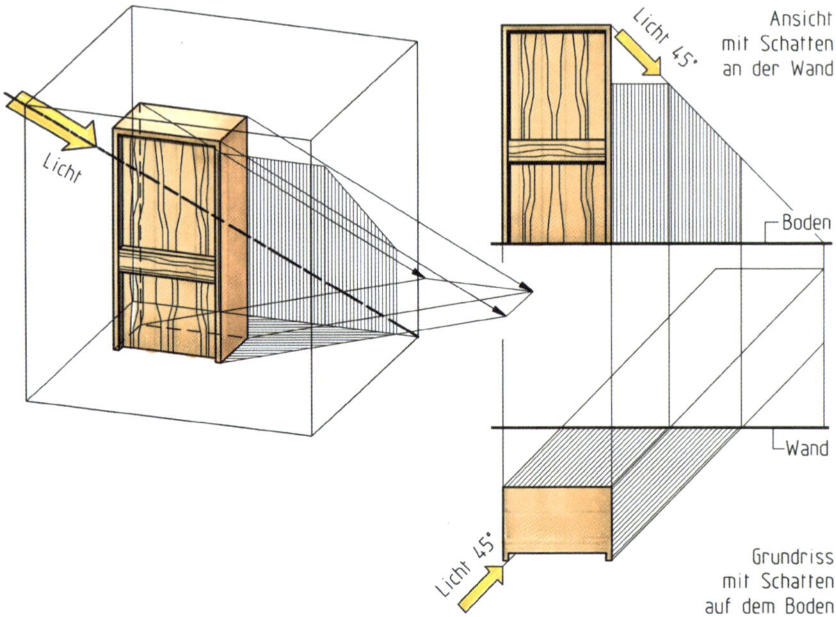

Bild 11.1–4 Projektion des technischen Schattens: Die Lichtstrahlen werden parallel angenommen und liegen in Richtung der Raumdiagonalen eines Würfels, die von oben vorn links nach unten hinten rechts verläuft. In den drei Ansichtsflächen eines Körpers ist deshalb der Schatten unter 45° zu projizieren.

Bild 11.1–5 Einzeichnen der Schattenkanten bei Regalen: Bündige Fugen werden in der Regel nicht gezeichnet (Einzelheit Z). Springt der Boden gegenüber der Korpusseite zurück, wird die Seitenkante durchgezogen, aber nicht die Schattenkante (Einzelheit X).

wird so eingezeichnet, dass das Licht von links oben kommt (Bild 11.1–4). Der Schatten muss aber nicht in jedem Fall gemäß der Projektionslehre, unter einem Winkel von 45°, konstruiert werden. Häufig würde dadurch die Ansicht zerstört, besonders, wenn es sich um tiefe Nischen handelt. Für die Erhöhung der Plastizität wird in vielen Fällen lediglich eine verstärkte Linie als Schattenkante ausreichen (Bild 11.1–5). Schatten werden hauptsächlich in den Vorderansichten oder auch in perspektivischen Zeichnungen angewendet. In verkleinerten Zeichnungen im Maßstab 1 : 10 oder im Maßstab 1 : 20 werden konstruktiv bedingte bündige Fugen in der Regel nicht gezeichnet. Durchgezogene Linien in gleicher Linienbreite deuten an, dass hier das anschließende Konstruktionselement zurück- oder vorspringt, wie zum Beispiel der Boden gegenüber einer Seite (Bild 11.1–5). Eine Schattenkante kann ferner angeben, ob eine Tür oder ein Schubkastenvorderstück gegenüber der Seite zurückspringt oder vorsteht. Korpusse von Einzelmöbeln erhalten außen normalerweise keine Schattenkanten (Bild 11.1–6).
Die Plastizität von Nischen und Regalen lässt sich auf verschiedene Art verstärken. Immer sind die Schattenkanten an Boden und Seiten zur Nische hin darzustellen. In besonderen Fällen kann der Schatten konstruiert und weiter auf die Rückwand projiziert werden. Möglich ist auch, dass eine dunkel angelegte Rückwand die Tiefenwirkung des Faches verstärkt. Sparsam eingezeichnete Gefäße oder Bücher verstärken den Eindruck des offenen Faches oder der Nische (Bild 11.1–7).

11.1.3 Gefäße, Bücher, Bilder

Die Darstellung von Gegenständen wie Gefäßen, Büchern, Bildern und Bildgruppen kann auf einfachste Weise geschehen. Vieles kann mittels Lineal oder Schablone gezeichnet werden, wenn es freihändig Schwierigkeiten bereiten sollte (Bild 11.1–11). Nur in räumlichen Darstellungen kann man in die Gefäße hineinschauen, wenn sie unter Augenhöhe liegen. In Ansichten ist der obere Abschluss der Gefäße gerade. Bücher können ebenfalls am Lineal gezeichnet werden, wenn die Entwurfszeichnung am Lineal gezeichnet wurde (Bild 11.1–7 bis 11.1–10).
Alle Gegenstände müssen abstrahiert dargestellt und sparsam auf den Regalböden oder Anrichten gruppiert werden. Dabei sollten die Gegenstände möglichst schwerpunktmäßig

Bild 11.1–6 (Seite 242) Schattenkanten und Schattenflächen: 1 Die Schattenkante unter den Schubkästen macht die vertiefte Griffnut deutlich, die Schattenkante unter dem Korpus gibt an, dass das Fußgestell zurückspringt. Durch die Schattenkanten werden die Konstruktionen, wie 2 zurückspringender, stumpf einschlagender Schubkasten und offenes Fach, 3 der Aufbau der Rahmen- und Füllungstür, 4 die Lage der Schiebetüren im Korpus, schon in den Ansichtszeichnungen klar. 5 Die Schattenpunkte unter den Böden oder 6 unter dem Tischtuch lassen die Stollen zurückspringen, 7 und 8 Schattenkanten und Strukturen geben Aufschluss über die Gliederung und Gestaltung dieser Innenausbauarbeiten.

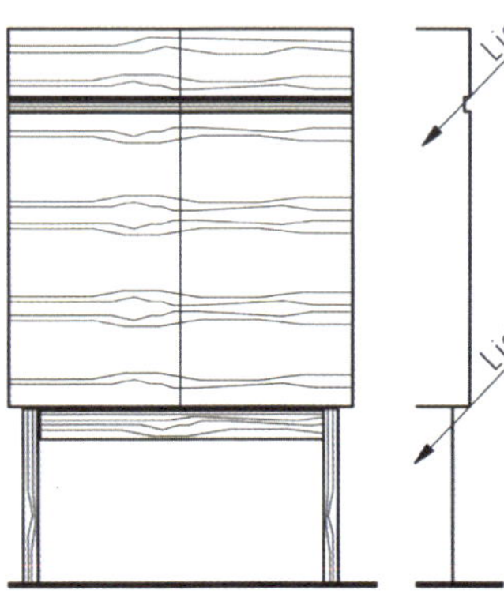

1

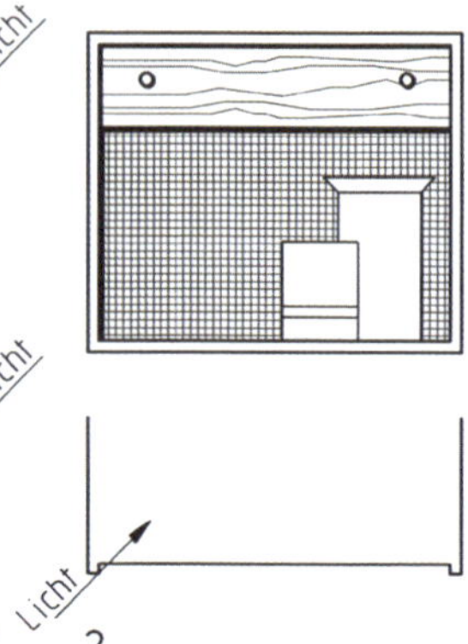

2

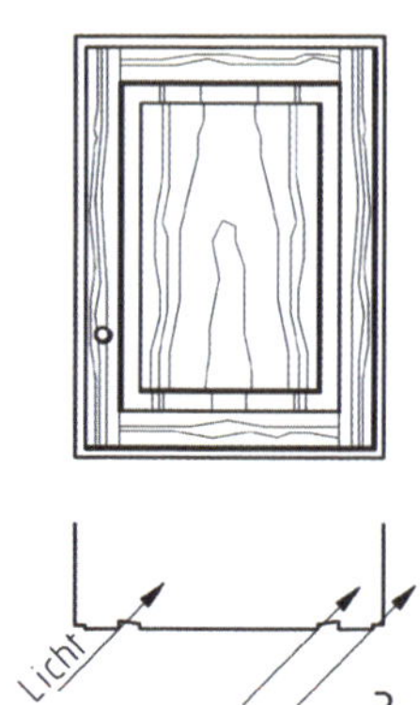

3

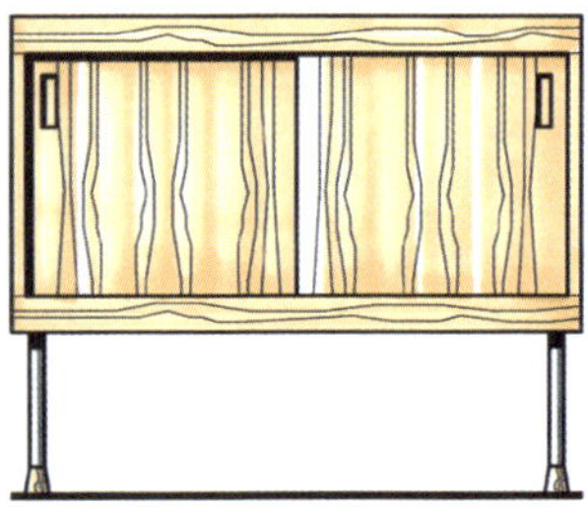

4

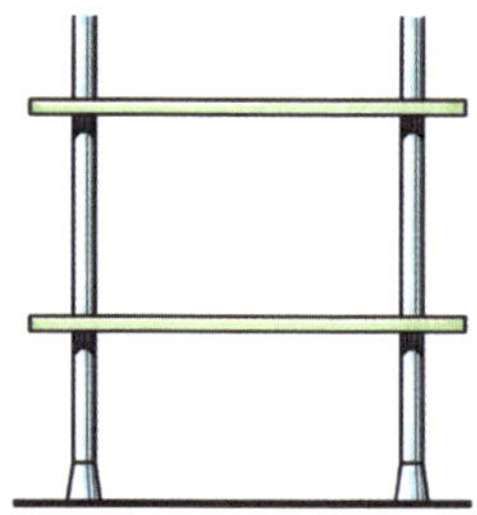

5

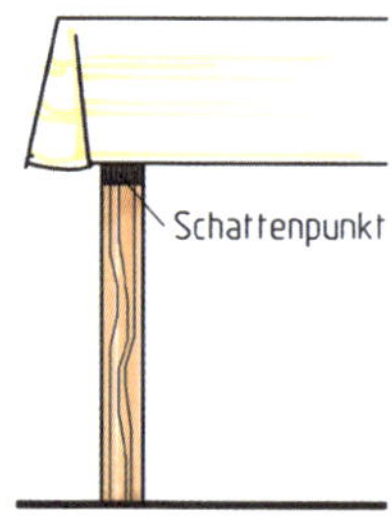

6

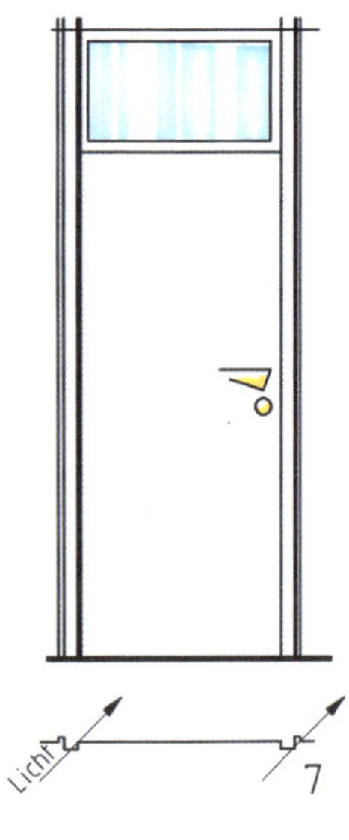

7

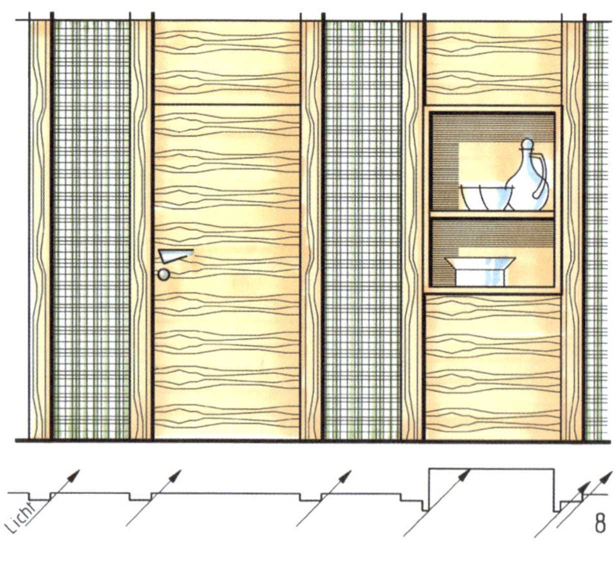

8

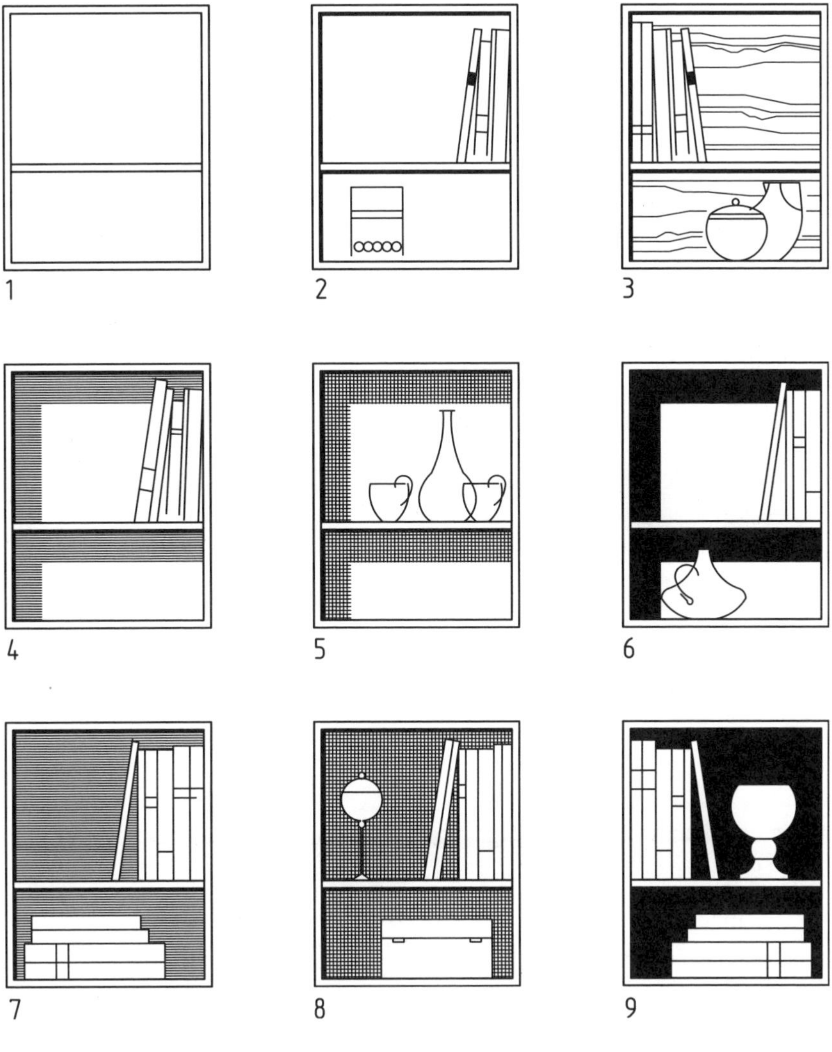

Bild 11.1–7 Darstellung von Regalen bzw. offenen Fächern: 1 In der einfachen zeichnerischen Darstellung ist die Zeichnung in der Aussage unklar, 2 nur durch die eingezeichneten Schattenkanten und Gegenstände werden die offenen Fächer hervorgehoben. 3 Die gemaserte Rückwand betont die Regaltiefe, 4 und 5 die Schattenkanten und breiten Schattenflächen machen das Regal noch plastischer, 6 breiter harter Schlagschatten, 7 und 8 Schattenkanten und dunkel angelegte Rückwände ergeben eine starke Tiefenwirkung, 9 die kontrastreichste, aber auch härteste Darstellungsart.

Bild 11.1–8 Holzmaserung, Nischen und Gegenstände zum Beispiel bei perspektivisch dargestellten Einzelmöbeln

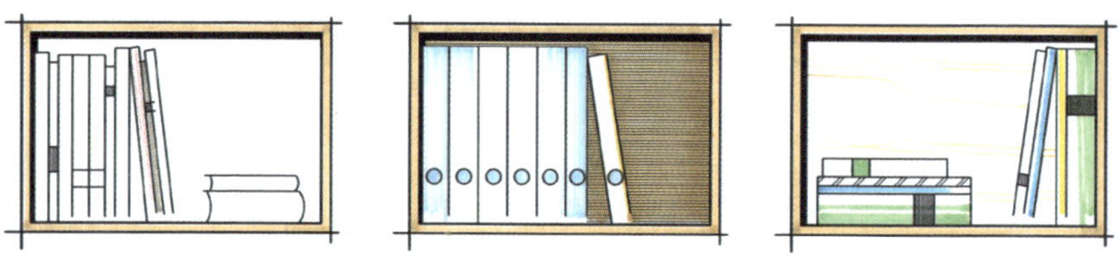

Bild 11.1–9 Mögliche Anordnung und Darstellung von Büchern und Aktenordnern

Bild 11.1–10 Hier wird die klärende Wirkung des Einzeichnens der Schatten und Accessoires deutlich: 1 In der reinen technischen Zeichnung fällt es nicht nur dem Laien schwer, Türen, Schubkästen oder offene Fächer zu erkennen, 2 in der angelegten Entwurfszeichnung wird die Wirkung der Schrankwand sehr plastisch herausgeholt. 3 Wird die Schrankwand mit einem davor stehenden Schreibtisch dargestellt, muss diese durch Weglassen der Holzmaserung und durch Zeichnen in schmaleren Linienbreiten in den Hintergrund gerückt werden.

1

2

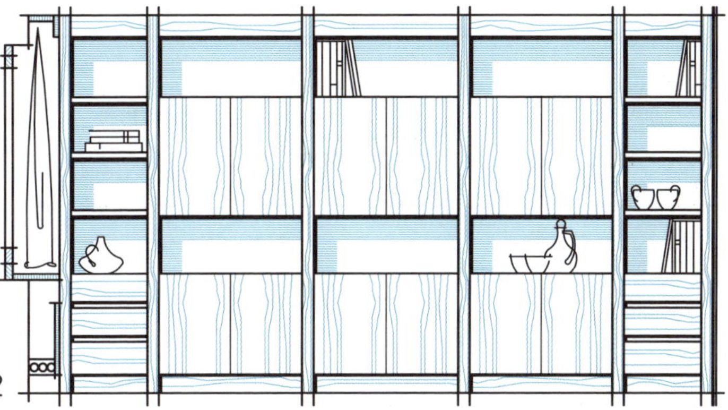

3

Bild 11.1–11 Darstellungsmöglichkeiten von Gefäßen in Ansichten

Bild 11.1–12 Darstellungsmöglichkeiten von Bildern und Bildgruppen

Bild 11.1–13 Darstellungsmöglichkeiten von Stuhlsitzen oder Polstern in der Draufsicht

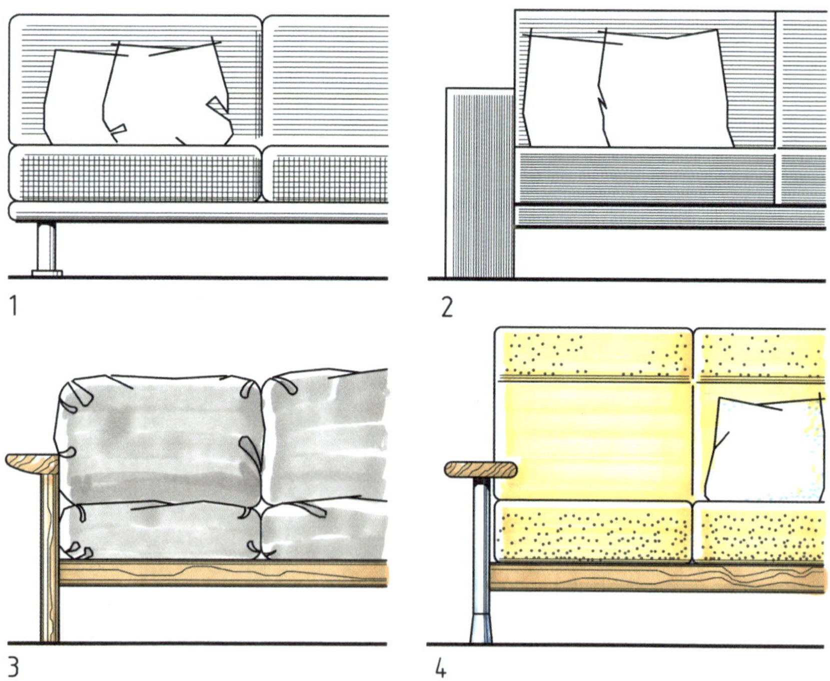

Bild 11.1–14 Darstellungsmöglichkeiten von Polstermöbeln in Stoff oder Leder

Bild 11.1–15 Darstellungsmöglichkeiten von Rahmen mit Füllungen aus Glas, Textil oder Geflecht

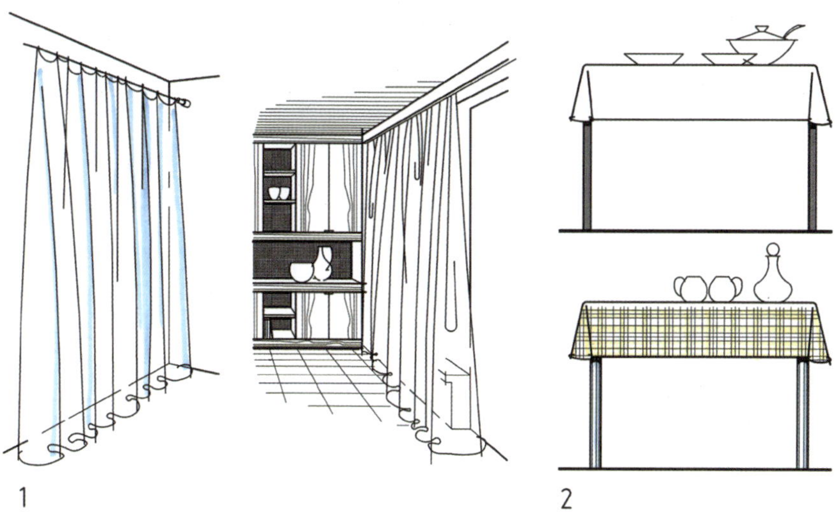

Bild 11.1–16 Darstellung von Gardinen in der Perspektive (1) und von Tischdecken (2)

Bild 11.1–17 Darstellung von Gardinen in der Ansicht (1 bis 6) und im Grundriss (7)

zusammengefasst und asymmetrisch auf der Fläche angeordnet werden. Eine Verteilung der Gegenstände in gleichmäßigen Abständen sowie eine mittige Anordnung auf der Fläche ist zu vermeiden (Bild 11.1–9).
Bei Wandansichten für Innenausbauarbeiten müssen von Fall zu Fall Bilder dargestellt werden, sei es, um die Ausgewogenheit einer gezeichneten Wandansicht zu erreichen oder eine leere Wandfläche zu beleben. Bilder müssen sehr stark abstrahiert werden. Rahmen und Format des Bildes sind wichtig. Das Bildthema selbst wird nur angedeutet oder weggelassen (Bild 11.1–12). Auch für die Anordnung der Bilder gibt es gewisse Regeln (siehe Abschnitt 11.3).

11.1.4 Textilien, Glas- und Metallflächen

Bei der Darstellung dieser Materialien geht es insbesondere darum, den Stoff-Charakter herauszuarbeiten. Vorhänge, Stoffe, Stuhl- oder Polsterbezüge können schlicht, genoppt, kariert, gestreift oder flauschig sein, Teppiche hell oder dunkel, gemustert oder einfarbig, flach oder hochflorig. Wenn es in Entwurfszeichnungen erforderlich wird, diese Stoffarten zum besseren Verständnis in den Zeichnungen darzustellen, sollte dies in stark abstrahierender Weise geschehen (Bild 11.1–13 und 11.1–14).
Glas- oder Metallflächen können entweder mit Graphit geschwärzt werden, indem man diese mit einem Wattebausch anwischt, oder sie werden durch gleichmäßiges Linieren dunkler angelegt (Bild 11.1–15). Natürlich ist hier auch ein farbiges Anlegen von Vorteil (siehe Abschnitt 11.2).
Vorhänge und Gardinen fallen in der Regel tütenförmig glatt nach unten. Deshalb kann der Faltenwurf in Ansichten auch gerade am Lineal gezeichnet werden. In Vorderansichten erscheint der Faltenwurf des Saumes nur sehr flach bewegt. Ihn kann man freihändig oder gerade versetzt am Lineal zeichnen. In der perspektivischen Darstellung läuft der Faltenwurf auf den Fluchtpunkt zu (Bild 11.1–16). Die schwungvolle freihändige Darstellung ist hierfür immer am schönsten. Allerdings bedarf dies etwas Übung (Bild 11.1–17).

11.1.5 Verschiedene Gegenstände, Pflanzen und Personen

In Formgebungszeichnungen werden manchmal viele andere Gegenstände, mitunter auch Pflanzen und Personen, einzuzeichnen sein. Besonders in Raumperspektiven sind solche Darstellungen zur Belebung sehr wichtig. Dafür lässt sich kein erschöpfender Katalog von Vorlagen und Regeln aufstellen. Allerdings müssen alle Darstellungen abstrahiert und in den Zeichnungen auf ein geringes Maß reduziert werden, damit der Entwurf des Projekts nicht im dekorativen Beiwerk untergeht. (Beispiele zur Anregung siehe Bild 11.1–18 bis Bild 11.1–21).

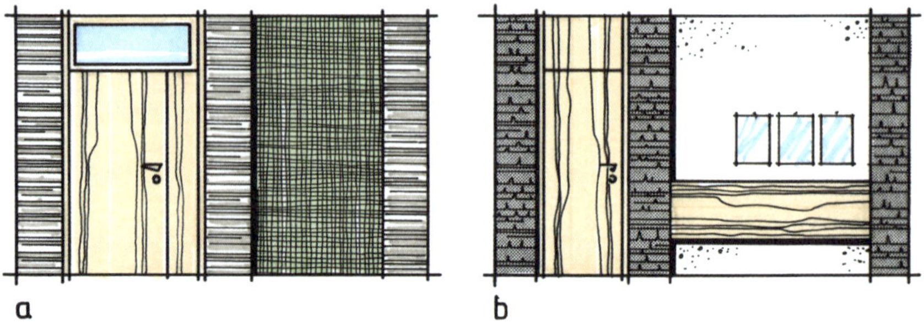

Bild 11.1–18 Darstellungsmöglichkeiten von Mauerwerk: a) Klinkermauerwerk, b) Natursteinmauerwerk

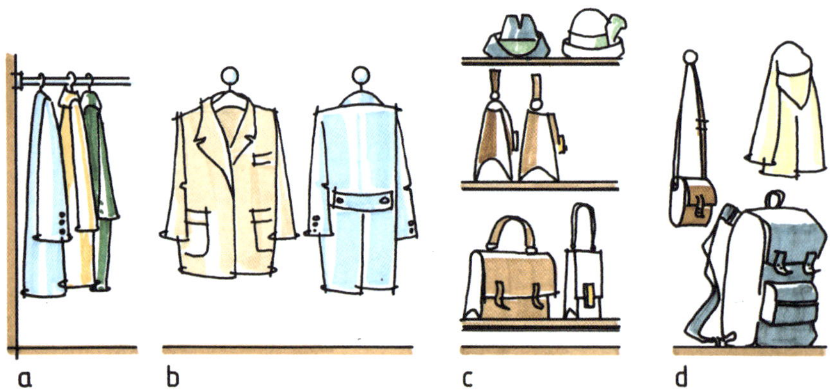

Bild 11.1–19 Darstellungsmöglichkeiten von Kleidungsstücken, Taschen und Hüten

11.2 Farbiges Anlegen von Zeichnungen

Durch farbiges Anlegen können Entwurfszeichnungen noch eine Steigerung in ihrer Wirkung erfahren. Der Vorteil des farbigen Anlegens besteht auch darin, dass man bei der Grundzeichnung nur die Umrisse zeichnen muss. Das Anlegen der Flächen, das Einzeichnen der Schatten und Maserung kann dann farbig geschehen. Alles das, was in Abschnitt 11.1 über die Darstellungstechniken in Entwurfszeichnungen aufgezeigt wurde, wie das Anordnen der Schattenkanten, das Einzeichnen der Holzmaserung und das Erzielen von Kontrasten gilt natürlich auch für das farbige Anlegen.
Folgende wichtige Grundsätze kommen aber noch hinzu:

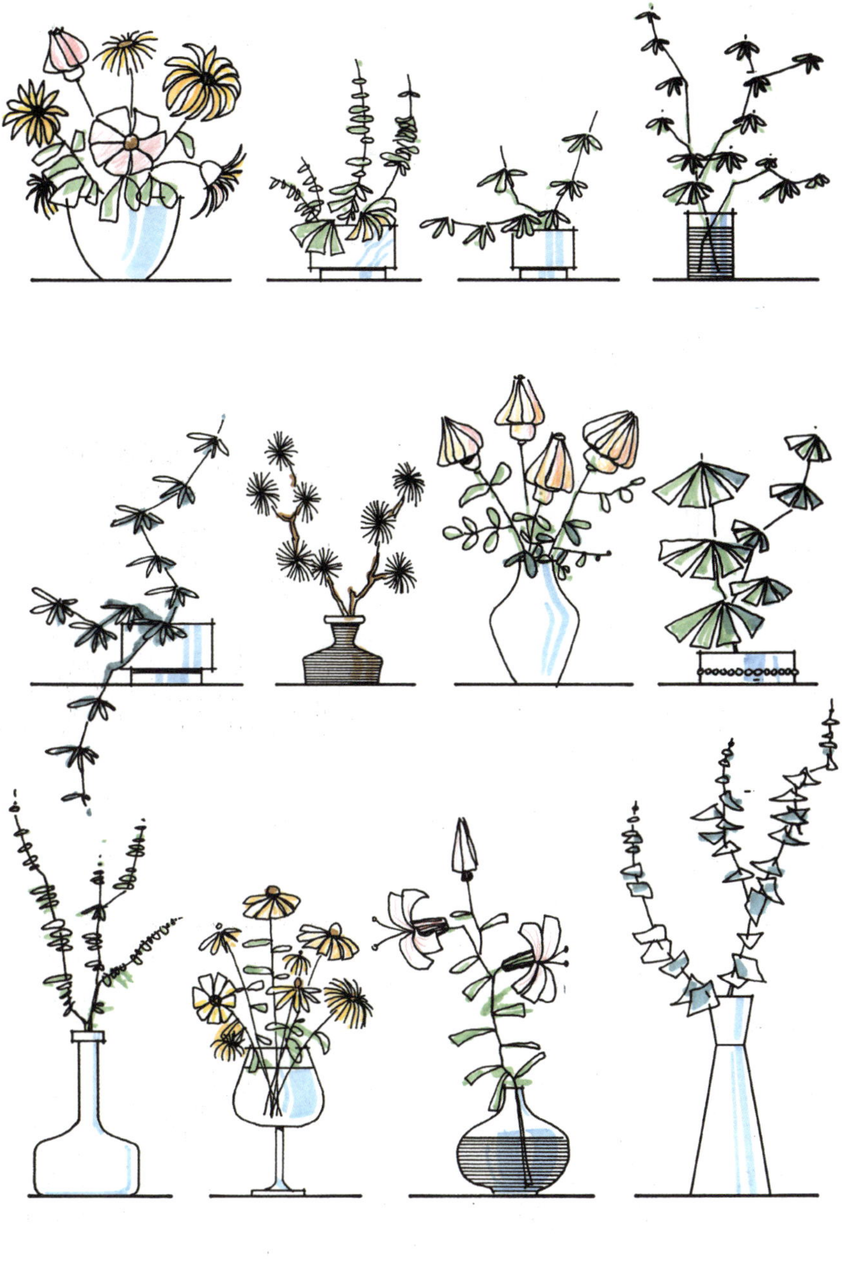

Bild 11.1–20 Blumen, Gestecke

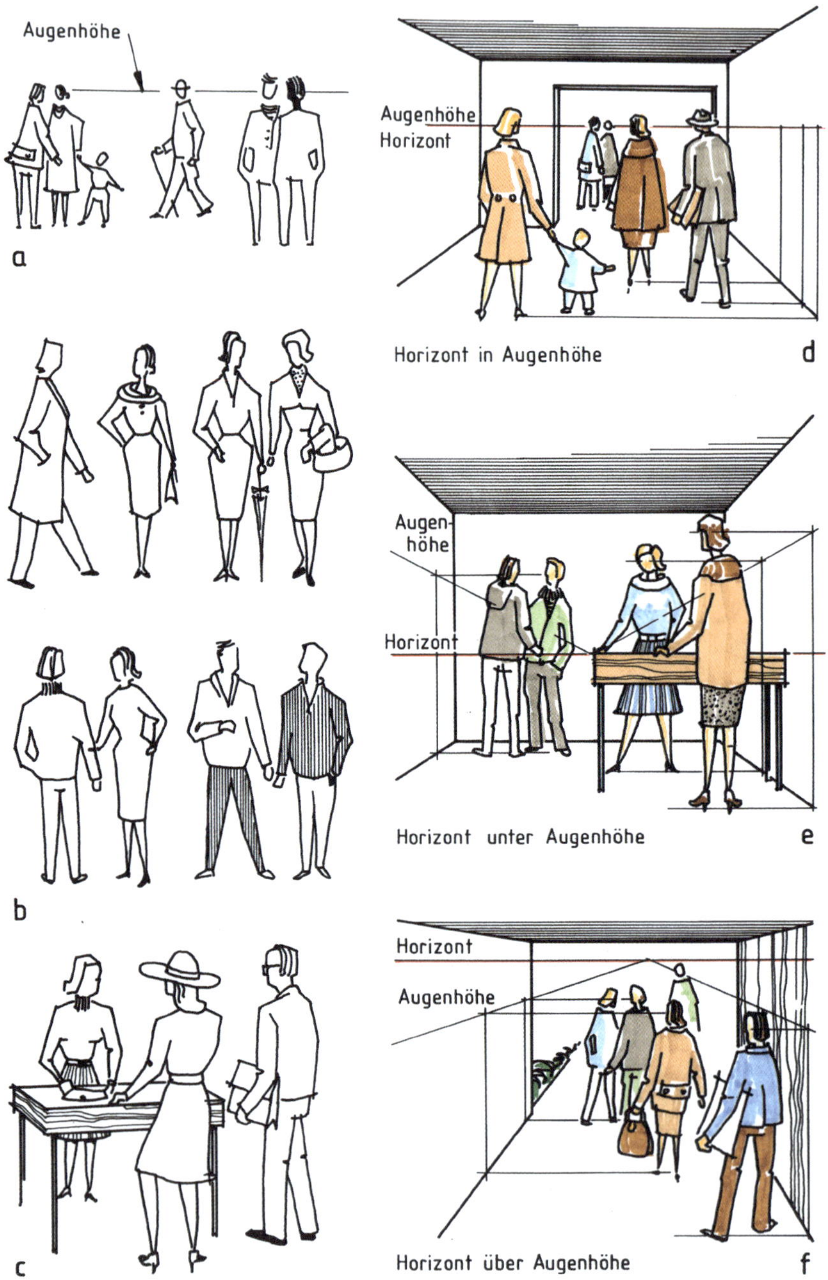

Bild 11.1–21 Darstellungsmöglichkeit von Personen in Entwurfszeichnungen

- Aus der Zeichnung darf keine bunte Farbschachtel werden, also nur wenige Farbtöne verwenden.
- Die Flächen mit etwas helleren Farbtönen anlegen, als sie die Gegenstände in der Natur tatsächlich haben.
- Nicht alles an- oder ausmalen, die Farben sollen nur eingesetzt werden, um die Wirkung zu unterstützen.
- Nach Möglichkeit beim Anlegen Lichtkanten stehen lassen.
- Die Entwurfszeichnungen nicht mit Accessoires überfrachten.

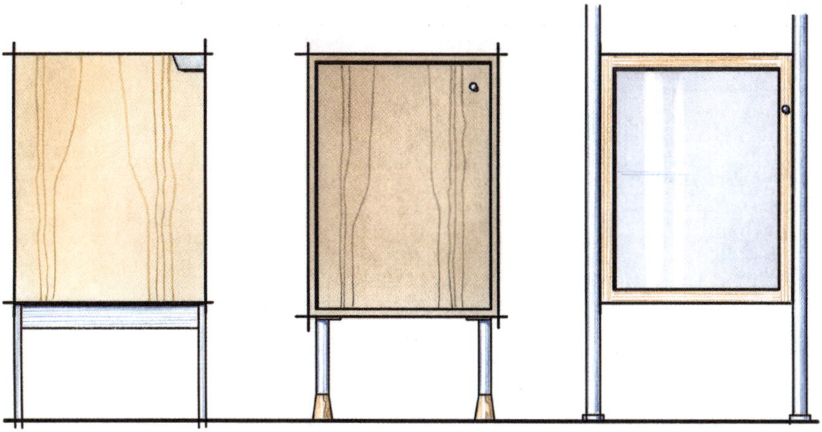

Bild 11.2-1 Anlegen der Flächen mit Farbstiften. Flächen wurden mit Wattebausch farbig angewischt.

Bild 11.2-2 Anlegen der Flächen mit Faserstiften, mit so genannten Markern

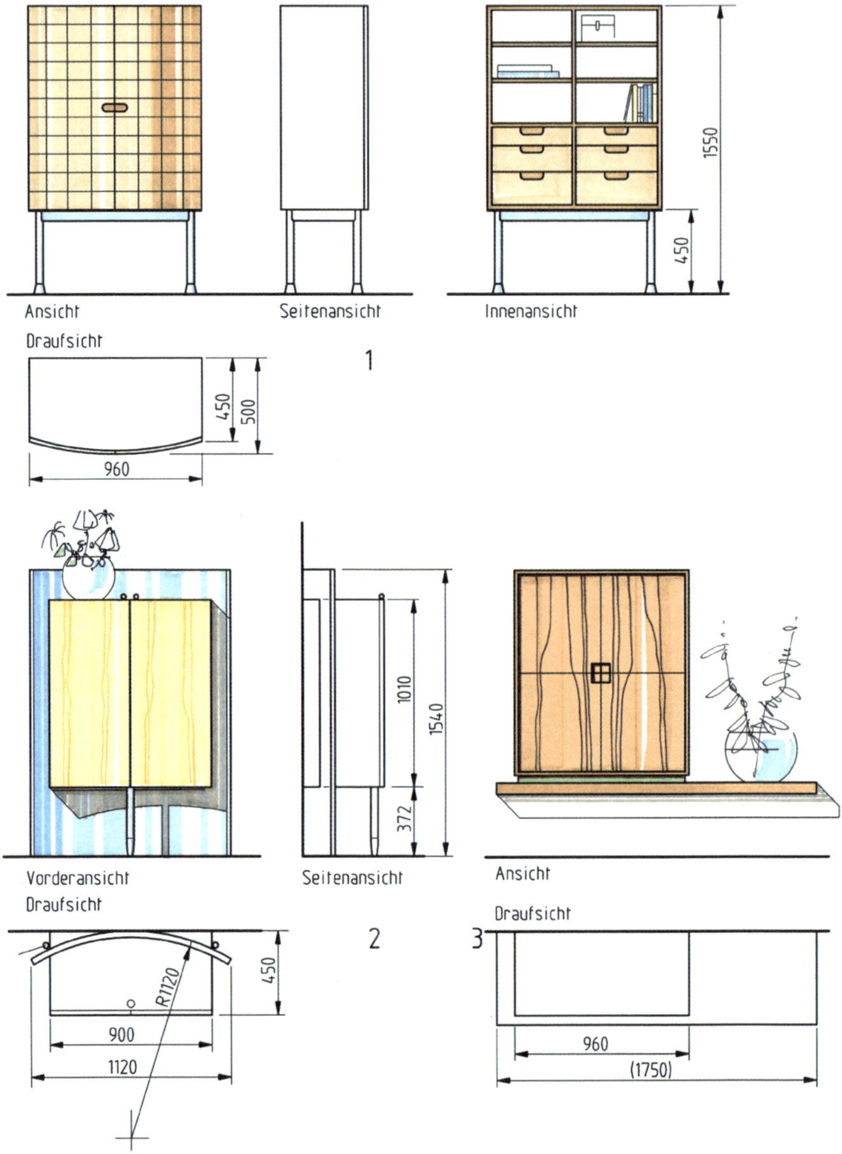

Bild 11.2–3 Anlegen von kleinen Möbeln: 1 Utensilienschrank mit gewölbter Front und Metallfußgestell, 2 Geschirrschrank mit hohler, durchdrungener Rückwand, 3 Geschirrschränkchen auf einem Konsolboden.

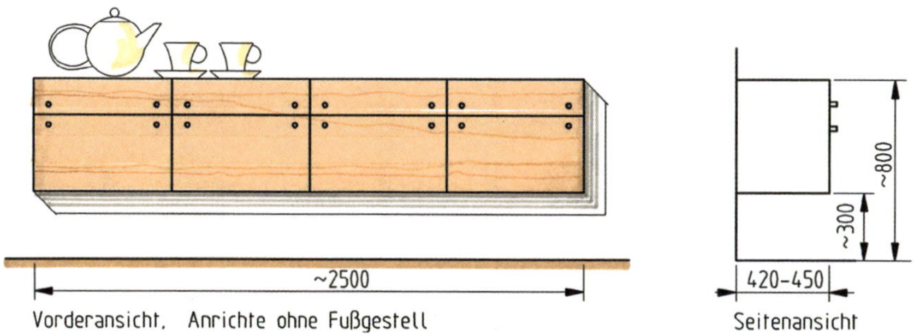

Bild 11.2-4 Aufgehängte niedrige Anrichte. Vorderfront mit Faserstiften angelegt.

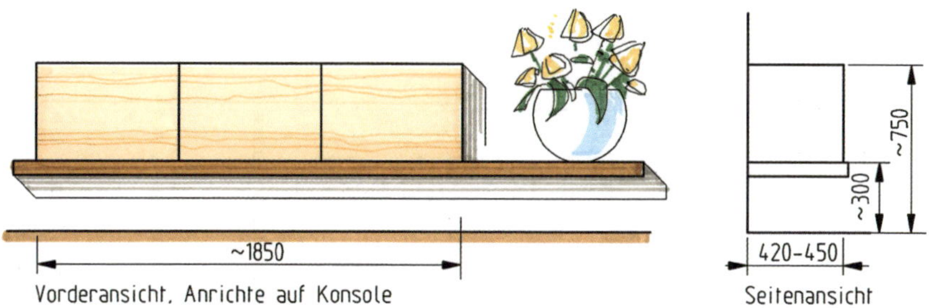

Bild 11.2-5 Anrichte auf einem Konsolboden. Vorderfront mit Faserstiften angelegt.

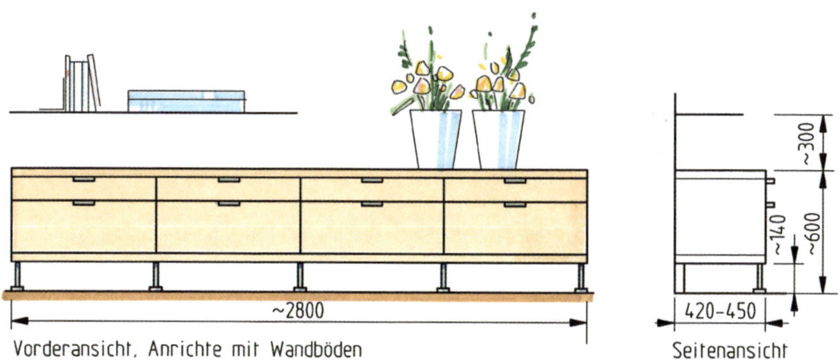

Bild 11.2-6 Niedrige Anrichte auf Metallfüßen. Vorderfront mit Faserstiften angelegt.

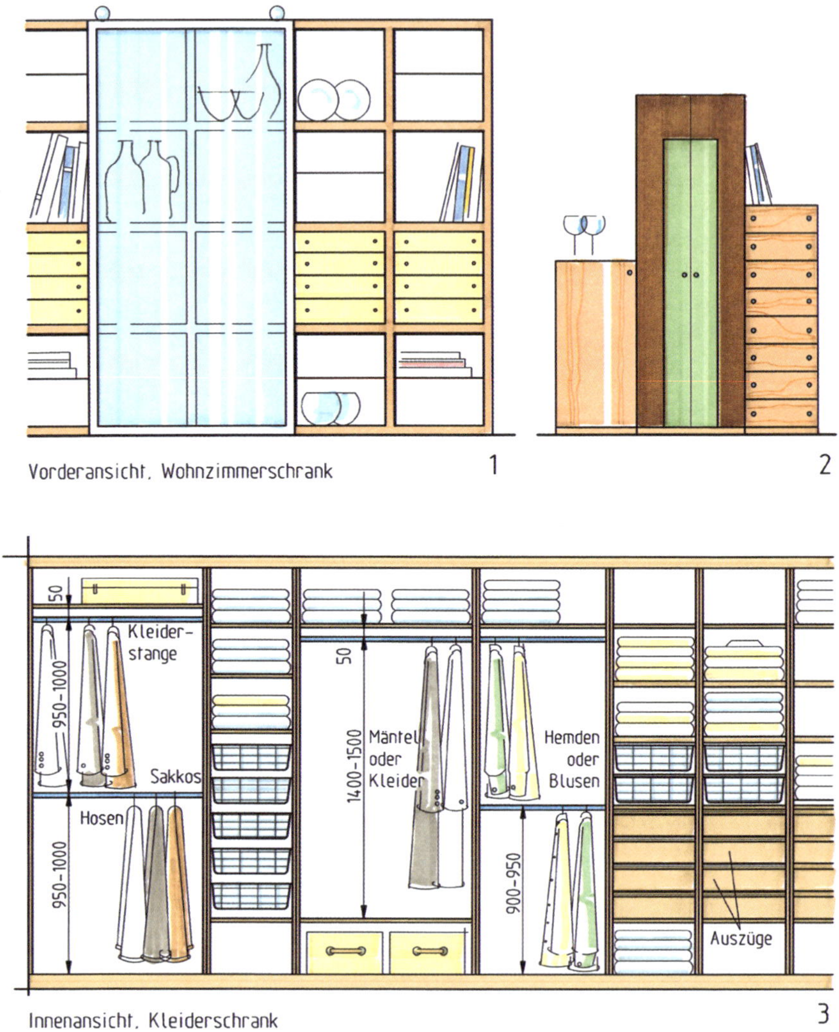

Bild 11.2–7 1 Wohnwand mit Glasschiebetür in Aluminiumrahmen, 2 Anbaumöbel, 3 Innenansicht eines Kleiderschrankes, jeweils mit Faserstiften (Markern) angelegt.

Die Technik des farbigen Anlegens ist mit den heute zur Verfügung stehenden Mitteln relativ einfach und schnell zu handhaben und zu erlernen. Zunächst benötigt man eine lineare Zeichnung, die auch kopiert oder ausgedruckt sein kann. Hierbei genügt es, wenn man bei den Ansichten nur die Umrisse zeichnet und natürlich die nötigen Funktionsmaße angibt. Alles andere kann man durch das farbige Anlegen erreichen.

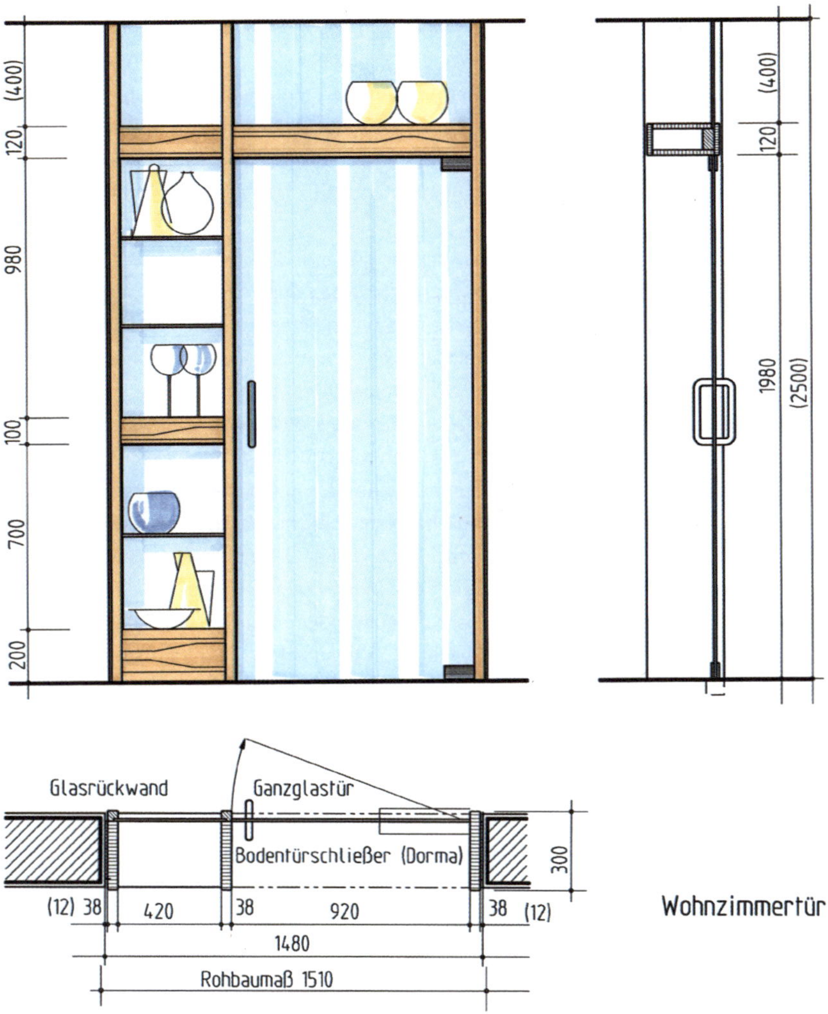

Bild 11.2–8 Tür zwischen Diele und Wohnzimmer. Die Rückwände der Regalteile und die Tür bestehen aus Glas, Futter und Querriegel aus Kirschbaumholz.

Zum farbigen Anlegen stehen weiche Buntstifte, Kreidestifte sowie Faserstifte zur Verfügung. Das Anlegen mit **Buntstiften** oder **Kreiden** erlaubt ein schnelles Anlegen der Flächen mit sehr weichen Übergängen. Es sind aber auch scharfe Linien mit den Buntstiften möglich. Je weicher die Farbminen sind, desto besser lassen sich die Linien oder Striche verwischen. Beim Anwischen der Flächen können die freibleibenden Flächen abgedeckt

oder abgeklebt werden. Zum Abkleben eignet sich besonders das rückstandsfrei wieder ablösbare Scotch-Klebeband. Zum Anwischen kann man ein Papiertaschentuch oder einen Wattebausch verwenden. Für das farbige Anlegen mit Kreidestiften eignen sich am besten raue Papiere, auf denen sich die Farbminen gut abreiben können. Interessant kann auch ein hellgrau oder -blau getöntes Papier sein. Darauf stehen helle Farben wie hellgelb, hellblau oder weiß sehr gut, so dass man interessante Lichtkanten oder Lichtreflexe einzeichnen kann (Bild 11.2–1).
Die **Faserstifte**, die so genannten Copic-Marker, gibt es in 214 Farb- und Grautönen. Sie haben zum Zeichnen von schmalen Linien auf der einen Seite eine feine Spitze und zum Anlegen von Flächen auf der anderen Seite eine breite Filzspitze. Die Tinte ist wasserfest und schnell trocknend. Bei kopierten Zeichnungen muss man jedoch darauf achten, dass die Linien der Grundzeichnung nicht angelöst werden. Zum Anlegen mit Markern verwendet man glattes, schwach saugendes Papier. Man sollte das Papier vorher daraufhin testen, wie die alkoholhaltige Farbtinte auf dem Papier steht und trocknet. Beim Anlegen der Flächen muss zügig gearbeitet werden, damit die Ansätze und das Absetzen des Faserstiftes nicht sichtbar werden. Auch darf möglichst nicht übereinander gezeichnet werden, weil diese Stellen dann dunkler herauskommen. Nach einiger Übung kann man mit den Farbmarkern am schnellsten effektvolle Entwurfszeichnungen erzielen (Bild 11.2–2 bis 11.2–7).
Das farbige Anlegen mit **Airbrush** ist sehr zeitaufwändig und teuer, daher für flotte Entwurfszeichnungen weniger geeignet. Für diese Zeichentechnik benötigt man neben den Farben auch einen kleinen Kompressor und eine Präzisions-Spritzpistole. Alle Flächen, die nicht mit der getankten Farbe besprüht werden sollen, müssen abgedeckt werden. Bei jedem Farbwechsel muss die Pistole gründlich gereinigt werden. Airbrush ist eher für Graphiker geeignet, die fotoähnliche Bilder erstellen wollen. Werden fotorealistische Darstellungen für Innenausbauarbeiten gewünscht, sollte man sich mit einem CAD-Programm, und zwar mit einer 3D-Version, anfreunden (siehe Abschnitt 12).

11.3 Gestalten mit Bildern

Bilder sind wie Accessoires schmückende Elemente des Raumes. Beim Planen und Entwerfen des Innenausbaus müssen sehr oft die vorhandenen Bilder und Accessoires mit berücksichtigt und mit sehr viel Gefühl eingeplant werden.

Bild 11.3–1 (Seite 261) Grundsätze zum Aufhängen von Bildern: 1 So wahllos sollten kleine Bilder nicht auf der Wandfläche verteilt werden. Das rechte Bild hängt außerdem viel zu hoch. 2 Besser ist es, die Bilder zu einer Bildgruppe zusammenzufassen. Sie hängen alle drei in einer Höhe und sind symmetrisch angebracht. 3 Hier ist die Bildgruppe asymmetrisch verschoben. Die gesamte Fläche wirkt dadurch ausgewogen. 4 Große Bilder können zentral angeordnet werden. Sie dulden meistens

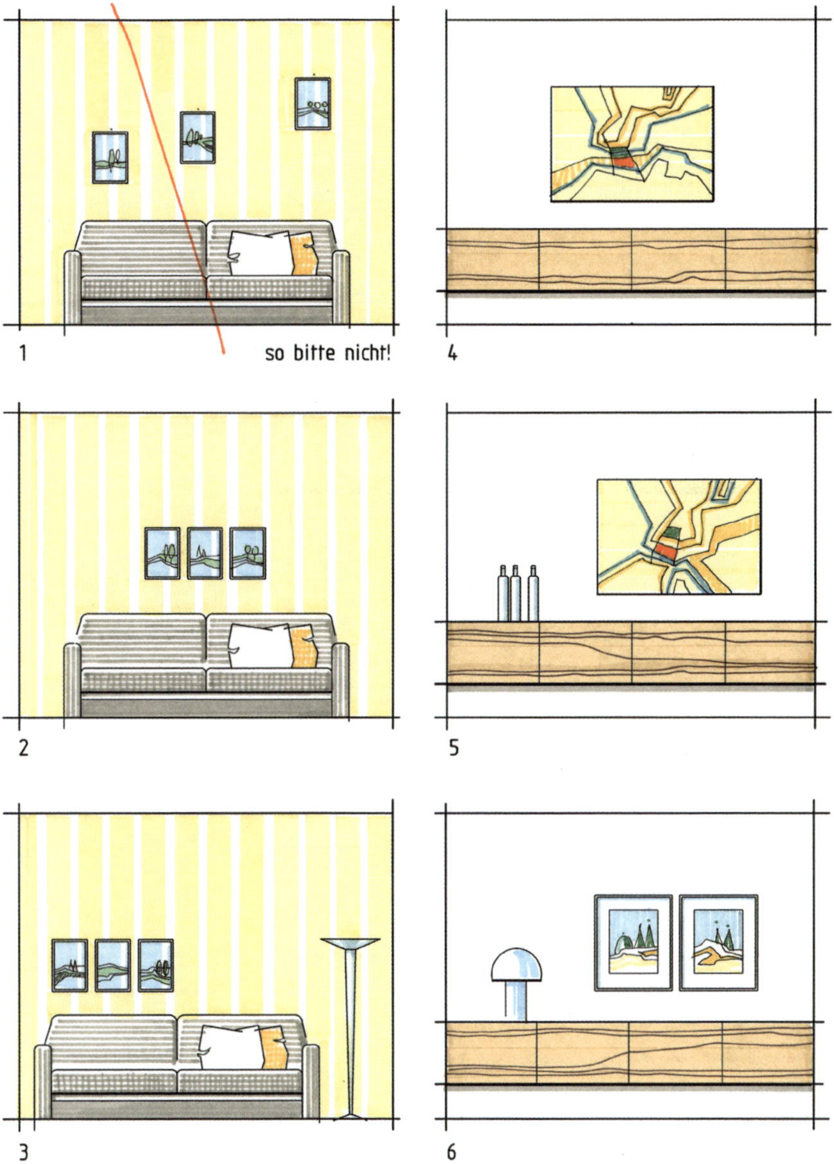

keine weiteren Bilder neben sich. Das Bild wirkt so angeordnet auf der Fläche sehr dominant. 5 Asymmetrisch aufgehängt, lässt das gleiche Bild auch Gegenstände auf der Anrichte zu. Dadurch ist die gesamte Fläche wieder ausgewogen. 6 Eine Bildgruppe aus zwei Bildern gleicher Größe ist unter Berücksichtigung der Frontteilung der Anrichte asymmetrisch aufgehängt worden. Die Tischlampe bringt die Gesamtfläche wieder ins optische Gleichgewicht.

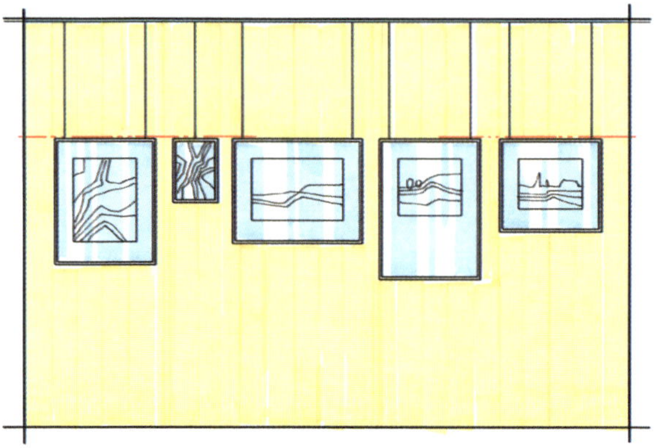

Bild 11.3–2 Anordnung der Bilder in einer Reihe. Wird die obere Rahmenkante der Bilder als Bezugskante gewählt, erscheint die Bilderreihe wie an einer Wäscheleine aufgehängt.

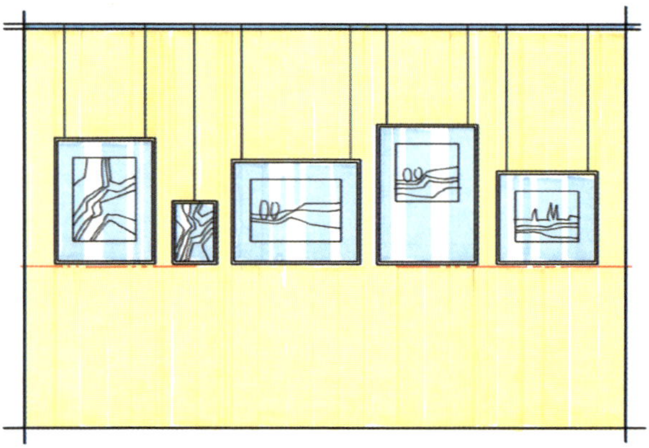

Bild 11.3–3 Anordnung der Bilder in einer Reihe. Hier bildet die untere Rahmenkante der Bilder die Bezugslinie.

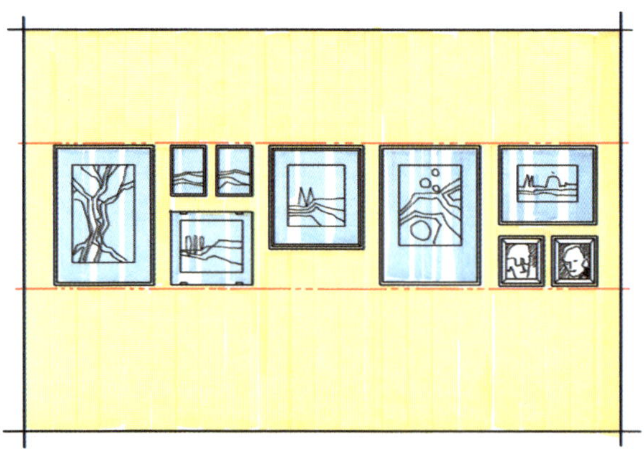

Bild 11.3–4 Die Bilderreihe wurde zu einem Bilderband erweitert. Hier gibt es eine untere und eine obere Bezugslinie.

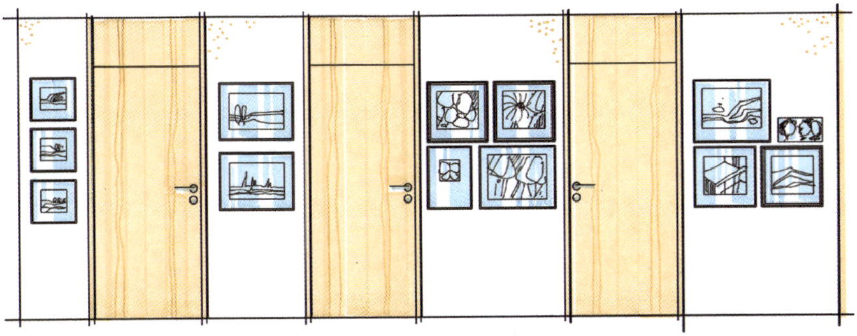

Bild 11.3–5 So lassen sich zum Beispiel Bilder auf den schmalen Wandflächen zwischen den Türen anordnen, als Gruppen untereinander oder zu größeren Gruppen zusammengefasst.

Bild 11.3–6 Auf den Wandflächen zwischen Fenstern oder auch Türen lassen sich die Bilder zu einer Bildersäule geordnet aufhängen. Die Bezugslinie verläuft hier vertikal.

Wichtig ist dabei, dass die Bilder ihrem Charakter und ihrer Maltechnik entsprechend gut zur Geltung kommen. Sie dürfen nicht auf einem zu lauten Untergrund, also etwa auf eine sehr ausdrucksvolle Tapete, gehängt werden. Ansonsten würden sie, besonders wenn es sich um kleine Bilder handelt, vom Untergrund »geschluckt«.

Bilder dürfen auch nicht wahllos auf einer freien Wandfläche verteilt werden. Solche frei und haltlosen auf der Wand verteilten kleinen Bilder sind zu einer Gruppe zusammenzufassen. Man sollte bei der Platzierung der Bilder auch Bezugspunkte berücksichtigen bzw. horizontale oder vertikale Bezugslinien aufnehmen, die durch die Architektur des Raumes, der Einrichtung oder eines Möbels vorgegeben sind (Bild 11.3–1).

Vielfach ist die Wahl der Bildhöhe ein Streitpunkt. In der Regel werden Bilder viel zu hoch aufgehängt. Als ungefähre Formel könnte man folgende Richtlinie anwenden: das obere

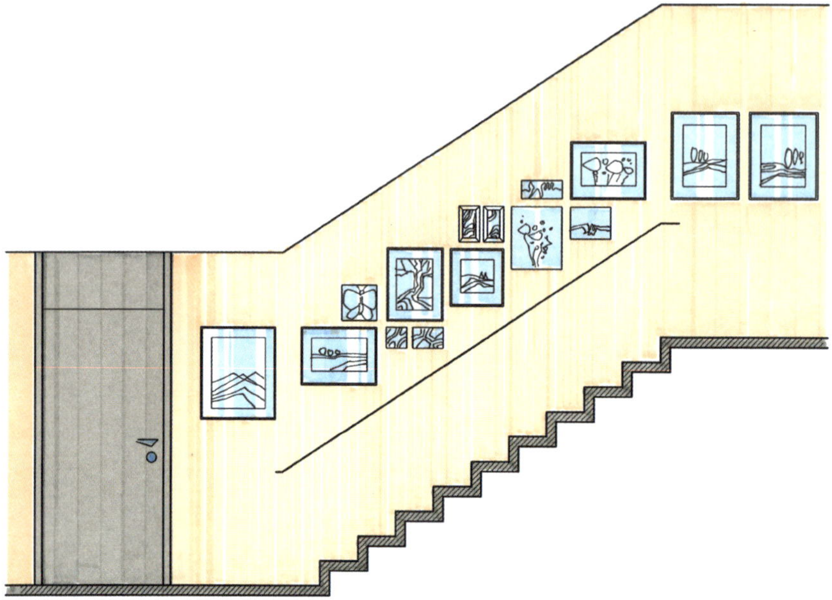

Bild 11.3–7 Bei einer Anordnung der Bilder im Treppenhaus muss das Bilderband dem Stufenverlauf entsprechend versetzt werden. Über dem Handlauf ist zur ungehinderten Benutzung genügend Platz zu lassen.

Bild 11.3–8 In dem Einbau wurde eine Bildernische freigelassen. Bei der Anordnung unterschiedlich großer Bilder und verschiedener Formate bietet sich die Orientierung an einem Bezugskreuz an.

Bild 11.3–9 Im kleinen, intimen, vielleicht auch antiken Bereich lassen sich mehrere kleine Bilder, zum Beispiel Miniaturen oder die »Ahnengalerie« unterbringen.

Drittel des Bildes sollte sich in Augenhöhe der Betrachter (ca. 1,60 m) befinden. Bilder in Wohnräumen oder in Räumen mit vorwiegend sitzender Tätigkeit müssen aber noch niedriger gehängt werden. Die Faustformel gilt mehr für das Aufhängen von Bildern in Fluren, Gängen und Räumen, in denen die Bilder meistens im Stehen betrachtet werden.
Sehr großformatige Bilder wird man ihrer dominanten Ausstrahlung wegen allein auf der Wandfläche platzieren. Kleinere Bilder sollte man hingegen zu Zweier- oder Dreiergruppen zusammenfassen. Bilder oder Bildgruppen müssen nicht immer zentral oder symmetrisch auf der Wand angeordnet werden. Vielfach ist eine asymmetrische Anordnung spannungsreicher, besonders dann, wenn die Bilder als optisches Gegengewicht zu anderen Gegenständen im Raum eingesetzt werden (Bild 11.3–1).
Sind Bilder in großer Zahl vorhanden, kann man sie zu einer Bilderreihe zusammenfassen. Hierbei liegt zweckmäßigerweise die untere Kante der Bilder auf einer Höhe. Nimmt die Bilderzahl noch weiter zu, kann man die Bilderreihe zu einem Bilderband erweitern. Hier bilden die oberen und die unteren Rahmenkanten der Bilder die Bezugslinien (Bild 11.3–2, 11.3–3 und 11.3–4).
Bleiben zwischen Fenstern und Türen im Raum Wandflächen stehen, kann man hier einzelne Bilder oder Bilder gruppenweise übereinander aufhängen. Bei mehreren Bildern und größerer Fläche bietet sich ein säulenförmiges Zusammenfassen der Bilder an. Die Bezugslinie, nach der die linken bzw. rechten Rahmenkanten ausgerichtet werden, verläuft hier vertikal (Bild 11.3–5 und 11.3–6).
Bei Einbaumöbeln können Bildernischen verbleiben, in die man Bilder anordnen kann. Mehrere Bilder in unterschiedlichen Formaten lassen sich an einem so genannten Bezugskreuz platzieren (Bild 11.3–8).
Für die stilvolle Ecke eignen sich Gruppierungen mehrerer kleiner Bilder, wie zum Beispiel eine so genannte Ahnengalerie oder eine Zusammenfassung vieler kleiner Bildformate wie Miniaturen (Bild 11.3–9).
Im Treppenhaus folgen die Bilderbänder dem Stufenverlauf. Wenn ein Handlauf vorhanden ist, müssen die Bilder so hoch gehängt werden, dass man diese beim Benutzen des Handlaufs nicht berührt (Bild 11.3–7).
In jedem Falle ist es sinnvoll, sich Gedanken über die Platzierung und Gruppierung der Bilder zu machen, bevor man zu Hammer und Nagel greift.

12 Computerunterstütztes Zeichnen – CAD

Technische Zeichnungen und Entwurfszeichnungen können mit Hilfe von Computern erstellt und über Laser- oder Tintenstrahldrucker ausgedruckt oder ausgeplottet werden. Hierfür steht der Begriff »CAD«, die Abkürzung von **C**omputer **A**ided **D**rawing oder **C**omputer **A**ided **D**esign. Der Computer ist ein Hilfsmittel, das die langwierige manuelle Zeichenarbeit wesentlich erleichtert, aber nicht die gestalterische Kreativität ersetzt. Was zu zeichnen ist und wie man es darstellen will, muss stets neu entschieden werden. Vor jeder Entwurfs- oder Konstruktionsaufgabe wird wahrscheinlich immer die flotte Handskizze stehen, um freier und von den steifen Computervorgaben ungebunden entwickeln zu können. Doch steht erst der Entwurf, werden beim Arbeiten mit dem Computer die Vorteile der CAD-Technologie schnell erkennbar. Das Zeichnen an sich, das Beschriften, Schraffieren und Bemaßen der Zeichnungen geht schneller. Durch Einsetzen von Komponenten aus der im Computer gespeicherten Bibliothek, durch Spiegeln und Kopieren von Details lassen sich die sich sonst wiederholenden Zeichenarbeiten ausschalten und durch die Funktion Löschen können Zeichnungsteile einfach und sauber entfernt und dann wieder geändert werden. Bei einigen Programmen können die Zeichnungsdaten auch für die Erstellung von Stücklisten und Zuschnittplänen sowie für die CNC-Maschinenbearbeitung verwendet werden. Bei den angebotenen CAD-Programmen sind im wesentlichen 2D-Systeme und 3D-Systeme zu unterscheiden.

12.1 2D-Technologie

Die CAD-2D-Technologie ist ähnlich aufgebaut wie das manuelle Zeichnen am Reißbrett oder an der Zeichenmaschine. Die Zeichenelemente sind die Linien, ob Strecke, Winkel, Rechteck, Raute, Kreis, Ellipse oder freie Kurve, aus denen die zweidimensionalen Zeichnungen erzeugt werden. Für jede Linienart, ob breit, dünn, gestrichelt oder Strich-Punkt, steht eine Ebene, auch Layer genannt, zur Verfügung. Streckenlängen, Winkelgrößen, Durchmesser- oder Radienmaße werden über die Tastatur eingegeben. Hilfen wie Verrunden, Fasen, Parallelen zeichnen, Flächen schraffieren und Bemaßen vereinfachen das Zeichnen. Zeichnungsteile oder ganze Zeichnungen können kopiert, verschoben und dabei gespiegelt oder gedreht werden. Die Zeichnungen lassen sich drücken oder dehnen.

Die in einer Bibliothek abgelegten Komponenten wie Beschläge, Verbindungen usw. lassen sich durch gesetzte Fangpunkte punktgenau in die Zeichnung einfügen. Die Komponenten können dabei gedreht, gespiegelt vergrößert oder verkleinert werden (Bild 12.1–1). Sollen die eingesetzten Komponenten weiterverarbeitet oder verändert werden, sind diese vorher zu zerlegen. Für Beschriftungen lassen sich die Texte wie auf einer Schreibmaschine erstellen und in die Zeichnung einsetzen. Die Schrifttype und Schriftgröße sowie die Beschriftungswinkel lassen sich individuell einstellen. Zur Maßbegrenzung können Schrägstriche, Maßpfeile, Kreise oder Punkte gewählt werden. Für das Schraffieren von Flächen stehen verschiedene Schraffurarten zur Verfügung. In die Flächen eingeschriebene Texte werden beim Schraffieren automatisch ausgespart. Zum Zeichnen auf dem Bildschirm stehen Punktraster, Koordinatenraster oder frei wählbare Winkelraster zur Verfügung. Dadurch können rechtwinklig zueinander stehende Linien, Isometrien oder Dimetrien schnell und sicher gezeichnet werden. Der Cursor, in der Regel ein kleines Achsenkreuz, wird durch die Maus auf dem Monitor bewegt und an den Endpunkten gezeichneter Linien, den

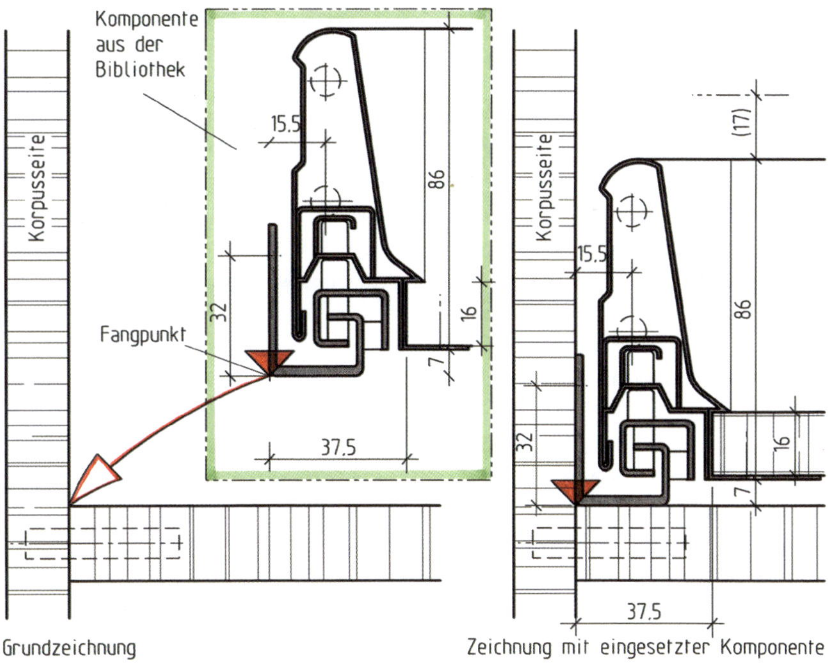

Bild 12.1–1 Einsetzen von Komponenten in eine Zeichnung

Mittelpunkten von Kreisen oder auf den Rasterlinien oder Rasterpunkten exakt gefangen, um ein maßgenaues und winkelgerechtes Zeichnen zu gewährleisten.
Die Größe des »Zeichenblattes« und der verwendete Maßstab ist je nach Bedarf einstellbar. Auf dem Bildschirm, der möglichst groß und hochauflösend sein sollte, erscheint die Zeichnung. Sie ist mehrfarbig, da für jede Linienart eine eigene Ebene mit bestimmter Farbe angelegt ist. Zum genaueren Betrachten und Bearbeiten der Zeichnung kann diese durch die Zoomfunktion je nach Bedarf vergrößert werden. Beim Zeichnen wird mit der Maus gearbeitet und die Funktionen durch die Tastatur oder durch Anklicken der entsprechenden Icons auf der Bildschirmmaske bestimmt.
Fertige Zeichnungen sollten auf einer der Indexseiten in der Bibliothek abgelegt, das heißt unter Angabe des Zeichnungstitels gespeichert, werden. Sie können auf Laserdruckern ausgedruckt oder auf Tintenstrahldruckern ein- oder mehrfarbig ausgeplottet werden. Die Zeichnungsdaten können aber auch in elektronischer Form, auf CD's oder USB-Stick's gespeichert, versendet und am Empfangsort gelesen, wenn nötig überarbeitet und dort ausgedruckt werden. Übrigens sind nahezu alle Zeichnungen in diesem Buch mittels CAD (CAD4U – C-Technik Software GmbH, 74861 Neudenau) erstellt worden.

12.2 3D-Technologie

Zeichnungen müssen dann in der 3D-Technologie erstellt werden, wenn die Daten gleichzeitig für die Stücklistenerstellung, die Kalkulation, die maschinelle CNC-Bearbeitung oder für die Erstellung von räumlichen Darstellungen verwendet werden sollen. Dank der heute hohen Rechnerleistungen stellt die hierfür erforderliche Datenfülle, selbst die, die zur Erstellung fotorealistischer Darstellungen benötigt wird, kein Problem mehr dar.
Die Erstellung der Zeichnungen mit 3D-Systemen ist aufwändiger als mit 2D-Systemen, weil beim Zeichnen die dritte Dimension mit berücksichtigt werden muss. Das Grundelement ist hier nicht die Linie, sondern der Grundkörper wie Quader, Zylinder, Rohr, Kegel, Kugel oder frei gewählte Profil- und Rotationskörper, aus denen die Elemente gezeichnet werden müssen.
Branchenprogramme für die Holzverarbeitung sind bereits objektorientiert aufbereitet, so dass Konstruktionselemente wie Seiten, Böden, Rückwand und Fronten zur Verfügung stehen. Neben Breite, Länge und Höhe bzw. Dicke sind auch alle anderen Eigenschaften definiert, die den Konstruktions- oder Fertigungsprozess unmittelbar beeinflussen. Wird zum Beispiel eine Korpusseite konstruiert, werden nicht nur die Abmessungen angepasst, sondern auch weitere Informationen bezüglich Material, Oberfläche, Kanten, Falzen, Nuten und Bohrungen im Hintergrund hinterlegt. Die betriebsspezifisch verwendeten Beschläge wie Verbindungsbeschläge, Topfscharniere, Schubkastenführungen und Bodenträger werden bei der Konstruktion automatisch mit berücksichtigt. Die Elemente erscheinen auf dem Monitor und werden wie in der Fertigung mit anderen Teilen gepaart. Für die Frontteile

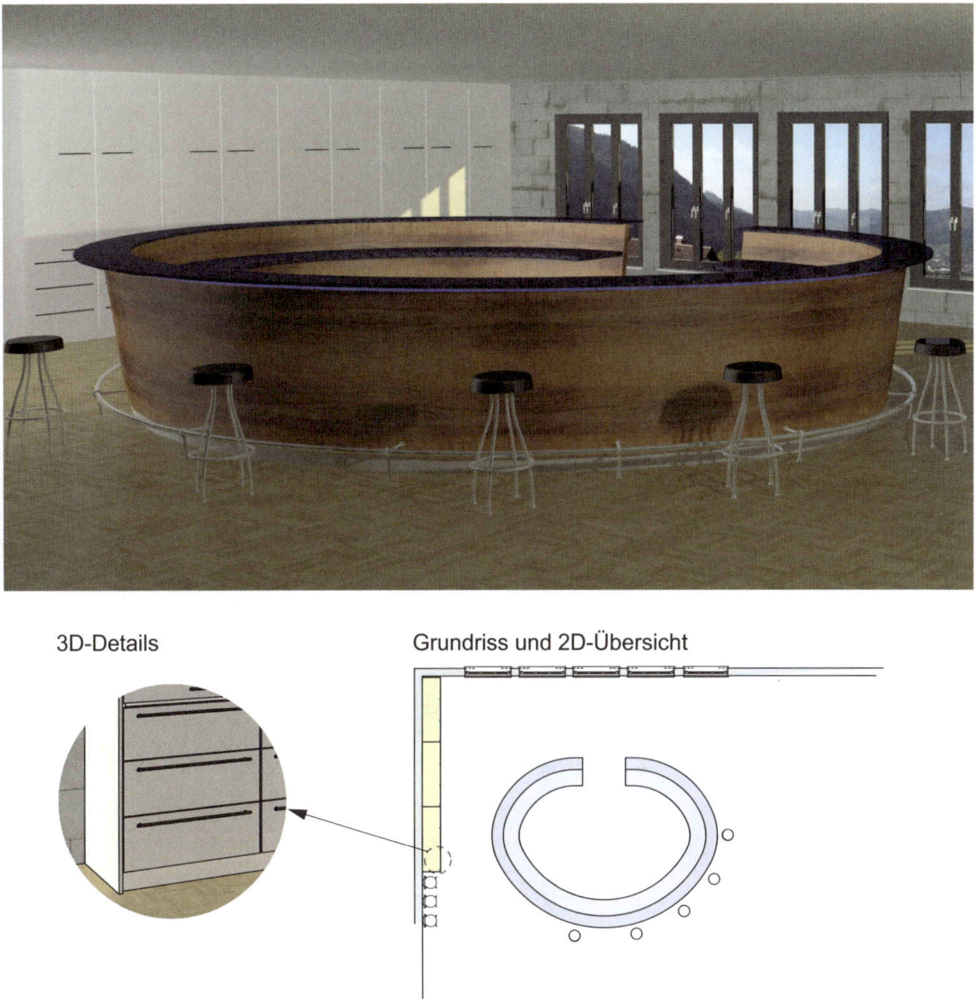

Bild 12.2–1 Zwei-Fluchtpunkt-Perspektive von der geplanten Theke und der Schrankwand im 3D-Raum. 3D-Detail und Grundriss als 2D-Zeichnung

werden die betriebsinternen Konstruktionsnormen wie die Beschlagspositionen für Scharniere und Griffe sowie die Fugenbreiten und Profilierungen automatisch übernommen. Natürlich sind solche Angaben nicht fix, sondern können abgeändert und variiert werden. Die Verwendung anderer Beschläge zum Beispiel bestimmt andere Bohrbilder, stärkere Profilierung an den Kanten, dickere Anleimer.

Durch diese branchenorientierten Programme wird nicht nur die Zeichenarbeit vereinfacht, sondern auch der Zeitaufwand in der Arbeitsvorbereitung verringert, weil quasi auf

Die Stücklisten werden an Hand der CAD-Daten automatisch erstellt.
Es besteht die Möglichkeit mittels WOP-Programme die Daten an die CNC-Maschine zu übergeben (CAM)
Erstellt von Bernd Göppert – www.up21.de CAD-System: »Vectorworks interiorcad«©

Stückliste

Projekt-Nr.:	**2007015**		
Kommission:	**Kunde**	UP21 GmbH - Bernd Göppert - www.up21 **Position:**	**1**
Bauvorhaben:	**Bauvorhaben**	Einbauschrank	

r.	Bezeichnung	Trägermaterial Belag Innen Belag Außen	nz	Fertigmass Länge	Fertigmass reite	Zuschnittmass Fertigmass + Zugabe Länge	Zuschnittmass Fertigmass + Zugabe reite	D.	Kante Vorne/Links	D.	Kante Hinten/Rechts	D.	Kante Links/Oben	D.	Kante Rechts/Unten	D.
1	Tür	KF-weiss-19	9 9 9	977,5	723,3	973,5	719,3	19	ABS-weiss-2	2,0	ABS-weiss-2	2,0	ABS-weiss-2	2,0	ABS-weiss-2	2,0
2	Tür	KF-weiss-19	9 9 9	821,0	723,3	817,0	719,3	19	ABS-weiss-2	2,0	ABS-weiss-2	2,0	ABS-weiss-2	2,0	ABS-weiss-2	2,0
3	Fachboden	KF-weiss-19	3	2161,0	609,0	2161,0	607,0	19	ABS-weiss-2	2,0						

Bild 12.2–2 CAD-Planung mit dem 3D-Korpusmöbelmodul

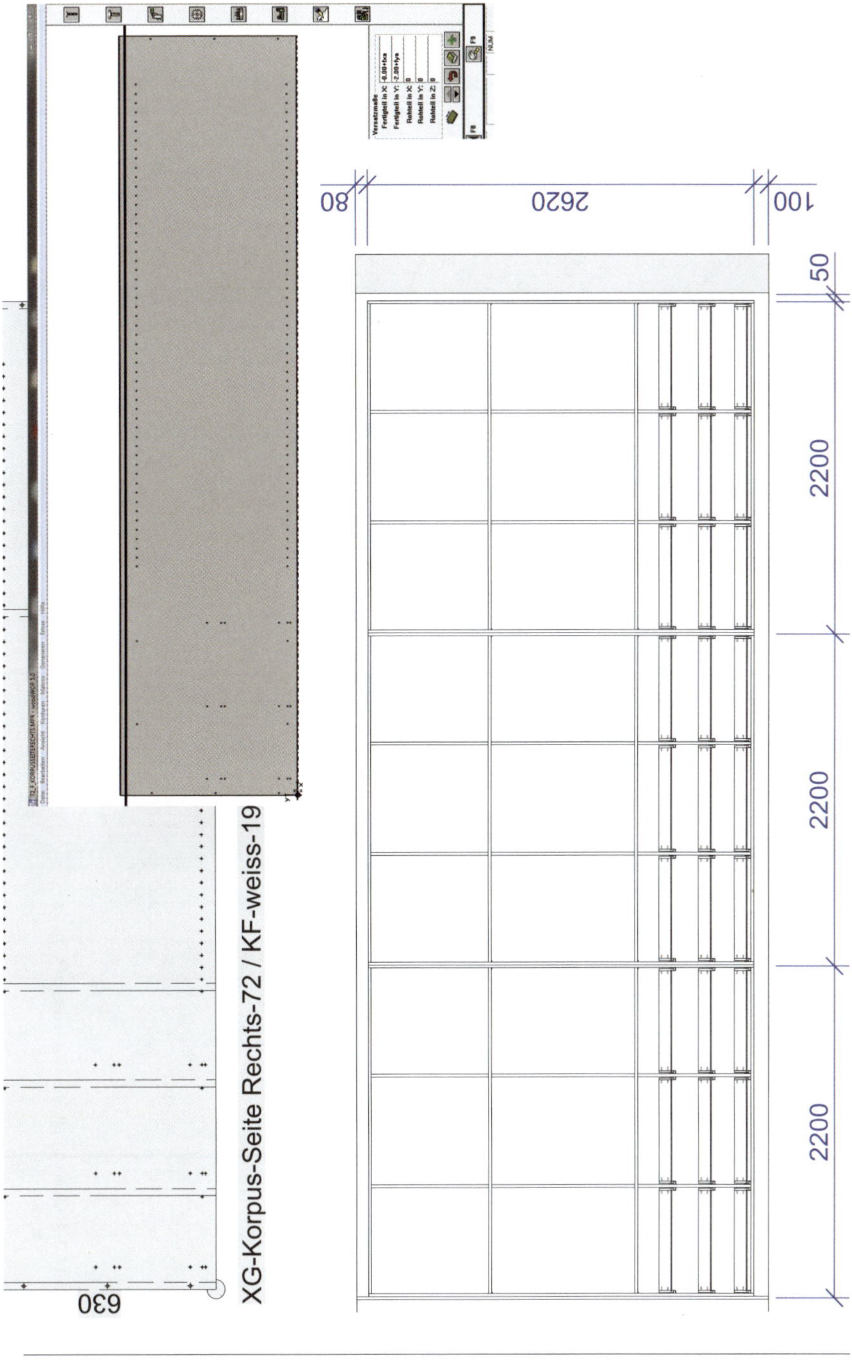

Bild 12.2–3 Fräs- und Bohrbild einer Korpusseite auf dem Monitor der CNC-Maschine und 3D-Schnitt durch die Inneneinrichtung der Schrankwand

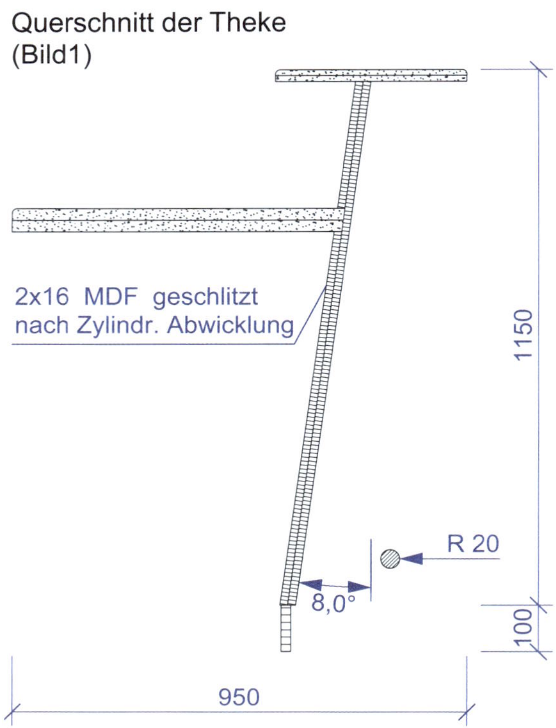

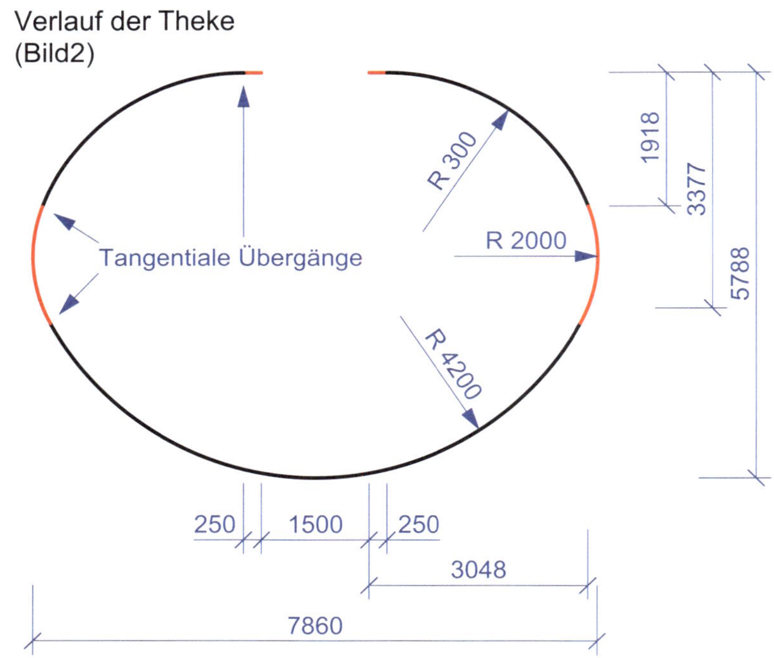

Bild 12.2–4 Querschnitt und Grundriss der Theke

Die Ermittlung der erforderlichen Daten für die 3D-Bearbeitung der Theke

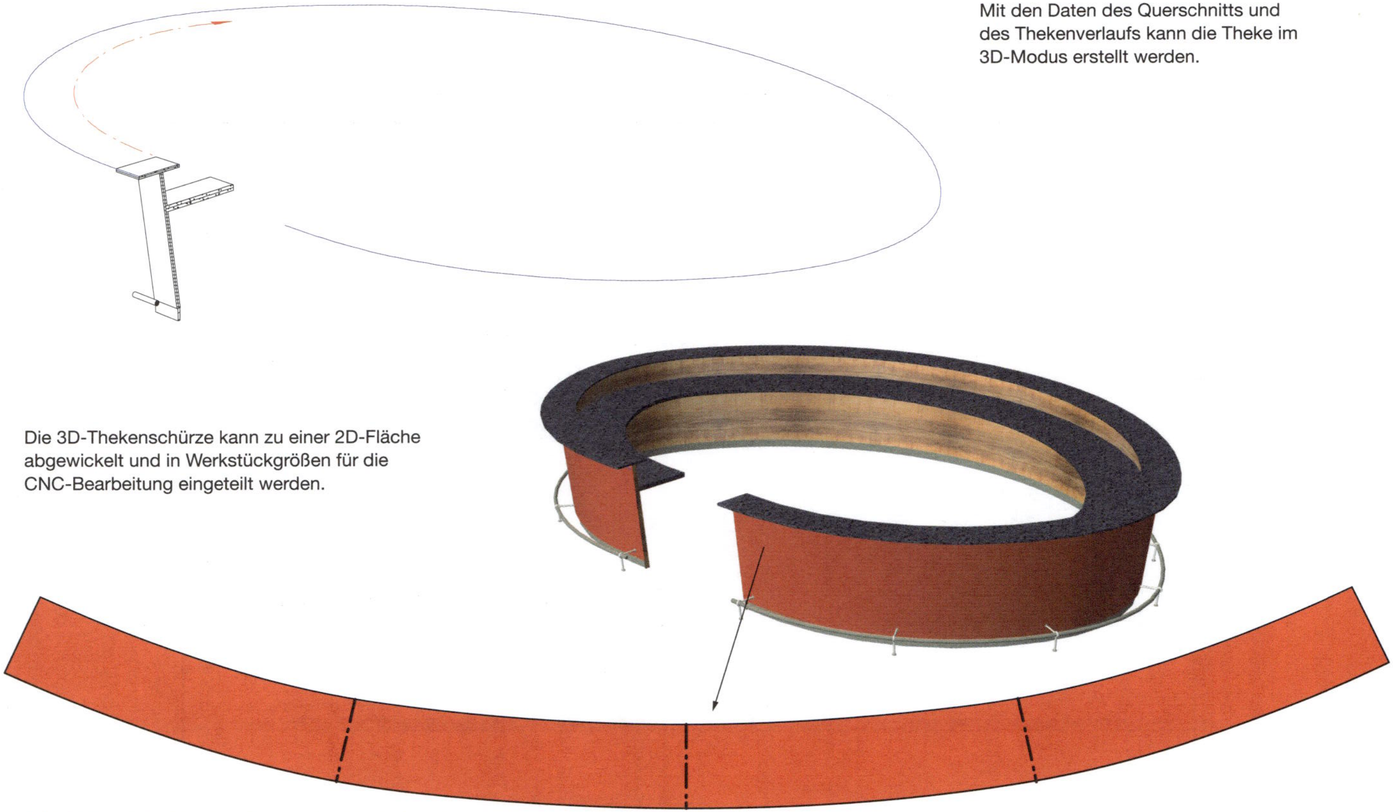

Bild 12.2–5 Der Weg zur 3D-Darstellung der Theke

Die CAD-Daten der eingeteilten Thekenschürze werden an die CNC-Maschine übergeben. Die Übergabe erfolgt an WOP-Programme, wie zum Beispiel Woodwop, NC-Hops, Imawop, Xylog u. a.

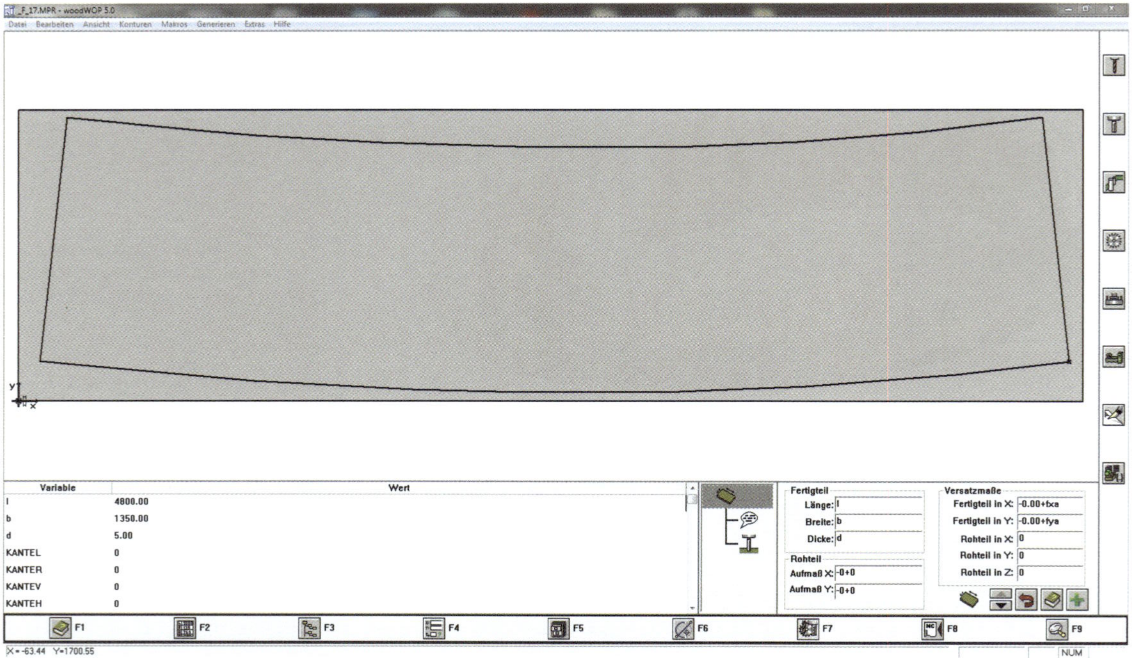

Bild 12.2–6 Display einer CNC-Machine mit der Bearbeitungsform eines Thekenfront-Teils (UP21 – Vectorworks intenorcad)

Knopfdruck der Materialbedarf ermittelt, die Stücklisten und Materiallisten erstellt und die Materialkosten errechnet werden. Außerdem gibt es die Möglichkeit, optimierte Plattenzuschnittpläne anzufertigen und mit den CAD-Daten die Werkstücke auf CNC-Maschinen zu bearbeiten. Hierzu werden die Werkstückgeometriedaten aus dem CAD-Teil in den Maschinenprozessor übertragen. In der Praxis spricht man dann von einer CAD/CAM-Technologie. CAM ist die Abkürzung von **C**omputer **A**ided **M**anufacturing. Zu den Geometriedaten aus dem CAD-Programm, wie etwa die Abmessungen, müssen die Technologiedaten wie Werkzeugart, Vorschubgeschwindigkeit oder Ablauffolge hinzugefügt werden. Dabei muss unbedingt eine Kompatibilität der CAD-Programme mit den Steuerungsprogrammen der Maschinen gewährleistet sein.

Für die Angebotserstellung können mit 3D-Programmen erstellte Zeichnungen in der Regel auch räumlich, isometrisch oder perspektivisch dargestellt werden; manchmal ist sogar eine fotorealistische Darstellung möglich. Außerdem lässt sich je nach Schnittführung durch den räumlich dargestellten Körper eine Schnittzeichnung mit vollständiger Bemaßung als 2D-Darstellung erzeugen.

Es ist selbstverständlich, dass einmal entwickelte und konstruierte Werkstücke, Möbel oder Einbauelemente in einer Bibliothek abgelegt werden können. Sie stehen bei Bedarf mit allen Daten für eine Wiederverwendung zur Verfügung und können gegebenenfalls dem neuen Entwurf angepasst werden.

12.3 Fotorealistische Darstellungen

Mit 3D-CAD-Systemen können Entwürfe von Möbeln oder Innenausbauten fotorealistisch dargestellt werden. Ausgangspunkt ist die Darstellung der einzelnen Körper, die komponentenweise konstruiert und in der Bibliothek zu sichern sind. Zum Gestalten des Raumes werden diese dann wieder geladen und im Raum platziert. Es ist aber auch möglich, die Körper in den drei Ansichten – Vorderansicht, Seitenansicht und Draufsicht – zu zeichnen. Im vierten Feld werden die Körper dann perspektivisch dargestellt. Durch Verschieben des Standpunktes, der »Kamera« oder des »Augpunktes« kann die Wirkung des perspektivischen Bildes je nach Betrachtungswinkel verändert werden. Durch die Funktion »Solid« werden die verdeckten Linien ausgeblendet und die Komponenten körperhaft dargestellt (Bild 12.2–2).

Die Materialien werden, sofern das nicht schon bei den Einzelkomponenten geschehen ist, aus der Datei entnommen und für die einzelnen Flächen angegeben. Hier stehen in der Materialdatei zahlreiche Holz- und Textilstrukturen, die verschiedensten Farben sowie Glas und Metallflächen zur Verfügung. Aus der Bibliothek können die gebräuchlichsten Gegenstände wie Lampen, Stühle, Gefäße, Pflanzen, Bilder, aber auch Personen geladen und platziert werden, die dann die Perspektive wesentlich beleben können (Bild 12.3–1).

Das Zusammenspiel von Licht und Schatten ist für die plastische Wirkung einer fotorealistischen Darstellung außerordentlich wichtig. Entscheidend ist die Platzierung der Lichtquellen im Raum, deren Helligkeit und die Beleuchtungsart. Es können Lichtquellen mit direktem oder indirektem Licht sowie Umgebungslicht gesetzt werden. Durch die beleuchteten Gegenstände entstehen hell belichtete Flächen und dunkle Schattenflächen, so dass durch diese Kontraste die dreidimensionale Wirkung des Bildes erheblich gesteigert wird. Auch der Reflexionsgrad der beschienenen Flächen kann von matt bis hochglänzend eingestellt werden, so dass auf rauen Flächen zum Beispiel keine, auf Glasflächen hingegen starke Spiegelungen entstehen. Auf gerundete und blanke Flächen wie blank verchromte Rohre oder kugelförmige Gegenstände können außerdem harte Glanzlichter gesetzt werden.

Bei einigen Programmen ist es möglich, sich durch Fahren mit dem Cursor virtuell durch den Raum zu bewegen, um die Wirkung der Einrichtung von mehreren Blickpunkten aus zu erleben, oder durch Anfassen eines Griffes zum Beispiel Türen zu öffnen, um auch die Innenausstattung des Schrankes sehen zu können.

Man erkennt, dass hier die Darstellungsmöglichkeiten grenzenlos sind. Der Aufwand für die Erstellung der fotorealistischen Bilder wird in der Praxis von dem Umfang und der Bedeutung des geplanten Projekts abhängen.

Bild 12.3–1 Einrichtung einer Apotheke (Pytha Lab GmbH, Aschaffenburg)

Bild 12.3–2 Verkaufstresen in einer Apotheke (Pytha Lab GmbH, Aschaffenburg)

13 Anhang

Im Anhang sind einige Grundlagen zusammengefasst, die man zum Erstellen technischer Zeichnungen benötigt. Es handelt sich um geometrische Grundkonstruktionen, Hinweise zur Ermittlung von Spiegelgrößen und eine Auflistung von Abkürzungen sowie Richtlinien für das Falten von großen Zeichnungen auf das DIN-A4-Format.

13.1 Geometrische Grundkonstruktionen

Die geometrischen Grundkonstruktionen befassen sich mit Loten, Streckenteilungen, Winkelkonstruktionen wie Winkelteilungen, mit Vieleck-, Bogen-, Oval- und Ellipsenkonstruktionen.

13.1.1 Lote und Streckenteilungen

Bild 13.1–1 Lote und Streckenteilung (Seite 280).

1 Lot in Punkt P errichten. Um P Kreisbogen mit beliebigem Halbmesser (r1) geschlagen, ergibt Punkte A und B. Um A und B jeweils mit Radius r2 Kreisbögen geschlagen, ergibt Schnittpunkt C. Die Gerade von Punkt P aus durch C ist das errichtete Lot im Punkt P.

2 Lot aus Punkt P fällen. Um Punkt P Kreisbogen mit Radius r1 geschlagen, ergibt die Punkte A und B. Um A und B jeweils mit Radius r2 Kreisbögen geschlagen, ergibt Schnittpunkt C. Die Gerade von Punkt P durch C ist das von Punkt P aus gefällte Lot.

3 Mittelsenkrechte auf Strecke AB errichten. Um die Punkte A und B mit gleichen Radien r Kreisbögen geschlagen, ergeben zwei Schnittpunkte. Die Verbindungslinie der zwei Schnittpunkte halbiert die Strecke AB und steht senkrecht auf dieser.

4 Lot im Endpunkt P einer Strecke errichten. Um Punkt P einen Kreisbogen mit beliebig großem Radius r geschlagen, ergibt Punkt C. Um C mit gleichgroßem Radius r Kreisbogen geschlagen, ergibt Punkt D. Um D Kreisbogen mit gleichem Radius r geschlagen, ergibt mit der durch die Punkte C und D verlängerten Geraden den Schnittpunkt E. Die Gerade durch E und P ist das Lot im Endpunkt P.

5 Rechten Winkel konstruieren. Streckenabschnitte mit den Verhältnissen 3:4:5 in den Zirkel nehmen und Kreisbögen so geschlagen, dass sie ein Dreieck ergeben. Die Katheten 3:4 schließen den rechten Winkel ein.

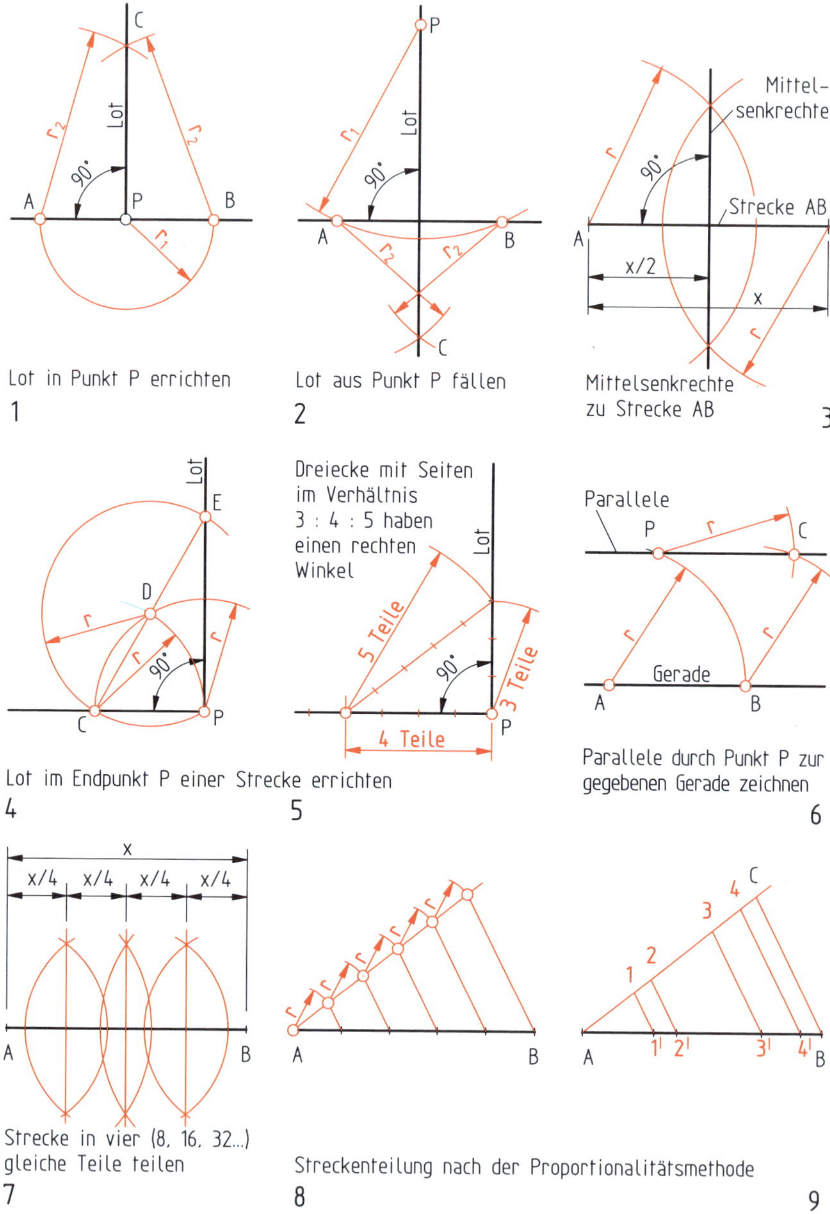

Bild 13.1–1 Lote und Streckenteilung

6 Durch Punkt P eine Parallele zur gegebenen Geraden zeichnen. Von einem angenommenen Punkt A auf der gegebenen Geraden aus einen Kreisbogen mit Radius r = Strecke AP geschlagen, ergibt Punkt B. Kreisbogen mit gleichem Radius r um Punkte P und B geschlagen, ergibt Schnittpunkt C. Die Gerade durch die Punkte C und P ist parallel zur gegebenen Geraden.

7 Teilung der Strecke AB in 4, 8, 16 ... gleiche Teile. Die Teilung der Strecke ist durch wiederholtes Halbieren der Teilstrecken, wie unter Punkt 3 beschrieben, möglich.

8 Teilung der Strecke nach der Proportionalitätsmethode. Von Punkt A aus eine Gerade im spitzen Winkel zeichnen. Die Gerade von Punkt A aus in beliebig große, aber gleiche Teilstrecken (Radius r) in gewünschter Teilungszahl einteilen. Den letzten Teilungspunkt mit dem Endpunkt B der Strecke verbinden. Zu der Verbindungslinie Parallelen so zeichnen, dass diese durch die Teilungspunkte und die Strecke AB führen. Die Strecke AB wird dadurch in die gewünschten Abschnitte geteilt.

9 Teilung der Strecke AB in ungleiche Teile. Von Punkt A aus Strecke AC im beliebigen spitzen Winkel antragen und Teilungspunkte festlegen. Die Parallelen zur Strecke CB durch die Teilungspunkte 1 bis 4 ergeben die gesuchten Teilungspunkte 1' bis 4' auf der gegebenen Strecke AB.

13.1.2 Winkel teilen, Winkel übertragen

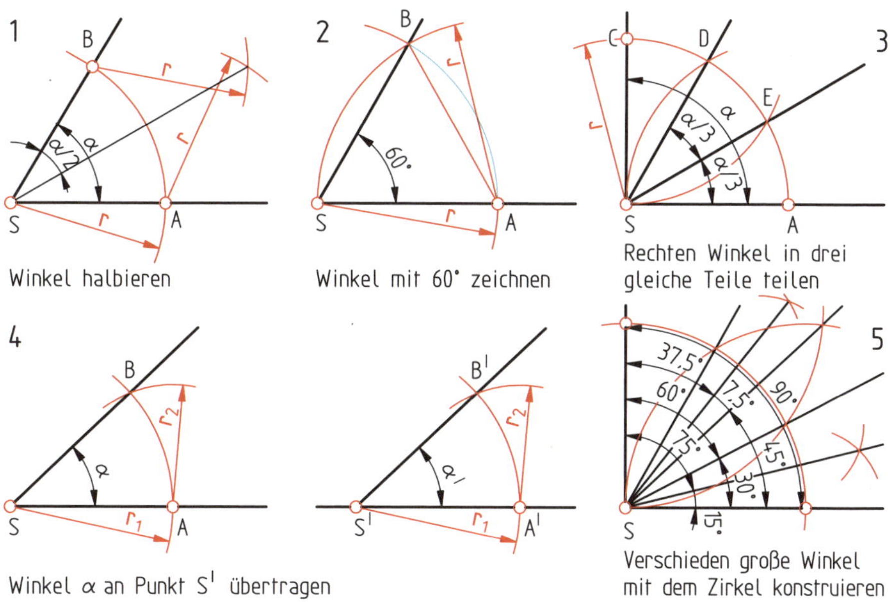

Bild 13.1–2 Winkel teilen und übertragen

1 Winkel halbieren. Um Scheitelpunkt S einen beliebig großen Kreisbogen geschlagen, ergibt die Punkte A und B. Die Kreisbögen mit Radius r jeweils um Punkt A und B geschlagen, ergeben den Schnittpunkt, durch den die Winkelhalbierende führt.

2 Winkel von 60° zeichnen. Um Punkt S einen beliebig großen Kreisbogen mit Radius r geschlagen, ergibt auf der Geraden den Punkt A. Um Punkt A mit demselben Radius r einen Kreisbogen geschlagen, ergibt den Schnittpunkt B, durch den der Schenkel eines 60° großen Winkels geht. In gleicher Weise kann man ein gleichseitiges Dreieck konstruieren.

3 Rechten Winkel (90°) in drei gleiche Teile teilen. Um Scheitelpunkt S einen beliebig großen Kreisbogen geschlagen, ergibt die Punkte A und C. Um Punkt A und C mit demselben Radius Kreisbögen geschlagen, ergeben die Schnittpunkte E und D, durch die die Schenkel der 30° und 60° großen Winkel laufen.

4 Winkel α in Punkt S' übertragen. Durch beliebigen Kreisbogen mit Radius r1 von S aus die Punkte A und B am gegebenen Winkel festlegen. Von S' aus mit gleichem Radius r1 einen Kreisbogen geschlagen, ergibt Punkt A'. Die Winkelöffnung AB in den Zirkel genommen, entspricht dem Radius r2. Von A' aus mit dem Radius r2 einen Kreisbogen geschlagen, ergibt Punkt B'. Die Gerade durch den Punkt S' und B' entspricht dem Schenkel des gegebenen Winkels.

5 Konstruktion verschieden großer Winkel. Durch die weitere Teilung der konstruierten Winkel von 90° und 60° lassen sich Winkel von 45° und 22,5° bzw. 30°, 15° und 7,5° zeichnen und dann wiederum zu anderen Winkeln wie 52,5° oder 75° ergänzen.

13.1.3 Falsche und krumme Gehrung

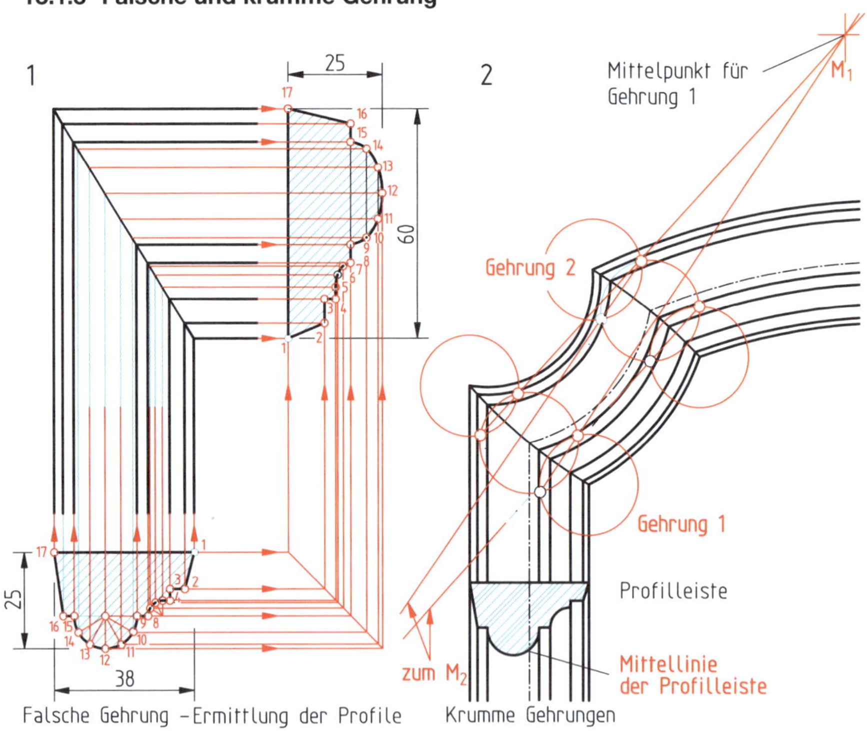

Bild 13.1–3 Falsche Gehrung und krumme Gehrung

Bild 13.1–3 Falsche Gehrung und krumme Gehrung (linke Seite)
1 Falsche Gehrungen entstehen durch das Verkröpfen verschieden breiter Leisten. Sind die Leisten profiliert, müssen die Profile einander angepasst werden. Dabei werden die Höhenpunkte des maßgebenden Profils so auf das andere Profil projiziert, dass sich die Höhenmaße nicht verändern. Nur die Breitenmaße des Profils verändern sich, sie werden über die falsche Gehrung auf das andere Profil projiziert.

2 Krumme Gehrungen entstehen beim Verkröpfen gebogener Profilleisten. Den Verlauf der Gehrung findet man, indem man im Schnittpunkt der Außenkanten und der Mittellinie des Profils drei gleich große Kreise einzeichnet, die sich an ihrem Umfang schneiden. Zieht man durch die Schnittpunkte Geraden, dann treffen sich diese in einem Punkt, nämlich dem Mittelpunkt für das Ermitteln der krummen Gehrung.

13.1.4 Vieleckkonstruktionen

Bild 13.1–4 Vieleckkonstruktionen (Seite 284)
1 Gleichseitiges Dreieck. Um den Mittelpunkt M einen Kreis mit dem Radius r gezeichnet, ergibt durch Schneiden der Mittelachse die Schnittpunkte Z und C. Von Z aus mit demselben Radius r einen Kreisbogen geschlagen, ergibt die Punkte A und B. Die Verbindung der Punkte A, B und C umschreibt das gleichseitige Dreieck.

2 Regelmäßiges Sechseck. Durch den Kreis um M ergeben sich die Schnittpunkte mit den Mittelachsen A und B. Kreisbögen mit demselben Radius r um Punkt A und Punkt B geschlagen, ergeben die anderen Schnittpunkte mit der Peripherie wie Punkt C, D, E und F. Durch Verbinden aller benachbarten Punkte auf der Peripherie erhält man das regelmäßige Sechseck.

3 Regelmäßiges Zwölfeck. Um die Schnittpunkte der Mittelachsen mit dem Umkreis Punkt A, B, C und D Kreisbögen mit dem Radius r geschlagen, ergeben sämtliche Eckpunkte des regelmäßigen Zwölfecks.

4 Regelmäßiges Viereck, Quadrat. Die Schnittpunkte der Mittelachsen mit dem Umkreis ergeben die Punkte A, B, C und D, die Eckpunkte des regelmäßigen Vierecks.

5 Regelmäßiges Achteck. Durch Errichten der Mittelsenkrechten auf den Seiten des regelmäßigen Vierecks erhält man die zusätzlichen Schnittpunkte auf der Peripherie wie Punkt E, F, G und H. Durch Verbinden aller Punkte auf der Peripherie entsteht das regelmäßige Achteck.

6 Regelmäßige Vielecke mit gegebener Seitenlänge. Die gewählte Seitenlänge s = Strecke AB abtragen und ein regelmäßiges Dreieck ABM daraus konstruieren. Den Kreisbogen AM in 6 gleiche Teile teilen, also je 10°. Kreisbögen um M6 mit den jeweiligen Teilstrecken als Radius bis zur Mittelsenkrechten geschlagen, ergeben die Mittelpunkte der Umkreise für die regelmäßigen Vielecke.

7 Regelmäßiges Fünfeck. In einen frei gewählten Umkreis den Halbmesser MX halbiert, ergibt Punkt Z. Um Punkt Z von Punkt A einen Kreisbogen geschlagen, ergibt auf der horizontalen Mittelachse den Punkt Y. Die Strecke AY ist die Länge der Fünfeckseite, die auf den Umkreis abzutragen ist.

8 Regelmäßiges Zehneck. Durch Errichten der Mittellote auf den Fünfeckseiten erhält man weitere Schnittpunkte auf dem Umkreis, so dass man durch Verbinden aller Punkte auf der Peripherie ein regelmäßiges Zehneck erhält.

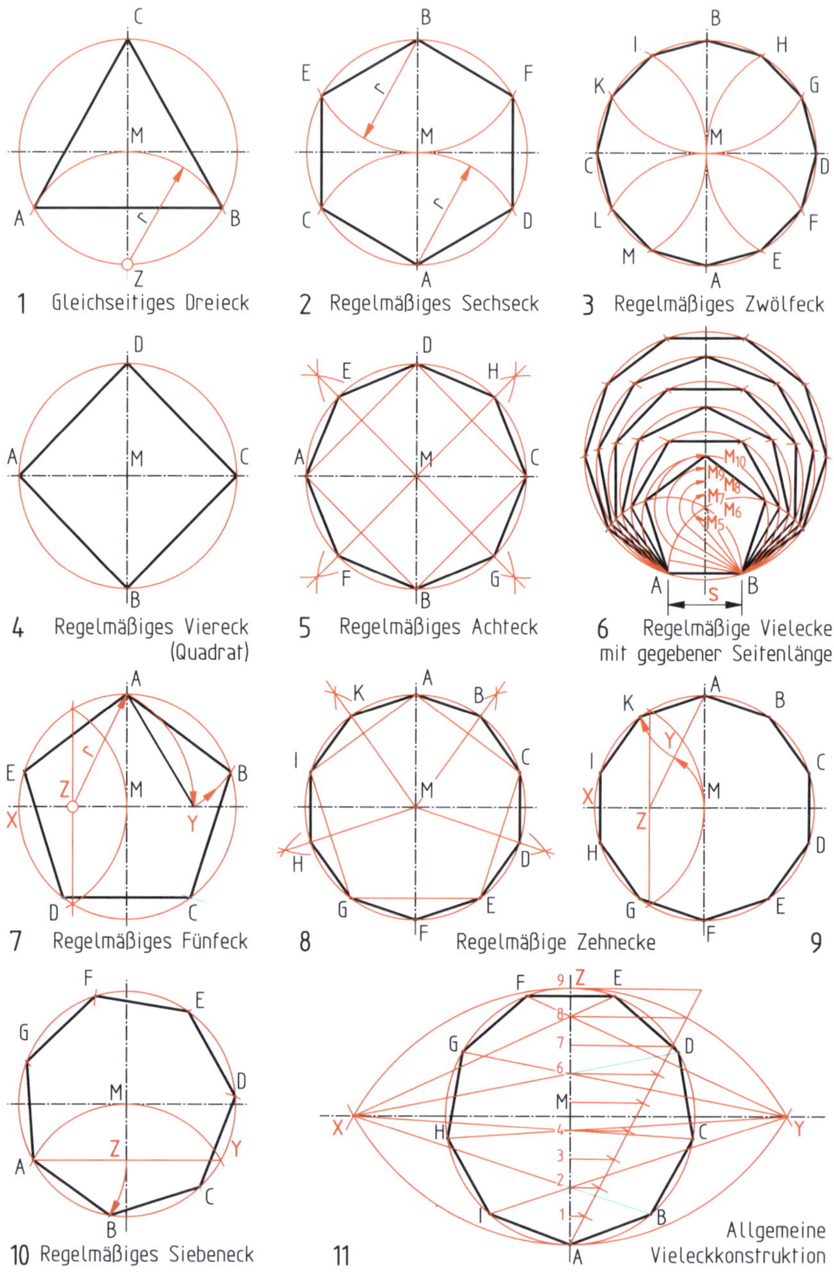

Bild 13.1–4 Vieleckkonstruktionen

9 Regelmäßiges Zehneck, Grundkonstruktion. Der Halbmesser MX halbiert ergibt den Punkt Z. Um Punkt Z von Punkt M aus einen Kreisbogen auf die Verbindungsstrecke AZ geschlagen, teilt diese im Punkt Y. Die Strecke AY ist die Zehneckseite, die auf dem Umkreis abzutragen ist.

10 Regelmäßiges Siebeneck. Die Siebeneckseite entspricht der halben Dreieckseite des gleichseitigen Dreiecks, siehe Punkt 1. Die Seite ist auf dem Umkreis sieben Mal abzutragen.

11 Allgemeine Vieleckkonstruktion. Den Durchmesser AZ in so viele gleiche Teile teilen, wie das Vieleck Ecken haben soll, hier neun Teile. Um A und Z Kreisbögen mit dem Durchmesser des Umkreises geschlagen, ergeben die Schnittpunkte X und Y auf der verlängerten horizontalen Achse. Die von diesen Punkten über jeden zweiten Teilungspunkt hinausgezogenen Geraden schneiden den Umkreis und ergeben hiermit die Eckpunkte des gewünschten regelmäßigen Vielecks, hier Neuneck.

13.1.5 Bogenanschlüsse

Bild 13.1–5 Bogenanschlüsse (Seite 286)
1 Abrunden einer Ecke. Der Radius r ist gegeben. Parallelen zu den Schenkeln des Winkels im Abstand des Radius r gezeichnet, ergeben den Schnittpunkt M. Die Lote von Punkt M aus auf die Schenkel gefällt ergeben die Wechselpunkte von den Geraden zu den Kreislinien.

2 Wechselseitiger Bogenanschluss. Der Radius r ist bei beiden Bögen gleich groß. Den Mittelpunkt M1 und den Radius r bestimmen. Kreisbogen um M1 mit 2 x Radius r ergibt im Schnittpunkt mit der Parallelen zur versetzten Geraden den Mittelpunkt M2. Die Verbindungsgerade der Mittelpunkte M1 und M2 gibt den Wechsel der Bogenanschlüsse an.

3 Wechselseitiger Anschluss zweier Kreisbögen mit unterschiedlich großen Radien. Der Abstand der Mittelpunkte M1 und M2 ist die Summe der beiden Radien r1 und r2. Der Mittelpunkt M2 wird durch den Höhenversatz der beiden Mittelpunkte zueinander gefunden. Auf der Verbindungsgeraden der beiden Mittelpunkte liegt der Wechselpunkt der beiden Bogenanschlüsse.

4 Zwei Kreise sind durch einen überwölbten Kreisbogen zu verbinden. Der Radius r ist zu bestimmen. Der Radius r ist größer als der Abstand der beiden Mittelpunkte M1 und M2. Von M1 einen Kreisbogen mit r-r1 und von M2 einen Kreisbogen mit r-r2 geschlagen, ergibt den Schnittpunkt M3. Die Verbindungsgeraden von M3 über Punkt M1 und M2 hinaus ergeben den Wechselpunkt der Kreislinien.

5 Zwei Kreise sind durch hohlen Kreisbogen zu verbinden. Der Radius r ist zu ermitteln, er ist kleiner als der Abstand der beiden Kreise. Von M1 aus Kreisbogen mit Radius r+r1 und von M2 aus mit Radius r+r2 geschlagen, ergibt den Schnittpunkt M3. Auf der Verbindungsgeraden der Mittelpunkte M3 mit M1 und M2 liegen die Wechselpunkte der Kreisbögen.

6 Zwei Kreise sind durch wechselseitige Kreisbögen zu verbinden. Der Radius r ist zu bestimmen, er ist die Summe aus Radius r1 und Radius r2. Von M1 Kreisbogen mit Radius r+r1 geschlagen und von M2 Kreisbogen mit Radius r-r2 ergibt den Schnittpunkt M3. Die Verbindungsgeraden der Mittelpunkte M3 mit M1 und M2 ergeben an der Peripherie die Wechselpunkte der Bogenanschlüsse.

7 Buttenriss. Die Strecke AB in sechs Teile geteilt ergibt die Mittelpunkte M1, M2, M3 und M4. Der Kreisbogen um M3 mit dem Radius r2 (Durchmesser des Außenkreises) ergibt mit der verlängerten Mittelachse einen Schnittpunkt. Die Verbindungsgerade von diesem Schnittpunkt durch M3 bis zur Symmetrieachse des Buttenrisses ergibt den Mittelpunkt M5 und gleichzeitig den Radius r3. An dem Schnittpunkt und Punkt A wechseln die Bogenanschlüsse von Radius r1 zu r2 und von r2 zu r3.

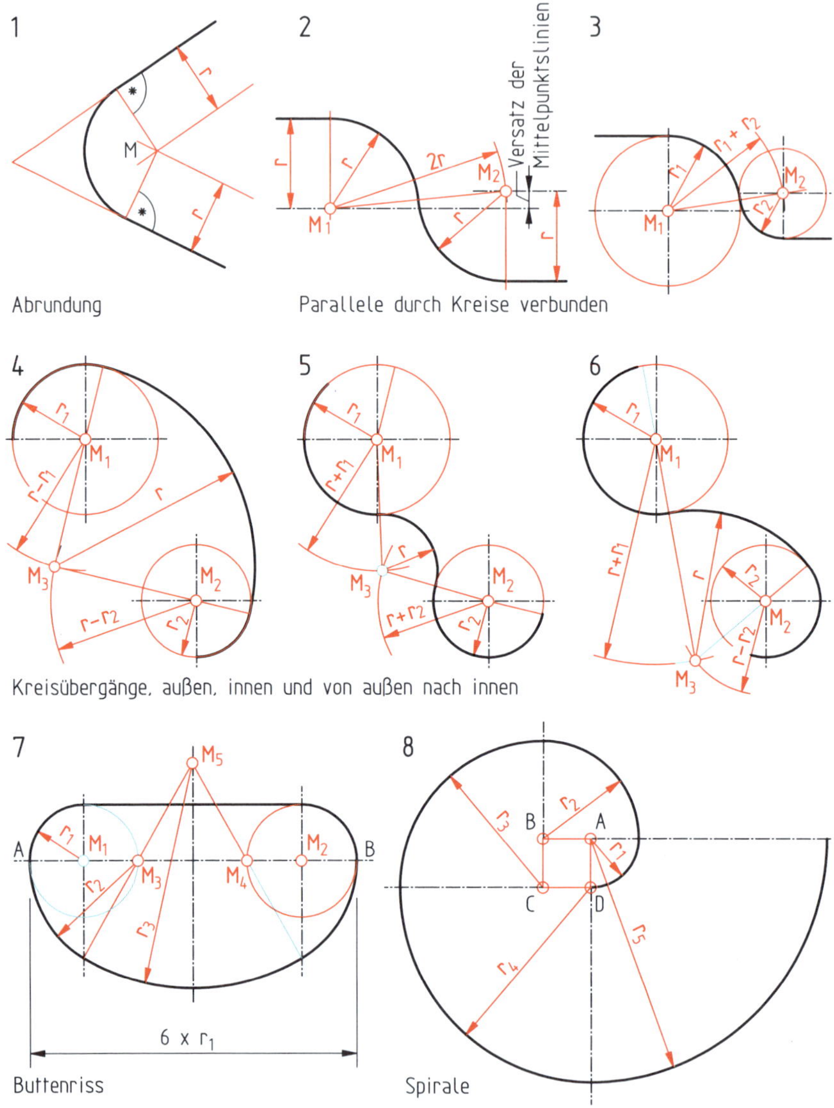

Bild 13.1–5 Bogenanschlüsse

8 Spirale. Den Anfang der Spirale bilden die vier Punkte A, B, C und D, die in einem Quadrat angeordnet sind. Der Abstand der Punkte voneinander bestimmt die Öffnungsgeschwindigkeit der Spirale. Der erste Radius r1 geht von Punkt A aus und ist so groß wie die Strecke AD. Der Radius r2 geht von B aus und hat die Länge Strecke AB plus Radius r1, der Radius r3 die Strecke BC plus r2, usw. Die Wechselpunkte der Bögen liegen auf der Verlängerung der im Quadrat angeordneten Punkte.

13.1.6 Oval, Eioval und Ellipse

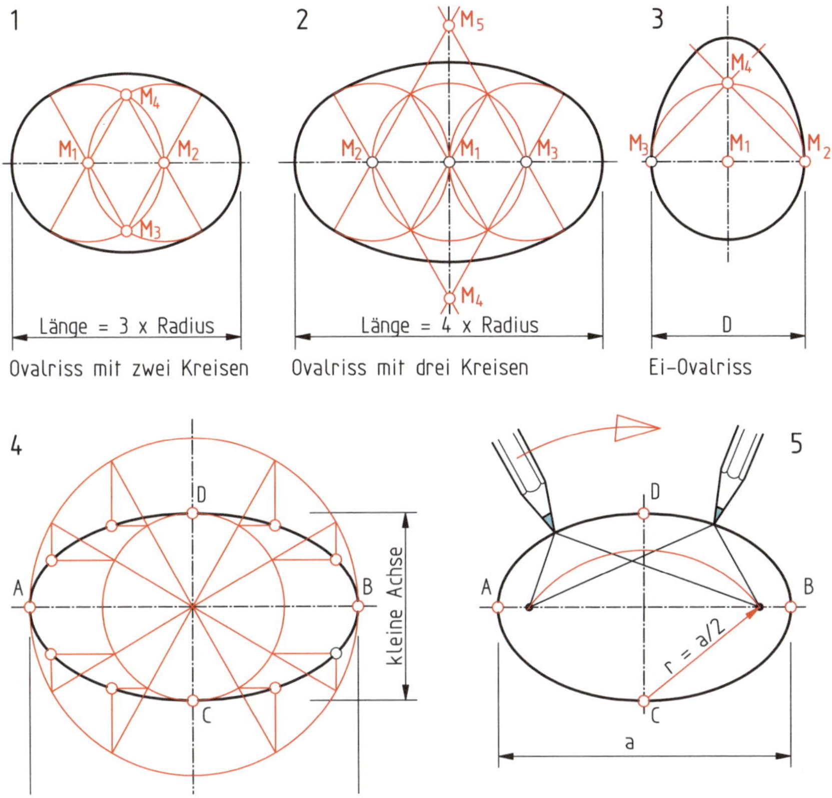

Bild 13.1–5 Oval, Eioval und Ellipse

1 Ovalriss mit zwei Kreisen. Zwei Kreise sind so zu zeichnen, dass jeweils der Umfang des einen Kreises durch den Mittelpunkt des anderen Kreises führt. Die Schnittpunkte der Kreislinien sind die Mittelpunkte M3 und M4 der flachgebogenen Bogenstücke. Die Geraden durch die Mittelpunkte geben auf den Kreisumfängen die Wechselpunkte der Bogenanschlüsse an. Die Länge des Ovals ist bestimmbar und beträgt das Dreifache des Radius, die Breite des Ovals ergibt sich.

2 Ovalriss mit drei Kreisen. Drei Kreise sind so zu zeichnen, dass jeweils die Kreislinien die Mittelpunkte schneiden. Die Verbindungsgeraden der Schnittpunkte der Kreise mit den Mittelpunkten M2 und M3 ergeben in der Verlängerung die Mittelpunkte M4 und M5 für die flachgebogenen Bogenstücke und die Wechselpunkte der Ovalbögen. Die Länge des Ovals beträgt das Vierfache des Radius, die Breite des Ovals ergibt sich.

3 Ei-Ovalriss. Die Schnittpunkte der Mittelachsen mit der Kreislinie ergeben die Einsatzpunkte M2, M3 und M4 zum Zeichnen der Bogenstücke des Ei-Ovals. Die Verbindungsgeraden der Punkte M2 und M4 bzw. M3 und M4 ergeben die Wechselpunkte der Bogenstücke.

4 Ellipsenkonstruktion (Fähnchenkonstruktion). Zwei Kreise mit dem Durchmesser der großen Achse der Ellipse und der kleinen Achse zeichnen. Beliebig viele Durchmesser ziehen. Durch die Schnittpunkte der Durchmesser mit der großen Kreislinie senkrechte Linienstücke zeichnen und durch die Schnittpunkte der Durchmesser mit dem kleinen Kreis waagerechte Linienstücke ziehen. Durch die Schnittpunkte der zusammengehörenden waagerechten und senkrechten Linienstücke geht die Umfangslinie der Ellipse.

5 Ellipsenkonstruktion mit der Schnur. Gegeben sind die große Achse AB und die kleine Achse CD. Mit der halben Achse AB = r = a/2 um Punkt C oder Punkt D einen Kreisbogen geschlagen, ergibt die so genannten Brennpunkte der Ellipse, in die Stifte eingeschlagen werden können. Um die Stifte und um Punkt D ist eine endlose Schnur zu spannen. Durch Führen eines Bleistiftes im sich ständig verändernden Winkel des Schnurdreiecks lässt sich die Ellipse zeichnen.

13.1.7 Bogenkonstruktionen

Bild 13.1–7 Bogenkonstruktionen I (rechte Seite)
1 Stichbogen. Die Stichhöhe muss kleiner als die halbe Spannweite sein. Durch Konstruktion der Mittelsenkrechten auf den beiden Strecken AC und BC erhält man den Mittelpunkt für den Radius des Stichbogens.

2 Einhüftiger Bogen, bei dem der Radius r1 zwei Drittel und der Radius r2 ein Drittel der Spannweite s beträgt.

3 Ovalbogen aus drei Kreisen, siehe auch Ovalkonstruktion.

4 Korbbogen aus drei Kreisbögen. Achsendifferenz a durch Kreisbogen um M0 mit der Höhe h ermitteln und auf der Verbindungsgeraden AC von C aus abgetragen, ergibt den Punkt E. Auf der Strecke AE die Mittelsenkrechte errichtet, ergibt die Mittelpunkte M1 und M2 sowie den Wechselpunkt der Bogenanschlüsse. Der Mittelpunkt M3 liegt spiegelbildlich zu M2.

5 Korbbogen mit fünf Mittelpunkten. Achsendifferenz durch Kreisbogen um M0 mit der Korbbogenhöhe auf die Widerlagerlinie ermitteln und diese in fünf Teile teilen. Die Widerlagerlinie um zwei Teile über Punkt A hinaus verlängern. Um den Mittelpunkt M0 mit den sieben Teilen einen Kreisbogen geschlagen, ergibt die Punkte M4, M5 und F, mit den fünf Teilen die Punkte D und E. Von Punkt F aus auf der Mittelachse sieben Teile nach unten abgetragen, ergibt den Mittelpunkt M1. Die Geraden von Punkt F über Punkt M4 und M5 schneiden die Geraden von M1 über Punkt D und E in Punkt M2 bzw. M3 und geben den Wechsel der Bogenlinien an.

6 Der Ellipsenbogen wird wie die Ellipse nach der Fähnchenmethode konstruiert, siehe auch Ellipsenkonstruktion.

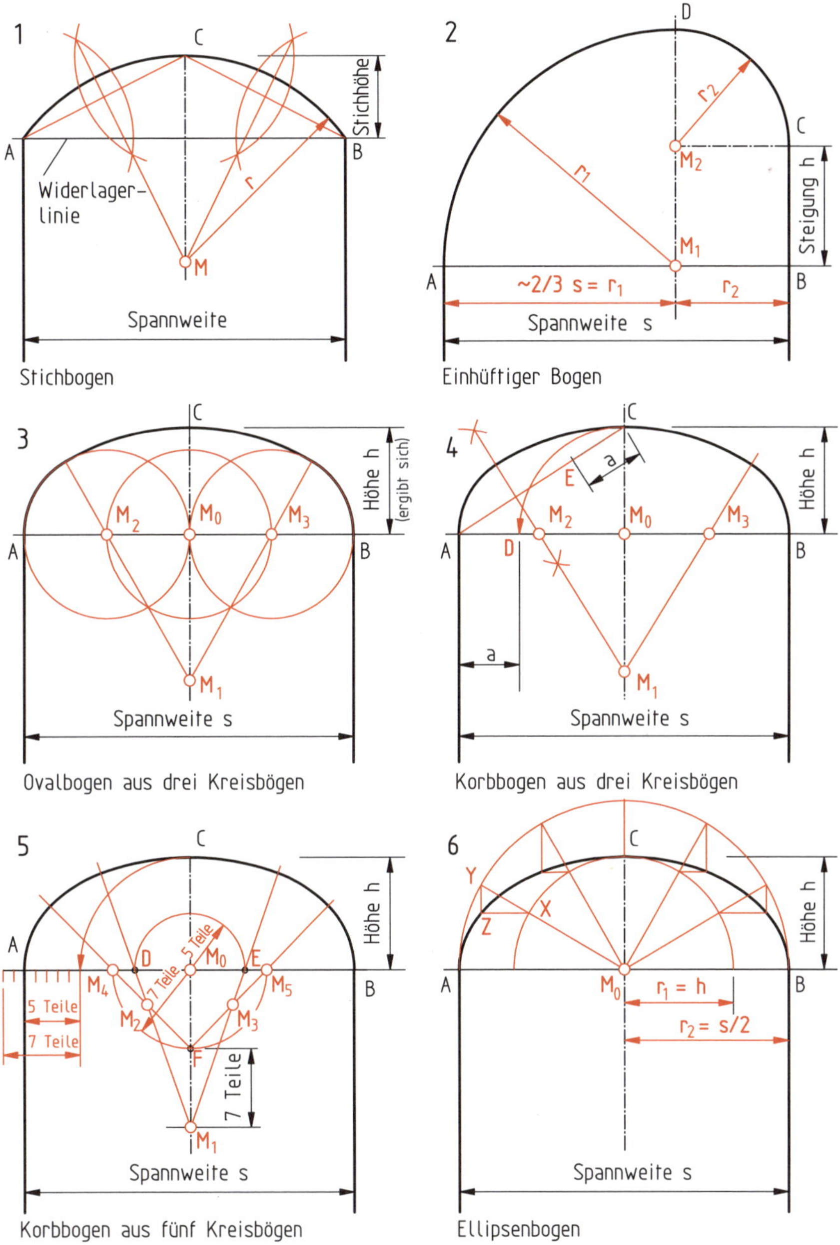

Bild 13.1–7 Bogenkonstruktionen I

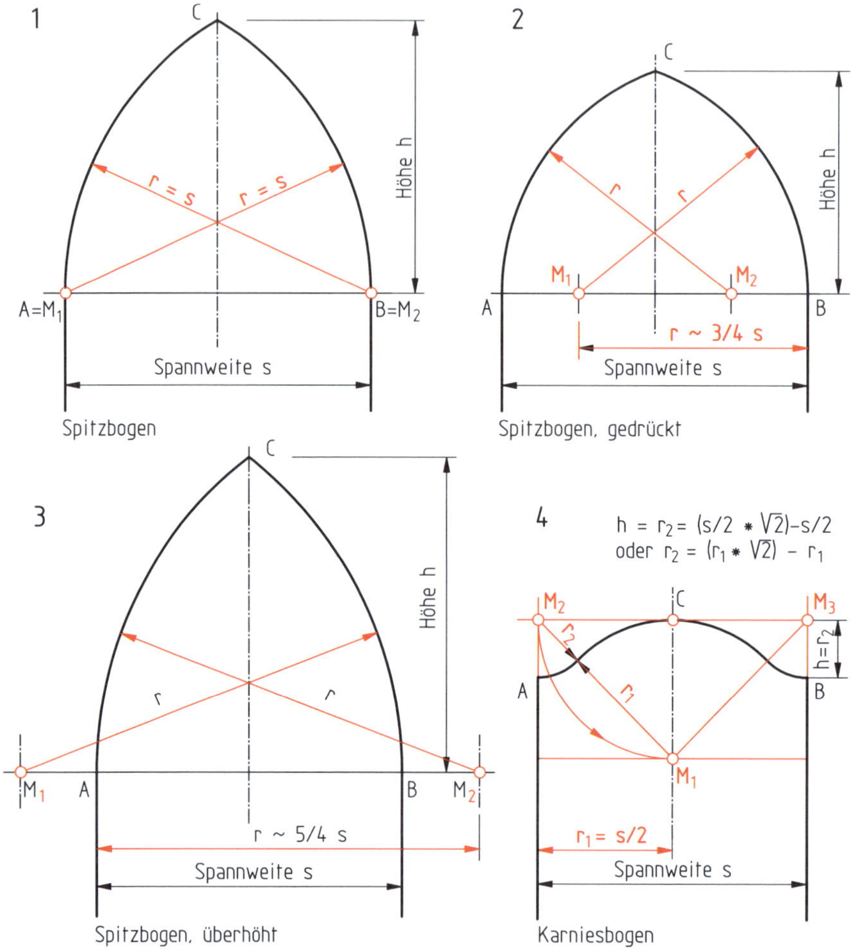

Bild 13.1–8 Bogenkonstruktionen II. Alle Bogenkonstruktionen beginnen auf der Widerlagerlinie.
1 Beim normalen Spitzbogen ist der Radius r so groß wie die Spannweite s.

2 Beim gedrückten Spitzbogen werden die Radien auf etwa 3/4 der Spannweite s verkürzt und die Mittelpunkte auf der Widerlagerlinie dementsprechend eingerückt.

3 Der überhöhte Spitzbogen wird mit verlängerten Radien, etwa 5/4 der Spannweite s konstruiert.

4 Karniesbogen. Der Radius r1 beträgt die halbe Spannweite s, der Radius r2 ergibt sich durch die Teilung auf der Verbindungsgeraden der beiden Mittelpunkte.

13.1.8 Ermittlung der Spiegelgröße

Die Größe eines Spiegels und sein Abstand vom Fußboden richten sich nach der Größe und Breite der Person, die sich in dem Spiegel betrachten möchte. Grundsätzlich ist die Spiegelgröße abhängig von der Augenhöhe und dem Abstand der sich im Spiegel betrachtenden Person zum Spiegel. Je geringer der Abstand zum Spiegel ist, desto größer muss der Spiegel sein. Bei der Projektion wird die Augenhöhe festgelegt und hinter dem Spiegel im selben Abstand die gleiche Person skizziert.

Die oberen und unteren Sehstrahlen von der betrachtenden Person zur angenommenen Person hinter dem Spiegel müssen noch auf die Spiegelfläche treffen.

Bei geneigtem Spiegel knicken Fußbodenhöhe, Augen- und Kopfhöhe an der Spiegelfläche symmetrisch ab, jedoch nicht die Sehstrahlen. Die Spiegelgröße und Spiegelhöhe ist auch hier nach der Durchdringung der Sehstrahlen durch die Spiegelebene zu bestimmen (Bild 13.1–9).

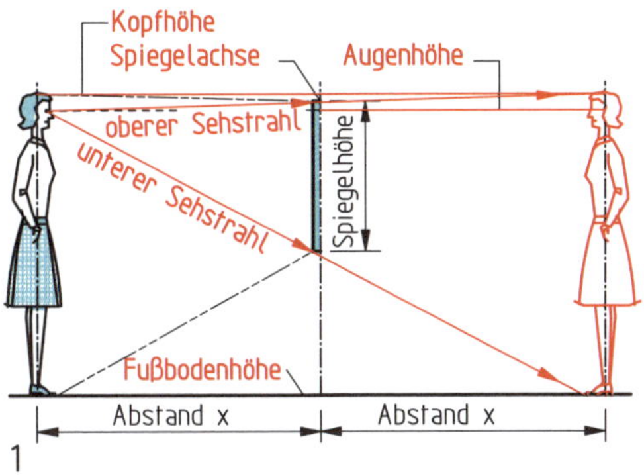

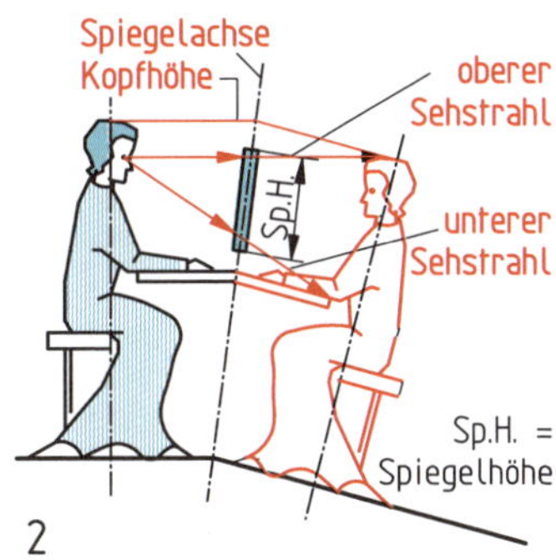

Bild 13.1–9 Ermittlung der Spiegelgröße

13.2 Abkürzungen und Kurzzeichen

In Zeichnungen für den Möbel- und Innenausbau und im Bauwesen werden Abkürzungen und Kurzzeichen verwendet, um lange Wortangaben zu vermeiden. Im Folgenden sind die wichtigsten von ihnen verzeichnet.

13.2.1 Holzarten

Kurzzeichen nach DIN EN 13556 (deutsche Kurzzeichen in Klammern)

TRSC	(ABA)	Abachi
PKEL	(AFR)	Afromosia
AFXX	(AFZ)	Afzelia
ACCM	(AH)	Ahorn
ACSC	(AHZ)	Vogelaugenahornmaser
PGXX	(AMA)	Amarant
OHLG	(BAL)	Balsa
PYCM	(BB)	Birnbaum
BTXX	(BI)	Birke
FASY	(BU)	Buche
GUXX	(BUB)	Bubinga
LVTR	(DIB)	Dibetou
DSXX	(EBE)	Ebenholz
DSCL	(EBM)	Makassar-Ebenholz
QCXE	(EI)	Eiche
QCXR	(EIR)	Roteiche
QCXA	(EIW)	Weißeiche, amerik.
CTST	(EKA)	Edelkastanie
ALGL	(ER)	Erle
FXEX	(ES)	Esche
FXXX	(ESA)	Weißesche, amerik.
PCAB	(FI)	Fichte
PCST	(FIS)	Sitka-Fichte
CPBT	(HB)	Hainbuche, Weißbuche
TSCN	(HEM)	Hemlock
CAXX	(HIC)	Hickory
PXAN	(ILO)	Ilomba
MIXX	(IRO)	Iroko
PRAV	(KB)	Kirschbaum
PNSY	(KI)	Kiefer
PNST	(KIW)	Weymouthskiefer
PNCM	(KIZ)	Zirbelkiefer
LACD	(LA)	Lärche
LAGM	(LAS)	Sibirische Lärche
TIXX	(LI)	Linde
TMSP	(LMB)	Limba
TGHC	(MAC)	Makore
KHXX	(MAE)	Mahagoni, echt
MAAL	(MAN)	Mansonia
ENCY	(MAS)	Sapelli-Mahagoni
ENUT	(MAU)	Sipo-Mahagoni (Utile)
GUAR	(MUT)	Mutenye
JGRG	(NB)	Nussbaum
JGNG	(NBA)	Nussbaum, amerik.
AUKL	(OKU)	Okoume (Gabun)
POAL/ POCN	(PA)	Pappel
PTXX	(PAF)	Padouk
DMDA	(PAL)	Paldao
PNCR	(PIP)	Pitchpine
PNRS	(PIR)	Redpine
PLXH	(PLT)	Platane
DLLT	(POS)	Ostindischer Palisander
DLNG	(PRO)	Rio-Palisander
GYBN	(RAM)	Ramin
ROPS	(ROB)	Robinie
ULGL	(RU)	Rüster
SESM	(RWK)	Redwood

ABAL	(TA)	Tanne	LITL	(WIW)	Whitewood
TEGR	(TEK)	Teak	MBXX	(ZIN)	Zebrano (Zingana)
MTLR	(WEN)	Wenge			

13.2.2 Plattenwerkstoffe

BST	Bau-Stabsperrholz
ES	Strangpressplatte
ESG	Einscheibensicherheitsglas
ESL	Leichte Strangpressplatte
ET	Strangpressplatte mit Hohlräumen wie Röhren
GFK	Glasfaserverstärkter Kunststoff
GKB	Gips-Bauplatte
GKF	Gips-Feuerschutzplatten
GKP	Gips-Putzträgerplatten
HB	Harte Holzfaserplatte
HPL	Dekorative Hochdruck-Schichtstoffplatte
HWL	Holzwolleleichtbauplatte
LVL	Furnierschichtholz
MBH	Mittelharte Faserplatte
MDF	Mitteldichte Holzfaserplatte
MFB P2	Kunststoffbeschichtete dekorative Flachpressplatte
MFB HB	Kunststoffbeschichtete dekorative Holzfaserplatte
MIG	Mehrscheiben-Isolierglas
OSB	Langspanplatten
P2	Flachpress-Spanplatte für allgemeine Zwecke
PSCH	Press-Schichtholz
SB	Poröse Holzfaserplatte
ST	Stabsperrholz
STAE	Stäbchensperrholz
SWP	Massivholzplatte
VP	Furnierplatte (Veneer Plywood)
VSG	Verbundsicherheitsglas

13.2.3 Kunststoffe

ABS	Acrylnitril-Butadien-Styrol
CA	Celluloseacetat
EP	Epoxidharz
MF	Melamin-Formaldehydharz
PA	Polyamid
PAN	Polyacrylnitril
PC	Polycarbonat
PE	Polyethylen
PF	Phenol-Formaldehydharz
PIB	Polyisobutylen
PMMA	Polymethylmethacrylat
PP	Polypropylen
PS	Polystyrol
PTFE	Polyetrafluoräthylen
PUR	Polyurethan
PVAC	Polyvinylacetat
PVC	Polyvinylchlorid
RF	Resorcin-Formaldehydharz
SB	Styrol-Butadien
SI	Silikon
UF	Harnstoff-Formaldehydharz
UP	Ungesättigter Polyester

13.2.4 Klebstoffe

KG	Glutinleim (Warmleim)
KCS	Casein-Klebstoff
KPF	Phenol-Formaldehydharz-Klebstoff
KFPF	Phenol-Formaldehydharz-Leimfilm
KRF	Resorcin-Formaldehydharz-Klebstoff
KUF	Harnstoff-Formaldehydharz-Klebstoff
KFUF	Harnstoff-Formaldehydharz-Leimfilm
KMF	Melaminharz-Formaldehydharz-Klebstoff
KFMF	Melaminharz-Formaldehydharz-Leimfilm
KEP	Epoxidharz-Klebstoff
KUP	Polyester-Klebstoff
KPVAC	Polyvinylacetat-Dispersions-Klebstoff
KCPD	Copolymerisat-Dispersions-Klebstoff
KPAN	Polyacrylnitrilkautschuk-Klebstoff
KPCB	Polychloropren-Klebstoff
KSCH	Schmelzklebstoff

13.2.5 Verleimungsarten und Beanspruchungsgruppen

D 1	Konstruktionsverleimung für den Innenbereich wie geschlossene Innenräume, beständig bei niedriger Luftfeuchtigkeit und Raumtemperatur
D 2	Konstruktionsverleimung für den Innenbereich, beständig gegen kurzzeitige Einwirkung von abfließendem Wasser oder Kondenswasser
D 3	Konstruktionsverleimung für den Innen- und Außenbereich, bei langzeitiger Einwirkung von Feuchtigkeit und Kondenswasser, wenn dies abfließen kann und die Flächen vor Witterung geschützt sind
D 4	Konstruktionsverleimung für den Innen- und Außenbereich bei häufiger und starker Einwirkung von Wasser oder Kondenswasser, wenn ausreichender Oberflächenschutz vorhanden ist
VP-1	Furniersperrholz zur Verwendung im Trockenbereich
VP-2	Furniersperrholz zur Verwendung im Feuchtbereich
VP-3	Furniersperrholz zur Verwendung im Außenbereich

13.2.6 Abkürzungen in Bauzeichnungen

B	Boden	OK	Oberkante
BD	Bodendurchbruch	OK FFB	Oberkante Fertigfußboden
BRH	Brüstungshöhe	OK RFB	Oberkante Rohfußboden
BS	Bodenschlitz	RA	Rauchrohranschluss
D	Decke	RFB	Rohfußboden
DD	Deckendurchbruch	RÖ	Reinigungsöffnung
DG	Dachgeschoss	STG	Steigung
DS	Deckenschlitz	UG	Untergeschoss
EG	Erdgeschoss	UK	Unterkante
F	Fundament	UK D	Unterkante Decke
FD	Fundamentdurchbruch	ÜNN	Über Normalnull
FFB	Fertigfußboden	W	Wand
FS	Fundamentschlitz	WD	Wanddurchbruch
KG	Kellergeschoss	WS	Wandschlitz
OG	Obergeschoss		

13.3 Falten von Zeichnungen auf DIN-A4-Format

Zeichnungen sind für das Einheften in Ordner auf DIN-A4-Format, also 210 mm × 297 mm, zu falten. Zunächst werden immer die Längsfaltungen vorgenommen. Die erste Längsfaltung wird 210 mm breit angelegt, die nächsten Längsfaltungen aber um 20 mm schmaler, damit der Heftrand an der linken Seite übrigbleibt. Auch muss das Schriftfeld bei der letzten Faltung oben liegen. Ab dem Zeichnungsformat DIN A2 werden zusätzlich Querfalten erforderlich. Damit der umgeschlagene Teil der Zeichnung bei der Heftlochung nicht mit erfasst wird, ist das Zeichenblatt oben links schräg nach hinten zu falten (Bild 13.3–1).

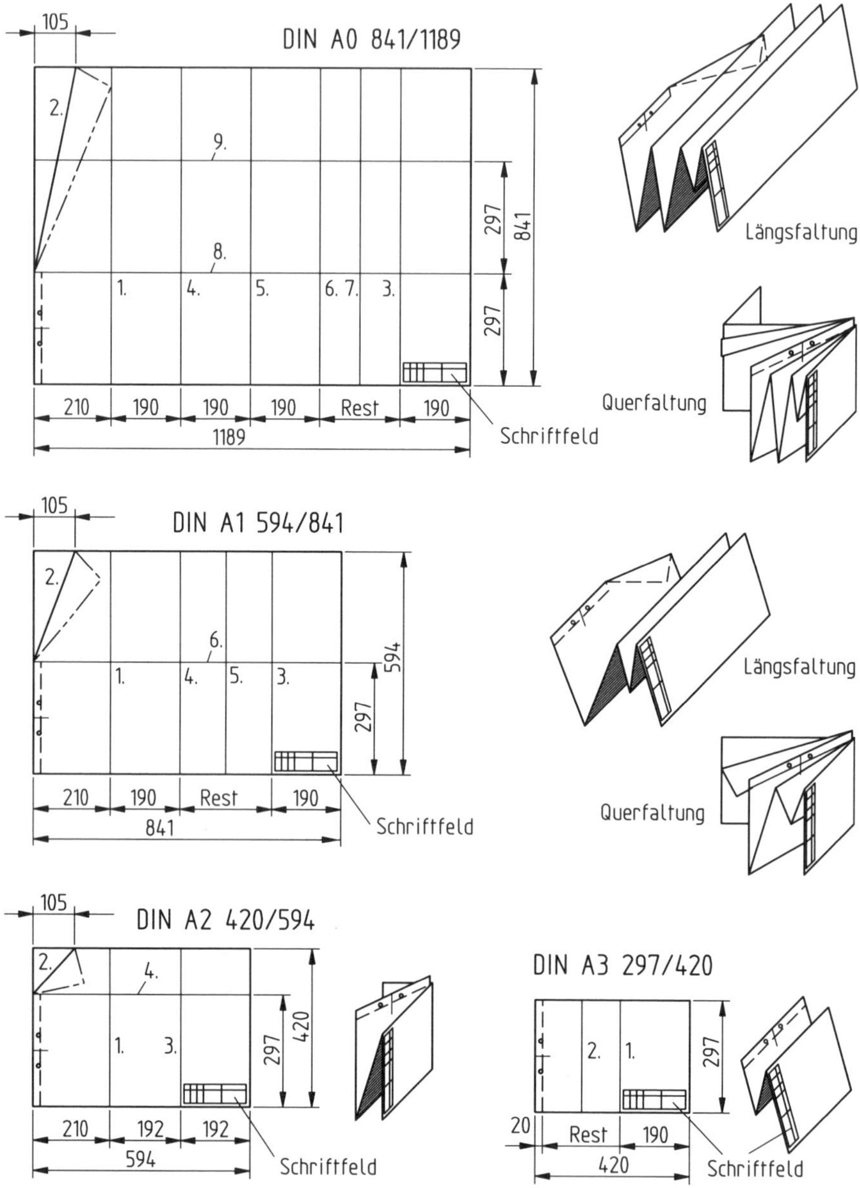

Bild 13.3–1 Faltung großer Zeichnungen auf DIN A4-Format

Register

Wolfgang Nutsch
**Handbuch der Konstruktion:
Möbel und Einbauschränke**

Pappband, 452 Seiten, 14,8 × 21,0 cm
ISBN 978-3-421-04134-0

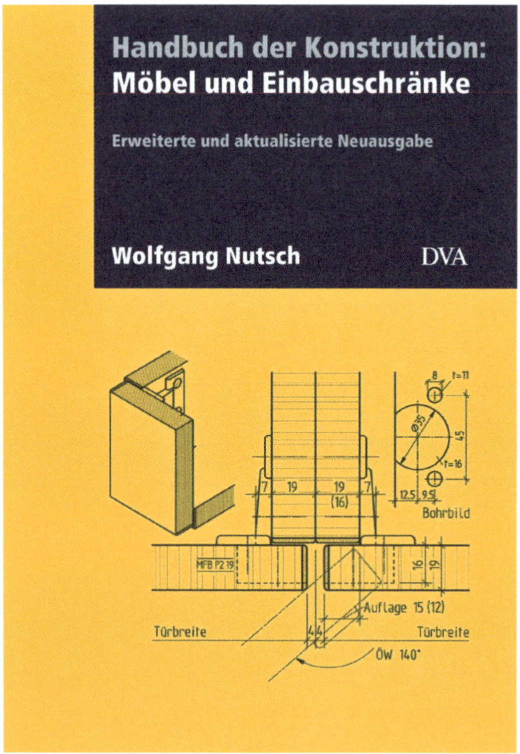

Das Standardwerk der Möbelkonstruktion in der 2023 aktualisierten Ausgabe: Konstruktionsdetails für den Bau von Möbeln und Einbauschränken, Konstruktionsvarianten bei Eckverbindungen, Gestell- und Gehäusebau, Drehtüren aus Holz und Glas, Schiebetüren, Klappen, Möbelrollläden, Schubkästen und vieles mehr. Die Konstruktionszeichnungen sind angelegt nach DIN 919.
Für Tischler/Schreiner, Architekten und Innenarchitekten, Schüler und Studenten.

Wolfgang Nutsch
Handbuch der Konstruktion: Innenausbau

Pappband, 480 Seiten, 14,8 × 21,0 cm
ISBN 978-3-421-04129-6

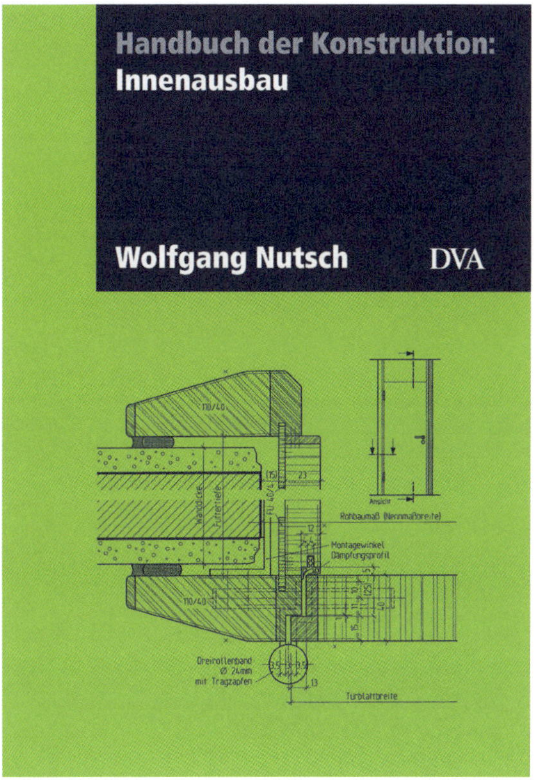

Das Standardwerk zur Konstruktion von Elementen des Innenausbaus in der 2018 aktualisierten Ausgabe: Innentüren, Einbauschränke, leichte Trennwände, Verkleidungen von Decken, Wänden und Heizungen. Die Konstruktionszeichnungen sind angelegt nach DIN 919.
Für Tischler/Schreiner, Architekten und Innenarchitekten, Schüler und Studenten.